分析化学分析方法的原理及应用研究

主　编　高春波　景晓霞　彭邦华

副主编　李文娟　任　凯　贾巧娟

中国纺织出版社

内 容 提 要

本书对一些常见的分析化学的分析方法进行重点介绍,突出其原理、作用和应用,并对部分仪器的构成和作用原理进行详细阐述,以突出理论的实用性。本书首先对分析化学进行了简单介绍,并讨论了定量分析中的误差及分析数据处理。然后介绍了酸碱滴定法、氧化还原滴定法、沉淀滴定法、配位滴定法四大滴定分析法。之后研究了重量分析法、电化学分析法、紫外可见分光光度法、红外分光光度法和分析化学中常用的分离和富集方法,以及其他仪器分析法。最后对农药的检验进行了阐述。本书论述严谨,结构合理,条理清晰,内容丰富新颖,可读性强,是一本值得学习研究的著作。

图书在版编目(CIP)数据

分析化学分析方法的原理及应用研究 / 高春波,景晓霞,彭邦华主编. -- 北京 : 中国纺织出版社,2018.3
ISBN 978-7-5180-4083-4

Ⅰ.①分… Ⅱ.①高… ②景… ③彭… Ⅲ.①分析化学—分析方法—研究 Ⅳ.①O652

中国版本图书馆 CIP 数据核字(2017)第 231760 号

责任编辑:姚　君　　　　　　　　　　责任印制:储志伟

中国纺织出版社出版发行
地址:北京市朝阳区百子湾东里 A407 号楼　邮政编码:100124
销售电话:010—67004422　传真:010—87155801
http://www.c-textilep.com
E-mail:faxing@e-textilep.com
中国纺织出版社天猫旗舰店
官方微博 http://www.weibo.com/2119887771
北京虎彩文化传播有限公司　各地新华书店经销
2018 年 3 月第 1 版第 1 次印刷
开本:787×1092　1/16　印张:26.5
字数:662 千字　定价:99.00 元

前　言

分析化学是关于研究物质的组成、含量、结构和形态等化学信息的分析方法及理论的一门科学。它是化学学科的一个重要分支,被称为工农业生产的"眼睛"、科学研究的"参谋",可见其重要性非同一般。现代分析化学的研究范围和应用领域非常广泛,在地质普查、矿产勘探、冶金、化学工业、能源、农业、医药、临床化验、环境保护、商品检验、考古分析、法医刑侦鉴定等各个领域都发挥着重要作用,推动着科学技术进步和社会可持续发展。

分析化学的发展水平反映了一个国家的科学、技术的先进程度,它在自然学科中需求和应用的广泛性决定了分析原理、方法和技术上的多样性。而随着生命、材料和环境的发展变化,也带来了一系列问题,如分析对象的多样性、不确定性和复杂性等,这些都使分析化学的研究面临严峻挑战。电子技术和计算机的飞速发展,学科的交叉、渗透和融合,不断促进分析化学新理论、新方法和新技术的产生。21世纪,分析化学将在更高灵敏度、更高准确度、更高分析速度、更高自动化程度等方面取得更多突破。

本书对一些常见的分析化学的分析方法进行重点介绍,突出其原理、作用和应用,并对部分仪器的构成和作用原理进行详细阐述,以突出理论的实用性。本书共分14章。第1章对分析化学进行了简单介绍。第2章讨论了定量分析中的误差及分析数据处理。第3~7章介绍了酸碱滴定法、氧化还原滴定法、沉淀滴定法、配位滴定法四大滴定分析法。第8~13章介绍了重量分析法、电化学分析法、紫外-可见分光光度法、红外分光光度法和分析化学中常用的分离和富集方法,以及其他仪器分析法。第14章则对农药的检验进行阐述,包括农药的检验目的及检验标准、农药物理指标的测定、农药有效成分含量的测定等内容。

本书具有如下特点:

1.着重强调了基本内容、基本理论和基本知识,分层次进行编写。

2.编写时力求做到阐述时语言简明扼要,详略得当,重点突出。

3.插图、表格的运用增加了本书的趣味性和直观性。

4.结合应用实例,在保证科学性、系统性的前提下,以实用为原则。

全书由高春波、景晓霞、彭邦华担任主编,李文娟、任凯、贾巧娟担任副主编,并由高春波、景晓霞、彭邦华负责统稿,具体分工如下:

第1章、第10章第5节、第13章、第14章:高春波(黑龙江工程学院);

第9章、第12章:景晓霞(运城学院);

第3章第1节~第2节、第5章、第6章、第8章:彭邦华(石河子大学);

第10章第1节~第4节、第11章:李文娟(石河子大学);

第2章、第7章:任凯(周口师范学院);

第3章第3节、第4章:贾巧娟(郑州轻工业学院)。

　　本书在编写过程中得到了许多同行专家的支持和帮助；同时，参阅了大量的著作与文献资料，选用了其中的部分内容和习题，在此一并表示感谢。限于编者水平，本书虽经过多次修正，仍难免有疏漏和不当之处，敬请专家、同行和广大读者批评指正。

编者

2017 年 6 月

目　录

第1章 绪 论

1.1 分析化学概述

分析化学(analytical chemistry)是研究物质组成、含量、结构和形态等化学信息的分析方法及理论的一门科学,即化学信息科学。欧洲化学联合会的分析化学部将分析化学定义为"建立和应用各种方法、仪器和策略获得关于物质在空间和时间方面的组成和性质信息的科学"。分析化学以化学基本理论和实验技术为基础,广泛吸收物理、生物、数理统计、计算机、自动化等学科的内容,解决科学与技术所提出的各种分析问题。

分析化学的主要任务是通过各种方法与手段,应用各种仪器测试得到图像、数据等相关信息来鉴定物质体系的化学组成,测定其中有关成分的含量和确定体系中物质的结构和形态。它们分别隶属于定性分析(qualitative analysis)、定量分析(quantitative analysis)、结构分析(structural analysis)和形态分析(species analysis)研究的范畴。

分析化学不仅对化学学科本身的发展起着重要作用,而且在国民经济、科学技术、医药卫生、学校教育等各方面都有着举足轻重的作用。

在化学学科发展中,从元素到各种化学基本定律(质量守恒定律、定比定律、倍比定律)的发现;原子论、分子论创立;相对原子质量测定;元素周期律建立及元素特征光谱线的发现等各种化学现象的揭示,都与分析化学的卓越贡献密不可分。在现代化学各研究领域也同样离不开分析化学。例如,中药化学活性成分的研究,采用色谱法对其各成分进行分离,得到单体化合物后使用光谱、核磁、质谱等分析方法对其进行定性、定量、确定结构。又如,在生物化学的细胞分析中,对细胞内容物蛋白质、DNA 和糖类的结构和含量进行测定等。事实上,无论是中药化学家还是生物化学家,在研究过程中均需花费大量时间获取所研究物质的定性和定量信息。

在国民经济建设中,工业生产上原材料的选择,中间体、成品和有关物质的检验;资源勘探方面,天然气、油田、矿藏的储量确定;煤矿、钢铁基地的选址;农业生产中土壤成分检定、作物营养诊断、农产品与加工食品质量检验;建筑行业中,各类建筑材料与装饰材料的品质、机械强度和建筑质量评判;商业流通领域中商品的质量监控等都需要分析化学提供相关信息。可以说,分析化学在国民经济建设中起着不可替代的作用。

在科学技术研究中,当今研究热点生命科学、材料科学、环境科学和能源科学等都涉及研究物质的组成、含量和结构等信息。例如,环境科学家在治理环境污染时首先要确定污染物的成分、分析查找污染源,再采用适当方法治理污染,而这每一步都离不开分析化学。因此,不妨说,凡是涉及化学现象的任何一种科学研究领域,分析化学都是它们所不可缺少的研究工具与手段。实际上,分析化学已成为"从事科学研究的科学",是现代科学技术的"眼睛"。

在医药卫生事业中,临床检验、疾病诊断、新药研发、药品质量控制、中药有效成分的分离和鉴定;药物构效关系、量效关系研究;药动学、代谢组学研究;药物制剂稳定性研究;突发公共卫生事件的处理等都离不开分析化学。分析化学不仅用于发现问题,而且参与实际问题的解决。

1.2　分析化学方法的分类

分析方法是分析化学的基本组成部分,通常依据不同的分析任务、分析对象、测定原理、试样用量和任务性质等,可以对分析方法进行较为系统的分类。这些分析方法各具有各自的特点,但它们之间并没有绝对的界限,在实际工作中,经常需要几种分析方法相互配合,才能完成某样品的各项分析任务。分析时要根据式样的特点、被测组分的含量、基本成分的复杂程度以及对分析结果准确度的要求等来选择合适的方法。

1.2.1　按分析目的分类

按照需要解决实际问题的测量要求,分为定性分析、定量分析和结构分析。

定性分析的任务为鉴定试样的组成,即试样由哪些元素、离子、基团或者化合物组成;

定量分析的任务为测定试样中某一或某些有关各组的含量,例如,大气污染中 NO_x、SO_2 等的分析,继而给出了空气污染的信息。有时是测定所有组分,此时称为全分析,此时,所有分析量之和等于原始样品的质量。

结构分析的任务为研究物质内部的分子结构或晶体结构。

定量分析是最常用的分析方式。通常应先对试样进行定性分析,了解试样的组成,即对主要成分和各种微量成分进行定性,而后根据试样组成和分析要求选择适当的方法进行定量。在试样成分已知的情况下,则可直接进行定量分析。对于结构未知的化合物,则需要进行结构分析,从而确定化合物的分子结构。随着现代分析技术尤其是联用技术和计算机、信息学的发展,往往可以同时进行定性、定量和结构分析。

1.2.2　按分析原理分类

1.2.2.1　化学分析法

以物质的化学反应为基础的分析方法称为化学分析法。化学分析法是最早采用的分析方法,是分析化学的基础,故又称为经典分析法。化学分析法包括重量分析法和滴定分析法等分析方法。

(1)重量分析法

通过化学反应及一系列的操作步骤使试样中的待测组分转化为另一种纯粹、化学组成固定的化合物而与试样中其他组分得以分离,然后称量该化合物的质量,从而计算出待测组分含量或质量分数,这样的分析方法称为重量分析法。

（2）滴定分析法

用一种已知准确浓度的溶液,通过滴定管滴加到待测组分溶液中,使其与待测组分恰好完全反应,根据所加入的已知准确浓度的溶液的体积计算出待测组分的含量,这样的分析方法称为滴定分析法。依据不同的反应类型,滴定分析法又可以分为酸碱滴定法、沉淀滴定法、配位滴定法和氧化还原滴定法。

重量分析法和滴定分析法通常用于高含量或中含量组分的测定,即待测组分的质量分数在1%以上（常量分析）。重量分析法的特点是准确度高,因此至今仍有一些组分的测定是以重量分析法为标准方法,但其操作麻烦,分析速度较慢,耗时较多。滴定分析法操作简便,省时快速,测定结果的准确度也较高,一般情况下相对误差为±0.2%,所用的仪器设备又很简单,因此应用比较广泛。即使在当前仪器分析快速发展的情况下,滴定分析法在生产实践和科学实验上仍有很大的实用价值和重要作用。

1.2.2.2　仪器分析法

以物质的物理和物理化学性质为基础,借助光电仪器测量试样的光学性质（如吸光度或谱线强度）、电学性质（如电流、电位和电导）等物理和物理化学性质来求出待测组分含量的分析方法称为仪器分析法。这类分析方法都需要用到较特殊的仪器,通常称为仪器分析方法,也称为物理或物理化学分析方法。

最主要的仪器分析法有以下几种。

（1）光学分析法

根据物质的光学性质所建立的分析方法称为光学分析法。主要包括:紫外-可见光度法、红外光谱法、发光分析法、分子荧光及磷光分析法、原子发射、原子吸收光谱法等。

（2）电化学分析法

根据物质的电化学性质所建立的分析方法称为电化学分析法。主要包括电位分析法、极谱和伏安分析法、电重量和库仑分析法、电导分析法等。

（3）色谱分析法

色谱分析法是根据物质在两相（固定相和流动相）中吸附能力、分配系数或其他亲和作用力的差异而建立的一种分离、测定方法。这种分析法最大的特点是集分离和测定于一体,是多组分物质高效、快速、灵敏的分析方法。主要包括气相色谱法、液相色谱法等。

随着科学技术的发展,许多新的仪器分析方法也得到不断地发展,如质谱法、核磁共振、X射线、电子显微镜分析、毛细管电泳等大型仪器分析方法。作为高效试样引入及处理手段的流动注射分析法以及为适应分析仪器微型化、自动化、便携化而最新涌现出的微流控芯片毛细管分析等现代分析方法,已经受到人们的极大关注。

与化学分析法相比,仪器分析法具有操作简便、快速、灵敏度高、准确度高等优点,适用于微量（质量分数 0.01%～1%）或痕量（0.01%以下）及生产过程中的控制分析等。但通常仪器分析的设备较复杂,价格昂贵,且有些仪器对环境条件要求较苛刻（如恒温、恒湿、防震等）,因此有时难以普及。此外,在进行仪器分析之前,时常要用化学方法对试样进行预处理（如除去干扰杂质、富集等）;在建立测定方法过程中,要把未知物的分析结果和已知的标准作比较,而该标准则常需要以化学分析法与仪器分析法互为补充的,而且前者是后者的基础。

化学分析法和仪器分析法都有各自的优缺点和局限性,通常实验时要根据被测物质的性质和对分析结果的要求选择适当的分析方法进行测定。

1.2.3　按分析物的物质属性分类

根据分析对象的不同,将分析方法分为无机分析和有机分析。由于两者分析对象不同,对分析的要求和使用的方法也多有不同。

(1)无机分析

分析对象是无机化合物。在无机分析中,由于无机化合物所含的元素种类繁多,通常要求鉴定试样是由哪些元素、离子、原子团或化合物所组成,各组分的含量是多少。

(2)有机分析

分析对象是有机化合物。在有机分析中,虽然组成有机物的元素种类不多,主要是碳、氢、氧、氮、硫和卤等,但是除了要进行元素分析,还要进行官能团分析和结构分析。

1.2.4　按分析试样的用量及操作规模分类

可分为常量分析、半微量分析、微量分析和超微量分析。无机定性分析一般为半微量分析;化学定量分析一般为常量分析;进行微量分析和超微量分析时,往往采用一起分析法。分类情况如表1-1所示。

表1-1　不同分析方法的试样用量

分析方法	试样质量	试液体积
常量分析法	>0.1 g	>10 mL
半微量分析法	0.1~0.01 g	10~1 mL
微量分析法	10~0.1 mg	1~0.01 mL
超微量分析法	<0.1 mg	<0.01 mL

1.3　分析化学的发展与展望

1.3.1　分析化学的发展简介

分析化学是一门古老的科学,其起源可以追溯到古代炼金术。然而“分析化学”该专业名词起始于17世纪,当时的冶金、机械等工业生产相当发达,积累了十分丰富的冶金分析知识,英国化学家波义耳将相关知识加以整理,称其为“分析化学”。

　　分析化学随着化学和其他相关学科的发展而不断发展,20 世纪以来,其发展大致经历了三次巨大的变革。

　　第一次变革是在 20 世纪初到 30 年代,以 1894 年奥斯瓦尔德发表专著《分析化学科学基础》为标志,物理化学为分析技术提供了理论基础,建立了溶液理论。溶液四大平衡理论的建立,使得分析反映过程中各种平衡的状态、各成分的浓度变化和反应的完全程度均有了较高的预见性,将分析化学从“一种技术”演变成为“一门科学”,该时期可以称为分析化学与物理化学相结合的时代。

　　第二次变革是 20 世纪 40~60 年代,由于物理学、半导体及电子学、原子能工业的发展,促进了分析化学中物理和物理化学分析方法的建立和发展,从而改变了分析化学以经典化学为主的局面,发展成为以仪器分析为主的现代分析化学,仪器分析法获得了迅速发展。这次变革的实质不仅仅在于仪器化本身,而是使得各个学科领域的基本概念对分析化学产生了广泛影响,且同时使得分析化学得以更加深入地为其他学科做出贡献。该时期可以称为分析化学与物理学、电子学相结合的时代。

　　第三次变革是在 20 世纪 70 年代末开始发展至今。由于生命科学、环境科学、新材料科学等发展的需要,信息科学、计算机技术、生物技术等新技术的引进,尤其是基因组学、蛋白组学和代谢组学研究的出现,向分析化学提出了更高的挑战,从而促使分析化学发生着更加深刻广泛的变革。现代分析化学已经不能只局限于测定物质的组成和含量,而是要对物质的形态(例如价态、晶型等)、结构进行分析,实现微区、薄层和无损分析,要对化学活性物质和生物活性物质等进行瞬时跟踪和过程控制等,从而进一步认识自然、与自然和谐发展的科学。现代分析化学所采用的手段已经远远超出了化学学科的领域,它在采用光、电、磁、热、声等物理现象的基础上,进一步采用了数学、计算机科学和生物科学等新成就,尤其是以计算机为代表的新技术的迅速发展,为分析化学建立高灵敏性、高准确性、高选择性、自动化或智能化的新方法创造了良好条件,从而丰富了分析化学的内容,使其有了飞速发展。仪器分析的发展,以及化学计量学的广泛应用,从而使得当今分析化学已发展成为“以计算机为基础的分析化学”,分析化学与许多密切相关的学科渗透交织,对物质作全面的纵深分析,继而形成一门综合性的科学。在近三四十年间,光谱分析、色谱分析、联用技术、电化学分析、微型分析等领域均有了显著发展。

　　进入 21 世纪以来,新材料学、微电子学、生命科学等学科的发展从而为分析化学的发展提供了前所未有的机遇。

　　以生命科学领域的发展为例,2001 年人类 30 亿个碱基对序列的破译奠定了基因组学研究的里程碑和后基因组或者蛋白组学研究的开始,同时生命科学的其他领域也呈现出快速发展的势头,例如,脑认知和神经生物学、肝细胞和发育生物学、生命起源和进化生物学等,上述研究都体现了大规模、高通量、信息化等显著特点。

　　生命分析化学的兴起,众所周知,“人类基因组计划”为有史以来最有影响的科学研究计划,其本质为“人类基因的化学测序计划”。虽然该计划是由生物学家提出来的,但是在分析化学家的大力协助下完成的。当代,后基因组学、蛋白质组学已经登上了生命科学研究领域的制高点,从而使分析化学家迎来了大展身手的时代,其中与各种重大疾病相关联的大量未知基因、富集、蛋白质的分离、识别、鉴定以及复杂相互作用的研究均成为此领域的热点。

　　自从 1991 年发现碳纳米管以来,以其独特的结构和优越的热学、力学和电学性质,例如,较大的比表面积和良好的传热性、导电性及较高的机械强度从而引起了广泛的关注,继而成为纳米材料领域的研究热点。

纳米科学技术的飞跃发展,使人类认知从原来的原子尺度上进入了微观领域,从而极大地改变了人类的思维。由于纳米微粒的尺寸一般都比生物体内的细胞、红细胞小得多,从而为生物医学研究提供了一个新的研究途径,到目前纳米技术已经应用于生物学和医学研究的众多领域,其中包括纳米生物材料、药物和转基因纳米载体、纳米生物传感器、纳米生物相容性人工器官、利用扫描探针显微镜分析蛋白质和 DNA 的结构与功能等领域,其主要目的为以疾病的早期诊断和调高药物疗效。纳米技术在医学临床诊断领域最早得到应用。

近些年来,纳米新材料在分析化学中的应用也越来越重要。相关资料表明,纳米功能材料能大幅度改善高分子检测的灵敏度和准确率。自 1997 年巴德在 "Science" 上发表纳米电极后,有关纳米传感器的研究开始引起人类的极大兴趣,继而相继研究成功了纳米溶胶凝胶体系的免疫传感器,使用碳纳米分子线、硅基碳纳米管和掺杂硼的硅纳米线制作的纳米传感器对氧、二氧化氮、氨的快速超灵敏测试。然而目前上述技术大多局限于实验室研究。

微流控分析和为阵列芯片的快速发展和新型分析仪器的创造都促进了分析化学的快速发展。

2006 年,国务院颁布了未来 20 年我国《国家中长期科学和技术发展规划纲要》其中重点提出发展与人类健康、资源环境、疾病诊断、公共安全等相关的新技术与新方法,为分析化学学科的未来发展提供了前所未有的机遇和挑战。

现代分析化学已成为使用和依赖于生物、信息学、计算机学、数学和物理学等学科的一门"边缘学科"。回顾分析化学的发展可看出,每当一种新元理的应用或者一种新方法的引入,例如化学平衡、胶囊介质、界面现象、吸附与脱附、固定化方法、萃取与反萃取、自动化技术、化学计量学、纳米科技、生化科技等,都导致了分析新方法的出现,从未科学技术、国民经济和社会发展做出了贡献,同时也促进了分析化学自身的快速发展。分析化学将继续朝着提高分析方法的选择性、灵敏度和智能化水平,以便最大可能地获取复杂体系的时空多维综合信息的方向发展。

1.3.2 分析化学的发展趋势

环境科学、材料科学、宇宙科学、生命科学以及化学学科的发展,既促进了分析化学的发展,又对分析化学提出了更高的要求。现代分析化学已不再局限于测定物质的组成和含量,它实际上已成为"从事科学研究的科学",正向着更深、更广阔的领域发展。当前的发展趋势主要表现在以下几个方面。

1.3.2.1 智能化

主要体现在计算机的应用和化学计量学的发展方面。计算机在分析数据处理、实验条件的最优化选择、数字模拟、专家系统和各种理论计算的研究中以及在农业、生物、环境测控与管理中都起着非常重要的作用。

1.3.2.2 自动化

主要体现在自动分析、遥测分析等方面。如遥感监测地面污染情况,就可以通过植物的种类、长势及其受害程度,间接判断土壤受污染的程度,这是因为植物受污染后发生的生理病变可在陆地卫星影像上有明显的显示。又如红外遥测技术在环境监测(大气污染、烟尘排放等),流程控制,火箭、导弹飞行器尾气组分测定等方面具有独特作用。

1.3.2.3　精确化

主要体现在提高灵敏度和分析结果的准确度方面。如激光微探针质谱法对有机化合物的检出限量为 $10^{-15} \sim 10^{-12}$ g,对某些金属元素的检出限量可达 $10^{-20} \sim 10^{-19}$ g,且能分析生物大分子和高聚物;电子探针分析所用试液体积可低至 1012mL,高含量的相对误差值已达到 0.01% 以下。

1.3.2.4　微观化

主要体现在表面分析与微区分析等方面。如电子探针、X 射线微量分析法可分析半径和深度为 $1 \sim 3$ μm 的微区,其相对检出限量为 0.01% $\sim$ 0.1%。

分析化学的发展必须也必将和当代科学技术的发展同步进行,并将广泛吸收当代各种技术的最新成果,如化学、物理、数学与信息学、生命科学、计算科学、材料科学、医学等,利用一切可以利用的性质和手段,完善和建立新的表征、测定方法和技术,并广泛应用和服务于各个科学领域。同时计算机技术、激光、纳米技术、光导纤维、功能材料、等离子体、化学计量学等新技术、新材料和新方向同分析化学的交叉研究,更促进了分析化学的进一步发展。因此,分析化学已经不是单纯提供信息的科学,它已经发展成一门以多学科为基础的综合性科学。它将继续沿着高灵敏度(达原子级、分子级水平)、高选择性(复杂体系)、快速、简便、经济、分析仪器自动化、数字化、计算机化和信息化的纵深方向发展,以解决更多、更新、更复杂的课题。

1.4　分析过程

1.4.1　取样

根据分析对象是气体、液体或固体,采用不同的取样方法。送到分析实验室的试样量通常是很少的,但它却应该能代表整批物料的平均化学成分。

这里以矿石为例,简要说明取样的基本方法。

①根据矿石的堆放情况和颗粒的大小选取合理的取样点和采集量。

②将采集到的试样经过多次破碎、过筛、混匀、缩分后才能得到符合分析要求的试样。破碎应由粗到细的进行。破碎后过筛时,应将未通过筛孔的粗粒进一步破碎,直至全部通过筛孔。

③将试样量进行缩分,使粉碎后的试样量逐渐减少。缩分一般采用四分法,即将过筛后的试样堆为圆饼状,通过中心分为四等份,弃去对角的两份,剩下的两份继续缩分至所需的采样量。

药品的抽样检验中要遵循一定的取样方案。中药分析时,除应注意品种正确外,还要注意产地和采收期等因素对化学成分与中药质量的影响。

1.4.2 试样的制备

制备的试样应适用于所选用的分析方法,一般分析工作中,通常先将试样制成溶液再进行分析。试样的制备包括干燥、粉碎、研磨、分解、提取、分离和富集等步骤。在制备过程中应尽量少引入杂质,不能丢失待测组分。

1.4.2.1 试样的分解

试样的分解同样是样品预处理步骤中极为重要的一环。

(1)试样分解原则

一般试样的分解应遵循如下要求和原则。

①分解完全。这是分析测试工作的首要条件,应根据试样的性质,选择适当的溶(熔)剂、合理的溶(熔)解方法和操作条件,并力求在较短时间内将试样分解完全。

②避免待测成分损失。分解试样往往需要加热,有些甚至蒸至近干。这些操作往往会发生暴沸或溅跳现象,使待测组分损失。此外加入不恰当的溶剂也会引起组分的损失。

③不能额外引入待测组分。在分解试样过程中,必须注意不能选用含有被测组分的试剂和器皿。

④不能引入干扰物质。防止引入对待测组分测定引起干扰的物质。这主要是要注意所使用的试剂、器皿可能产生的化学反应而干扰待测组分的测定。

⑤适当的方法。选择的试样分解方法与组分的测定方法相适应。

⑥与溶(熔)剂匹配的器皿。根据溶(熔)剂的性质,选用合适的器皿。因为,有些溶(熔)剂会腐蚀某些材质制造的器皿,所以必须注意溶(熔)剂与器皿间的匹配。

(2)分解试样方法

①湿法分析。大多数分析方法为湿法分析,需要分解试样并将待测组分转入溶液方能进行测定。常用的分解试样的方法为酸溶法,少数试样可采用碱溶法,一些不易溶解的试样可采用熔融法。

②酸溶法。酸溶法是利用酸的酸性、氧化性或还原性和配位性将试样中的被测组分转移入溶液中的一种方法。这是一种最常用的分解试样方法,所采用的酸有盐酸、硝酸、磷酸、氢氟酸和高氯酸等。为了提高酸分解的效果,除了采用单一酸作为溶剂外,也常用两种或两种以上的混合酸对某些较难分解的试样进行处理。

③碱熔法。常用的碱性熔剂有碳酸钾、碳酸钠、氢氧化钾、氢氧化钠、过氧化钠或它们的混合物。碱熔法常用于酸性氧化物、酸不溶残渣等酸性试样的分解。近年来,由于采用聚四氟乙烯坩埚在微波炉中熔融试样,简化了操作程序,加快了熔融速度。

1.4.2.2 试样的分离处理

为了避免分析测定过程中其他组分对待测组分的干扰,在试样分解后有时还应进行分离处理,以便得到足够纯度的物质供下一步分析测定。常用的分离方法有沉淀分离法、萃取分离法、色谱分离法等。此外,还可利用蒸馏、挥发、电泳与电渗、区域熔融、泡沫分离等手段进行分离。

有些情况下可利用掩蔽剂掩蔽干扰成分消除干扰,以简化操作手续。

1.4.3　分析测定

一个分析试样的分析结果都需要进行测定。进行实际试样测定前必须对所用仪器进行校正。实际上,实验室使用的计量器具和仪器都必须定时经过权威机构的校验。所使用的具体分析方法必须经过认证以确保分析结果符合要求。定量方法认证包括准确度、精密度、检出限、定量限和线性范围等的确定。

1.4.4　分析结果的计算

根据分析过程中有关反应的计量关系及分析测量所得数据,计算试样中待测定组分的含量。对测定结构及其误差分布情况,应用统计学方法进行评价,例如平均值、标准差、相对标准差、测量次数和置信度等。

1.4.5　分析结果的表示方法

1.4.5.1　被测组分的表示形式

对所测定的组分通常有以下几种表示形式。

①以实际存在的型体表示测定结果以实际存在型体的含量表示。如水质理化检验中测定 Ca^{2+}、Mg^{2+}、NO_3^-、NO_2^- 等,其测定结果直接以其实际存在型体的含量表示。

②以元素形式表示将测定结果折算为元素的含量表示。如进行 Fe、Mn、Al、Cu、N、S 等元素分析,测定结果常以元素的含量表示。

③以氧化物形式表示将测定结果折算为氧化物的含量表示。如中国表示水的硬度的方法是将所测得的钙、镁的量折算成 CaO 的质量,以每升水中含有 CaO 的质量表示,并且规定 1 L 水中含有相当于 10 mg 的 CaO 为 1 度($^\circ$dH)。

④以化合物的形式表示将测定结果折算为化合物的含量表示,如用重量法测定试样中 S,测定结果以 $BaSO_4$ 的含量表示。

以上所列的四种表示形式,只是一般的规则,实际工作中往往按需要或历史习惯表示。

1.4.5.2　被测组分含量的表示方法

被测组分的含量通常以单位质量或单位体积中被测组分的量来表示。由于试样的物理状态和被测组分的含量不同,其计量方法和单位不同。

(1)固体试样

固体试样中某一组分的含量,用该组分在试样中的质量分数 w 表示。

$$w = \frac{m}{m_s}$$

式中,m 和 m_s 分别为被测组分和试样的质量,g。

如果被测组分为常量组分,则 w 的数值可用百分率(%)表示,这里的"%"是表示质量分数,例如 $w=0.25$,可记为 25%;如果被测组分含量很低,则 w 可用指数形式表示,如 $w=1.5\times10^{-5}$,也可以用不等的两个单位之比表示,$\mu g/g$、ng/g 等表示。

(2)液体试样

液体试样的分析结果一般用物质的量浓度 c 表示,单位为 mol/L、mmol/L 等。在卫生检验工作中,被测物质往往以多种形态存在,没有固定的摩尔质量,因此,测定结果常用质量浓度 ρ 表示,单位为 g/L、mg/L、$\mu g/L$、mg/mL 或 $\mu g/mL$ 等。

(3)气体试样

气体试样中被测组分的含量表示方法,随其存在状态不同分为两种。

①质量浓度。用每立方米气体中被测组分的质量表示,单位为 mg/m^3。目前,空气污染物浓度大都采用这种表示方法,如空气中 SO_2 的浓度用 mg/m^3 表示。

②体积分数。当被测组分以气体或蒸气状态存在时,其含量可用体积分数,即以每立方米气体中所含被测物质的体积表示,单位为 mL/m^3。

第2章 定量分析中的误差及分析数据处理

2.1 定量分析中的误差及表示方法

2.1.1 定量分析中的误差

2.1.1.1 系统误差

定量分析的目的是为了确定被测量的值,尤其是有关被测组分含量的值。不准确的结果会导致产品报废、资源浪费,甚至在科学上得出错误的结论。然而由于测量的局限性,实际上并不能绝对准确地得到结果。即使在相同条件下,同一个人对同一试样进行多次测定,分析结果也不可能完全一致。分析过程中的误差是客观存在的,即任何测量都不可能完全精确。

系统误差是由某种确定的原因引起的。其特点为:①引起误差的原因通常为确定的;②误差的正负通常是固定的;③当平行测定时它会重复出现;④误差的大小基本固定。

系统误差一般可以通过实验测定,所以是可以校正的,也称为可测误差。系统误差按照来源可分为:

(1)方法误差

方法误差来源于分析方法本身的不够完善或者有缺陷,即使操作再仔细也不能克服。例如,在滴定分析中所选用的指示剂不恰当,从而导致滴定终点和化学计量点不一致;滴定反应进行的不够完全或者不够迅速;有副反应发生;有干扰物质存在;沉淀有明显的溶解损失等,都可能会导致测定结果系统地偏高或者偏低。方法误差是系统误差中最严重的一种。

(2)操作误差

操作误差是由于分析者的实际操作与正确的操作规程有所出入而引起操作误差。例如,滴定速度偏快;在判定滴定终点的颜色时,有的操作者习惯偏深,有的习惯偏浅;沉淀洗涤不够充分或者洗涤过分;在读取滴定剂的体积时,操作者有的偏高,有的则偏低等。此类误差在重复操作时,也会重复出现,但是不允许用校正法消除,只能通过规范操作来避免。

操作误差的大小一般因人而异,但是对于同一个操作者则常常是恒定的。

(3)仪器与试剂误差

仪器与试剂误差则是由于所用的仪器和试剂引起的。例如,砝码因磨损或者锈蚀造成其质量与标准质量不符合;滴定管或者移液管等容量仪器的刻度值不够准确而又未经校正;基准试剂的组成与化学式不相符;试验用水中含有杂质,被引入测试物或者干扰物;因器皿受试剂腐蚀而引入其他物质,是分析结果不准等。上述误差都可以通过仪器校准和试剂提纯等方法得到改善。

在测定样品中微量组分的含量时,因试剂不纯和仪器腐蚀所引起的误差往往比较严重,一般我们可以通过空白试验来检测,从而减少误差。空白试验即在不加入样品的情况下,按照与样品分析相同的步骤进行实验,所得的结果称为空白值。测量信号或者分析结果中扣除空白值称为空白校准。

(4)环境误差

环境误差是指由环境因素造成的测量误差。例如,被称量的物质有吸湿性,空气的湿度高低也会引起测量结果的改变;空气中 CO_2 会干扰微量酸的测定等。

2.1.1.2 随机误差

在平行测定中,即使消除了系统误差的影响,所得的数据仍然参差不齐,这便是随机误差影响的结果。随机误差也称为偶然误差,是由不确定的原因或者某些难以控制的原因造成的。例如,测定时周围环境的温度、湿度、气压和外电路电压的微小变化;台面的微小震动;分析人员对刻度的故居不确定性;尘埃的影响;测量仪器自身的变动性等,上述因素很难被人们觉察或者控制,且无法避免,随机误差就是这些因素综合作用的结果。它不但造成测定结果的波动,且也使测定值偏离真实值。

下面我们给出一个随机误差的例子。

对移液管做校准时,首先移液管移取正柳树,再用分析天平秤得水的重量,然后根据水的密度计算水的体积。虽然每次移液时操作都是相同的,但是由于一些随机原因,每次移取水的体积并不是完全相同,称重时,体积上的差异在分析天平上可以明显地反映出来,因此每一次校准的数据并不完全相同。如表 2-1 所示。

表 2-1　10 mL 移液管校准数据(重复进行 70 次)

数据/mL	出现次数	数据/mL	出现次数	数据/mL	出现次数
9.964	1	9.969	11	9.973	5
9.965	3	9.970	14	9.974	1
9.967	6	9.971	8	9.975	1
9.968	12	9.972	8		

从表 2-1 中不难算出:平均值为 9.969 6 mL;平均偏差为 0.001 8 mL;标准偏差为 0.002 2 mL。但从每一个分析数据看,似乎我们并不能发现有什么规律,然而,从大量数据总体来看,随机误差的出现有着自己的规律,符合正态分布的统计规律,即无限多个随机误差的代数和必相互抵消为零。

随机误差的特点如下:

①造成误差的原因不定,误差的大小、正负都不固定,因此无法测量和校正,从而也不能在分析操作中避免。

②进行多次测定,我们会发现随机误差符合统计规律。

③大的误差出现机会少,小的误差出现机会多。

④绝对值相同的正负误差出现的机会大致相同。

综上所述,随机误差可以通过增加测量次数使其减小,并且可以采取统计方法对测定结果做出正确表达。

这里需要指出的是,系统误差和随机误差的划分并非绝对的,其在实际工作中有时很难严格区分。虽然系统误差和随机误差的性质和处理方法不同,但是它们往往同时存在,甚至有时候难以区分。例如,在重量分析法中,由于称量时试样吸湿而产生系统误差,但是吸潮的程度又有偶然性。

2.1.2 误差的表示方法

2.1.2.1 准确度与误差

准确度是指测量值与真实值接近的程度,准确度可用误差来衡量。测量值与真实值越接近,误差就越小,测量结果就越准确。误差有正、负之分,当误差为正值时,表示测定结果偏高;误差为负值时,表示测定结果偏低。误差可用绝对误差和相对误差表示。

(1)绝对误差

绝对误差是测量值与真实值之差。即

$$E = x - T$$

其中,x 为测量值,T 为真实值。

由于绝对误差没有与被测物质的质量联系起来,它不能完全说明测量的准确度。例如,用分析天平称量两物体 A 和 B,其绝对误差如下:

A 物品测得值

$$x = 2.175\ 0\ \text{g}$$

真实值

$$T = 2.175\ 1\ \text{g}$$

绝对误差

$$E_A = -0.000\ 1\ \text{g}$$

B 物品测得值

$$x = 0.217\ 5\ \text{g}$$

真实值

$$T = 0.217\ 6\ \text{g}$$

绝对误差

$$E_B = -0.000\ 1\ \text{g}$$

由于绝对误差相同,不能反映出测定的准确度高低,因此分析结果的准确度常用相对误差来表示。

(2)相对误差

相对误差是绝对误差在真实值中所占的百分率。即

$$RE = \frac{E}{T} \times 100\%$$

可以看出,相对误差更能反映误差在测定结果中所占的百分率,更能反映测定结果的准确

度,也更具有实际意义;另外,使用相对误差能够比较不同物理量单位的测量数据,如上例中的相对误差分别为:

$$RE_A = \frac{-0.000\ 1}{2.175\ 1} \times 100\% = -0.005\%$$

$$RE_B = \frac{-0.000\ 1}{2.176} \times 100\% = -0.05\%$$

这说明,绝对误差相同时,常用相对误差进行分析测定。

2.1.2.2 精密度与偏差

我们知道,用准确度和误差结果来评价分析结果的可靠性,需要提供真实值,而在实际问题中,往往不知道真实值。因此,通常用偏差来衡量所得结果的精密度。所谓精密度,是指在相同条件下同一试样多次平行测定结果相互接近的程度。偏差越小,精密度越高。下面介绍各种精密度的表示方法。

(1)偏差

偏差分为绝对偏差和相对偏差。

①绝对偏差 d_i 是指单次测量值 x_i 与平均值 $\overline{x}$ 之差,即

$$d_i = x_i - \overline{x}(i = 1, 2, \cdots, n)$$

②相对偏差 d_r 表示绝对偏差在平均值中所占的百分比,即

$$d_r = \frac{d_i}{\overline{x}} \times 100\% = \frac{|x_i - \overline{x}|}{\overline{x}} \times 100\%$$

其中,$\overline{x} = \frac{1}{n} \sum_{i=1}^{n} x_i$。

由此可见,绝对偏差和相对偏差都只能用来衡量单次测量结果对平均值的偏离程度,而不能表示测量的总结果对平均值的偏离程度。为了更好地说明精密度,在一般的分析中常用平均偏差来衡量。

(2)平均偏差

平均偏差是指各次测量值的偏差的绝对值的平均值,即

$$\overline{d} = \frac{|d_1| + |d_2| + \cdots + |d_n|}{n} = \frac{1}{n} \sum |d_i|$$

其中,n 表示测量次数。

由于各测量值的绝对偏差有正有负,取平均值时会相互抵消。只有取偏差的绝对值的平均值才能正确反映一组重复测量值的偏差大小。

(3)相对平均偏差

单次测量结果的相对平均偏差为

$$\overline{d}_r = \frac{\overline{d}}{\overline{x}} \times 100\%$$

平均偏差和相对平均偏差由于取绝对值,因而都是正值。若进行无限次测量,则总体平均偏差 δ 和总体相对平均偏差 δ_r 分别为:

$$\delta = \frac{1}{n} \sum_{i=1}^{n} |x_i - \mu|$$

$$\delta_r = \frac{\delta}{\mu}$$

式中，μ 为测定次数无限增多时所得的总体平均值。

（4）标准偏差

用平均偏差表示精密度比较简单，但不足之处是在一系列测量中，偏差小的值总是占多数，而大的偏差总占少数，这样按总测定次数来计算平均偏差时会使所得的结果偏小，大偏差值将得不到充分的反映。例如，甲、乙两组数据为各次测定的偏差。

甲组：

$$+0.11, -0.73, +0.24, +0.51, -0.14, 0.00, +0.30, -0.21$$

$n = 8, \bar{d}_1 = 0.28$；

乙组：

$$+0.18, +0.26, -0.25, -0.37, +0.32, -0.28, +0.31, -0.27$$

$n = 8, \bar{d}_2 = 0.28$。

虽然两组数据具有相同的平均偏差，但是甲组含有两个较大的偏差，两组的分散程度是有差别的。因此在数理统计中，一般采用标准偏差来表示精密度。

标准偏差用 s 表示：

$$s = \sqrt{\frac{\sum_{i=1}^{n} (x_i - \bar{x})^2}{n-1}} = \sqrt{\frac{\sum d_i^2}{n-1}}$$

其中，$\bar{x}$ 为样本平均值，$(n-1)$ 为自由度。

甲、乙两组数据的标准偏差分别为：

$$s_{甲} = \sqrt{\frac{0.11^2 + (-0.73)^2 + \cdots + (-0.21)^2}{8-1}} = 0.38$$

$$s_{乙} = \sqrt{\frac{0.18^2 + 0.26^2 + \cdots + (-0.27)^2}{8-1}} = 0.30$$

可见，采用标准偏差能更好地表示数据的离散情况。

（5）相对标准偏差

相对标准偏差是指标准偏差占测量平均值的百分率，即

$$s_r = \frac{s}{\bar{x}} \times 100\%$$

（6）平均值的标准偏差

从同一总体中随机抽出容量相同的数个样本，由此可以得到一系列样本的平均值 $\bar{x}_1, \bar{x}_2, \cdots, \bar{x}_n$。这些样本平均值也不一定完全相同，平均值的标准偏差 σ_x 可以衡量它们之间的精密度。平均值的标准偏差与单次测定值的标准偏差 σ 的关系为：

$$\sigma_x = \frac{\sigma}{\sqrt{n}} \quad (n \to \infty)$$

对于有限次数的测定则为：

$$s_x = \frac{s}{\sqrt{n}}$$

平均值的标准偏差与测定次数的平方根成反比。若以测定次数为横坐标，以平均值的相对

标准偏差为纵坐标,可得如图 2-1 所示的二者的关系曲线。

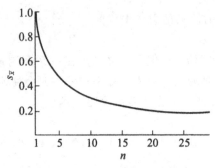

图 2-1 s_x 与测定次数 n 的关系

一般来说,报告分析结果要反映数据的集中趋势和分散性,常用的三项值为:测量次数 n 、平均值 $\bar{x}$(表示集中趋势)、标准偏差 s(表示分散性)。

2.1.2.3 准确度与精密度的关系

准确度和精密度是两个不同的概念,准确度可用误差来衡量。测量值与真实值越接近,误差就越小,测量越准确。精密度可用偏差来衡量。各测量值之间越接近,偏差就越小,精密度越高。

准确度和精密度是从不同侧面反映了分析结果的可靠性。前者反映了系统误差和随机误差的综合;后者反映了随机误差的大小。两者的关系可以用下面的例子说明,如图 2-2 所示。

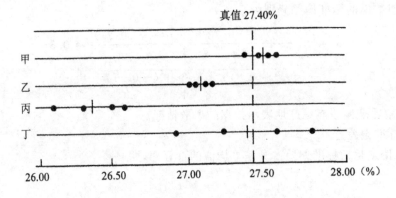

● 表示个别测定值,| 表示平均值

图 2-2 甲、乙、丙、丁四人测定结果的比较

表示甲、乙、丙、丁四人测定同一标准试样中某组分的质量分数时所得的结果(设其真实值为 27.40%)。其中甲的结果的准确度和精密度均很好,结果可靠;乙的精密度虽好,但准确度低;丙的准确度和精密度都很差;丁的精密度很差,数据的可信度低,虽然其平均值接近真实值,但几个数据彼此相差很远,而仅是由于正负误差相互抵消才凑巧使结果接近真实值,因而丁的分析结果也是不可靠的。

综上所述:

①精密度是保证准确度的先决条件。精密度差,所测结果不可靠,就失去了衡量准确度的

前提。

②高的精密度不一定能保证高的准确度,但可以找出精密度不高的原因,而后加以校正,从而提高分析结果的准确度和精密度,使测定结果既精密又准确。

2.1.2.4　随机误差的正态分布

由于随机误差的存在性,对同一试样在相同条件下进行多次测定,当测量次数趋于无穷大时,测量数据一般服从正态分布,正态分布的函数式为:

$$y = \frac{1}{\sigma\sqrt{2\pi}} e^{-\frac{1}{2}\left(\frac{x-\mu}{\sigma}\right)^2}$$

说明:①y 为概率密度,它是测量值 x 的函数。

②μ 为 $n \to \infty$ 时测量值的平均值,称为总体平均值,表示测量值的集中趋势。若没有系统误差的情况下,μ 就是真实值。

③σ 为总体标准偏差,表示数据的离散程度。

若以测量值 x(或随机误差($x-\mu$))为横坐标,概率密度 y 为纵坐标作图,可得正态分布曲线,如图 2-3 所示。

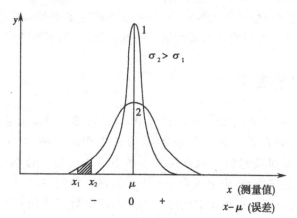

图 2-3　测量值或误差的正态分布曲线

正态分布曲线与横坐标所夹的总面积表示所有测量值出现的概率总和,其值为 1。概率密度函数对某区间(x_1, x_2)定积分就是测量值出现在此区间内的概率,即阴影部分面积。观察图 2-3,我们可以发现:

①曲线为钟形对称,在 $x = \mu$ 处有最高点,说明测量值 x 在 μ 附近出现的概率大,大多数的测量值都集中在算术平均值 μ 的附近。

②曲线以 $x = \mu$ 为对称轴,说明绝对值相同的正负误差出现的概率相等。

③曲线中间大,两头小,当 x 趋向于 $-\infty$ 或 $+\infty$ 时,曲线以 x 轴为渐近线,说明小误差出现的概率大,大误差出现的概率小,出现很大误差的概率极小。

④总体标准偏差 σ 不同时,曲线也不同。σ 越小,最高点概率密度 y 越大,曲线越瘦高,即测量值出现在 μ 附近的概率越大,测量数据越集中。反之,σ 越大,最高点概率密度 y 越小,曲线越扁平,测量值出现在 μ 附近的概率越小,测量数据越分散。

⑤若已知 μ 和 σ,正态分布曲线的位置与形状即可确定下来,由于 x、μ 和 σ 都是变量,为了

方便计算测量值落在某区间内的概率,令

$$u = \frac{x - \mu}{\sigma}$$

u 是以总体标准偏差 σ 为单位的 $(x - \mu)$ 值。以 u 为曲线的横坐标,以概率密度为纵坐标,绘成的曲线即为标准正态分布曲线。

2.2　有效数字及其运算规则

分析化学中的数字可以分为两种:一种为非测量所得的自然数,例如,测量次数、试样份数等;另一种为测量所得,即测量值或者数据计算的结果,其数据位数多少应与分析方法的准确度及其仪器的精密度相适应。

所谓的有效数字是指实际能测量的数字,测量数据不仅仅表示数量的大小,且能反映测量的不确定程度。所得数据的最后一位可能有上下一个单位的误差,我们将其称为不确定数字。有效数字包括所有的准确数字和最后一位不确定数字。分析实验中记录数据,有效数字的位数应根据测定方法和所用仪器的精确度来确定,只有一位不确定的数字,既不能夸大,也不能缩小测量的准确性,有效数字的位数反映了测量和结果的准确程度,绝不能随意增加或者减少。

2.2.1　有效数字的表示

为了取得准确的分析结果,不仅要准确地测量,而且还要正确地记录和计算。即记录的数字不仅表示数量的大小,而且要正确地反映测量的精确程度。例如,由于分析天平的感量是 $\pm 0.000\,1$ g,在读出和记录质量时应该保留至小数点后面的第 4 位数字。若标定某溶液的浓度,用分析天平称取了基准物质,应记录为 1.001 0 g,这一数值中,1.001 是准确的,最后一位数字(0)是可疑的,可能有上下一个单位的误差。由于不确定数字所表示的量是客观存在的,仅因为受到仪器、量器的刻度精细程度的限制,在估计时受到观测者主观因素的影响而不能对它准确认定,因此它仍然是一位有效数字。在读出和记录质量时应该保留至小数点后面的第 4 位数字。

因此,有效数字是由全部准确数字和最后一位(只能是一位)不确定数字组成,它们共同决定了有效数字的位数。

有效数字位数的多少反映了测量的准确度,例如,用分析天平称取 1.001 0 g 试样,一般情况下称量的绝对误差为 $\pm 0.000\,2$ g,那么相对误差为:

$$\frac{\pm 0.000\,2}{1.001\,0} \times 100\% = \pm 0.02\%$$

若用台秤称取试样 1.0 g,称量的绝对误差为 ± 0.2 g,那么相对误差为:

$$\frac{\pm 0.2}{1.0} \times 100\% = \pm 20\%$$

由此可见,在测量准确度允许的范围内,数据中有效数字的位数越多,表明测定的准确度越高。

应当注意的是,数字后面的"0"也体现了一定的测量准确度,因而不可任意取舍。对于数据中的"0",是否作为有效数字要具体情况具体分析。例如,各数有效数字的位数见表 2-2。

表 2-2　各数有效数字的位数

数字	有效数字的位数
2.020 7	五位
0.076 0,1.93×10^{-7}	三位
0.6,0.002%	一位
0.620 0,37.05%,8.053×10^{23}	四位
0.087,0.40%	两位
400,2 600	较含糊

上述情况表明,数字之间与数字后的"0"是有效数字,因为它们是由测量所得到的。而数字前面的"0"是起定位作用的,它的个数与所取的单位有关而与测量的准确度无关,因而不是有效数字。例如,20.00 mL,改用 L 为单位时,表示成 0.020 00 L,有效数字均是四位。上述数据中的最后两个,其有效数字的位数都比较模糊,例如,2 600,一般可视为四位。如果根据测量的实际情况,采用科学计数法将其表示成

$$2.6×10^3, 2.60×10^3 \ 或 \ 2.600×10^3$$

则分别表示二、三或四位有效数字,其位数就明确了。

对于如分数、倍数关系等非测量值,由于它们没有不确定性,其有效数字可视为无限多位,类似地还有数学常数 π、e 等。

pH、pc、lg$K$ 等对数和负对数值,其有效数字的位数仅取决于对数值中尾数部分的位数,因其首数部分只说明了该数据的方次。例如,[H$^+$]=0.002 0 mol/L,也可写成 2.0×10^{-3} mol/L 或 pH=2.70,其有效数字均为两位。

分析化学中常用的一些数值,有效数字位数如下:

试样的质量	0.436 0 g(分析天平称量)	四位有效数字
滴定剂体积	18.34mL(滴定管读数)	四位有效数字
试剂体积	22mL(量筒量取)	两位有效数字
标准溶液浓度	0.100 0 mol/L	四位有效数字
被测组分含量	24.37%	四位有效数字
解离常数	1.8×10^{-5}	两位有效数字
pH	4.30,12.03	两位有效数字

2.2.2　有效数字的修约规则

在处理分析数据时,涉及的各测量值的有效数字位数可能不同。从误差传递原理可知,通过运算所得的结果,其误差总比个别测量的误差大。数据计算所得结果的误差取决于各测量值(特别是误差较大的测量值)的误差。所以,为保证计算结果的准确度与实验数据相符合,则需要对其有效数字的位数确定,多余部分一概舍弃,我们将该过程称为数字修约。其基本原则如下:

2.2.2.1 采用"四舍六入五留双"的规则

该规则规定:当多余位数的首位≤4时,舍去;多余位数的首位≥6时,进位;等于5时,如果5后数字不为0,则进位;如果5后数字为0,则视5前面是奇数还是偶数,采用"奇进偶舍"的方法进行修约,是被保留数据的末位为偶数。

例如,将下列数据修约为两位有效数字:

$$7.549 \rightarrow 7.5 \qquad 3.369\ 0 \rightarrow 3.4 \qquad 7.450\ 1 \rightarrow 7.5$$
$$0.007\ 350 \rightarrow 0.007\ 4 \qquad 0.845\ 0 \rightarrow 0.84$$

2.2.2.2 禁止分次修约

修约应一次到位,不得连续多次进行修约,例如,将数据2.345 7修约为两位,则为2.345 7→2.3;然而若分次修约:2.345 7→2.346→2.35→2.4这样出现了错误。

2.2.2.3 可多保留一位有效数字进行运算

在大量运算中,为了提高运算速度,且又不使修约误差迅速累积,则可采用"安全数字"。即将参与运算各数的有效数字修约到比绝对误差最大的数据多保留一位,再运算后,将结果修约到应有的位数。例如,计算5.352 7、2.3、0.054及3.35的和。按加减法的运算法则,其计算结果只保留一位小数。在计算过程中我们不妨多保留一位,则上述数据计算,可写成

$$5.35 + 2.3 + 0.05 + 3.35 = 11.05$$

计算结果可修约为11.0。

2.2.2.4 修约标准偏差

对标准偏差的修约,其结果应使准确度降低。例如,某计算结果的标准偏差为0.213,取两位有效数字,修约为0.21。在做统计检验时,标准偏差可多保留1~2位数参与运算,计算结果的统计量可多保留一位数字与临界值比较。

2.2.2.5 与标准限度值比较时不应修约

在分析测定中常需要将测定值与标准限度进行比较,从而确定样品是否合格。

2.2.3 有效数字的运算规则

2.2.3.1 加减法运算

进行加减运算时,各测量值和计算结果的小数点后保留位数,应与原测量值中小数点后位数最少者相同。也就是计算结果的有效数字取决于测量值中绝对误差最大的那个数据。例如,

$$0.104 + 2.56 + 7.843\ 2 = 0.10 + 2.56 + 7.84 = 10.50$$

其中三个数据中2.56的小数点后位数最少,所以计算结果的小数点后的位数为两位与

2.56 的相同。

2.2.3.2 乘除法运算

对几个数据进行乘除运算时,积或商的有效数字位数的保留,应以其中相对误差最大的那个数据,即有效数字位数最少的那个数据为依据。

例如,求

$$\frac{0.024\ 3 \times 7.105 \times 70.06}{164.2}$$

四个数的相对误差分别为:

$$\frac{\pm 0.000\ 1}{0.024\ 3} \times 100\% = \pm 0.4\%$$

$$\frac{\pm 0.001}{7.105} \times 100\% = \pm 0.01\%$$

$$\frac{\pm 0.01}{70.06} \times 100\% = \pm 0.01\%$$

$$\frac{\pm 0.1}{164.2} \times 100\% = \pm 0.06\%$$

显然,0.024 3 的相对误差最大(也是位数最少的数据),所以上列计算式的结果,只允许保留三位有效数字:

$$\frac{0.024\ 3 \times 7.10 \times 70.1}{164} = 0.073\ 7$$

下面是计算和取舍有效数字位数时,需要注意的几种情况:

①若某一数据中第一位有效数字大于或等于 8,则有效数字的位数可多算一位。例如,8.15 可视为四位有效数字。

②在分析化学计算中,经常会遇到一些倍数、分数,如 2、5、10 及 $\frac{1}{2}$、$\frac{1}{5}$、$\frac{1}{10}$ 等,这里的数字可视为足够准确,不考虑其有效数字位数,计算结果的有效数字位数,应由其他测量数据来决定。

③在计算过程中,为了提高计算结果的可靠性,可以暂时多保留一位有效数字位数,得到最后结果时,再根据数字修约的规则,弃去多余的数字。

④对于各种化学平衡常数的计算,一般保留两位或三位有效数字;对于各种误差的计算,取一位有效数字即可,最多取两位;对于 pH 的计算,通常只取一位或两位有效数字即可,如 pH 为 3.4、7.5、10.48。

⑤定量分析的结果,对于溶液的准确浓度,用四位有效数字表示。对于高含量组分(如 ≥10%),要求分析结果为四位有效数字;对于中含量(1%~10%),要求有三位有效数字;对于微量组分(<1%),一般只要求两位有效数字。

2.2.3.3 对数运算

进行对数计算时,如 pH,pM,lg$c$,lg$K$ 等,对数位数的位数应与指数形式的有效数字位数相同,其整数部分仅与指数形式中的指数对应。例如,pH=11.02,换算成指数形式为:

$$[H^+] = 9.6 \times 10^{-12}$$

2.3 分析结果的处理

2.3.1 平均值的密度

对分析对象进行 n 次测量可得到 n 个值,在统计学上称为一个样本。由该样本可以求出样本平均值 $\bar{x}$ 和标准偏差 s。若对同一总体进行 n 个样本的测量,则有 n 个平均值。这些平均值 $\bar{x}$ 也有一个平均值 $\bar{\bar{x}}$ 和标准偏差 $s_{\bar{x}}$,其中 $s_{\bar{x}}$ 反映了平均值 $\bar{x}$ 的离散情况。根据随机误差的传递公式只需要一个样本则就可以计算出平均值的标准偏差 $s_{\bar{x}}$。由于

$$\bar{\bar{x}} = \frac{1}{n}\bar{x}_1 + \frac{1}{n}\bar{x}_2 + \frac{1}{n}\bar{x}_3 + \cdots + \frac{1}{n}\bar{x}_n$$

根据公式 $s_R^2 = a^2 s_A^2 + b^2 s_B^2 + c^2 s_c^2$,其中($R$ 为 A,B,C 三个测量值相加减的结果,s 代表各项的标准偏差),从而有

$$s_{\bar{x}}^2 = \frac{1}{n^2}(s_1^2 + s_2^2 + s_3^2 + \cdots + s_n^2)$$

在相同条件下测量同一物理量,则可认为各样本有相同的标准偏差,则有

$$s_1^2 = s_2^2 = \cdots = s_n^2 = s^2$$

因此

$$s_x^2 = \frac{s^2}{n}$$

或者

$$s_{\bar{x}} = \frac{s}{\sqrt{n}}$$

由此可见,n 越大,$s_{\bar{x}}$ 越小,平均值的精密度越高。

2.3.2 t 分布

在通常分析工作中平行测试的次数(n)较少,将其称为小样本(总体中的微小部分)试验。那么根据小样本试验总体的标准偏差 σ 和平均值 μ 是不知道的,从而只能用样本的标准偏差 s 代替总体的标准偏差 σ,对于数据的离散情况及 μ 所在区间进行估计。此时随机误差遵循的不是正态分布,而是 t 分布(即少量数据平均值的概率误差分布)。英国化学家戈塞特提出用 t 代替标准正态分布中 μ,定义

$$t = \frac{\bar{x} - \mu}{s_x}$$

或者

$$t = \frac{\bar{x} - \mu}{s}\sqrt{x}$$

t 分布曲线(图 2-4)与正态分布曲线相似,但是由于测量次数较少,数据的离散程度较大,从

而使得分布曲线的形状将变得低而钝，t 分布曲线为一族曲线，"高矮"因自由度 $f(f=n-1)$ 而变，对用每一个 f 都有一条曲线与之对应。当 n 趋于无穷时，此时 t 分布则趋近于正态分布。与正态分布曲线一样，t 分布曲线下面一定范围内的面积，表示平均值落在该区间的概率。需要注意，对于正态分布曲线，只要 μ 值一定，相应概率也就一定；然而对于 t 分布曲线，当 t 值一定时，因为 f 值的不同，相应曲线所包含的面积不同，其概率也不同。对某一区间 $(-t，+t)$，$\overline{x}$ 落在 $\mu \pm ts_{\overline{x}}$ 内的概率 P，称为置信度，落在次区间外的概率 $\alpha=1-P$，称为显著性水平。由于 t 值与 $\alpha，f$ 有关，因此引用是需要加脚注，我们使用 $t_{\alpha,f}$ 表示，不同 $\alpha，f$ 所对应的 t 值如表 2-3 所示。

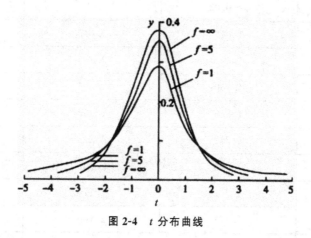

图 2-4　t 分布曲线

由表 2-3 可见，t 值随着 f 的改变而改变。测定次数越多，t 值越小，当 $f=\infty$ 时，$t_{0.05,\infty}=1.96$，此时与正态分布曲线得到的相应的 μ 值相同。

表 2-3　t 检验临界值($t_{\alpha,f}$)

	单侧检验的 α 值	双侧检验的 α 值	
双侧检验	$\alpha=0.10$	0.05	0.01
单侧检验	$\alpha=0.05$	0.025	0.005
$f=1$	6.314	12.706	63.657
2	2.920	4.303	9.925
3	2.353	3.182	5.841
4	2.132	2.776	4.604
5	2.015	2.571	4.032

单侧检验的α值   双侧检验的α值

双侧检验	$\alpha = 0.10$	0.05	0.01
单侧检验	$\alpha = 0.05$	0.025	0.005
6	1.943	2.447	3.7.7
7	1.895	2.365	3.499
8	1.860	2.306	3.355
9	1.833	2.262	3.250
10	1.812	2.228	3.169
11	1.796	2.201	3.106
12	1.782	2.179	3.055
13	1.771	2.160	3.012
14	1.761	2.145	2.977
15	1.753	2.131	2.947
20	1.725	2.086	2.845
25	1.708	2.060	2.787
30	1.697	2.042	2.750
40	1.684	2.021	2.704
60	1.671	2.000	2.660
∞	1.645	1.960	2.576
	(μ)	(μ)	(μ)

2.3.3 平均值的置信区间

在日常分析中测定次数为有限的,总体平均值自然不为人知。然而随机误差的分布规律表明,测定值总是在以 μ 为中心的一定范围内波动,并且有向 μ 集中的趋势。所以,如何依据有限的测定结果来估计 μ 可能存在的范围具有十分重要的意义。置信区间范围越小,说明测定值与 μ 越接近。

用样本平均值 $\bar{x}$ 去估计真值 μ 成为点估计,点估计的置信概率为零,因此为不可靠的。然而实际上我们可以利用统计量可做出统计意义上的推断,即推断出在某个范围(区间)内包含总体平均值 μ 的概率为多少。那么需要先选定一个置信水平 P,并且在总体平均值的估计值 x 的两端各定出一个界限,称为置信限两个置信限之间的区间,称为置信区间可表示为:

$$\mu = x \pm u\sigma$$

式中, $u\sigma$ 为置信限, $(x \pm u\sigma)$ 为置信区间,由此可见置信区间是指在一定的置信水平 P 时,以测定结果 x 为中心,包括平均值在内的可信范围。这种用置信区间和置信概率表示分析结果称为区间估计。

对于经常进行测定的试样,因为已经积累了大量的测定数据,则可认为 σ 为已知。则有

$$x = \mu \pm u\sigma$$

根据随机误差的区间概率可知,其测定值出现在 $\mu \pm u\sigma$ 范围内的概率是由 u 来决定的。

如果用少量测量值的平均值 $\overline{x}$ 估计 μ 值的范围,那么则需要使用 t 分布对其进行处理,只能求出样本标注偏差 s,然后根据所要求的置信水平和自由度,查表 2-3 可得 $t_{a,f}$,按照下式计算置信区间:

$$\mu = \overline{x} \pm ts/\sqrt{n}$$

因为平均值较单次测定值的精密度更加高,所以,我们常采用样本平均值 $\overline{x}$ 来估计真值所在的范围。那么此时则有

$$\mu = \overline{x} \pm u\sigma_x = \overline{x} \pm u\frac{\sigma}{\sqrt{n}}$$

其中, n 为测定次数,将右侧称为样本平均值的置信区间,一般称为平均值的置信区间。

在对真值进行区间估计时,置信度的高低一定要恰当。在日常生活中人们的判断如果有 90% 或者 95% 的把握时,则可认为判断基本正确。所以,我们在定量分析中,一般将置信度也定为 90% 或者 95%。

例 2.1　标定 HCl 溶液的浓度时,先标定 3 次,结果分别为 0.200 1,0.200 5 和 0.200 9 mol/L;后来又标定 2 次,结果分别为 0.200 4 mol/L 和 0.200 6mol/L。试样分别由 3 次和 5 次标定的结果计算总体平均 μ 的置信区间, $P = 0.95$。

解:标定 3 次时, $\overline{x} = 0.200\ 5\ \text{mol/L}$, $s = 0.000\ 4\ \text{mol/L}$,查表 $t_{0.95,2} = 4.303$,因此则有

$$\mu = \overline{x} \pm t_{P \cdot f}\frac{s}{\sqrt{n}} = \left(0.200\ 5 \pm \frac{4.303 \times 0.004}{\sqrt{3}}\right)\ \text{mol/L} = (0.200\ 5 \pm 0.001\ 0)\ \text{mol/L}$$

标定 5 次时, $\overline{x} = 0.200\ 5\ \text{mol/L}$, $s = 0.000\ 3\ \text{mol/L}$,查表 $t_{0.95,4} = 2.776$,因此则有

$$\mu = \overline{x} \pm t_{P \cdot f}\frac{s}{\sqrt{n}} = \left(0.200\ 5 \pm \frac{2.776 \times 0.003}{\sqrt{5}}\right)\text{mol/L} = (0.200\ 5 \pm 0.000\ 4)\ \text{mol/L}$$

上述试验表明,当 P 一定时,增加测定次数并且提高测定的精确度后置信区间减小,从而说明此时平均值更加接近正直,因此更加可靠。

例 2.2　使用标准方法平行测定钢样中磷的质量分数 4 次,其平均值为 0.087%。设系统误差已经消除,并且 $\sigma = 0.002\%$。

(1)计算平均值的标准偏差;

(2)求次钢样中磷含量的置信区间($P = 0.95$)。

解:(1)根据题意可知

$$\sigma_x = \frac{\sigma}{\sqrt{n}} = \frac{0.002\%}{\sqrt{4}} = 0.001\%$$

(2)因为 $P=0.95$ 时,$u=\pm 1.96$,由 $\mu = \overline{x} \pm u\sigma_x$,可得

$$\mu = 0.087\% \pm 1.96 \times 0.001\% = 0.087\% \pm 0.002\%$$

上述表明,经过 4 次测定,区间 $0.085\% \sim 0.089\%$ 包含钢样中的磷的真实含量的概率为 0.95,即钢样中磷含量的置信区间为 $0.087\% \pm 0.002\%(P=0.95)$。

例 2.3 用 8-羟基喹啉法测定 Al 的含量,9 次测定的标准偏差为 0.042%,平均值为 10.79%。

(1)估计真值在 95% 置信水平时应为多大?

(2)估计真值在 99% 置信水平时应为多大?

解:(1)

$$P = 0.95 ; \alpha = 1 - P = 0.05 ; f = 9 - 1 = 8 ; t_{0.05,8} = 2.306$$

将数据代入 $\mu = \overline{x} \pm u\sigma_x = \overline{x} \pm u \dfrac{\sigma}{\sqrt{n}}$ 可得

$$\mu = 10.79 \pm 2.306 \times 0.042/\sqrt{9} = 10.79 \pm 0.032(\%)$$

(2)

$$P = 0.99 ; \alpha = 1 - P = 0.01 ; f = 9 - 1 = 8 ; t_{0.01,8} = 3.355$$

将数据代入上述公式可得

$$\mu = 10.79 \pm 3.355 \times 0.042/\sqrt{9} = 10.79 \pm 0.047(\%)$$

2.3.4 显著性检验

在实际工作中,我们经常会遇到这样一些问题,对标准物质等进行测定,分析结果与标准值不同;两个分析员或者两种分析方法或者两个实验室对同一试样进行分析测定,其结果不相同。造成这种误差的原因有可能是存在系统误差或者存在随机误差。如果差异仅由随机误差引起,那么从统计学的角度来看,为正常现象。但是如果为系统误差所致,那么则称两个结果之间存在着显著性差异。

使用统计方法检验测定值之间是否存在显著差异,推测它们之间是否存在系统误差,从而判断测定结果或者分析方法的可靠性,将该过程称为显著性检验。

2.3.4.1 t 检验

t 检验用来检测样本平均值与标准值或者两组数据的平均值之间是否存在显著性差异,从而对分析方法的准确度作出评价,其根据为样本随机误差的 t 分布规律。

主要用于以下几个方面:

(1)样本均值与标准值的比较

方法是先按照下式计算出统计量 t,即

$$t = \frac{|\overline{x} - \mu|}{s} \cdot \sqrt{n}$$

然后根据置信度和自由度,在表 2-3 中查得相应的临界值 $t_{a,f}$,如果 $t > t_{a,f}$,那么平均值 $\overline{x}$ 与标准值 μ 之间存在显著性差异,即存在系统误差;如果 $t \leqslant t_{a,f}$,则表示不存在显著性差异。

例 2.4 为了检验测定微量 $Cu(\mathrm{II})$ 的一种新方法,取一标准试样,已知其含量为 $1.17 \times 10^{-3}\%$,测量 5 次,得含量平均值为 $1.08 \times 10^{-3}\%$;其标准偏差 s 为 $7 \times 10^{-5}\%$。那么此新方法在 95% 的置信水平上是否可靠?

解: 根据题意可知,上述检验为双侧检验

将数据代入 $t = \dfrac{|\overline{x} - \mu|}{s} \cdot \sqrt{n}$ 式中,可得

$$t = \frac{|1.08 \times 10^{-3} - 1.17 \times 10^{-3}|}{7 \times 10^{-5} / \sqrt{5}} = 2.9$$

查表 2-3,可得 $t_{0.05,4} = 2.776$。由于 $t > t_{0.05,4}$,从而说明平均值与标准值之间存在着显著性差别,该方法不够好。

例 2.5 使用一种新方法测定标准试样 SiO_2 含量,8 次测定的质量分数平均值为 0.343 1,其标准偏差为 0.000 5。已知 SiO_2 含量的标准值为 0.343 3。试问置信度为 95% 时,测定是否存在系统误差。

解: 将数据代入 $t = \dfrac{|\overline{x} - \mu|}{s} \cdot \sqrt{n}$ 式中,可得

$$t = \frac{|0.343\,1 - 0.343\,3|}{0.000\,5} \times \sqrt{8} = 1.13$$

查表 2-3,可知 $t < t_{0.05,7}$,因此测定不存在系统误差。

(2)两个样本均值的 t 检验

两个样本均值的 t 检验是指:

①两个试样含有同一成分,使用相同分析法所测得两组数据均值间的显著性检验;

②一个试样由不同分析人员或者同一分析人员采用不同方法、不同仪器或者不同分析时间,分析所得的两组数据均值的显著性检验。

两个样本平均值 $\overline{x}_1$、$\overline{x}_2$ 的比较,使用下式进行计算:

$$t = \frac{|\overline{x}_1 - \overline{x}_2|}{s_r} \sqrt{\frac{n_1 \times n_2}{n_1 + n_2}}$$

其中,s_r 称为合并标准偏差或者组合标准差。n_1, n_2 分别为两组数据的测定次数,其中 n_1, n_2 可以不相等,但是不能相差非常悬殊。如果已知 s_1, s_2,那么则可由下式推出 s_r。

$$s_r = \sqrt{\frac{(n_1 - 1)s_1^2 + (n_2 - 1)s_2^2}{n_1 + n_2 - 2}}$$

下面给出一个简单例题。

例 2.6 使用同一方法分析试样中的 Mg 含量。样本 1 的相关数据为 1.23%、1.25% 和 1.26%;样本 2:1.31%、1.34% 和 1.35%。试问两个试样的 Mg 含量是否存在显著性差异?

解: 根据题意可知:

$$\overline{x}_1 = 1.25, \ s_1 = 0.015(\%); \ \overline{x}_2 = 1.33, \ s_2 = 0.021(\%)$$

$$s_r = \sqrt{\frac{(3-1) \times 0.015^2 + (3-1) \times 0.021^2}{3 + 3 - 2}} = 0.018$$

$$t = \frac{|\,1.25 - 1.33\,|}{0.018} \sqrt{\frac{3 \times 3}{3 + 3}} = 5.4$$

由表 2-3 可得 $t_{0.05,4} = 2.776$。因为 $t > t_{0.05,4}$，因此两个试样的 Mg 含量存在显著性差异。

2.3.4.2 F 检验

F 检验是通过比较两组数据的方差 s^2，来确定其精密度之间有无显著性差异。

F 检验的步骤为，首先计算两个样本方差 s_1^2, s_2^2，则 F 为两个方差的比值，即有

$$F = \frac{s_1^2}{s_2^2}$$

设 $s_1 > s_2$，求出的 F 值与方差比的单侧临界值（F_{a,f_1,f_2}）进行比较。如果 $s_2^2 F < F_{a,f_1,f_2}$，则说明两组数据的精密度不存在显著性差异；反之，则存在显著性差异（表 2-4）。

表 2-4 置信度 95%（$\alpha = 0.05$）时 F 值（单侧）

f_{s_2} \ f_{s_1}	2	3	4	5	6	7	8	9	10	∞
2	19.00	19.16	19.25	19.30	19.33	19.36	19.37	19.38	19.39	19.50
3	9.55	9.28	9.12	9.01	8.94	8.88	8.84	8.81	8.78	8.53
4	6.94	6.95	6.39	6.26	6.16	6.09	6.04	6.00	5.96	50.63
5	5.79	5.41	5.19	5.05	4.95	4.88	4.82	4.78	4.74	4.36
6	5.14	4.76	4.53	4.39	4.28	4.21	4.15	4.10	4.06	3.67
7	4.74	4.35	4.12	3.97	3.87	3.79	3.73	3.68	3.63	3.23
8	4.46	4.07	3.84	3.69	3.58	3.50	3.44	3.39	3.34	2.93
9	4.26	3.86	3.63	3.48	3.37	3.29	3.23	3.18	3.13	2.71
10	4.10	3.71	3.48	3.33	3.22	3.14	3.07	3.02	2.97	2.54
∞	3.00	2.60	2.37	2.21	2.10	2.01	1.94	1.88	1.83	1.00

例 2.7 使用两种方法测定同一试样中某分组。第 1 法，共测 6 次，$s_1 = 0.055$；第 2 法，共测 4 次，$s_2 = 0.022$。则试问上述两种方法的精密度是否存在显著性差异。

解：根据题意可得：

$$f_1 = 6 - 1 = 5;\ f_2 = 4 - 1 = 3$$

查表可得 $F_{0.05,5,3} = 9.01$，将实验测得的标准差代入 $F = \frac{s_1^2}{s_2^2}$ 可得：

$$F = \frac{0.055^2}{0.022^2} = 6.2$$

由于 $F < F_{0.05,5,3}$，那么可知 s_1, s_2 不存在显著性差异。

例 2.8 为了确定添加适量掩蔽剂对某种物质测定精密度的影响，做添加和不加掩蔽剂的实验各 10 次，所得标准偏差分别为 $s_1 = 0.039, s_2 = 0.025$。试问加入掩蔽剂后的测定精密度是

都变差(置信度为 95%)?

解:为单侧检测。将实验测得的标准差代入 $F = \dfrac{s_1^2}{s_2^2}$ 可得

$$F = \frac{0.039^2}{0.025^2} = 2.43$$

查表可得 $F_{0.05,9,9} = 3.18$,由于 $F < F_{0.05,9,9}$,可知添加了掩蔽剂后测量精密度并没有变差。下面我们介绍下使用显著性检验的几个注意事项:

①两组数据的显著性检验顺序是先进性 F 检验然后进行 t 检验。先由 F 检验确认两组数据的精密度无显著差异后,继而才能进行两组数据的均值是否存在系统误差的 t 检验。

②单侧与双侧检验。检验两个分析结果是否存在显著性差异时,采用双侧检验;如果检验某分析结果是否明显高于某值,采用单侧检验。t 分布曲线为对称性,双侧检验与单侧检验临界值都常见,可以根据要求选择,但是多采用双侧检验。F 分布曲线为非对称形,虽然也分单侧和双侧检验的临界值,但是 F 检验多用于单侧检验。

③置信水平 P 或者显著性水平 α 的选择。因为 t 与 F 等的临界值随着 α 的不同而不同,所以 α 的选择必须适当。

2.3.5　相关和回归

相关与回归(correlation and regression)是研究变量间相关关系的统计学方法,包括相关分析与回归分析。

2.3.5.1　相关系数

在定量分析中,由于各种误差的存在,使得两个变量间一般不呈现确定的函数关系,仅为相关关系。为了定量地描述两个变量的相关性,设两个变量 x 和 y 的 n 次测量值为 (x_1, y_1),(x_2, y_2),(x_3, y_3),$\cdots$,(x_n, y_n),然后可按下式计算相关系数(correlation coefficient)r 值。

$$r = \frac{\sum\limits_{i=1}^{n}(x_i - \overline{x})(y_i - \overline{y})}{\sqrt{\sum\limits_{i=1}^{n}(x_i - \overline{x})^2 \cdot \sum\limits_{i=1}^{n}(y_i - \overline{y})^2}}$$

相关系数 r 是一个介于 0 和 ± 1 之间的数值,即 $0 \leqslant |r| \leqslant 1$。当 $|r| = 1$ 时为绝对相关,表示所有 (x_1, y_1),(x_2, y_2),$\cdots$ 等处于一条直线上,此时 x 与 y 完全线性相关;当 $r = 0$ 时为绝对无关,表示 (x_1, y_1),(x_2, y_2),$\cdots$ 呈杂乱无章或在一条曲线上,x 与 y 无任何关系;$r > 0$ 时,称为正相关;$r < 0$ 为负相关。相关系数的大小反映 x 与 y 两个变量间线性相关的密切程度。

2.3.5.2　回归分析

回归分析是研究随机现象中变量之间关系的一种数理统计学分析方法。设 x 为自变量,y 为因变量。对于某一 x 值,y 的多次测量值可能有波动,但服从一定的分布规律。回归分析就是要找出 y 的平均值 $\overline{y}$ 与 x 之间的关系。

通过相关系数的计算,如果知道 $\overline{y}$ 与 x 之间呈线性相关关系,就可以进行线性回归。用最

小二乘法解出回归系数 a（截距）与 b（斜率）：

$$a = \frac{\sum\limits_{i-1}^{n} y_i - b \sum\limits_{i-1}^{n} x_i}{n}$$

$$b = \frac{n \sum\limits_{i-1}^{n} x_i y_i - \frac{1}{n} \sum\limits_{i-1}^{n} x_i \cdot \sum\limits_{i-1}^{n} y_i}{n \sum\limits_{i-1}^{n} x_i^2 - \frac{1}{n} \left(\sum\limits_{i-1}^{n} x_i \right)^2}$$

将测定数据代入上式，求出回归系数 a 与 b，得到确定回归方程式，根据方程得到一条最接近所有实验点的直线。

$$\overline{y} = a + bx$$

例 2.9 标准曲线法测定水中微量铁。

①标准溶液的制备。称取一定量的 $NH_4 Fe(SO_4)_2 \cdot 12H_2O$，制成每 l mL 含 Fe^{3+} 为 10.0 μg 的水溶液。

②标准曲线的绘制。用刻度吸管分别精密吸取标准溶液 2.0，4.0，6.0，8.0，10.0 mL 于 50 mL 量瓶中，加入各种试剂和显色剂后，用水稀释至刻度，摇匀。在 510 nm 波长下，测定各溶液的吸光度，测定数据如表 2-5 所示。

表 2-5 测定各溶液吸光度的数据

Fe^{3+} 的浓度（μg/mL）	0.4	0.8	1.2	1.6	2.0
吸光度 A	0.120	0.242	0.356	0.488	0.608

③水样测定。以自来水为样品，准确吸取澄清水样 5.00 mL，置 50 mL 容量瓶中。按上述制备标准曲线项下的方法，制备供试品溶液，并测定吸光度，根据测得的吸光度求出水中的含铁量。测得供试品溶液的吸光度 $A = 0.286$。

解：

①按公式计算回归系数 a，b 及相关系数 r 值。

$$a = \frac{\sum\limits_{i-1}^{n} y_i - b \sum\limits_{i-1}^{n} x_i}{n} = -0.0038$$

$$b = \frac{n \sum\limits_{i-1}^{n} x_i y_i - \frac{1}{n} \sum\limits_{i-1}^{n} x_i \cdot \sum\limits_{i-1}^{n} y_i}{n \sum\limits_{i-1}^{n} x_i^2 - \frac{1}{n} \left(\sum\limits_{i-1}^{n} x_i \right)^2} = 0.3055$$

$$r = \frac{\sum\limits_{i-1}^{n} (x_i - \overline{x})(y_i - \overline{y})}{\sqrt{\sum\limits_{i-1}^{n} (x_i - \overline{x})^2 \cdot \sum\limits_{i-1}^{n} (y_i - \overline{y})^2}} = 0.9998$$

回归方程为

$$y = 0.3055x - 0.0038$$

相关系数

$$r = 0.999\ 8$$

②将测得水样的吸光度 $A = 0.286$ 代入回归方程 $\overline{y} = 0.305\ 5x - 0.003\ 8$，即得

$$x = \frac{0.286 + 0.003\ 8}{0.305\ 5} = 0.949\ \mu g/mL$$

③水样中 Fe^{3+} 的含量。

$$[Fe^{3+}] = 0.949 \times \frac{50}{5} = 9.49\ \mu g/mL$$

2.3.6 可疑值的取舍

在实验中得到一组数据，往往个别数据偏离群较远，该数据过高或者过低，这一类数据称为可疑值或者极端值。可疑数据对测定的精密度和准确度均有非常大的影响。若随意取舍可疑值会影响平均值，若测定数据较少时其影响更大，所以对可疑值必须谨慎对待。若检查实验中确实存在过失，则可疑值舍去。若没有充分依据，则应采用统计学方法决定其取舍，由于从统计学的角度来说，数据可以有一定的波动范围。对于不是由于过失而造成的可疑值，需要按照一定的统计学方法进行处理。下面我们介绍几种统计学中处理可疑值的方法。

2.3.6.1 Q 检验法

当测量值较少时（10 次以内），Q 检验法为一种常用的简便方法。该方法由迪安和狄克逊在 1951 年提出，其方法如下：

将测量值从小到大排序；求可疑值与其最邻近测量值之差的绝对值；按照下式计算 Q（称为舍弃商）：

$$Q = \frac{\left| x_{可疑} - x_{邻近} \right|}{x_{最大} - x_{最小}}$$

在根据置信度和测量次数 n 查表 2-6 Q 值表，当计算值 Q 大于临界值 Q 时，则该可疑值应当舍去，否则保留。

表 2-6 Q 值表（置信度 90% 和 96%）

测定次数	3	4	5	6	7	8	9	10
$Q_{0.90}$	0.94	0.76	0.64	0.56	0.51	0.47	0.44	0.41
$Q_{0.95}$	0.97	0.84	0.73	0.64	0.59	0.54	0.51	0.49

例 2.10 标定某一标准溶液时，测得以下 5 个数据：

0.101 4 mol/L，0.101 2 mol/L，0.101 9 mol/L，0.102 6 mol/L，0.101 6 mol/L
其中 0.102 6 mol/L 为可疑值，现采用 Q 检验法确定该数据是否应舍弃？

解：将测得数据按照递增顺序排列：

0.101 2 mol/L，0.101 4 mol/L，0.101 6 mol/L，0.101 9 mol/L，0.102 6 mol/L
可疑值在序列的末尾。计算 Q 值：

$$Q = \frac{x_5 - x_4}{x_5 - x_1} = \frac{0.102\,6 - 0.101\,9}{0.102\,6 - 0.101\,2} = 0.5$$

查表 2-6，当测定次数为 5 时，$Q_{90\%} = 0.64$。因为 $Q < Q_{90\%}$，所以数据 0.102 6 mol/L 不应该舍弃。

2.3.6.2 G 检验法

G 检验法的适用范围较 Q 检验法较广，并且由于在检验中引入了两个样本统计量 $\overline{x}$ 和 s，因此准确度较高。按照下式计算 G 值：

$$G = \frac{|x_{可疑} - \overline{x}|}{s}$$

其中，$x_{可疑}$ 为数据中怀疑有问题的最小值或者最大值。

例 2.11 测定氨溶液中 NH_3 质量分数，可到如下结果：

$$0.201, 0.199, 0.202, 0.199, 0.211, 0.200$$

使用 G 检验法判断，在置信度为 95% 时，0.211 是否应该舍去。

解：经计算 $\overline{x} = 0.202$，$s = 0.004\,6$，可得

$$G = \frac{|x_{可疑} - \overline{x}|}{s} = \frac{0.211 - 0.202}{0.004\,6} = 1.96$$

查表 2-7，当 $n = 6$，$G_{0.05,6} = 1.82$，由于 $G > G_{0.05,6}$，所以测量值 0.211 应该舍去。

表 2-7 G 检验临界值 $(G_{\alpha,n})$ 表

数据 n	$\alpha = 0.10$	$\alpha = 0.05$	$\alpha = 0.01$
3	1.15	1.15	1.15
4	1.46	1.48	1.50
5	1.67	1.71	1.76
6	1.82	1.89	1.97
7	1.94	2.02	2.14
8	2.03	2.13	2.27
9	2.11	2.21	2.39
10	2.18	2.29	2.48
11	2.23	2.36	2.56
12	2.29	2.41	2.64
13	2.33	2.45	2.70
14	2.37	2.51	2.76
15	2.41	2.55	2.81
20	2.56	2.71	3.00
25	2.66	2.82	3.14
30	2.75	2.91	3.24

例 2.12　6 次标定某种 NaOH 溶液的浓度,其结果为

0.105 0 mol/L,0.104 2 mol/L,0.108 6 mol/L,0.106 3 mol/L,0.105 1 mol/L,0.106 4 mol/L 使用 G 检验法判断 0.108 6 mol/L,该测试结果是否应被舍去?

解:6 次测定值按照递增的顺序排列

0.104 2 mol/L,0.105 0 mol/L,0.105 1 mol/L,0.106 3 mol/L,0.106 4 mol/L,0.108 6 mol/L 根据公式可得

$$G = \frac{|x_{可疑} - \bar{x}|}{s} = \frac{0.108\ 6 - 0.105\ 9}{0.001\ 6} = 1.69$$

查表 2-7,当 $n = 6$,$G_{0.05,6} = 1.82$,$G < G_{0.05,6}$,所以 0.108 6 mol/L 这一数据不应该舍弃。

2.4　提高分析结果准确度的方法

想要得到准确的分析结果,必须设法减免在分析过程中带来的各种误差。在实际工作中,可以采取有效措施,尽可能减小这些误差。下面介绍减免分析误差的几种主要方法。

2.4.1　选择恰当的分析方法

定量分析方法多种多样,不同分析方法的灵敏度和准确度不同。根据实际情况选择合适的方法。虽然化学分析法的灵敏度不高,但是对于常量组分的测定可以得到较准确的结果,一般相对误差不超过千分之几。滴定法或重量法等化学分析法准确度较高,灵敏度较低,绝对误差较大,适用于含量组分的测定。仪器分析法灵敏度高、绝对误差小,虽然其相对误差较大,不适合常量组分的测定,但能满足微量或者痕量组分测定准确度的要求。例如,用光谱法测定纯硅中的硼,其结果为 $2 \times 10^{-6}\%$。如果此方法的相对误差为 ± 0.5,则试样中硼的含量应在 $1 \times 10^{-6}\%$ 和 $3 \times 10^{-6}\%$ 之间。可以看出其相对误差较大,但是由于待测组分含量很低,从而引入的绝对误差则很小,满足测定准确度的要求。

分析方法的选择还与试样的组成有关。例如,测定铁矿石中铁的含量,采用重量法会受到其他组分共沉淀的干扰,若采用重铬酸钾滴定法则可以避免上述的影响。

另外,选择分析法时还要考虑共存物质的干扰。

2.4.2　减小测量的相对误差

为了保证分析结果的准确度,应当控制分析过程中各测量值的误差。例如,使用万分之一的分析天平,一般情况下称样的绝对误差为 $\pm 0.000\ 2$ g,若称量的相对误差不大于 ± 0.001,则称量的最小质量可按如下公式计算:

$$试样质量 = \frac{绝对误差}{相对误差} = \frac{\pm 0.000\ 2\ \text{g}}{\pm 0.001} = 0.2\ \text{g}$$

在滴定分析中,常规滴定管单次读数估计误差为 ± 0.01 mL。在一次滴定中,需要读数两

次,从而可能造成±0.02 mL 的误差。因此,为了使测量的相对误差小于±0.1%,从而消耗的标准溶液的体积必须为 20 mL 以上。一般分析天平的称量误差为±0.000 1 g,差减法称量时需要称两次,其误差为±0.000 2 g。如果要求相对误差小于±0.1%。称量试样则必须大于0.2 g。

不同的分析工作要求不同的准确度,因此应根据具体要求,控制各测量步骤的误差。例如,仪器分析法测微量组分,要求相对误差为±0.2%,如果取试样 0.2 g,则试样的称量误差不大于0.2 g×(±2%)=±0.004 g 就可以,所以没有必要用分析天平称准至±0.000 1 g。

2.4.3　减小随机误差的影响

根据随机误差的分布规律,在消除系统误差的前提下,平行测定次数越多,其平均值越接近真值。因此增加测定次数,可以减少随机误差。在实际工作中,一般情况下对同一试样平行测定3～4 次,其精密度符合要求即可,过多的测定次数会多耗费时间和试剂。

2.4.4　消除测量中的系统误差

系统误差是定量分析中误差的主要来源,由于系统误差有固定原因,所以查明和消除这些原因,从而可以消除系统误差。通常消除系统误差的方法有以下几种。

2.4.4.1　对照试验

对照试验用于检验和消除方法误差。对照试验有多种方式,可以与标准物质对照,也可以与成熟的方法对照,还可以与不同的实验室、分析员进行对照。分析的结果可以使用统计学方法检查,从而判断是否存在系统误差。

用已知含量(标准值)的标准试样,按所选的测定方法,在相同的实验条件进行分析,从而得测定方式的校正值(标准试样的标准值与标注试样分析结果的比值),用来评价所选方法的准确性(有无系统误差),或者直接对实验中引入的系统误差进行校正:

$$试样中某组分含量=试样中某组分测得含量×\frac{标准试样中某组分已知含量}{标准试样中某组分测得含量}$$

用已知含量的标准物质与被测试样在相同条件下分析,标准物质的组成应与被测试样相接近。在没有标准物质时,可用其他已知含量质量控制试样代替进行对照试验。

使用其他分析方法进行对照试验,分析方法必须可靠,一般选用国家颁布的标准分析方法或者公认的经典分析方法。

此外,为了检查分析人员之间的操作是否存在系统误差或者其他方面的问题,往往将一部分试样重复安排给不同分析人员进行测定,称为"内检"。有时候会将部分试样送给其他单位进行对照试验,称为"外检"。

对于组成不是十分清楚的试样,经常采用加入回收法。此方法是向试样中加入已知量的被测组分与另一份试样平行进行分析,观察加入的被测组分能否定量回收,由回收率检查是否存在系统误差。

2.4.4.2　空白试验

做空白试验,消除由于试剂、蒸馏水及器皿引入的杂质所造成的系统误差。在微量分析时空白试验是必不可少的。空白试验是在不加入试样的情况下,按照与试样测定完全相同的条件和操作方法进行试验,所得的结果称为空白值。从试样的分析结果中扣除次空白值,从而可消除由试剂、蒸馏水及实验器皿等引入的杂质所造成的误差。空白值不宜偏大。如果空白值较大,则必须查明原因,例如,通过提纯试剂、改用纯度较高的溶剂和采用其他更合适的分析器皿等来解决问题,从达到提高测定准确度的目的。

2.4.4.3　仪器校准和量器

由于仪器不准确造成的误差,均可通过仪器校准消除。校准仪器以消除仪器不准所引起的系统误差。如对砝码、移液管、容量瓶与滴定管等,在要求精确的分析中,必须对这些计量仪器进行校准,并在计算结果时采用校正值。

当允许测定结果的相对误差大于±0.001时,一般不必校准仪器。在对准确度要求较高的测定中,对于使用的仪器或者量器,例如,天平砝码的重量,滴定管、移液管和容量瓶的体积等必须进行校准,可减免仪器误差。其中,因为计量及测量仪器的状态会随时间、环境条件等发生变化,所以需要定期进行校准。

2.4.4.4　回收试验

当采用所建方法测出试样中某组分含量后,可以在几份相同试样($n \geqslant 5$)中加入适量待测组分的纯品,在相同的条件下进行测定,按如下计算回收率:

$$回收率(\%) = \frac{加入纯品的测得量 - 加入前的测得量}{纯品加入量} \times 100\%$$

2.4.4.5　改进分析方法或采用辅助方法校正测定结果

分析方法不够完善是引起系统误差的主要因素,因此需要尽可能找出原因并且加以减免。例如,在滴定分析中选择更加合适的指示剂用来减小终点误差;采用有效的掩蔽方法消除干扰组分的影响等。在重量分析方法中,设法减小沉淀的溶解度,从而使得待测组分沉淀更加完全;减少沉淀对杂质的吸附等。若方法误差无法消除,则可采用辅助其他的测定方法来校正测定结果。例如,采用重量法测定硅的含量时,分离硅沉淀后的滤液中含有少量的硅,可以采用光度法测出其含量,并将其加入到结果中去,这样就校正了因沉淀不完全而带来的负误差。

2.4.5　正确表示分析结果

定量分析的目的是得到待测组分的真正含量。所以,在报告分析结果时,则该对测定值和真值相接近的程度做出估计,从而反映分析结果的可靠性。

为了正确表示分析结果,我们不仅仅要表明其数值的大小,还要反映出测定的准确度、精密度以及测定次数。所以,想要通过一组测定数据(随机样本)来反映该样本所代表的总体时,样本

平均值 $\overline{x}$、样本标准偏差 s 和测定次数 n 三项数据是必不可少的。应用置信空间也是表示分析结果的方法之一。

最后要正确表示分析结果的有效数字，它的位数要与测定方法和仪器的准确相一致。

第3章 滴定分析概论

3.1 滴定分析法概论

滴定分析法是将一种已知准确浓度的溶液(标准溶液),通过滴定管滴加到被测物质溶液(试液)中,直至两者按化学计量关系完全反应为止,然后根据化学反应的计量关系、标准溶液以及试液的用量,计算被测组分的含量。

滴定分析法是化学分析中重要的分析方法,其特点是:

①主要用于常量组分分析,即被测组分的含量一般在1‰以上。

②具有较高的准确度,一般情况下,测定的相对误差不大于0.2%。

③具有操作简便、快捷、仪器简单价廉、方法成熟可靠的优势。

④可测定许多元素,应用广泛。

依据标准溶液与试液发生化学反应的类型不同,可将滴定分析法分为酸碱滴定法、沉淀滴定法、配位滴定法和氧化还原滴定法。

3.1.1 滴定分析法的分类

根据标准溶液与被测组分发生反应类型和介质不同,可将滴定分析法分为以下几种。

(1)酸碱滴定法

以酸、碱之间进行质子转移反应为基础的一类滴定分析方法,利用酸或碱作为标准溶液,直接或间接测定酸性或碱性物质的含量的方法。滴定反应的实质为:

$$OH^- + H_3O^+ \Longrightarrow 2H_2O$$

$$OH^- + HA \Longrightarrow A^- + H_2O$$

$$H_3O^+ + BOH \Longrightarrow B^+ + 2H_2O$$

(2)配位滴定

以配位反应为基础的一类滴定分析方法,常用胺羧配位剂(乙二胺四乙酸 EDTA)作为标准溶液,测定金属离子的含量。滴定反应为:

$$M^{n+} + Y^{4-} \Longrightarrow MY^{n-4}$$

(3)氧化还原滴定

以氧化还原反应为基础的一类滴定分析方法。利用氧化剂或还原剂作为标准溶液,用于直接测定具有氧化性、还原性的物质或间接测定不具有氧化性、还原性的物质。滴定反应的实质为：

$$Ox_1 + Red_2 \rightleftharpoons Red_1 + Ox_2$$

根据标准溶液不同，氧化还原滴定可分为碘量法、高锰酸钾法、重铬酸钾法、铈量法、溴酸钾法、亚硝酸钠法等。

（4）沉淀滴定法

以沉淀反应为基础的一类滴定分析方法。在这类方法中银量法应用最为广泛，即以 $AgNO_3$ 硝酸银、NH_4SCN 为标准溶液，测定 X^-、Ag^+ 的含量，其反应为：

$$Ag^+ + X^- \rightleftharpoons AgX\downarrow$$

X^- 代表 Cl^-、Br^-、I^-、SCN^- 等离子。

（5）非水滴定法

以在除水以外的其他溶剂中的滴定反应为基础的滴定分析方法，称为非水滴定法（non-aqueous titration）。根据反应的类型不同可分为非水酸碱滴定、非水配位滴定、非水氧化还原滴定、非水沉淀滴定。在药物分析中常用于测定弱酸、弱碱的非水酸碱滴定。例如，巴比妥类药物在水溶液中的酸性较弱，不能用氢氧化钠直接滴定，但在非水溶液中酸性会增强，可以用氢氧化钠直接滴定，常用麝香草酚蓝、麝香草酚酞等作指示剂，根据消耗标准溶液的量，计算出被测药物成分的含量。

3.1.2　滴定分析法对化学反应的要求

滴定分析是以化学反应为基础的滴定分析方法，而化学反应的类型众多，并不是每一个化学反应都能用于滴定分析，用于滴定分析的化学反应必须满足以下条件：

①要求被测物质与标准溶液之间的反应必须严格按一定的化学反应方程式进行，也就是说不能有副反应发生，反应必须具备确定的化学计量关系。

②要求反应必须定量完成，即反应的完全程度达到 99.9%，这样按照化学反应方程式的计量关系计算，才能保证滴定误差小于 0.1%。

③反应的速度要快，要求加入的标准溶液与被测物质的反应能瞬间完成，对于速度慢的反应，应通过加入催化剂或加热的方法提高反应的速度，或使用其他的滴定方式滴定。

④必须有适当的方法确定终点，也就是说要具备合适的指示剂。

3.1.3　滴定分析法中的几个常用术语

①滴定。将标准溶液（滴定剂）通过滴定管滴加到被测物质溶液（试液）中的过程，称为滴定。

②化学计量点。滴加的标准溶液与待测组分恰好定量反应完全的这一点，称为化学计量点，简称计量点（sp），通过理论计算得到。

③滴定终点。终止滴定的这一点，称为滴定终点，简称终点（ep）。在滴定中，可以利用指示剂颜色的变化方法来判断化学计量点的到达，也可以用仪器测量来判断化学计量点的到达，从而终止滴定。在后续的滴定方法中，主要讨论指示剂指不终点的方法。

④终点误差。滴定终点与化学计量点不一定恰好吻合，由此造成的误差，称为终点误差，也

可称为滴定误差。可用林邦误差公式进行计算。

⑤滴定曲线。滴定曲线是描绘滴定过程中,试液中某一离子浓度随滴定剂加入而变化的曲线。即以溶液中某离子浓度或与该离子浓度相关的参量为纵坐标,加入滴定剂的体积或滴定分数为横坐标作图,得滴定曲线。

3.1.4　滴定的方式

根据化学反应的具体情况,滴定分析法采用的滴定方式可分为直接滴定法、返滴定法、置换滴定法和间接滴定法几种。

（1）直接滴定法

直接滴定法(direct titration)是用标准溶液直接滴定被测物质的方法。用于直接滴定分析的反应必须满足前述滴定分析法对化学反应的要求。例如,用 NaOH 标准溶液直接滴定 HCl、用 $K_2Cr_2O_7$ 标准溶液滴定 Fe^{2+}、用 $KMnO_4$ 标准溶液滴定 $H_2C_2O_4$、用 EDTA 标准溶液滴定 Ca^{2+}、Mg^{2+}、Zn^{2+} 等。直接滴定法是最常用且最基本的滴定方式,简便、快速,引入的误差较少。如果反应不能完全符合上述要求时,则可采用下述的其他滴定方式。

（2）返滴定法

返滴定法(back titration)是指当滴定反应较慢或者被测物质为水不溶性固体,反应不能立即完成时,可先准确地加入一定量且过量的滴定剂,使其与被测物质进行反应,待反应完全后,再用另一标准溶液滴定剩余的滴定剂,根据反应中实际消耗的滴定剂用量,计算被测物质的含量。这种滴定方法又称为剩余滴定法(surplus titration)或回滴法(back titration)。例如,Al^{3+} 与 EDTA 的配位反应速率太慢,不能直接滴定,需加入一定量且过量的 EDTA 标准溶液,并加热促使反应完全,待溶液冷却后,用 Zn^{2+} 标准溶液滴定过剩的 EDTA,此反应速率很快,可根据消耗 EDTA 和 Zn^{2+} 标准溶液的量计算 Al^{3+} 的含量。再如,用 HCl 标准溶液不能直接滴定 $CaCO_3$,因为在接近计量点时,$CaCO_3$ 的溶解很慢,甚至不能完全溶解,所以不能用直接滴定法。可先加入定量且过量的 HCl 标准溶液,并在温热条件下使其与 $CaCO_3$ 反应完全,再用 NaOH 标准溶液回滴剩余的 HCl,根据消耗 HCl 和 NaOH 的量计算 $CaCO_3$ 的含量。

有时,采用返滴定法是由于没有合适的指示剂。例如,在酸性溶液中用 $AgNO_3$ 滴定 Cl^-,缺乏合适的指示剂。此时,可先加入一定量过量的 $AgNO_3$ 标准溶液,使 Cl^- 完全生成 AgCl 沉淀,再以铁铵钒为指示剂,用 NH_4SCN 标准溶液返滴过剩的 Ag^+,出现 $Fe(SCN)^{2+}$ 的淡红色即为滴定终点。

（3）置换滴定法

如果滴定剂与被测物质不能按一定的反应式进行,或没有确定的化学计量关系,则不能用直接滴定法测定。可先用适当的试剂与被测物质反应,定量地置换出另一种可被滴定的物质,再用标准溶液滴定这种物质,这种方法称为置换滴定法(re-placement titration)。例如,硫代硫酸钠不能直接滴定重铬酸钾或者其他强氧化剂,因为 $Na_2S_2O_3$ 与 $K_2Cr_2O_7$ 等强氧化剂反应时,$S_2O_3^{2-}$ 将被氧化成 $S_4O_6^{2-}$ 和 SO_4^{2-},反应没有一定的化学计量关系。但 $Na_2S_2O_3$ 与 I_2 之间的反应符合滴定分析法的要求,于是,可在酸性 $K_2Cr_2O_7$ 溶液中加入过量 KI 溶液,$K_2Cr_2O_7$ 和 KI 反应定量生成 I_2,然后即可在弱酸性条件下用 $Na_2S_2O_3$ 标准溶液滴定生成 I_2。这种滴定方法常用于以 $K_2Cr_2O_7$ 标定 $Na_2S_2O_3$ 标准溶液的浓度。

有些反应的完全程度不高，也可以通过置换滴定法准确测定。例如，Ag^+ 与 EDTA 的配合物不够稳定，不能用 EDTA 标准溶液直接滴定 Ag^+，但可以先加入 $N_i(CN)_4^{2-}$，Ag^+ 与 $N_i(CN)_4^{2-}$ 反应置换出 Ni^{2+}，然后以 EDTA 标准溶液滴定生成 Ni^{2+}，根据反应消耗 EDTA 的量计算出 Ag^+ 的含量。

(4)间接滴定法

不能与滴定剂直接反应的物质，可将被测物通过一定的化学反应后，再用适当的标准溶液滴定反应产物，从而间接进行测定，这种滴定方法称为间接滴定法（indirect titration）。例如，Ca^{2+} 在溶液中不能直接采用氧化还原滴定法进行测定。但 Ca^{2+} 可与 $C_2O_4^{2-}$ 反应形成 CaC_2O_4 沉淀，并能达到定量完全。于是，可将 Ca^{2+} 转化为 CaC_2O_4 沉淀，经过滤、洗涤后，再溶解于 H_2SO_4 溶液中，用 $KMnO_4$ 标准溶液滴定 $C_2O_4^{2-}$，从而间接测定 Ca^{2+} 的含量。

3.2　基准物质与标准溶液的配制和标定

3.2.1　基准物质

用于直接配制标准溶液或者标定溶液浓度的物质称为基准物质（primary standard）。基准物质不仅稳定可靠，且主体含量高。应该将基准物质与高纯试剂、专用试剂区分开来。有些高纯试剂和光谱纯试剂虽然纯度很高，但只能说其中杂质的含量很低，其主要成分也可能达不到99.9%，且其组成与化学式也不一定准确相符，此时不能作为基准物质。

通常作为基准物质必须符合下列条件：

①物质的组成与化学式完全符合，若含有结晶水，如草酸 $H_2C_2O_4 \cdot 2H_2O$、硼砂 $Na_2B_4O_7 \cdot 10H_2O$ 等，其结晶水的含量也应与化学式相符合。

②试剂的纯度足够高（99.9%以上）。

③在通常条件下，试剂有足够的稳定性，加热干燥时不挥发、不分解，称量时不吸湿，不与空气中的 CO_2 作用，不易被空气中的 O_2 氧化，不易失去结晶水等。

④有较大的摩尔质量，这样称取质量较大，可降低称量误差。

在分析化学中，常用的基准物质有纯金属和纯化合物。基准物质必须以适宜的方法进行干燥处理并妥善保存。表 3-1 列出了一些滴定分析中常用的基准物质的干燥条件和应用范围。

表 3-1　滴定分析常用基准物质

基准物质		干燥或保存方法	干燥后的化学组成	标定对象
名称	分子式			
十水碳酸钠	$Na_2CO_3 \cdot 10H_2O$	270～300℃	Na_2CO_3	酸
无水碳酸钠	Na_2CO_3	270～300℃	Na_2CO_3	酸
碳酸氢钠	$NaHCO_3$	270～300℃	Na_2CO_3	酸

基准物质		干燥或保存方法	干燥后的化学组成	标定对象
名称	分子式			
硼砂	$Na_2B_4O_7 \cdot 10H_2O$	放在装有 NaCl 中蔗糖饱和溶液的干燥器中	$Na_2B_4O_7 \cdot 10H_2O$	酸
邻苯二甲酸氢钾	$KHC_8H_4O_4$	110~120℃	$KHC_8H_4O_4$	碱或 $HClO_4$
二水合草酸	$H_2C_2O_4 \cdot 2H_2O$	室温空气干燥	$H_2C_2O_4 \cdot 2H_2O$	碱或 $KMnO_4$
重铬酸钾	$K_2Cr_2O_7$	120℃	$K_2Cr_2O_7$	还原剂
溴酸钾	$KBrO_3$	180℃	$KBrO_3$	还原剂
碘酸钾	KIO_3	180℃	KIO_3	还原剂
三氧化二砷	As_2O_3	硫酸干燥器	As_2O_3	氧化剂
草酸钠	$Na_2C_2O_4$	105℃	$Na_2C_2O_4$	氧化剂
锌	Zn	室温干燥器	Zn	EDTA
氧化锌	ZnO	800℃	ZnO	EDTA
氯化钠	NaCl	500~550℃	NaCl	$AgNO_3$
氯化钾	KCl	500~550℃	KCl	$AgNO_3$
硝酸银	$AgNO_3$	硫酸干燥器	$AgNO_3$	氯化物

3.2.2　标准溶液的配制

标准溶液是已知准确浓度的试剂溶液。在滴定分析中,无论采用何种滴定方式,都需要通过标准溶液的浓度和用量来计算被测物质的含量,标准溶液的浓度准确与否是影响分析结果准确度的主要因素之一。因此,正确配制和使用标准溶液对滴定分析的准确度至关重要。配制标准溶液的方法有直接法和间接法两种。

3.2.2.1　直接法

准确称取一定量的基准物质,溶解于适量水后,定量转移到容量瓶中,再用水稀释至刻度。根据称取试剂的质量和所配溶液的体积,计算该标准溶液的准确浓度。

例如,配制 1 L 0.100 0 mol/L 的 Na_2CO_3 标准溶液:先准确称取 10.60 g Na_2CO_3 置于烧杯中,加入适量水,使其完全溶解后定量转移至 1 000 mL 容量瓶中,用水稀释至刻度。

直接法的最大优点是操作简便,配制好的溶液可以直接用于滴定分析。但是,很多化学试剂由于不纯或不易提纯,或者在空气中不够稳定,不能直接配制标准溶液,只有基准物质才能用直接法配制。

3.2.2.2 间接法

间接法又称为标定法。有很多物质不符合基准物质的要求,如 NaOH 易吸收空气中的水分和 CO_2,盐酸易挥发,$KMnO_4$ 和 $Na_2S_2O_3$ 均不易提纯且见光容易分解,不能直接配制标准溶液。这些试剂的标准溶液只能用间接法配制,即先将其配成近似于所需浓度的溶液,如配制0.1 mol/L的 NaOH 标准溶液 1 L,先在普通天平上称取约 4 g 分析纯固体 NaOH 于烧杯中,加水 1 000 mL 溶解,即得待标定溶液,然后用基准物质或者已知准确浓度的标准溶液确定它的准确浓度,这种操作过程称为标定(standardization)。大多数的标准溶液都是通过标定的方法确定其准确浓度的。

标准溶液的标定方法有两种:

(1)用基准物质标定

准确称取一定量基准物质,溶解后,用待标定溶液进行滴定,根据基准物的质量和待标定溶液所消耗的体积,计算标准溶液的准确浓度。例如,标定某 NaOH 溶液的浓度,先准确称取一定量的邻苯二甲酸氢钾基准试剂于锥形瓶中,加入适量的水溶解,然后用待标定的 NaOH 溶液进行滴定,直至两者定量反应完全,根据消耗 NaOH 的体积和邻苯二甲酸氢钾的质量计算 NaOH 的浓度。

(2)与标准溶液比较

准确吸取一定量待标定溶液,用已知准确浓度的另一标准溶液滴定,或者准确吸取一定量已知浓度的标准溶液,用待标定的溶液滴定。根据两种溶液消耗的体积和标准溶液的浓度,计算待标定溶液的准确浓度。这种用标准溶液来确定待标定溶液准确浓度的操作过程称为"浓度的比较"。这种标定方法也称为比较标定法。

相比用基准物质标定,比较标定法更容易引入误差,因为此法所用标准溶液浓度的准确性将直接影响待标定溶液浓度的准确性。

为了提高标定的准确度,无论采用上述哪一种方法,都应该注意:

①标定标准溶液,一般要求平行标定 3~4 次,相对平均偏差不大于 0.2%。

②称取的基准物质不能太少,如果每次的称量误差为 ±0.1 mg,则称量基准物质的质量应不少于 0.200 0 g,使称量的相对误差不大于 0.1%。

③标定时使用标准溶液的体积也不应太少,滴定管每次读数的误差为 ±0.01 mL,滴定液的体积应控制在 20 mL 以上,使滴定管的读数误差不大于 0.1%。

④配制和标定溶液所使用的量器,如容量瓶、移液管和滴定管,必要时需进行校正。

标定后的标准溶液应妥善保存,有些标准溶液若保存得当,可以长期保持浓度不变或极少改变。溶液保存于密封的试剂瓶中,由于水分的蒸发,常在瓶内壁上有水滴凝聚,使得溶液浓度发生变化,因而,在每次使用前应将溶液摇匀。对于一些不够稳定的溶液,如见光易分解的 $AgNO_3$ 和 $KMnO_4$ 标准溶液应贮存于棕色瓶中,并于暗处放置。NaOH 标准溶液对玻璃有腐蚀作用,并能吸收空气中 CO_2,最好保存在塑料瓶中,并在瓶口装一苏打石灰管,以吸收空气中的 CO_2 和水。对于不稳定的标准溶液需要定期进行标定。

3.2.3　标准溶液的标定

3.2.3.1　用基准物质标定

准确称取一定量的基准物质,溶解后用待标定标准溶液滴定,根据基准物的质量和滴定剂消耗的体积,即可计算标准溶液的准确浓度。大多数标准溶液可用基准物质来标定其准确浓度,例如,NaOH 标准溶液常用邻苯二甲酸氢钾、草酸等基准物质来标定。

3.2.3.2　与标准溶液比较

准确吸取一定量的待标液,用已知准确浓度的标准溶液滴定,或准确吸取一定量标准溶液,用待标定标准溶液滴定。这种用标准溶液浓度和体积来测定待标定标准溶液浓度的方法称为"比较法"。

3.2.3.3　标定时的注意事项

①标定一般需要做 3～5 次平行试验取平均值:标定的准确度要求比测定高,一般要求相对误差≤0.1%,必要时对所用仪器进行校正。

②所用基准物摩尔质量要大:称样量最好不低于 0.2 g,以减小称量误差。

③滴定时所用滴定剂的体积不宜太少:一般应在 20 mL 以上。

④标定时应尽量采用直接滴定方式。

配制和标定好的标准溶液必须注意保存。盛放标准溶液的试剂瓶密塞要严,以防溶剂蒸发而使其浓度发生变化。易光解的溶液如 $AgNO_3$ 应于棕色瓶中暗处放置。有些标准溶液如 $K_2Cr_2O_7$ 溶液非常稳定,若密塞保存浓度可长期不变。但由于蒸发,溶剂常在瓶壁上凝集,使浓度发生变化,因此在每次使用前都应摇匀。对一些不稳定的标准溶液,应定期标定。

3.2.4　标准溶液浓度的表示方法

3.2.4.1　物质的量浓度

(1)物质的量浓度

物质的量浓度简称浓度,用符号 C 表示,是指单位体积溶液中所含溶质的物质的量。即:

$$C = \frac{n}{V} \tag{3-1}$$

式中,C 为物质的量浓度(mol/L 或 mmol/L);V 为溶液的体积(L 或 mL);n 为溶液中溶质的物质的量(mol 或 mmol、μmol),其相互换算关系为:

$$1 \text{ mol} = 10^3 \text{ mmol} = 10^6 \text{ } \mu\text{mol}$$

(2)物质的量与质量的关系

物质的量与质量是概念不同的两个物理量,它们之间通过摩尔质量联系起来。设物质的质

量为 m，摩尔质量为 M，则溶质的物质的量 n 与质量的关系为：

$$n = \frac{m}{M} \tag{3-2}$$

根据式(3-1)和式(3-2)则有

$$C \cdot V = \frac{m}{M} \tag{3-3}$$

式(3-3)表明了在溶液中，溶质的质量、浓度、摩尔质量、溶液体积(单位 L)之间的关系。

例 3.1 欲配制 0.020 00 mol/L 的 $K_2Cr_2O_7$ 标准溶液 250.0 mL，应称取基准 $K_2Cr_2O_7$ 多少克？($M_{K_2Cr_2O_7} = 294.2$ g/mol)

解：由式(3-3)得

$$m_{K_2Cr_2O_7} = C \cdot V \cdot M = 0.020\ 00 \times 250.0 \times \frac{294.2}{1\ 000} = 1.471\ (\text{g})$$

例 3.2 已知浓硫酸的相对密度为 1.84 g/mL，H_2SO_4 含量为 95 %，求每升浓硫酸中所含的 $n_{H_2SO_4}$ 及 $C_{H_2SO_4}$。($M_{H_2SO_4} = 98.08$ g/mol)

解：根据式(3-2)得

$$n_{H_2SO_4} = \frac{m_{H_2SO_4}}{M_{H_2SO_4}} = \frac{1.84\ \text{g/mL} \times 1\ 000\ \text{mL} \times 0.95\ \text{g/g}}{98.08\ \text{g/mol}} = 17.82\ \text{mol} \approx 18\ \text{mol}$$

由式(3-1)得

$$C_{H_2SO_4} = \frac{n_{H_2SO_4}}{1\ \text{L}} = 18\ \text{mol/L}$$

(3)溶液稀释的计算

当改变溶液浓度时，溶液中溶质的物质的量没有改变，只是浓度和体积发生了变化，即

$$C_1 \cdot V_1 = C_2 \cdot V_2 \tag{3-4}$$

式中，C_1、V_1 和 C_2、V_2 分别为浓溶液和稀溶液的浓度和体积，注意前后单位保持一致。

例 3.3 浓 HCl 的浓度约 12 mol/L，若配制 1 000 mL 0.1 mol/L 的 HCl 待标液，应取浓 HCl 多少毫升？

解：根据式(3-4)得

$$V_2 = \frac{C_{稀} V_{稀}}{C_{浓}} = \frac{0.1 \times 1\ 000}{12} \approx 8.3\ (\text{mL})$$

3.2.4.2 滴定度

滴定度(titer)是指每毫升滴定剂相当于被测物质的克数，用 $T_{T/A}$ 表示。

$$T_{T/A} = \frac{m_A}{V_T} \tag{3-5}$$

式中，T 是滴定剂的化学式；A 是被测物的化学式；m_A 是被测组分的质量；V_T 是标准溶液的体积。例如，$T_{K_2Cr_2O_7} = 0.005\ 000$ g/mL 表示每 1 mL $K_2Cr_2O_7$ 滴定剂相当于 0.005 000 g 铁。在生产单位的例行分析中，使用滴定度比较方便，可直接用滴定度计算被测物质的质量或含量。

例如，由上述滴定度可直接计算铁的质量。如果已知滴定中消耗 $K_2Cr_2O_7$ 滴定剂 25.00 mL，则铁的质量：

$$m_{铁} = T_{K_2Cr_2O_7/Fe} V_{K_2Cr_2O_7} = 0.005\ 000\ \text{g/mL} \times 25.00\ \text{mL} = 0.125\ 0\ \text{g}$$

这种浓度表示法已涵盖了标准溶液与被测物的计量关系,对生产单位经常分析同类试样中的同一成分时可以省去很多计算。所以滴定度在《中国药典》里经常出现,是药物分析中的常用计算方法。

3.2.4.3　物质的量浓度与滴定度的关系

当用浓度为 C 的滴定剂滴定被测物到达计量点时,其计算关系式可由式(3-3)得到:

$$C_T \cdot V_T = \frac{t}{a} \cdot \frac{m_A}{M_A} \times 1000 \tag{3-6}$$

由于滴定度是 1 mL 滴定剂(T)相当于被测物(A)的克数,因此,滴定度($T_{T/A}$)等于当 $V_T = 1$ mL 时被测物的质量 m_A,将 $V_T = 1$ mL,$T_{T/A} = m_A$ 代入式(3-6)得

$$C_T \times 1 = \frac{t}{a} \cdot \frac{T_{T/A}}{M_A} \times 1\,000$$

$$T_{T/A} = \frac{t}{a} C_T \cdot \frac{M_A}{1\,000} \tag{3-7}$$

式(3-7)为以被测物的摩尔质量表示滴定度与物质量浓度之间的关系式。

例 3.4　试计算 0.100 0 mol/L 的 HCl 滴定剂:

① 对 NH_3 的 T_{HCl/NH_3}($M_{NH_3} = 17.00$ g/mol)。

② 对 $CaCO_3$ 的 $T_{HCl/CaCO_3}$($M_{CaCO_3} = 100.0$ g/mol)

解: ①滴定反应为:

$$HCl + NH_3 \cdot H_2O \Longrightarrow NH_4Cl + H_2O$$

$$n_{HCl} : n_{NH_3} = 1 : 1$$

根据式(3-7)得

$$T_{HCl/NH_3} = \frac{C_{HCl} \times M_{NH_3}}{1\,000} = \frac{0.100\,0 \times 17.00}{1\,000} = 1.700 \times 10^{-3}\,(\text{g/mL})$$

②HCl 与 $CaCO_3$ 的滴定反应为:

$$2HCl + CaCO_3 \Longrightarrow CaCl_2 + H_2CO_3$$

$$n_{HCl} : n_{CaCO_3} = 2 : 1$$

根据式(3-7)得

$$T_{HCl/CaCO_3} = \frac{1}{2} \times 0.100\,0 \times \frac{100.0}{1\,000} = 5.000 \times 10^{-3}\,(\text{g/mL})$$

注意:此关系式只表示滴定度与物质的量浓度之间的换算,若用 HCl 标准溶液测定 $CaCO_3$ 则应采用返滴定法。

例 3.5　在 1 000 mL 0.100 0 mol/L $K_2Cr_2O_7$ 溶液里需加多少毫升水,才能使稀释后的 $K_2Cr_2O_7$ 溶液对 Fe^{2+} 的滴定度为 5.000 × 10⁻³ g/mL。

解: $K_2Cr_2O_7$ 与 Fe^{2+} 在酸性条件下发生如下反应:

$$Cr_2O_7^{2-} + 6Fe^{2+} + 14H^+ \longrightarrow 2Cr^{3+} + 6Fe^{3+} + 7H_2O$$

根据式(3-7)得

$$C_{K_2Cr_2O_7} = \frac{1}{6} \times \frac{5.000 \times 10^{-3} \times 1\,000}{55.85} = 0.014\,92\,(\text{mol/L})$$

设将 1 000 mL 0.100 0 mol/L $K_2Cr_2O_7$ 溶液稀释为 0.014 92 mol/L 需加水 x mL,则由

式(3-4)稀释公式 $C_1 \cdot V_1 = C_2 \cdot V_2$ 得：

$$0.100\ 0 \times 1\ 000 = 0.014\ 92 \times (1\ 000 + x) \qquad x = 5\ 702\ mL$$

3.3 滴定分析的计算及应用举例

滴定分析法的计算包括标准溶液的配制（直接法）、标准溶液的标定、溶液的增浓和稀释、物质的量浓度和滴定度之间的换算以及测定结果的计算等。

3.3.1 滴定分析法计算的依据

在滴定分析中，虽然滴定分析类型不同，滴定结果的计算方法也不尽相同，但都是以滴定剂与被测组分反应达到化学计量点时，两者物质的量的关系与化学反应式所表示的化学计量关系相符合为依据。

设标准溶液（滴定剂）中的溶质 B 与被测物质 A 有下列反应：

$$a\text{A} + b\text{B} = c\text{C} + d\text{D}$$

式中，C 和 D 为反应产物。当上述反应定量完成到达计量点时，b mol 的 B 物质恰与 a mol 的 A 物质完全反应，生成了 c mol 的 C 物质和 d mol 的 D 物质，即参加反应的被测物质 A 的物质的量 n_A 和消耗的滴定剂 B 的物质的量 n_B 之间有下列关系：

$$n_A : n_B = a : b$$

于是被测物质 A 的物质的量 n_A 为：

$$n_A = \frac{a}{b} n_B \tag{3-8}$$

式中，$\frac{a}{b}$ 称为换算因数，它是反应式中两反应物的化学计量数之比。式(3-8)是滴定分析定量计算的基础，其他公式皆由它派生出来。

例如，在酸性溶液中，用 $H_2C_2O_4$ 作为基准物质标定 $KMnO_4$ 溶液的浓度时，滴定反应为：

$$2\ MnO_4^- + 5C_2O_4^{2-} + 16H^+ = 2\ Mn^{2+} + 10CO_2 + 8H_2O$$

$H_2C_2O_4$ 与 $KMnO_4$ 的化学计量数之比为：

$$n_{KMnO_4} = \frac{2}{5} n_{H_2C_2O_4}$$

如果被测物 A 与滴定剂 B 不是直接起反应（如间接滴定法和置换滴定法），这时，可以通过一系列相关反应式，找出两者之间的化学计量数比，然后进行计算。

例如，在酸性溶液中，以 $K_2Cr_2O_7$ 为基准物质，标定 $Na_2S_2O_3$ 溶液的浓度时，涉及以下两个反应：

$$Cr_2O_7^{2-} + 6I^- + 14H^+ = 2Cr^{3+} + I_2 + 7H_2O$$
$$I_2 + 2S_2O_3^{2-} = 2I^- + S_4O_6^{2-}$$

前一个反应中，I^- 被 $K_2Cr_2O_7$ 氧化为 I_2，后一反应中，I_2 又被 $Na_2S_2O_3$ 还原为 I^-。实际上相当于 $K_2Cr_2O_7$ 氧化了 $Na_2S_2O_3$，它们之间的化学计量关系为：

$$Cr_2O_7^{2-} \Leftrightarrow 3I_2 \Leftrightarrow 6S_2O_3^{2-}$$

$$n_{Cr_2O_7^{2-}} = \frac{1}{6}n_{S_2O_3^{2-}}$$

3.3.2　滴定分析法的有关计算应用举例

3.3.2.1　直接法配制标准溶液的计算实例

基准物质 B 的摩尔质量为 M_B(g/mol)，质量为 m_B，则 B 的物质量可用前面的公式计算；若将其配制成体积为 V(L)的溶液，其物质的量浓度按可按前面的公式计算。

例 3.6　准确称取 120℃干燥至恒重的 $K_2Cr_2O_7$ 1.256 0 g 于小烧杯中，加水溶解，定量转移到 250.0 mL 容量瓶中，加水至刻度，摇匀。求此溶液的浓度。

解： 已知 $M_{K_2Cr_2O_7} = 294.2$，根据前面的公式可得

$$n_{K_2Cr_2O_7} = \frac{m_{K_2Cr_2O_7}}{M_{K_2Cr_2O_7}} = \frac{1.256\ 0}{294.2} = 0.042\ 69\ \text{mol}$$

$$c_{K_2Cr_2O_7} = \frac{n_{K_2Cr_2O_7}}{V_{K_2Cr_2O_7}} = \frac{0.042\ 69}{250.0 \times 10^{-3}} = 0.017\ 08\ \text{mol/L}$$

3.3.2.2　标定法配制标准溶液的计算实例

包括计算待标定溶液中溶质 B 的浓度，估算基准物质的称量范围以及估算滴定剂的体积。

(1)以基准物质标定溶液

设称取基准物质 A 的质量为 m_Ag，摩尔质量为 M_A，根据前面公式可得

$$\frac{m_A}{M_A} = \frac{a}{b}c_B V_B \tag{3-9}$$

$$c_B = \frac{b m_A}{a M_A V_B} \tag{3-10}$$

式(3-10)中，c_B 的单位为 mol/L，V_B 的单位采用 L，M_A 的单位为 g/mol，m_A 的单位为 g。由于在滴定分析中，滴定剂的体积％常以 V_B 为单位，因此用式(3-10)进行计算时要注意体积的单位由 mL 换算为 L。如果体积以 mL 为单位，则式(3-10)应写为

$$c_B = \frac{b m_A \times 1\ 000}{a M_A V_B} \tag{3-11}$$

式(3-10)和式(3-11)可用于计算待标定溶液中溶质 B 的浓度、基准物质称量范围和滴定剂消耗体积的估算。

例 3.7　用基准硼砂($Na_2B_4O_7 \cdot 10H_2O$)标定 HCl 溶液的浓度，称取 0.462 0 g 硼砂，加 25 mL 水溶解，用 HCl 溶液滴定至终点，消耗 24.22 mL。求 HCl 溶液的浓度。

解： 已知 $M_{Na_2B_4O_7 \cdot 10H_2O} = 381.42$ g/mol，滴定反应为：

$$Na_2B_4O_7 + 2HCl + 5H_2O == 4H_3BO_3 + 2NaCl$$

所以

$$n_{Na_2B_4O_7 \cdot 10H_2O} = \frac{1}{2}n_{HCl}$$

由式(3-9)得

$$\frac{m_{Na_2B_4O_7 \cdot 10H_2O}}{M_{Na_2B_4O_7 \cdot 10H_2O}} = \frac{1}{2}c_{HCl}H_{HCl}$$

$$c_{HCl} = \frac{2}{V_{HCl}}\frac{m_{Na_2B_4O_7 \cdot 10H_2O}}{M_{Na_2B_4O_7 \cdot 10H_2O}} = \frac{0.462\,0 \times 2}{24.22 \times 10^{-3} \times 381.42} = 0.100\,0 \text{ mol/L}$$

例 3.8 用量筒量取 10 mL 浓盐酸于 1 000 mL 烧杯中,加水至总体积为 1 000 mL,搅拌均匀,配成 HCl 标准溶液。称取无水 Na_2CO_3 基准物质 1.208 7 g 于小烧杯中,用少量水溶解,定量转移至 250 mL 容量瓶中,定容,配制成 Na_2CO_3 基准试剂溶液。准确移取此 Na_2CO_3 溶液 25.00 mL 于锥形瓶中,加甲基橙指示剂 1 滴,用待标定 HCl 标准溶液滴定,至橙色为终点,消耗 HCl 溶液的体积为 20.17 mL,计算 HCl 标准溶液的浓度。

解:滴定反应方程式为:

$$Na_2CO_3 + 2HCl = 2NaCl + CO_2 + H_2O$$

$$n_{HCl} = 2n_{Na_2CO_3}$$

根据前面公式得

$$c_{HCl}V_{HCl} = 2\frac{m_{Na_2CO_3}}{M_{Na_2CO_3}}$$

则 HCl 标准溶液的浓度为:

$$c_{HCl} = \frac{2m_{Na_2CO_3}}{M_{Na_2CO_3}V_{HCl}} = \frac{2 \times \dfrac{1.208\,7 \times 25.00}{250.0}}{105.99 \times \dfrac{20.17}{1\,000}} = 0.113\,1 \text{ mol/L}$$

这里有两个问题,一是称取基准物质的量为 1.208 7 g,但实际上和 HCl 发生反应的只是其十分之一(从 250 mL 溶液中移取了 25.00 mL 用于 HCl 溶液的标定),二是前面公式中 V 的单位是 L,但实际工作中 V 的单位是 mL,计算时必须换算。

思考:为什么用硼砂基准物质标定 HCl 溶液可以直接称样、溶解、标定,而用碳酸钠基准物质标定 HCl 溶液则要先配成一定体积的溶液,然后移取部分溶液用于标定。

例 3.9 以无水碳酸钠作为基准物质标定盐酸溶液,欲使在滴定终点时,消耗 0.20 mol/L HCl 溶液的体积为 20~25 mL,问应称取 Na_2CO_3 多少克?

解:滴定反应方程式为:

$$Na_2CO_3 + 2HCl = 2NaCl + CO_2 + H_2O$$

$$n_{HCl} = 2n_{Na_2CO_3}$$

根据前面公式得

$$c_{HCl}V_{HCl} = 2\frac{m_{Na_2CO_3}}{M_{Na_2CO_3}}$$

$$m_{Na_2CO_3} = \frac{c_{HCl}V_{HCl}M_{Na_2CO_3}}{2 \times 1\,000}$$

$V_{HCl} = 20$ mL 时,

$$m_{Na_2CO_3} = \frac{1}{2}c_{HCl}V_{HCl}\frac{M_{Na_2CO_3}}{1\,000} = \frac{0.20 \times 20 \times 105.99}{2 \times 1\,000} = 0.21 \text{ g}$$

$V_{HCl} = 25$ mL 时,

$$m_{Na_2CO_3} = \frac{1}{2} c_{HCl} V_{HCl} \frac{M_{Na_2CO_3}}{1\,000} = \frac{0.20 \times 25 \times 105.99}{2 \times 1\,000} = 0.26 \text{ g}$$

故无水碳酸钠称量范围为 $0.21 \sim 0.26$ g。

思考：估算基准物质的称量范围有什么意义？

例 3.10　以 $K_2Cr_2O_7$ 为基准物质，采用酸性溶液中，以析出 I_2 的方法标定 0.020 mol/L 的 $Na_2S_2O_3$ 溶液的浓度，需称多少克 $K_2Cr_2O_7$？如何做才能使称量误差不大于 0.1%？

解：标定 $Na_2S_2O_3$ 溶液的浓度时，涉及以下两个反应：

$$Cr_2O_7^{2-} + 6I^- + 14H^+ \longrightarrow 2Cr^{3+} + 3I_2 + 7H_2O$$

$$I_2 + 2S_2O_3^{2-} \Longrightarrow 2I^- + S_4O_6^{2-}$$

从反应方程式可以得出 $K_2Cr_2O_7$ 与 $Na_2S_2O_3$ 之间的化学计量关系为：

$$n_{Cr_2O_7^{2-}} = \frac{1}{6} n_{S_2O_3^{2-}}$$

$$\frac{m_{Cr_2O_7^{2-}}}{M_{Cr_2O_7^{2-}}} = \frac{1}{6} c_{S_2O_3^{2-}} V_{S_2O_3^{2-}}$$

所以，当滴定反应消耗 $Na_2S_2O_3$ 的溶液体积为 25.00 mL 时，需称取 $K_2Cr_2O_7$ 的质量为：

$$m_{K_2Cr_2O_7} = \frac{1}{6} c_{Na_2S_2O_3} V_{Na_2S_2O_3} M_{K_2Cr_2O_7} = \frac{0.020 \times 0.025 \times 294.18}{6} = 0.025 \text{ g}$$

此时，称量误差为：

$$E_r = \frac{\pm 0.000\,2}{0.025} \approx \pm 1\%$$

为了使称量误差小于 $\pm 0.1\%$，可以采用称大样的方式，即准确称取 0.25 g 左右 $K_2Cr_2O_7$ 于小烧杯中，溶解后定量转移到 250 mL 容量瓶中，定容，用 25 mL 移液管移取 3 份溶液于锥形瓶中，分别用 $Na_2S_2O_3$ 滴定。则称量误差为：

$$E_r = \frac{\pm 0.000\,2}{0.025} \approx \pm 0.08\% < \pm 1\%$$

如果基准物质的摩尔质量较大，或者被标定溶液的浓度较大，其称样量大于 0.2 g 时，则可以分别称取三份基准物质作平行滴定，俗称"称小样"。若称量误差达到要求，称小样的测定结果更加可靠。

（2）以比较法标定溶液

若以浓度为 c_A 的标准溶液 A 标定另一标准溶液 B，设待标定溶液的体积为 V_B（mL），滴定终点时消耗标准溶液 A 的体积为 V_A（mL），则根据前面的公式得

$$c_A V_A = \frac{a}{b} c_B V_B \tag{3-12}$$

例 3.11　准确吸取粗配的 HCl 溶液 25.00 mL，用浓度为 $0.100\,4$ mol/L 的 NaOH 标准溶液进行标定，终点时，消耗 NaOH 溶液 23.50 mL，求 HCl 溶液的准确浓度。

解：滴定反应为：

$$HCl + NaOH \Longrightarrow NaCl + H_2O$$

根据式（3-12），得

$$c_{HCl} = \frac{c_{NaOH} V_{NaOH}}{V_{HCl}} = \frac{0.100\,4 \times 23.50}{25.00} = 0.094\,38 \text{（mol/L）}$$

(3)溶液的增浓或稀释

稀释或增浓前后,溶质 B 的物质的量不变,但稀释或增浓前后,即 $n_A = n_B$,浓度和体积都发生了变化,所以表示为:

$$n_1 = n_2$$

稀释或增浓前用 1 表示,稀释或增浓后用 2 表示。根据前面公式有

$$c_1 V_1 = c_2 V_2 \qquad (3\text{-}13)$$

例 3.12 已知浓盐酸的密度为 1.19 g/mL,其中 HCl 的质量分数约为 37%。计算:

①浓盐酸的物质的量浓度。

②欲配制 0.10 mol/L 的盐酸溶液 1 000 mL,需量取上述浓盐酸多少毫升?

解:①已知 $M_{HCl} = 36.46$ g/mol,则 1 L 浓盐酸中含有 HCl 物质的量为:

$$n_{HCl} = \frac{m_{HCl}}{M_{HCl}} = \frac{1.19 \times 1.0 \times 10^3 \times 0.37}{36.46} = 12 \text{ mol}$$

$$c_{HCl} = \frac{n_{HCl}}{V} = \frac{12}{1.0} = 12 \text{ mol}$$

②稀释前 $c_1 = 12$ mol/L,稀释后 $c_2 = 0.10$ moL/L,$V_2 = 1\,000$ mL。依据式(3-13),得需取浓盐酸的体积为

$$V_1 = \frac{c_1 V_2}{c_2} = \frac{0.10 \times 1.0 \times 10^3}{12} = 8.3 \text{ mL}$$

例 3.13 现有浓度为 0.097 6 mol/L 的 HCl 溶液 4 800 mL,欲使其浓度增加到 0.100 0 mol/L,问需要加入浓度为 0.500 0 mol/L 的 HCl 溶液多少毫升?

解:设需要加入 0.500 0 mol/L 的 HCl 溶液 V mL,根据溶液增浓前后溶质的物质的量相等,即 $c_1 V_1 = c_2 V_2$,有

$$0.500\,0 V + 0.097\,6 \times 480\,0 = 0.100\,0(4\,800 + V)$$

得

$$V = 28.80 \text{ mL}$$

(4)物质的量浓度与滴定度之间的换算

根据滴定度的定义,可以认为滴定度就是和 1 mL 标准溶液定量反应的被测物质的质量,因此根据前面公式有

$$n_A = \frac{a}{b} c_B \times 1 \times 10^{-3}$$

公式左边为和 1 mL 标准溶液定量反应的被测组分 A 的物质的量 n_A,右边为每毫升标准溶液中溶质 B 的物质的量 n_B。根据前面的公式有

$$\frac{m_A}{M_A} = \frac{a}{b} c_B \times 1 \times 10^{-3}$$

根据滴定度的定义,可得物质的量浓度与滴定度之间的换算公式。

$$T_{B/A} = \frac{a}{b} \cdot \frac{c_B M_A}{1\,000} \qquad (3\text{-}14)$$

或

$$c_B = \frac{b}{a} \cdot \frac{1\,000 T_{B/A}}{M_A} \qquad (3\text{-}15)$$

例 3.14　样品中的 Na_2CO_3 可以用 HCl 标准溶液滴定测得含量,如果滴定剂 HCl 的浓度为 0.100 0 mol/L,求 T_{HCl/Na_2CO_3}。

解:滴定反应为:

$$Na_2CO_3 + 2HCl = 2NaCl + CO_2 \uparrow + H_2O$$

Na_2CO_3 与 HCl 之间的化学计量关系为:

$$n_{Na_2CO_3} = \frac{1}{2} n_{HCl}$$

$$\frac{m_{Na_2CO_3}}{M_{Na_2CO_3}} = \frac{1}{2} c_{HCl} V_{HCl}$$

根据滴定度的定义,则与 1 mL HCl 标准溶液起反应的 Na_2CO_3 的质量为:

$$m_{Na_2CO_3} = \frac{1}{2} c_{HCl} V_{HCl} \frac{M_{Na_2CO_3}}{1\ 000} = \frac{0.100\ 0 \times 1.00 \times 105.99}{2 \times 1\ 000} = 0.005\ 300\ \text{g}$$

即

$$T_{HCl/Na_2CO_3} = \frac{m_{Na_2CO_3}}{V_{HCl}}$$

(5)有关测定结果的计算

若以被测物质的质量来表示测定结果,可直接运用前面的公式进行计算,即

$$n_A = \frac{b}{a} n_B$$

$$\frac{m_A}{M_A} = \frac{b}{a} c_B V_B$$

$$m_A = \frac{b}{a} c_B V_B M_A$$

若被测物质是溶液,体积为 V_s,则被测组分 A 在试液中的质量浓度 ρ_A(g/L)为:

$$\rho_A = \frac{m_A}{V_s} = \frac{b}{a} c_B V_B \frac{M_A}{V_s}$$

若试样的质量为 m_s(g),则被测组分 A 在试样中的质量分数(mass fraction)为:

$$\omega_A = \frac{m_A}{m_s} = \frac{b}{a} c_B V_B \frac{M_A}{m_s} \tag{3-16}$$

式(3-16)中的 ω_A 也可用百分数表示,即乘以 100%。质量分数也可以用两个不相等的质量单位之比来表示,如 mg/g 等。

例 3.15　检验某病人血液中钙的含量。取 2.00 mL 血液,稀释后,用 $(NH_4)_2C_2O_4$ 溶液处理,使 Ca^{2+} 生成 CaC_2O_4 沉淀,沉淀经过滤、洗涤后溶于 H_2SO_4 中,然后用 0.010 00 moL/L 的 $KMnO_4$ 溶液滴定,用去 1.20 mL,计算血液中钙的含量(mg/mL)。

解:间接法滴定时,要从几个反应中找出被测物质与滴定剂之间物质的量的关系。用 $KMnO_4$ 法间接测定 Ca^{2+} 时,反应方程式如下:

$$Ca^{2+} + C_2O_4^{2-} = CaC_2O_4 \downarrow$$

$$CaC_2O_4 + 2H^+ = Ca^{2+} + H_2C_2O_4$$

$$5H_2C_2O_4 + 2KMnO_4 + 2H_2SO_4 = 10CO_2 \uparrow + 2MnO_4 + K_2SO_4 + 8H_2O$$

$$5Ca^{2+} \Leftrightarrow 5H_2C_2O_4 \Leftrightarrow 2KMnO_4$$

$$n_{Ca^{2+}} = n_{H_2C_2O_4} = \frac{5}{2}n_{KMnO_4}$$

$$\frac{m_{Ca^{2+}}}{M_{Ca^{2+}}} = \frac{5}{2}c_{KMnO_4}V_{KMnO_4}$$

已知 $c_B = 0.010\ 00$ mol/L，$V_B = 1.20$ mL，$M_A = 40.00$ g/mol，试液的体积 V_s 为 2.00 mL，则钙的含量为：

$$\frac{m_{Ca^{2+}}}{V_s} = \frac{\frac{5}{2}c_{KMnO_4}V_{KMnO_4}M_{Ca^{2+}}}{V_s} = \frac{\frac{5}{2} \times 0.010\ 00 \times 1.20 \times 40.00}{2.00} = 0.600\ g/L = 0.600\ mg/mL$$

例 3.16 滴定 0.160 0 g 草酸试样，消耗浓度为 0.102 5 mol/L 的 NaOH 标准溶液 22.90 mL，试计算草酸试样中 $H_2C_2O_4$ 的质量百分含量。

解： 反应方程式为：

$$2NaOH + H_2C_2O_4 =\!=\!= Na_2C_2O_4 + 2H_2O$$

$$n_{H_2C_2O_4} = \frac{1}{2}n_{NaOH}$$

$$\frac{m_{H_2C_2O_4}}{M_{H_2C_2O_4}} = \frac{c_{NaOH}V_{NaOH}}{2}$$

已知 $M_{H_2C_2O_4} = 90.04$ g/mol，得

$$\omega_{H_2C_2O_4} = \frac{m_{H_2C_2O_4}}{m_s} \times 100\% = \frac{c_{NaOH}V_{NaOH}}{2m_s}M_{H_2C_2O_4} \times 100\%$$

$$= \frac{0.102\ 5 \times 22.90 \times 90.04}{2 \times 0.160\ 0 \times 1\ 000} \times 100\% = 66.05\%$$

例 3.17 将 0.550 0 g 不纯的 $CaCO_3$ 溶于 25.00 mL 浓度为 0.502 0 mol/L 的 HCl 溶液中，煮沸除去 CO_2，过量的 HCl 溶液用 NaOH 标准溶液返滴定，耗去 4.20 mL，若用此 NaOH 溶液直接滴定 20.00 mL HCl 溶液，消耗 20.67 mL，计算试样中 $CaCO_3$ 的质量分数。

解： 反应方程式为：

$$Na_2CO_3 + 2HCl =\!=\!= 2NaCl + CO_2 + H_2O$$

$$n_{CaCO_3} = \frac{1}{2}n_{HCl}$$

$$\frac{m_{CaCO_3}}{M_{CaCO_3}} = \frac{1}{2}c_{HCl}V_{HCl}$$

滴定反应方程式为：

$$HCl + NaOH =\!=\!= NaCl + H_2O$$

$$n_{NaOH} = n_{HCl}$$

因为 HCl 与 NaOH 以等物质的量参加反应，得出过量 HCl 溶液的体积为：

$$\frac{20.00}{20.67} \times 4.2 = 4.06\ mL$$

已知 $M_{CaCO_3} = 100.09$ g/mol，得

$$M_{CaCO_3} w_{CaCO_3} = \frac{m_{CaCO_3}}{m_s} \times 100\% = \frac{c_{HCl} V_{HCl} M_{CaCO_3}}{2m_s} \times 100\%$$

$$= \frac{0.502\,0 \times \dfrac{(25.00 - 4.06)}{1\,000} \times 100.09}{2 \times 0.550\,0} \times 100\% = 95.65\%$$

第4章 酸碱滴定法

4.1 酸碱平衡

  酸碱滴定法是以酸碱反应为基础的滴定分析方法。酸碱反应的特点是反应速度快、反应过程简单、完全程度高,滴定终点较易确定。因此,酸碱滴定法的应用比较广泛。

  酸碱平衡是酸碱滴定的基础,酸碱平衡不仅决定酸碱滴定反应进行的程度,而且影响溶液中其他的平衡过程,如碳酸钙、草酸钙溶解于酸、高锰酸钾在不同酸碱性条件下被还原成不同价态、向铜氨络离子的溶液中加入过量强碱会产生氢氧化铜沉淀的现象,就是酸碱平衡影响沉淀溶解平衡、氧化还原平衡和配位平衡的例子。通过控制溶液的酸碱性,可以达到改变溶液中物质存在形式——也就是反应条件的目的。

4.1.1 酸碱质子理论

  酸碱理论有很多种,但在分析中普遍使用的是布朗斯特和劳莱提出的酸碱质子理论。

  酸碱质子理论认为,凡是能给出质子的物质都是酸,例如,HCl、HAc、NH_4^+ 等;凡能接受质子的物质就是碱,例如,OH^-、Ac^-、NH_3 等。能给出多个质子的物质叫作多元酸;能接受多个质子的物质叫作多元碱。

  根据这一定义,一种酸(HA)给出质子后就成了碱(A^-),而碱(A^-)接受质子后就成了酸(HA)。这种关系可以表示为:

$$HA \Longrightarrow H^+ + A^-$$
$$\text{酸} \qquad\qquad\qquad \text{碱}$$

可以看出,酸与碱并不是彼此孤立存在的,它们是相互依存的,这种相互依存的关系称为共轭关系。仅相差一个质子的这一对酸碱称为共轭酸碱对。HA 是 A^- 的共轭酸,A^- 是 HA 的共轭碱。该反应被称为酸碱半反应,其中酸给出一个质子形成共轭碱,或碱接受一个质子形成共轭酸。下面是一些酸碱半反应:

$$HCl \Longrightarrow H^+ + Cl^-$$
$$HAc \Longrightarrow H^+ + Ac^-$$
$$H_2O \Longrightarrow H^+ + OH^-$$
$$H_3O^+ \Longrightarrow H^+ + H_2O$$

$$NH_4^+ \Longleftrightarrow H^+ + NH_3$$
$$H_3PO_4 \Longleftrightarrow H^+ + H_2PO_4^-$$
$$H_2PO_4^- \Longleftrightarrow H^+ + H_2PO_4^{2-}$$

上述的这些反应式中 HCl、HAc、H_2O、H_3O^+、NH_4^+、$H_2PO_4^-$ 都能给出质子,它们都是酸,而 Cl^-、Ac^-、OH^-、H_2O、NH_3、$H_2PO_4^-$ 都能得到质子,它们都是碱。同一种物质,在某一条件下可能是酸,而在另一种条件下可能就变成了碱。例如,上述反应中 H_2O、$H_2PO_4^-$。这种既可以给出质子又可以接受质子的物质称为两性物质。

4.1.2　酸碱反应的实质

酸碱质子理论不仅扩大了酸和碱的范围,还可以把解离理论中的解离作用、中和作用、水解作用等,统统包括在酸碱反应的范围之中,皆可看作质子传递的酸碱反应,酸碱反应的实质就是酸碱之间的质子传递。

共轭酸碱体系中的酸或碱是不能独立存在的,即酸碱半反应都不能单独发生。因而当溶液中某一种酸给出质子后,必须有另一种能接受质子的碱存在才能实现。

酸碱反应的一般式可写为:

$$酸_1 + 碱_2 \Longleftrightarrow 酸_2 + 碱_1$$

现以醋酸在水溶液中水解为例:

半反应 1　　　　　　　$HAc \Longleftrightarrow H^+ + Ac^-$
　　　　　　　　　　　酸₁　　　　　碱₁

半反应　　　　　　　　$2H_2O + H^+ \Longleftrightarrow H_3O^+$
　　　　　　　　　　　碱₂　　　　　　酸₂

总反应　　　　　　　　$HAc + H_2O \Longleftrightarrow H_3O^+ + Ac^-$
　　　　　　　　　　酸₁　　碱₂　　　酸₂　　　碱₁

其结果是质子从 HAc 转移到 H_2O,溶剂 H_2O 起着碱的作用,才使得 HAc 的解离得以实现。通常为书写方便,将 H_3O^+ 简写成 H^+,以上反应式可简写为:

$$H_2O \Longleftrightarrow H^+ + OH^-$$

需要注意的是,这个简化式代表的是一个完整的酸碱反应,而不是酸碱半反应。

酸碱质子理论中,酸碱反应实际上是两个共轭酸碱对共同作用的结果,其实质是质子的转移。比如说,H_2O 在水中的离解就是 HCl 与 H_2O 之间的质子转移作用,是由 HCl-Cl^- 与 H^+-H_2O 两个共轭酸碱对共同作用的结果。

4.1.3　水的质子自递反应

同种溶剂分子间的质子转移作用称为质子自递反应。H_2O 作为两性物质,既能给出质子起

酸的作用,又能接受质子起碱的作用,存在质子自递反应:

$$H_2O + H_2O \rightleftharpoons H_3O^+ + OH^-$$

参与该反应的两个共轭酸碱对是 $H_2O - OH^-$ 和 $H_3O^+ - H_2O$。该反应的平衡常数称为水的质子自递常数,又称水的离子积,用 K_w 表示。

K_w 值与温度有关,随着温度的升高而增大,22℃时,$K_w = 1.0 \times 10^{-14}$。

4.1.4 水溶液中酸碱反应的平衡常数—解离常数

水溶液中酸的强度取决于它将质子(H^+)给予 H_2O 分子的能力,碱的强度取决于它从 H_2O 分子中夺取 H^+ 的能力。如

$$HAc + H_2O \rightleftharpoons H_3O^+ + Ac^-$$

$$HAc + NH_3 \rightleftharpoons NH_4^+ + Ac^-$$

同样是 HAc,在 H_2O 中微弱解离,HAc 表现为弱酸;而 NH_3 在全部反应,HAc 呈现强酸性。这是因为两份溶剂的碱性不同,NH_3 的碱性远远大于 H_2O 的碱性,所以 HAc 易将 H^+ 传递给 NH_3。可见酸碱强度除与本身性质有关外,还与溶剂的性质有关。因此得出结论:凡是把 H^+ 给予溶剂能力大的,其酸的强度就强;相反,从溶剂分子夺取 H^+ 能力大的,其碱的强度就大。

这种给出和获得质子能力的大小,通常用酸碱在水中的解离常数的大小来衡量。酸碱的解离常数越大酸碱性越强。它们的解离常数分别用 K_a 和 K_b 表示。

如以 HB 和 B 作为酸和碱的化学式代表符号,则

$$HB + H_2O \rightleftharpoons H_3O^+ + B^-, \quad K_a = \frac{a_{H_3O^+} \cdot a_{B^-}}{a_{HB}}$$

$$B + H_2O \rightleftharpoons HB^+ + OH^-, \quad K_b = \frac{a_{HB^+} \cdot a_{OH^-}}{a_B}$$

弱酸弱碱的强度,凡 K_a 或 K_b 大的则强。

$$HAc + H_2O \rightleftharpoons H_3O^+ + Ac^-, \quad K_a = 1.8 \times 10^{-5}$$
$$NH_4^+ + H_2O \rightleftharpoons H_3O^+ + NH_3, \quad K_a = 5.6 \times 10^{-10}$$
$$HS^- + H_2O \rightleftharpoons H_3O^+ + S^{2-}, \quad K_{a_2} = 7.1 \times 10^{-15}$$

K_a　强度
大 → 强
↓ 小 → 弱

相反,上述 3 种酸的共轭碱的强度如何呢? 实质是盐的水解。

$$Ac^- + H_2O \rightleftharpoons HAc + OH^-, \quad K_b = 5.6 \times 10^{-10}$$
$$NH_3 + H_2O \rightleftharpoons NH_4^+ + OH^-, \quad K_b = 1.8 \times 10^{-5}$$
$$S^{2-} + H_2O \rightleftharpoons HS^- + OH^-, \quad K_{b_1} = 1.41$$

K_b　强度
小 → 弱
↓ 大 → 强

在水溶液中,H_3O^+ 是实际上能够存在的最强的酸形式。如果任何一种酸的强度大于 H_3O^+,且浓度又不是很大的话,必将定量地与 H_2O 起反应,完全转化为 H_3O^+,如

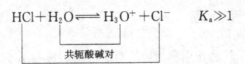

$$HCl + H_2O \rightleftharpoons H_3O^+ + Cl^- \qquad K_a \gg 1$$

共轭酸碱对

其中 Cl^- 是 HCl 的共轭碱,因为上述反应进行得如此完全,以至于 Cl^- 几乎没有从 H_3O^+ 中夺取质子转化为 HCl 的能力。也就是说,Cl^- 是一种非常弱的碱,它的 K_b 小到几乎测不出来。

同样,在水溶液中,OH^- 是实际上能够存在的最强的碱的形式。若任何一种碱的强度 $>$ OH^-,且浓度又不是很大的话,必将定量地与 H_2O 发生反应,完全转化为 OH^-。

4.1.5　共轭酸碱对 K_a 与 K_b 的关系

以 HAc 为例,讨论 HAc 与 Ac^- 共轭酸碱对的 K_a 与 K_b 关系。

$$HAc + H_2O \Longrightarrow H_3O^+ + Ac^-, K_a = \frac{[H^+][Ac^-]}{[HAc]}$$

$$Ac^- + H_2O \Longrightarrow HAc + OH^-, K_b = \frac{[HAc][OH^-]}{[Ac^-]}$$

则

$$K_a \cdot K_b = [H^+][OH^-] = K_w = 1.0 \times 10^{-14} (25℃)$$

可见,共轭酸碱对之间的 K_a 与 K_b 有确定的关系。

同样,对多元酸碱也有类似情况。如

$$酸 \begin{cases} H_2CO_3 + H_2O \Longrightarrow H_3O^+ + HCO_3^- & K_{a_1} = \dfrac{[H_3O^+][HCO_3^-]}{[H_2CO_3]} \\ HCO_3^- + H_2O \Longrightarrow H_3O^+ + CO_3^{2-} & K_{a_2} = \dfrac{[H_3O^+][CO_3^{2-}]}{[HCO_3^-]} \end{cases}$$

共轭酸碱对

$$碱 \begin{cases} CO_3^{2-} + H_2O \Longrightarrow OH^- + HCO_3^- & K_{b_1} = \dfrac{[OH^-][HCO_3^-]}{[CO_3^{2-}]} \\ HCO_3^- + H_2O \Longrightarrow OH^- + H_2CO_3 & K_{b_2} = \dfrac{[OH^-][H_2CO_3]}{[HCO_3^-]} \end{cases}$$

可见,共轭酸碱对 H_2CO_3/HCO_3^- 和 HCO_3^-/CO_3^{2-} 的 K_a 与 K_b 关系分别为:

$$K_{a1} K_{b2} = [H_3O^+][OH^-] = K_w$$

$$K_{a2} K_{b1} = K_w$$

对于 H_2O 以外的其他溶剂时,$K_a K_b = K_s$(溶剂的质子自递常数)。由此得出结论:共轭酸碱对的 K_a 和 K_b 之乘积是一常数,等于 K_w 或 K_s。

4.2　酸碱指示剂及其选择

4.2.1　酸碱指示剂的作用原理

常用的酸碱指示剂一般都是有机弱酸或有机弱碱。它们的酸式(或碱式)和共轭碱式(或共轭酸式)具有不同的结构,不同的颜色,当溶液 pH 发生改变时,指示剂失去质子由酸式变为共轭碱式,或者得到质子由碱式变为共轭酸式,从而引起颜色变化,这种变化是可逆的。下面以酚酞和甲基橙为例来说明。

4.2.1.1 酚酞

酚酞是弱的有机酸,在溶液中有如下平衡:

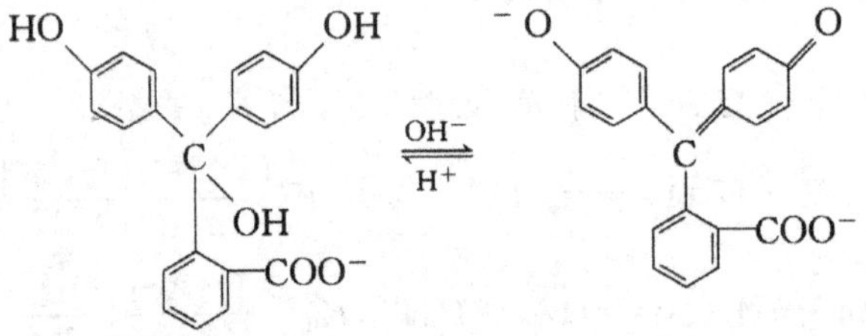

无色(羟式)　　　　　　　　　红色(醌式)

在酸性溶液中,上述平衡向左移动,酚酞主要以无色的羟式存在,在碱性溶液中平衡向左移动,酚酞转变为醌式而显红色。

4.2.1.2 甲基橙

甲基橙是弱碱,在溶液中有如下平衡:

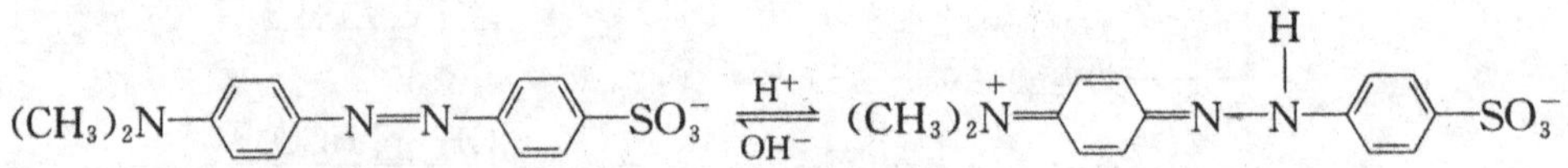

黄色(偶氮式)　　　　　　　　　　　　　红色(醌式)

当溶液 H^+ 浓度增加时,平衡向左移动,溶液有黄色变成红色;反之,当加入碱时,OH^- 与 H^+ 结合生成水,使平衡向右移动,此时,溶液由红色变成黄色。

由此可见,酸碱指示剂的变色与指示剂本身的结构和溶液的 pH 的改变有关。酸碱指示剂变色的内因是指示剂本身结构的变化,外因则是溶液 pH 的变化。

4.2.2　酸碱指示剂的分类

常用的酸碱指示剂主要有以下 4 类:

①硝基酚类:这是一类酸性显著的指示剂,如对-硝基酚等。

②酚酞类:有酚酞、百里酚酞和 α-萘酚酞等,它们都是有机弱酸。

③磺代酚酞类:有酚红、甲酚红、溴酚蓝、百里酚蓝等,它们都是有机弱酸。

④偶氮化合物类:有甲基橙、中性红等,它们都是两性指示剂,既可作酸式离解,也可作碱式离解。

一些常见的酸碱指示剂见表4-1。

表 4-1　常见的酸碱指示剂

指示剂	颜色			pK_a	pT	变色间隔
	酸形色	过渡色	碱形色			
甲基橙	红	橙	黄	3.4	4.0	3.1~4.4
甲基红	红	橙	黄	5.0	5.0	4.4~6.2
溴甲酚紫	黄		紫	6.1	6.0	5.2~6.8
酚红	黄	橙	红	7.8	7.0	6.4~8.2
酚酞	无色	粉红	红	9.1	9.0	8.0~9.6
百里酚酞	无色	淡蓝	蓝	10.0	10.0	9.4~10.6

4.2.3　酸碱指示剂的变色范围

弱酸型指示剂 HIn,在溶液中达到平衡时:

$$HIn \rightleftharpoons H^+ + In^-$$

用 K_{HIn} 表示指示剂的离解常数,则有:

$$K_{HIn} = \frac{[H^+][In^-]}{[HIn]} \tag{4-1}$$

$$\frac{[In^-]}{[HIn]} = \frac{K_{HIn}}{[H^+]} \tag{4-2}$$

从上面可以看出,$\frac{[In^-]}{[HIn]}$ 的比值就是 H^+ 浓度的函数,在 pH 较小的溶液中,[HIn]较多,所以呈红色;在 pH 较大的溶液中,[In^-]较多,所以呈黄色,因此[In^-]与[HIn]之比代表了溶液的颜色,也就是说,溶液的 pH 的任何改变都能影响[HIn]与[In]的比值,指示剂颜色也相应发生变化。

由式(4-2)可知,$\frac{[In^-]}{[HIn]}$ 值取决于 K_{HIn} 和溶液的 H^+ 浓度。在一定温度下,K_{HIn} 为常数,因此该比值完全取决于溶液的酸度。

当[H^+]改变时,$\frac{[In^-]}{[HIn]}$ 值随之改变,溶液的颜色相应地发生改变。而人眼对颜色辨别的能力是有一定限度,当比值的改变程度很小时,会很难观察到溶液颜色的变化。在一般情况下,当两种颜色的浓度之比在 10 倍或 10 倍以上时,只能看到浓度较大的那种颜色,而另一种颜色就辨别不出来了。

例如,当 $\frac{[In^-]}{[HIn]} \leqslant 0.1$ 时,人眼只能看到酸式的颜色,而看不到碱式的颜色;当 $\frac{[In^-]}{[HIn]} \geqslant 10$ 时,只能看到碱式的颜色,而看不到酸式的颜色。当 $\frac{[In^-]}{[HIn]}$ 在 10~0.1 范围内,指示剂呈过渡的颜色。由此可见,$\frac{[In^-]}{[HIn]}$ 值在只有一定范围内变化时,才能看到指示剂颜色的变化。这一范围用

pH 可表示为：

当 $\dfrac{[In^-]}{[HIn]} = 10$ 时，$pH = pK_{HIn} + 1$。

当 $\dfrac{[In^-]}{[HIn]} = 0.1$ 时，$pH = pK_{HIn} - 1$。

当 pH 由 $pK_{HIn} + 1$ 变到 $pK_{HIn} - 1$ 时，指示剂的颜色由碱式色变为酸式色。

当 pH 由 $pK_{HIn} - 1$ 变到 $pK_{HIn} + 1$ 时，指示剂的颜色由酸式色变为碱式色。

由此可以得出指示剂变色的 pH 范围为：

$$pH = pK_{HIn} \pm 1$$

而对于不同的指示剂，其 pK_{HIn} 是不同的，所以各有着不同的变色范围。当指示剂的 $[In^-] = [HIn]$ 时，则 $pH = pK_{HIn}$，此 pH 为酸碱指示剂的理论变色点，这一点是指示剂变色最灵敏的一点。理想的情况是滴定的计量点与指示剂的变色点的 pH 完全一致。

根据以上推算可知，指示剂的变色范围应该是两个 pH 单位。但我们通过实验发现甲基橙的变色范围在 $3.1 \sim 4.4$，只有 1.3 个 pH 单位，这主要是因为人眼对混合色调中两种颜色的敏锐程度不同形成的。我们通过计算来解决这个问题。

当 pH = 3.1 时，$[H^+] = 8 \times 10^{-4}$ mol/L，则甲基橙 $pK_{HIn} = 3.1$，$K_{HIn} = 4 \times 10^{-4}$ mol/L

$$\frac{[In^-]}{[HIn]} = \frac{K_{HIn}}{[H^+]} = \frac{1}{2}$$

当 pH = 4.4 时，$[H^+] = 4 \times 10^{-5}$ mol/L，则

$$\frac{[In^-]}{[HIn]} = \frac{K_{HIn}}{[H^+]} = 10$$

由此我们可以发现，甲基橙酸式色的浓度大于碱式色 2 倍时，就可以看到纯酸式色（即红色），而要看到纯碱式色（即黄色），则甲基橙的碱式色浓度必须是酸式色浓度 10 倍以上。因为人眼对红色的敏感程度要远高于黄色，也就是说在黄色中分辨红色容易，而要在红色中分辨黄色较困难。所以甲基橙的变色范围要小于 2 个 pH 单位。指示剂的变色范围越窄越好，这样在酸碱反应到达计量点时，pH 略有变化，指示剂可立即由一种颜色变到另一种颜色。

4.2.4　影响酸碱指示剂变色范围的因素

4.2.4.1　温度

根据前面的内容我们可以知道，指示剂的理论变色范围是 $pK_a \pm 1$，当温度发生改变时，指示剂的解离平衡常数也随之改变，这样，指示剂的实际变色范围也就发生改变了。例如，甲基橙在温度为 18℃ 时，它的变色范围为 $3.1 \sim 4.4$，而在 100℃ 时，它的变色范围则为 $2.5 \sim 3.7$。

因此进行滴定实验的时候都应该在室温下进行，如果需要加热煮沸，也必须等到冷却至室温后再滴定。

4.2.4.2　溶剂

因为不同的溶剂它们的介电常数和酸碱性都不同，所以溶剂不同时，指示剂的解离常数和变

色范围都会不同。例如,甲基橙在水溶液中 $pK_a=3.4$,而在甲醇溶液中则为 3.8。

4.2.4.3　离子强度

溶液离子强度的大小影响到指示剂的解离常数,从而影响到指示剂的变色范围。此外,某些电解质具有吸收不同波长光波的性质,也会影响指示剂颜色的深度,因此在滴定中不宜有大量中性电解质存在。

4.2.4.4　滴定顺序

因为人的眼睛对于色调变化的敏感度不同,在浅色中辨别深色容易,在深色中辨别浅色难。例如,用甲基橙作为指示剂时,如果用碱滴定酸,终点的颜色由红色变为橙色,不容易分辨出来,而如果是酸滴定碱,终点颜色由橙色变为红色,就比较容易辨别了。

4.2.4.5　指示剂的用量

指示剂的用量是影响到指示剂变色敏锐的一个重要因素,用量过多就会使溶液颜色过深,滴定终点颜色变化缓慢,影响对终点的准确判断,而且指示剂本身也会消耗滴定剂,带来误差。

对于双色指示剂而言,如果指示剂用量过多,会使得酸式色和碱式色互相掩盖,色调变化不明显,终点颜色变化不易判断。

对于单色指示剂而言,如果指示剂用量过多,则会改变其变色范围。比如酚酞,其在水溶液中的解离平衡可表示为:

$$HIn \rightleftharpoons H^+ + In^-$$
$$\text{无色} \qquad\qquad\qquad \text{红色}$$

$$\frac{[In^-]}{[HIn]}=\frac{K_{HIn}}{[H^+]}$$

假设指示剂的总浓度为 c,人眼观察红色形式酚酞的最低浓度为 a,则有

$$\frac{[In^-]}{[HIn]}=\frac{K_{HIn}}{[H^+]}=\frac{a}{c-a}$$

对于同一个人而言,a 的值是固定不变的,所以当加入指示剂的用量增大时,c 增大,$[H^+]$ 相应地增大,说明酚酞会在较低的 pH 时变色,即指示剂的变色范围向 pH 偏低的方向移动。例如,在 $50\sim100$ mL 溶液中加入 $2\sim3$ 滴 0.1% 酚酞,在 pH 为 9 时,即可观察到微红色,而在相同的情况下,加入 $10\sim15$ 滴 0.1% 酚酞,则在 pH 为 8 时就出现微红色。

4.2.5　混合指示剂

通常在酸碱滴定中,为了达到预期的准确度要求,需要将滴定终点限制在很窄的 pH 范围内,而一般的指示剂的变色范围都比较宽,便不能胜任。混合指示剂利用颜色之间的互补作用,变色敏锐,且具有很窄的变色范围,可正确地指示滴定终点。

混合指示剂的配制方法有两种:一种方法是用一种不随溶液 pH 变化而发生颜色变化的惰性染料和指示剂按一定比例混合而成;另一种方法则是由两种或两种以上的指示剂按一定比例

混合而成。

例如,由甲基橙和靛蓝组成的混合指示剂,靛蓝颜色不随 pH 改变而变化,只作为甲基橙的蓝色背景,变化如下:

溶液的 pH	≤3.1	4.1	≥4.4
甲基橙的颜色	红色	橙色	黄色
靛蓝的颜色	蓝色	蓝色	蓝色
混合指示剂的颜色	紫色	浅灰色	绿色

无论是由紫色变为绿色,还是由绿色变为紫色,中间色都是接近无色的浅灰色,变色相当敏锐,很容易辨别。

又如,甲基红和溴甲酚绿按 1∶3 组成的混合指示剂,在滴定过程中它的颜色随溶液 pH 变化的情况如下:

溶液的 pH	<4.0	5.1	>6.2
甲基红的颜色	红色	橙红色	黄色
溴甲酚绿的颜色	黄色	绿色	蓝色
混合指示剂的颜色	橙色	浅灰色	绿色

同样地,近乎无色的浅灰色作为混合指示剂的过渡色,与橙色和绿色色差相当明显,很容易辨别,而且出现浅灰色的变色范围很窄。

表 4-2 为几种常用的混合指示剂。

表 4-2　常用酸碱混合指示剂

混合指示剂的组成	变色点 pH	变色情况		备注
		酸色	碱色	
一份 0.1%甲基黄乙醇溶液 一份 0.1%次甲基蓝乙醇溶液	3.25	蓝紫	绿	pH 3.4 绿色 pH 3.2 蓝紫色
一份 0.1%甲基橙水溶液 一份 0.25%靛蓝二磺酸钠水溶液	4.1	紫	黄紫	pH 4.1 灰色
三份 0.1%溴甲酚绿乙醇溶液 一份 0.2%甲基红乙醇溶液	5.1	酒红	绿	颜色变化显著
一份 0.1%溴甲酚绿钠盐水溶液 一份 0.1%氯酚红钠盐水溶液	6.1	黄绿	蓝绿	pH 5.4 蓝绿色 pH 5.8 蓝色 pH 6.0 蓝带紫 pH 6.2 蓝紫
一份 0.1%中性红乙醇溶液 一份 0.1%次甲基蓝乙醇溶液	7.00	蓝紫	绿	pH 7.0 紫蓝
一份 0.1%甲基酚红钠盐水溶液 三份 0.1%百里酚蓝钠盐水溶液	8.3	黄	紫	pH 8.2 玫瑰色 pH 8.4 紫色
一份 0.1%百里酚蓝 50%乙醇溶液 三份 0.1%酚酞 50%乙醇溶液	9.0	黄	紫	pH 9.0 绿色
两份 0.1%百里酚酞乙醇溶液 一份 0.1%茜素黄乙醇溶液	10.2	黄	紫	

4.2.6　指示剂的选择

滴定突跃是选择指示剂的依据。指示剂的选择原则是：所选用的酸碱指示剂的变色范围落在或大部分落在化学计量点附近的 pH 突跃范围之内。若为混合指示剂，则其变色点越接近化学计量点越好。例如，用 0.10 mol/L NaOH 滴定同浓度 HCl 时，甲基橙（变色点 pH 为 4.4）、甲基红（变色点 pH 为 5.0）、酚酞（变色点 pH 为 9.0）均适用。在反方向的滴定中，甲基红（变色点 pH 为 5.0）、酚酞（变色点 pH 为 8.0）都是理想的指示剂。

在实际滴定中，指示剂选择还应考虑人的视觉对颜色的敏感性，如酚酞由无色变为粉红色、甲基橙由黄色变为橙色，即颜色由浅到深，人的视觉较敏感，因此强酸滴定强碱时常选用甲基橙，强碱滴定强酸时常选用酚酞指示剂指示终点。

对于强酸强碱的滴定，滴定突跃范围的大小主要取决于酸、碱的浓度。浓度越大，滴定突跃范围越大，可以用来选择的指示剂就越多；浓度越小，滴定突跃范围越小，可以用来选择的指示剂就越少。图 4-1 所示是三种不同浓度的 NaOH 溶液滴定相同浓度的 HCl 溶液的滴定曲线。例如，0.01 mol/L NaOH 溶液滴定 0.01 mol/L HCl 溶液，滴定突跃范围的 pH 为 5.30~8.70，可以选择甲基红、酚酞作为指示剂，可是不能选择甲基橙作为指示剂，否则就会超过滴定分析的误差。另外，标准溶液（即滴定液）的浓度太高，计量点附近滴入一滴溶液的物质的量比较大，所以引入的误差也相对较大，而且标准溶液的浓度也不能太细，否则滴定突跃范围太窄。通常情况下，标准溶液的溶度控制在 0.1~0.5 mol/L 比较适宜。

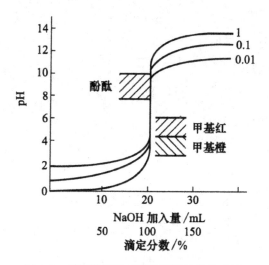

图 4-1　不同浓度强碱滴定强酸的滴定曲线

4.3 酸碱滴定曲线和溶液浓度计算

4.3.1 酸碱滴定曲线

4.3.1.1 强碱滴定强酸

强酸强碱滴定的基本反应为

$$H^+ + OH^- \rightleftharpoons H_2O$$

$$K_t = \frac{1}{[H^+][OH^-]} = \frac{1}{K_w} = 1.00 \times 10^{14}$$

可以看出,强酸强碱滴定反应的滴定常数 K_t 值特别大,强酸强碱滴定反应也是在水溶液中反应程度最完全的酸碱滴定。

现以 0.100 0 mol/LNaOH 溶液滴定 20.00 mL(V_0)等溶度的 HCl 溶液为例,来讨论滴定过程中溶液 pH 的变化,假设滴定中加入 NaOH 的体积为 V(mL)。

(1)滴定开始前

溶液中[H^+]等于 HCl 的溶度,即

$$[H^+] = c_{HCl} = 0.100 \text{ mol/L}$$

$$pH = 1.00$$

(2)滴定开始至化学计量点前

溶液酸度取决于剩余 HCl 的溶度,即

$$[H^+] = \frac{V_0 - V}{V_0 - V} c_{HCl}$$

当加入滴定剂体积为 18 mL 时,

$$[H^+] = \frac{(20.00 - 18.00)}{(20.00 + 18.00)} \times 0.100\ 0 = 5.3 \times 10^{-3} \text{ mol/L}$$

$$pH = 2.28$$

当加入滴定剂体积为 19.98 mL 时(化学计量点前 0.1%),

$$[H^+] = \frac{(20.00 - 19.98)}{(20.00 + 19.98)} \times 0.100\ 0 = 5.0 \times 10^{-5} \text{ mol/L}$$

$$pH = 4.30$$

(3)化学计量点时

化学计量点时即加入滴定剂体积为 20.00 mL,此时 HCl 和 NaCl 恰好完全反应,

$$[H^+] = [OH^-] = 1.0 \times 10^{-7} \text{ mol/L}$$

$$pH = 7.00$$

（4）化学计量点后

溶液的 pH 由过量的 NaOH 的浓度决定，即

$$[OH^-] = \frac{V_0 - V}{V_0 + V} c_{NaOH}$$

当加入滴定剂体积为 20.02 mL 时，

$$[OH^-] = \frac{(20.02 - 20.00)}{(20.00 + 20.22)} \times 0.100\ 0 = 5.0 \times 10^{-5}\ mol/L$$

$$pOH = 4.30, pH = 9.70$$

其余各点可按同样方法计算，结果列于表 4-3 中，然后以 NaOH 加入量或酸被滴定百分数为横坐标，溶液的 pH 为纵坐标绘图，得到如图 4-2 所示的滴定曲线。

表 4-3　0.100 mol/L NaOH 溶液滴定 0.100 0 mol/L HCl 溶液 20.00 mL pH 变化

加入的 NaOH		剩余的 HCl		$[H^+]$	pH
%	mL	%	mL		
0	0	100	20.0	1.0×10^{-1}	1.00
90.0	18.00	10.0	2.00	5.0×10^{-3}	2.30
99.0	19.80	1.00	0.20	5.0×10^{-4}	3.30
99.9	19.98	0.10	0.02	5.0×10^{-5}	4.30
100.0	20.00	0	0	1.0×10^{-7}	7.00(计量点)
		过量的 NaOH		$[OH^-]$	
100.1	20.02	0.1	0.02	5.0×10^{-5}	9.70
101	20.20	1.0	0.20	5.0×10^{-4}	10.70

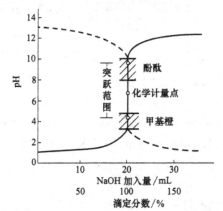

图 4-2　0.100 mol/L 的 NaOH 溶液滴定

0.100 0 mol/L HCl 溶液 20.00 mL 的滴定曲线

由表 4-3 和图 4-2 可见,从滴定开始时,溶液中含大量的 HCl,pH 升高十分缓慢,加入 18 mL NaOH 时 pH 才改变 1.3 个单位,滴定曲线比较平坦。到 99.9% HCl 被滴定,即加入 NaOH 到 19.98 mL 时,pH 也仅仅改变了 3.3 个 pH 单位。而在化学计量点附近,有 99.9% HCl 被滴定到过量 0.1% NaOH,即终点误差在 ±0.1% 以内,虽然体积变化只有 0.04 mL,溶液的 pH 却发生了剧烈的变化,改变了 5.4 个 pH 单位,在滴定曲线上出现了几乎垂直的一段。这种现象被称为滴定突跃,对应的 pH 变化范围被称为 pH 突跃范围。化学计量点后若继续加入 NaOH 溶液,体系的 pH 变化逐渐减小,曲线又比较平坦。

4.3.1.2 强碱滴定一元弱酸

现以 0.100 0 mol/L 的 NaOH 溶液滴定 0.100 0 mol/L HAc 溶液为例说明此类滴定的情况。

(1)滴定前

滴定前,溶液中的 H^+ 主要来源于 HAc 的电离,按弱酸溶液的 pH 计算方法有

$$[H^+]=\sqrt{K_a c}=\sqrt{1.76\times10^{-5}\times0.100\,0}=1.34\times10^{-3}\text{ mol/L}$$
$$pH=-\lg[H^+]=-\lg(1.34\times10^{-3})=2.87$$

(2)滴定开始至化学计量点前

在这一阶段,因 NaOH 溶液的滴入,一部分 HAc 被中和生成 NaAc,于是剩余的 HAc 与生成的 NaAc 组成缓冲溶液,按缓冲溶液计算 pH:

$$pH=pK_a+\lg\frac{[Ac^-]}{[HAc]}=pK_a+\lg\frac{V_{NaOH}}{V_{HAc}-V_{NaOH}}$$

例如,在滴入 NaOH 溶液 19.980 mL 时,溶液的 pH 为:

$$pH=4.74+\lg\frac{19.98}{20.00-19.98}=7.74$$

(3)化学计量点时

滴入 20.00 mL NaOH 溶液和 20.00 mL HAc 完全反应生成 Ac^-,此时

$$Ac^-+H_2O\Longleftrightarrow HAc+OH^-$$

$$[Ac^-]=\frac{0.100\,0\times20.00}{20.00+20.00}=0.05\text{ mol/L}$$

$$[OH^-]=\sqrt{K_b c_{Ac^-}}=\sqrt{\frac{K_w}{K_a}c_{Ac^-}}=\sqrt{\frac{1.0\times10^{-14}}{1.8\times10^5}\times0.05}=5.27\times10^{-6}\text{ mol/L}$$

$$pOH=5.28,pH=14-5.28=8.72$$

(4)化学计量点后

继续滴加 NaOH 溶液,过量的 NaOH 溶液抑制了 Ac^- 的水解,溶液的 pH 取决于过量的 NaOH,计算方法和强碱滴定强酸相同。例如,滴入 NaOH 溶液 20.02 mL 时,有

$$[OH^-]=\sqrt{K_b c_{Ac^-}}=\frac{0.100\,0\times(20.02-20.00)}{20.02+20.00}=5.00\times10^{-5}\text{ mol/L}$$

$$pOH=4.30,pH=14-4.30=9.70$$

其余各点可参照上述方法逐一计算,计算结果列于表 4-4,滴定曲线如图 4-3 所示。

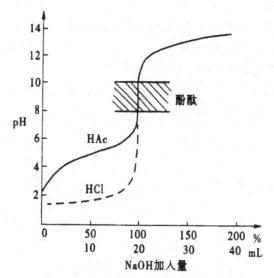

图 4-3　0.100 0 mol/L 的 NaOH 溶液滴定
0.100 0 mol/L HAc 溶液的滴定曲线

表 4-4　用 0.100 0 mol/L 的 NaOH 滴定 0.100 0 mol/L HAc 时 pH 的变化

加入的 NaOH		剩余 HAc		$[H^+]$	pH
%	mL	%	mL		
0.00	0.00	100.0	20.00	1.35×10^{-3}	2.87
50.00	10.00	50.00	10.00	2.00×10^{-5}	4.70
99.00	19.80	1.00	0.20	3.39×10^{-7}	6.74
99.90	19.98	0.10	0.02	1.82×10^{-8}	7.74
100.0	20.00	0.00	0.00	1.90×10^{-9}	8.72
100.1	20.02	0.10	0.02	2.00×10^{-10}	9.70
101.0	20.02	1.00	0.20	2.00×10^{-11}	10.70
110.0	22.00	10.00	2.00	2.00×10^{-12}	11.70
200.0	40.00	100.0	20.00	3.16×10^{-13}	12.50

从表 4-4 及图 4-3 可以看出以下几点。

①NaOH-HAc 滴定曲线起点的 pH 比 NaOH-HCl 滴定曲线高约两个 pH 单位,这是因为 HAc 酸性较 HCl 弱的缘故。

②化学计量点时溶液 pH＝8.72,这是由于反应生成的 NaAc 发生碱式离解反应,溶液呈碱性的缘故。

③在化学计量点附近产生了滴定突跃,只是 NaOH-HAc 突跃范围(pH＝7.74～9.70)比 NaOH-HCl 突跃范围(pH＝4.30～9.70)小得多。这是因为在接近化学计量点时,溶液中的

HAc 已经很少，而生成的 NaAc 越来越多，大量 NaAc 存在抑制了 HAc 的电离，溶液中的 [H$^+$] 下降。又由于 NaAc 的离解反应不断增强，溶液中 [OH$^-$] 也因而增大，所以当滴入 NaOH 到 19.98 mL 时，虽然溶液中还剩余 0.02 mL HAc，但溶液已呈碱性（pH＝7.74），使滴定突跃部分起点在上一类型的基础上向上移动。

④由于突跃范围是 pH＝7.74～9.70，化学计量点在碱性范围内，即 pH$_{sp}$＞7，故可选用酚酞、酚红、百里酚蓝等作为指示剂。

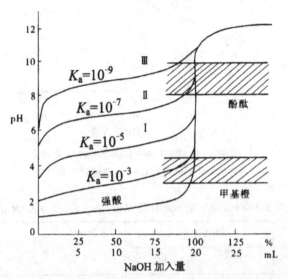

图 4-4　0.100 0 mol/L NaOH 溶液滴定不同强度弱酸溶液的滴定曲线

强碱滴定弱酸时 pH 突跃的大小，除了与酸碱浓度有关外，更与弱酸的电离常数如态小有关。由图 4-4 可知：曲线 Ⅰ 是 K_a＝10^{-5} 的 HAc，曲线 Ⅱ 是比 HAc 更弱的酸，K_a＝10^{-7}（酚酞作为指示剂已不合适），曲线 Ⅲ 是 K_a＝10^{-9} 的硼酸，已没有明显的突跃部分，因此很难找到合适的指示剂，难以用中和法直接滴定。

4.3.1.3　强酸滴定一元弱碱

以 HCl 滴定 NH$_3$·H$_2$O 为例，滴定反应为：

$$H^+ + NH_3 \Longrightarrow NH_4^+$$

其滴定曲线如图 4-5 所示（滴定过程的分析计算与强碱滴定弱酸类似，请读者自己分析）。从滴定曲线可以得到以下结论。

①强酸滴定弱碱与强碱滴定弱酸的滴定曲线相似，但 pH 的变化方向相反。

②强酸滴定弱碱（NH$_3$）的突跃范围在 pH＝6.3～4.3，理论终点为 pH＝5.3，偏酸性，化学计量点在酸性范围内，即 pH$_{sp}$＜7，故可选用在酸性范围内变色的指示剂，如甲基红、溴甲酚绿。在滴定剂浓度为 0.1 mol/L 的情况下不能采用甲基橙作为指示剂，否则终点误差将增大。

强酸滴定弱碱时，当碱的浓度一定时，K_b 越大碱性越强，滴定曲线上滴定突跃范围也越大；反之，突跃范围越小，这与强碱滴定弱酸的情况相似。

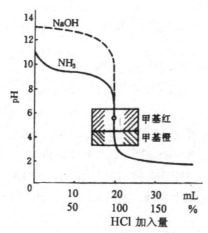

图 4-5 0.100 0 mol/L 的 HCl 滴定 20.00 mL 0.100 0 mol/L NH₃ 的滴定曲线

如果要求滴定误差≤0.1%,必须使滴定突跃超过 0.3 个 pH 单位,此时人眼才可以辨别出指示剂颜色的变化,滴定也可以顺利进行。通常,以 $c_{sp}K_a \geq 10^{-8}$ 或 $c_{sp}K_b \geq 10^{-8}$(c_{sp} 是一元弱酸或一元弱碱计量点时的浓度)作为强碱滴定弱酸或强酸滴定弱碱能直接目视准确滴定的判据,即酸碱滴定法准确滴定的最低要求,若是不能满足最低要求的弱酸或弱碱,可采用非水滴定法、电位滴定法和利用化学反应强化弱酸或弱碱。

4.3.1.4 多元酸碱的滴定

因为多元酸碱有分级离解问题,所以应考虑能否直接准确滴定出它们分级给出或接受质子的量,即分级滴定问题,同时还要考虑能否准确滴定它们给出或接受质子的总量,即滴总量问题。凡是能够直接进行分级滴定或滴总量的,都能用酸碱滴定法进行测定。

(1)分级滴定条件

如果要求滴定误差≤0.1%,终点判断的不确定性为±0.2pH 单位,则直接准确分级滴定多元酸碱的判断依据须同时满足:

$$c_{spi}K_{ai} \geq 10^{-8}（或 c_{spi}K_{bi} \geq 10^{-8}）$$

和
$$\Delta pK_i \geq 6 (i=1,2,\cdots,n-1)$$

但在实际处理多元酸碱分级滴定时,除规定终点判断的不确定性为±0.2pH 单位外,还允许滴定误差为±1%。这时直接准确分级滴定多元酸碱的判据须同时满足:

$$c_{spi}K_{ai} \geq 10^{-10}（或 c_{spi}K_{bi} \geq 10^{-10}）$$

和
$$\Delta pK_i \geq 4 (i=1,2,\cdots,n-1)$$

(2)滴总量的判断式

在允许的滴定误差为±1%,终点判断的不确定性为±0.2pH 单位时,多元酸碱给出或接受质子的总量能否全部滴定,其判断依据为:

$$c_{spn}K_{an} \geq 10^{-10}（或 c_{spn}K_{bn} \geq 10^{-10}）$$

这实际上是把多元酸碱看成一些浓度相等而强度不同的一元酸碱的混合物。当考虑能否滴总量时,应以强度最弱的酸碱来进行判断。

（3）多元酸的滴定

现以 NaOH 溶液滴定 0.100 0 mol/L 的 H_3PO_4 溶液为例。三元酸 H_3PO_4 的离解平衡如下：

$$H_3PO_4 \Longrightarrow H^+ + H_2PO_4^-, K_{a1} = 7.5 \times 10^{-3}$$
$$H_2PO_4^- \Longrightarrow H^+ + HPO_4^{2-}, K_{a2} = 6.3 \times 10^{-8}$$
$$HPO_4^{2-} \Longrightarrow H^+ + PO_4^{3-}, K_{a3} = 4.4 \times 10^{-13}$$

由直接准确分级滴定多元酸的判据可知，$\Delta pK_i \geqslant 4$ 均可分级滴定。第一个计量点时，H_3PO_4 被滴定到 $H_2PO_4^-$，出现第一个突跃；第二个计量点时，$H_2PO_4^-$ 被滴定到 HPO_4^{2-}，出现第二个突跃；第三个计量点时，因为 HPO_4^{2-} 的 K_{a3} 太小，$cK_{a3} < 10^{-10}$，所以不能直接准确滴定。图 4-6 所示是用电位滴定法绘制的滴定曲线，与图 3-4 相比，曲线较平坦。

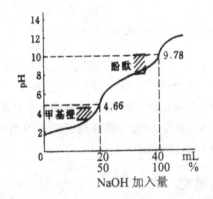

图 4-6　NaOH 溶液滴定 H_3PO_4 溶液的滴定曲线

在 NaOH 溶液滴定 H_3PO_4 的过程中，pH 的准确计算较为复杂，这里不作介绍（请读者参照"两性物质溶液 pH 的计算"自己处理）。为简便起见，在选择指示剂时，可用最简式计算计量点时的 pH。下面讨论计量点时 pH 和指示剂的选择。

第一个化学计量点：溶液组成主要为 $H_2PO_4^-$，它是两性物质，用最简式进行计算。

$$[H^+] = \sqrt{K_{a1}K_{a2}} = \sqrt{7.5 \times 10^{-3} \times 6.3 \times 10^{-8}} = 2.17 \times 10^{-5} \text{ mol/L}$$
$$pH = 4.66$$

可选择甲基橙作为指示剂，滴定终点时颜色由红色变成黄色。

第二个化学计量点：主要存在形式是 HPO_4^{2-}，也是两性物质。

$$[H^+] = \sqrt{K_{a2}K_{a3}} = \sqrt{6.3 \times 10^{-8} \times 4.4 \times 10^{-13}} = 2.2 \times 10^{-10} \text{ mol/L}$$
$$pH = 9.78$$

可选择百里酚酞作为指示剂，滴定终点时颜色由无色变成浅黄色。

第三个化学计量点：因为 $cK_{a3} < 10^{-10}$，所以不能直接滴定。

（4）多元碱的滴定

现以 HCl 溶液滴定 0.100 0 mol/L 的 Na_2CO_3 溶液为例。Na_2CO_3 在水中的离解平衡如下：

$$CO_3^{2-} + H_2O \Longrightarrow HCO_3^- + OH^-, K_{b1} = K_w/K_{a2} = 1.79 \times 10^{-4}$$
$$HCO_3^- + H_2O \Longrightarrow H_2CO_3 + OH^-, K_{b2} = K_w/K_{a1} = 2.38 \times 10^{-8}$$

因为 $K_{b1}/K_{b2} > 10^4$,且 $c_{sp}K_b > 10^{-10}$,所以可直接准确分级滴定。HCl 溶液滴定 Na_2CO_3 溶液的滴定曲线如图 4-7 所示。从图中可看出,用 HCl 溶液滴定 Na_2CO_3 溶液到达第一个化学计量点时,生成的 $NaHCO_3$ 是两性物质。

第一个化学计量点:溶液的 pH 由 $[HCO_3^-]$ 决定,HCO_3^- 是两性物质,可用最简式计算。

$$[H^+] = \sqrt{K_{a1}K_{a2}} = \sqrt{4.2 \times 10^{-7} \times 5.6 \times 0^{-11}} = 4.85 \times 10^{-9} \text{ mol/L}$$
$$pH = 8.31$$

可选用酚酞作为指示剂。

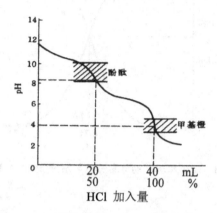

图 4-7 HCl 溶液滴定 Na_2CO_3 溶液的滴定曲线

第二个化学计量点:产物为 $H_2CO_3(CO_2 + H_2O)$,其饱和溶液的浓度约为 0.04 mol/L。

$$[H^+] = \sqrt{cK_a} = \sqrt{0.04 \times 4.2 \times 10^{-7}} = 1.3 \times 10^{-4} \text{ mol/L}$$
$$pH = 3.89$$

可选择甲基橙作为指示剂。

但是,在滴定中以甲基橙作为指示剂时,因过多产生 CO_2,可能会使滴定终点过早出现,所以快到第二个计量点时应剧烈摇动试管,必要时可加热煮沸溶液以除去 CO_2,冷却后再继续滴定至终点,以提高分析的准确度。

4.3.2 酸碱溶液有关浓度的计算

4.3.2.1 水溶液中弱酸(碱)各种型体的分布

(1)一元弱酸

以醋酸 HAc 为例,设分析浓度为 c mol/L,它在溶液中以 HAc 和 Ac^- 两种型体存在,它们的平衡浓度分别为[HAc]和 $[Ac^-]$,则 $c = [HAc] + [Ac^-]$,根据分布分数的定义、物料平衡和 K_a 的表达式,可得

$$\delta_{HAc} = \frac{[HAc]}{c} = \frac{[HAc]}{[HAc] + [Ac^-]} = \frac{1}{1 + K_a/[H^+]} = \frac{[H^+]}{[H^+] + K_a}$$

$$\delta_{Ac^-} = \frac{[Ac^-]}{c} = \frac{K_a}{[H^+] + K_a}$$

$$\delta_{\text{HAc}} + \delta_{\text{Ac}^-} = 1$$

HAc 和 Ac⁻ 的分布分数与溶液 pH 的关系曲线如图 4-8 所示。

在平衡状态下，一元弱酸各型体的分布分数与 K_a 和 H^+ 浓度有关，而与分析浓度无关。对于某一元弱酸，分布分数是 pH 的函数。

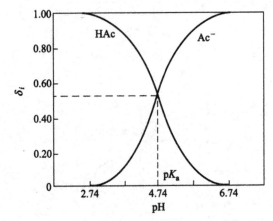

图 4-8　HAc 和 Ac⁻ 的分布分数与溶液 pH 的关系曲线

(2)多元酸

以二元弱酸 $H_2C_2O_4$ 为例，设分析浓度为 c mol/L，草酸在溶液中平衡型体有 $H_2C_2O_4$、$HC_2O_4^-$ 和 $C_2O_4^{2-}$ 三种。根据物料平衡、分布系数的定义以及 K_{a1} 和 K_{a2} 的表达式，可得

$$\delta_{H_2C_2O_4} = \frac{[H_2C_2O_4]}{c} = \frac{[H_2C_2O_4]}{[H_2C_2O_4] + [HC_2O_4^-] + [C_2O_4^{2-}]}$$

$$= \frac{1}{1 + \frac{[HC_2O_4^-]}{[H_2C_2O_4]} + \frac{[C_2O_4^{2-}]}{[H_2C_2O_4]}} = \frac{1}{1 + \frac{K_{a1}}{[H^+]} + \frac{K_{a1}K_{a2}}{[H^+]^2}}$$

$$= \frac{[H^+]^2}{[H^+]^2 + [H^+]K_{a1} + K_{a1}K_{a2}}$$

$$\delta_{HC_2O_4^-} = \frac{[H^+]K_{a1}}{[H^+]^2 + [H^+]K_{a1} + K_{a1}K_{a2}}$$

$$\delta_{C_2O_4^{2-}} = \frac{K_{a1}K_{a2}}{[H^+]^2 + [H^+]K_{a1} + K_{a1}K_{a2}}$$

若以 δ 对 pH 作图，则可得图 4-9 所示的分布曲线。由图可见，当 pH$<$pK_{a1} 时，溶液中 $H_2C_2O_4$ 为主要的存在型体；当 p$K_{a1}<$pH$<$pK_{a2} 时，溶液中 $HC_2O_4^-$ 为主要存在型体；当 pH$>$pK_{a2} 时，溶液中 $C_2O_4^{2-}$ 为主要存在型体。

多元弱酸 H_nA 的溶液中存在着 $n+1$ 种可能的型体，各型体的分布分数为：

$$\delta_{H_nA} = \frac{[H^+]^n}{[H^+]^n + [H^+]^{n-1}K_{a1} + [H^+]^{n-2}K_{a1}K_{a2} + \cdots + K_{a1}K_{a2}K_{a3}\cdots K_{an}}$$

$$\delta_{H_{n-1}A^-} = \frac{[H^+]^{n-1}K_{a1}}{[H^+]^n + [H^+]^{n-1}K_{a1} + [H^+]^{n-2}K_{a1}K_{a2} + \cdots + K_{a1}K_{a2}K_{a3}\cdots K_{an}}$$

$$\cdots$$

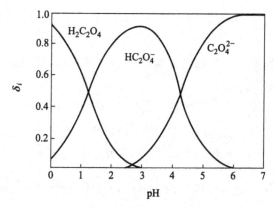

图 4-9　$H_2C_2O_4$ 各型体的分布分数与溶液 pH 的关系曲线

$$\delta_{A^{n-}} = \frac{K_{a1}K_{a2}K_{a3}\cdots K_{an}}{[H^+]^n + [H^+]^{n-1}K_{a1} + [H^+]^{n-2}K_{a1}K_{a2} + \cdots + K_{a1}K_{a2}K_{a3}\cdots K_{an}}$$

$$\sum \delta_i = 1$$

对于多元弱碱 A^{n-} 的分布分数,按类似的方法处理,可得

$$\delta_{A^{n-}} = \frac{[OH^-]^n}{[OH^-]^n + [OH^-]^{n-1}K_{b1} + [OH^-]^{n-2}K_{b1}K_{b2} + \cdots + K_{b1}K_{b2}K_{b3}\cdots K_{bn}}$$

$$\delta_{H_{n-1}A^-} = \frac{[H^+]^{n-1}K_{b1}}{[OH^-]^n + [OH^-]^{n-1}K_{b1} + [OH^-]^{n-2}K_{b1}K_{b2} + \cdots + K_{b1}K_{b2}K_{b3}\cdots K_{bn}}$$

$$\cdots$$

$$\delta_{H_nA} = \frac{K_{b1}K_{b2}K_{b3}\cdots K_{bn}}{[OH^-]^n + [OH^-]^{n-1}K_{b1} + [OH^-]^{n-2}K_{b1}K_{b2} + \cdots + K_{b1}K_{b2}K_{b3}\cdots K_{bn}}$$

$$\sum \delta_i = 1$$

由上可知,分布分数取决于物质的酸碱强度(K_a 或 K_b)和溶液的酸度(H^+ 的浓度),而与其总浓度无关,同一物质各型体的分布分数之和为 1。

4.3.2.2　酸碱溶液 pH 的计算

(1)一元强酸(碱)溶液 H^+ 浓度的计算

以 c mol/LHCl 溶液为例,其 PBE 为:

$$[H^+] = [Cl^-] + [OH^-]$$

上式表明溶液中的 $[H^+]$ 来源于 HCl 和水的解离,HCl 解离的 H^+ 浓度等于 $[Cl^-]$,水解离的 H^+ 浓度等于 $[OH^-]$。

将 $[Cl^-] = c$,$[OH^-] = \dfrac{K_w}{[H^+]}$ 代入上式,并整理可得

$$[H^+]^2 - c[H^+] - K_w = 0$$

解之得

$$[H^+] = \frac{c + \sqrt{c^2 + 4K_w}}{2} \tag{4-3}$$

这是计算强酸溶液中$[H^+]$的精确式。当$c \geqslant 10^{-6}$ mol/L 时，水解离的那部分氢离子可忽略不计，故得近似式，$[H^+] = c$。

当$c \leqslant 10^{-8}$ mol/L 时，酸解离的那部分氢离子可忽略不计，故得近似式，$[H^+] = \sqrt{K_w}$。所以式(4-3)的适用条件是10^{-8} mol/L $\leqslant c \leqslant 10^{-6}$ mol/L。

对于一元强碱，如c mol/LNaOH 溶液，其$[OH^-]$的计算式为：

$$c \geqslant 10^{-6} \text{ mol/L 时，} [OH^-] = c$$

$$c \leqslant 10^{-8} \text{ mol/L 时，} [OH^-] = \sqrt{K_w}$$

$$10^{-8} \text{ mol/L} \leqslant c \leqslant 10^{-6} \text{ mol/L 时，} [OH^-] = \frac{c + \sqrt{c^2 + 4K_w}}{2}$$

(2)一元弱酸(碱)溶液 H^+ 浓度的计算

1)一元弱酸溶液

设一元弱酸 HA 的浓度为c mol/L，解离常数为K_a，其 PBE 为：

$$[H^+] = [A^-] + [OH^-]$$

上式表明溶液中的$[H^+]$来源于 HA 和水的解离，HA 解离的H^+浓度等于$[A^-]$，水解离的H^+浓度等于$[OH^-]$。

将$[A^-] = c \times \dfrac{K_a}{[H^+] + K_a}$，$[OH^-] = \dfrac{K_w}{[H^+]}$代入 PBE 式，并整理，可得

$$[H^+]^3 + K_a [H^+]^2 - (cK_a + K_w) [H^+] - K_a K_w = 0$$

上式为计算一元弱酸溶液中$[H^+]$的精确式。显然数学处理相当麻烦，实际工作中也没有必要。为了简化计算，首先将 PBE 简化。

将$[A^-] = \dfrac{K_a [HA]}{[H^+]}$，$[OH^-] = \dfrac{K_w}{[H^+]}$代入 PBE 式中，并整理，可得

$$[H^+] = \sqrt{[HA] K_a + K_w} \tag{4-4}$$

式(4-4)也是计算一元弱酸溶液中$[H^+]$的精确式。

①若式(4-4)中$[HA] K_a \geqslant 10 K_w$，则$K_w$项可忽略，即水解可忽略，此时计算结果的相对误差在$\pm 5\%$内。考虑到弱酸解离度一般不大，为方便起见，常以$[HA] K_a \approx c K_a \geqslant 10 K_w$来进行判断。所以，当$c K_a \geqslant 10 K_w$时，忽略$K_w$，式(4-4)简化为：

$$[H^+] = \sqrt{[HA] K_a} \tag{4-5}$$

解之得

$$[H^+] = \frac{-K_a + \sqrt{K_a^2 + 4cK_a}}{2} \tag{4-6}$$

式(4-6)是计算一元弱酸溶液中$[H^+]$的第一近似式。

②在忽略水解的同时，若弱酸已解离的部分$[A^-]$相对于分析浓度c较小，即$[A^-] < \dfrac{1}{20}c$，若允许有 5%误差，满足$\dfrac{c}{K_a} \geqslant 100$时，就可以忽略因解离对弱酸浓度的影响，有$[HA] \approx c$，式(4-5)可简化为：

$$[H^+] = \sqrt{cK_a} \tag{4-7}$$

式(4-7)是计算一元弱酸溶液中 $[H^+]$ 的最简式。

③当 $cK_a \leqslant 10K_w$，$\dfrac{c}{K_a} \geqslant 100$ 时，说明水解不能忽略，可忽略弱酸解离对弱酸浓度的影响，有 $[HA] \approx c$，式(4-4)简化为：

$$[H^+] = \sqrt{cK_a + K_w} \tag{4-8}$$

式(4-8)是计算一元弱酸溶液中 $[H^+]$ 的第二近似式。

2)一元弱碱溶液

对于一元弱碱 B 溶液，其 PEB 为：

$$[HB]^+ + [H^+] = [OH^-]$$

用处理一元弱酸类似的方法，对 c mol/L 的弱碱 B，解离常数为 K_b，其 $[OH^-]$ 的计算精确式为：

$$[OH^-] = \sqrt{[B]K_b + K_w} \tag{4-9}$$

①当 $cK_b \geqslant 10K_w$，$\dfrac{c}{K_b} < 100$ 时，第一近似式为：

$$[OH^-] = \frac{-K_b + \sqrt{K_b^2 + 4cK_b}}{2} \tag{4-10}$$

②当 $cK_b < 10K_w$，$\dfrac{c}{K_b} \geqslant 100$ 时，第二近似式为：

$$[OH^-] = \sqrt{cK_b + K_w} \tag{4-11}$$

③当 $cK_b \geqslant 10K_w$，$\dfrac{c}{K_b} \geqslant 100$ 时，最简式为：

$$[OH^-] = \sqrt{cK_b} \tag{4-12}$$

(3)多元弱酸(碱)溶液 H^+ 浓度的计算

1)二元弱酸溶液

设二元弱酸 H_2A 的浓度为 c mol/L，一级、二级解离常数分别为 K_{a1}、K_{a2}，其 PBE 为：

$$[H^+] = [HA^-] + 2[A^{2-}] + [OH^-]$$

上式说明，溶液中的 $[H^+]$ 来源于 H_2A 的一级、二级和水的解离。

将

$$[HA^-] = c \times \frac{[H^+]K_{a1}}{[H^+]^2 + [H^+]K_{a1} + K_{a1}K_{a2}}$$

$$[A^{2-}] = c \times \frac{K_{a1}K_{a2}}{[H^+]^2 + [H^+]K_{a1} + K_{a1}K_{a2}}$$

$$[OH^-] = \frac{K_w}{[H^+]}$$

代入 PBE 式后，整理得

$$[H^+]^4 + K_{a1}[H^+]^3 + (K_{a1}K_{a2} - cK_{a1} - K_w)[H^+]^2$$
$$- (K_{a1}K_w + 2cK_{a1}K_{a2})[H^+] - K_{a1}K_{a2}K_w = 0$$

上式为计算二元弱酸 $[H^+]$ 的精确式。显然用此式计算，数学处理极其复杂，因此根据实际情况,对其进行处理。二元弱酸的解离是分步的,以第一级解离为主,在什么情况下可忽略第二级解离呢? 下面讨论忽略 H_2A 的第二级解离的条件。

根据解离平衡常数 $K_{a2} = \dfrac{[A^{2-}][H^+]}{[HA^-]}$,可得 $\dfrac{2[A^{2-}]}{[HA^-]} = \dfrac{2K_{a2}}{[H^+]}$

用 $\sqrt{cK_{a1}}$ 近似代替 $[H^+]$,则上式变为:

$$\frac{2[A^{2-}]}{[HA^-]} = \frac{2K_{a2}}{[H^+]} \approx \frac{2K_{a2}}{\sqrt{cK_{a1}}}$$

如果 $\dfrac{2[A^{2-}]}{[HA^-]} < 5\%$,则表明第二级解离的作用小于第一级解离的 5%,可将第二级解离忽略。此时,上式变为 $\dfrac{2K_{a2}}{\sqrt{cK_{a1}}} < 5\%$,可得 $\sqrt{cK_{a1}} > 40K_{a2}$,这便是将二元弱酸按一元酸近似处理的条件。

将一元弱酸 $[H^+]$ 计算式中的 K_a 换为 K_{a1},便得二元弱酸 $[H^+]$ 的计算式。

①当 $\sqrt{cK_{a1}} > 40K_{a2}$、$cK_{a1} \geqslant 10K_w$、$\dfrac{c}{K_{a1}} < 100$ 时,第一近似式为:

$$[H^+] = \frac{-K_{a1} + \sqrt{K_{a1}^2 + 4cK_{a1}}}{2} \tag{4-13}$$

②当 $\sqrt{cK_{a1}} > 40K_{a2}$、$cK_{a1} < 10K_w$、$\dfrac{c}{K_{a1}} \geqslant 100$ 时,第二近似式为:

$$[H^+] = \sqrt{cK_{a1} + K_w} \tag{4-14}$$

③当 $\sqrt{cK_{a1}} > 40K_{a2}$、$cK_{a1} \geqslant 10K_w$、$\dfrac{c}{K_{a1}} \geqslant 100$ 时,最简式为:

$$[H^+] = \sqrt{cK_{a1}} \tag{4-15}$$

④当 $\sqrt{cK_{a1}} < 40K_{a2}$ 时,第二级解离就不能忽略,质子条件式将变为高次方程,不便求解,在这种情况下,要定量计算溶液中的 H^+ 浓度,可采用逐步逼近法(又称为迭代法)求解。

2)多元弱碱溶液

对于多元弱碱溶液中 $[OH^-]$ 的计算,可仿照多元弱酸溶液的处理方式,便可得到相应的计算公式,只要将多元弱酸公式中的 $[H^+]$ 用 $[OH^-]$ 代替、K_{a1} 换为 K_{b1} 即可。忽略二元弱碱的第二级解离的条件是 $\sqrt{cK_{b1}} < 40K_{b2}$。

一般来讲,只要多元弱酸或弱碱的浓度不是太稀,就可以按照一元弱酸或弱碱处理。

(4)两性物质溶液 H^+ 浓度的计算

两性物质在溶液中既起酸的作用,又起碱的作用。较重要的两性物质有:多元弱酸的酸式盐(如 $NaHCO_3$、NaH_2PO_4、Na_2HPO_4)、弱酸弱碱盐(如 NH_4Ac)、氨基酸(如 H_2NCH_2COOH)等。

以 c mol/L NaHA 为例,溶液中存在如下解离平衡:

$$HA^- \Longrightarrow H^+ + A^{2-}, \quad K_{a2} = \frac{[A^{2-}][H^+]}{[HA^-]}$$

$$HA^- + H_2O \Longrightarrow H_2A + OH^-, \quad K_{b2} = \frac{[H_2A][OH^-]}{[HA^-]}$$

$$H_2O \Longrightarrow H^+ + OH^-, \quad K_w = [H^+][OH^-]$$

其 PBE 为：

$$[H^+] + [H_2A] = [A^{2-}] + [OH^-]$$

用 K_{a1}、K_{a2}、K_w 起始组分 HA^- 及 H^+ 代替上式各项，可得

$$[H^+] + \frac{[H^+][HA^-]}{K_{a1}} = \frac{[HA^-]K_{a2}}{[H^+]} + \frac{K_w}{[H^+]}$$

整理后得

$$[H^+] = \sqrt{\frac{K_{a1}([HA^-]K_{a2} + K_w)}{[HA^-] + K_{a1}}} \tag{4-16}$$

上式是计算两性物质溶液中 $[H^+]$ 的精确式。

一般情况下，HA^- 的酸式解离和碱式解离的趋势都较小，即 K_{a2}、K_{b2} 都很小，因此溶液中的 HA^- 消耗甚少，所以 $[HA^-] \approx c$，上式简化为：

$$[H^+] = \sqrt{\frac{K_{a1}(cK_{a2} + K_w)}{c + K_{a1}}} \tag{4-17}$$

若允许有 $\pm 5\%$ 的相对误差，在 $cK_{a2} \geqslant 10K_w$ 时，HA^- 的酸式解离提供的 H^+ 比水解提供的 H^+ 浓度大得多，可忽略上式中的 K_w 项，得近似计算式

$$[H^+] = \sqrt{\frac{cK_{a1}K_{a2}}{c + K_{a1}}} \tag{4-18}$$

若 $c \geqslant 10K_{a1}$，则上式中的 $c + K_{a1} \approx c$，得最简计算式

$$[H^+] = \sqrt{K_{a1}K_{a2}} \tag{4-19}$$

若 $cK_{a2} < 10K_w$、$c \geqslant 10K_{a1}$，则式（4-17）变为以下近似式

$$[H^+] = \sqrt{\frac{K_{a1}(cK_{a2} + K_w)}{c}} \tag{4-20}$$

在上述公式中，K_{a1} 是两性物质作为碱时，其共轭酸的解离常数，K_{a2} 是两性物质作为酸时的解离常数。所以 c mol/L NaH_2PO_4、NH_4Ac、H_2NCH_2COOH 溶液 H^+ 浓度的计算式分别如下：

NaH_2PO_4：

$$[H^+] = \sqrt{\frac{K_{a2}(cK_{a2} + K_w)}{c + K_{a1}}}$$

NH_4Ac：

$$[H^+] = \sqrt{\frac{K_{a(HAc)}(cK_{a(NH_4^+)} + K_w)}{c + K_{a(HAc)}}}$$

H_2NCH_2COOH 同 $NaHA$：

$$[H^+] = \sqrt{\frac{K_{a1}(cK_{a2} + K_w)}{c + K_{a1}}}$$

近似处理同上。

（5）强酸与弱酸的混合溶液中 H^+ 浓度的计算

浓度为 c_1 mol/L 的强酸 HCl 与浓度为 c_2 mol/L 的弱酸 HA（解离常数为 K_a）的混合溶液，其 PBE 为：

$$[H^+] = c_1 + [A^-] + [OH^-]$$

由于溶液呈酸性，故忽略水的解离，将上式简化为：

$$[H^+] \approx c_1 + [A^-]$$

即

$$[H^+] = c_1 + \frac{c_2 K_a}{[H^+] + K_a}$$

整理后得近似式

$$[H^+] = \frac{(c_1 - K_a) + \sqrt{(c_1 - K_a)^2 + 4(c_1 + c_2) K_a}}{2} \qquad (4\text{-}21)$$

同理 c_1 mol/L 强碱与 c_2 mol/L 弱碱混合溶液

$$[OH^-] = \frac{(c_1 - K_b) + \sqrt{(c_1 - K_b)^2 + 4(c_1 + c_2) K_b}}{2} \qquad (4\text{-}22)$$

4.4　酸碱滴定液的配制和标定

酸碱滴定法中常用的标准溶液是 HCl 和 NaOH,溶液的浓度常配成 0.1 mol/L,有时也需要用到 1 mol/L 或 0.01 mol/L,但太浓易造成试剂浪费,太稀滴定突跃小,影响测定结果的准确度。

4.4.1　酸标准溶液

由于浓盐酸的挥发性,HCl 标准溶液通常用市售分析纯的浓盐酸($\rho = 1.18$ g/mL,$\omega = 36\% \sim 38\%$,$C \approx 12$ mol/L)经稀释配制成近似所需浓度的溶液,然后用基准物质标定。常用于标定 HCl 溶液的基准物有无水碳酸钠和硼砂。

4.4.1.1　无水碳酸钠

无水碳酸钠(Na_2CO_3)易得到纯品,价格便宜。但其易吸收空气中的水分,因此使用前必须在 $270 \sim 300℃$ 干燥 1 h,冷却后放在干燥器中保存备用。称量时动作要快,以防吸收空气中的水分。

用 Na_2CO_3 标定 HCl 溶液的反应为:

$$Na_2CO_3 + 2HCl == 2NaCl + H_2CO_3$$
$$\downarrow H_2O + CO_2$$

可选择甲基橙或甲基红作指示剂。由于计量点附近易形成 CO_2 的过饱和溶液,滴定终点过早出现,因此滴定邻近终点时应用力摇动溶液,最好加热溶液,以使 CO_2 逸出。

Na_2CO_3 与盐酸反应的摩尔比为 1:2,其摩尔质量较小(105.99 g/mol),若盐酸的浓度不是太大,为减少称量误差,应多称一些配在容量瓶中,然后移取部分溶液作标定,计算公式为:

$$c(V)_{HCl} = 2 \frac{m}{M_{NaCO_3}} \times \frac{V_1}{V_0}$$

式中,V 为消耗的 HCl 的体积;V_1 为移取的 Na_2CO_3 的体积;V_0 为配制的 Na_2CO_3 的体积(容量瓶的体积);m 为称取的 Na_2CO_3 的质量。

4.4.1.2 硼砂

硼砂($Na_2B_4O_7 \cdot 10H_2O$)易得到纯品,不易吸收空气中的水,摩尔质量大,称量误差小。但当空气中相对湿度小于 39% 时易风化失去结晶水,因此需要将其保存在装有饱和 NaCl 和蔗糖溶液的恒湿器中。

用 $Na_2B_4O_7 \cdot 10H_2O$ 标定 HCl 溶液的反应为:
$$Na_2B_4O_7 + 5H_2O + 2HCl = 4H_3BO_3 + 2NaCl$$

可选择甲基红作指示剂,计算公式为:
$$c(V)_{HCl} = 2\,\frac{m}{M}\Big|_{Na_2B_4O_7 \cdot 10H_2O}$$

4.4.2 碱标准溶液

市售分析纯的氢氧化钠固体易吸潮、易吸收空气中的二氧化碳,因此不能采用直接法配制标准溶液,而是先配成近似所需浓度,然后标定。用于标定 NaOH 溶液最常用的基准物有:草酸和邻苯二甲酸氢钾。

4.4.2.1 配制不含CO_3^{2-} 的 NaOH 溶液

可采用以下三种方法配制:

①配制 50% 的浓 NaOH 溶液,待 Na_2CO_3 沉降后,吸取上层清液,用煮沸除去 CO_2 的蒸馏水稀释至所需浓度。

②配制较浓的 NaOH 溶液,加入少量$BaCl_2$ 或 $Ba(OH)_2$ 溶液以沉淀CO_3^{2-}。吸取上层清液,用不含 CO_2 的蒸馏水稀释至所需浓度。

③称取较理论量稍多的 NaOH 固体,用不含 CO_2 的蒸馏水迅速冲洗 1~2 次,以除去 NaOH 固体表面少量的 Na_2CO_3,用不含 CO_2 的蒸馏水溶解至所需浓度。

配制好的 NaOH 溶液需保存在装有含 $Ca(OH)_2$ 溶液的石棉管的瓶中,防止吸收空气中的 CO_2。

4.4.2.2 NaOH 溶液的标定

常用草酸或邻苯二甲酸氢钾基准物质标定 NaOH 溶液。

①草酸($H_2C_2O_4 \cdot 2H_2O$)。草酸稳定,在相对湿度 5%~95% 时不会风化失去结晶水,可保存在干燥器中备用。

草酸是二元酸,其 $K_{a1} = 5.9 \times 10^{-2}$,$K_{a2} = 6.4 \times 10^{-5}$,不能分步滴定,只能滴定总酸度,产生一个突跃。标定反应为:
$$H_2C_2O_4 + 2NaOH = Na_2C_2O_4 + 2H_2O$$

反应产物为 $Na_2C_2O_4$,溶液呈微碱性,可选择酚酞作指示剂,计算公式为:
$$(cV)_{NaOH} = 2\,\frac{m}{M}\Big|_{H_2C_2O_4 \cdot 2H_2O}$$

②邻苯二甲酸氢钾。邻苯二甲酸氢钾（$KHC_8H_4O_4$）为两性物质，易制得纯品，在空气中不吸水，容易保存，摩尔质量大，是标定碱较好的基准物。使用前通常在 105～110℃干燥 2 h，冷却后放在干燥器中保存备用。标定反应为：

$$KHC_8H_4O_4 + NaOH \Longrightarrow KNaC_8H_4O_4 + H_2O$$

反应产物为二元弱碱，溶液呈微碱性，可选择酚酞作指示剂，计算公式为：

$$(cV)_{NaOH} = 2\frac{m}{M}\Big|_{KHC_8H_4O_4}$$

4.5　酸碱滴定法的应用

4.5.1　硼酸的测定

H_3BO_3 的 $K_a = 5.8 \times 10^{-10}$，不能用标准碱溶液直接滴定。但是 H_3BO_3 可与某些多羟基化合物（在碳链的一侧含有相邻的两个—OH 的多元醇），如乙二醇、丙三醇、甘露醇等反应，生成配合酸，如下式

这种配合酸的解离常数在 10^{-6} 左右，因而使弱酸得到强化，用 NaOH 标准溶液滴定时化学计量点的 pH 在 9 左右，可用酚酞或百里酚酞指示终点。

钢铁及合金中硼的测定也是采用本法。在去除干扰元素、加甘露醇后，以 NaOH 滴定，测定硼的含量。

4.5.2　含氮化合物中氮的分析

4.5.2.1　无机铵盐中氮含量的分析

在肥料分析中，对于 NH_4HCO_3 等无机铵盐中氮的测定，通常将试样加以处理，将各种含氮化合物转化为NH_4^+，然后用酸碱滴定法测定，其处理方法有以下两种。

（1）甲醛法

由于NH_4^+ 的酸性较弱，不能直接准确滴定。在溶液中加入甲醛，甲醛与NH_4^+ 作用生成等量的强酸，可以用强碱直接滴定，其反应方程式为：

$$4NH_4^+ + 6HCHO \Longrightarrow (CH_2)_6N_4H^+ + 3H^+ + 6H_2O$$

可以选择酚酞作为指示剂来指示终点。另外，如果试样含有游离酸，可以采用甲基红指示剂指示

终点,先用碱标准溶液中和。该法适合易溶解于水的无机铵盐的分析测定。

(2)蒸馏法

将铵盐试样加入蒸馏瓶中。加入 NaOH 溶液进行加热蒸馏,蒸馏出来的气态 NH_3 先用硼酸溶液吸收,然后以甲基红和溴甲酚绿混合指示剂来指示终点,直接用 HCl 标准溶液进行滴定。由于硼酸的酸性非常弱,不干扰滴定,故不需要定量加入。测定的反应方程式为:

$$NH_3 + H_3BO_3 = NH_4^+ + H_2BO_3^-$$
$$H_2BO_3^- + H^+ = H_3BO_3$$

另外,对蒸馏出来的其他 NH_3 也可以加过量的 H_2SO_4(或 HCl)标准溶液,然后以甲基红和亚甲基蓝混合指示剂指示终点,用 NaOH 标准溶液回滴过量的 H_2SO_4 或 HCl 标准溶液,该方法需要配制两种标准溶液。测定的方程式为:

$$NH_3 + H^+ = NH_4^+$$
$$H^+ + OH^- = H_2O$$

4.5.2.2　食品中蛋白质含量的分析

对于食品中蛋白质和许多含氮有机化合物中氮的测定通常采用凯氏定氮法,该方法是目前蛋白质中氮测定的国标方法。测定过程如下:将试样加浓 H_2SO_4 加热分解,为了使有机物分解彻底,通常加入 K_2SO_4 提高溶液的沸点,加入 $CuSO_4$ 为催化剂。这时有机物中的氮转化为 NH_4^+,然后加入过量的 NaOH 溶液,加热蒸馏,蒸馏出来的气态 NH_3 用过量硼酸溶液吸收,最后以甲基红和溴甲酚绿混合指示剂来指示终点,用 HCl 标准溶液进行滴定。测定的反应式为:

$$有机物 \xrightarrow{消解} H_2O + CO_2 \uparrow + NH_3 \uparrow$$
$$NH_3 + H_3BO_3 = NH_4^+ + H_2BO_3^-$$
$$H_2BO_3^- + H^+ = H_3BO_3$$

4.5.3　混合碱的分析

混合碱的组分主要有:NaOH、Na_2CO_3、$NaHCO_3$,由于 NaOH 与 $NaHCO_3$ 不可能共存,因此混合碱的组成或者为三种组分中任一种,或者为 NaOH 与 Na_2CO_3 的混合物,或者为 Na_2CO_3 与 $NaHCO_3$ 的混合物。现分别讨论两种组分的混合物中各含量的测定方法。

4.5.3.1　烧碱中 NaOH 和 Na_2CO_3 含量的测定

氢氧化钠俗称烧碱,在生产和贮藏过程中,由于吸收空气中的 CO_2 而部分生成 Na_2CO_3,因此经常要对烧碱进行 NaOH 和 Na_2CO_3 含量的测定。常用的方法有以下两种。

(1)双指示剂法

准确称取一定量烧碱试样 m_s g,溶解后,加入酚酞指示剂,溶液呈红色,用 c mol/LHCl 标准溶液滴定至红色刚消失为第一终点,记下用去 HCl 的体积 V_1 mL,这时 NaOH 全部被中和,而 Na_2CO_3 仅被中和到 $NaHCO_3$。向溶液中加入甲基橙,溶液呈黄色,继续用 HCl 滴定至橙红色为第二终点(为了使终点变化明显,在终点前可暂停滴定,加热除去 CO_2),记下又用去 HCl 的体积 V_2 mL,V_2 是 HCl 滴定生成的 $NaHCO_3$ 所消耗的体积,显然 $V_1 > V_2$。有关反应如下:

第一终点：

$$NaOH + HCl = NaCl + H_2O$$

$$Na_2CO_3 + HCl = NaCl + NaHCO_3$$

第一终点到第二终点：

$$NaHCO_3 + HCl = NaCl + H_2CO_3$$

由计量关系可知，Na_2CO_3 被中和至 $NaHCO_3$ 与 $NaHCO_3$ 被中和至 H_2CO_3 所消耗 HCl 的量是相等的，所以

$$n_{NaOH} = c(V_1 - V_2) \times 10^{-3}, \quad n_{Na_2CO_3} = cV_2 \times 10^{-3}$$

$$\omega_{NaOH} = \frac{c(V_1 - V_2) \times 10^{-3} M_{NaOH}}{m_s} \times 100\%$$

$$\omega_{Na_2CO_3} = \frac{cV_2 \times 10^{-3} M_{Na_2CO_3}}{m_s} \times 100\%$$

双指示剂法的优点是操作简便，缺点是误差较大，约有 1%，因为在第一终点时酚酞变色不明显。若要求测定结果准确度较高，则改用氯化钡法。

（2）氯化钡法

准确称取一定量烧碱试样 m_s g，溶解后转移到容量瓶中，并稀释定容，假设所用容量瓶为 250 mL，移取两份相同体积的试液，设为 25.00 mL，分别作如下测定。

一份试液用甲基橙作指示剂，以 c mol/L HCl 标准溶液滴定至溶液由黄色变为橙红色，溶液中的 NaOH 与 $NaHCO_3$ 完全被中和，所消耗 HCl 标准溶液的体积记为 V_1 mL。有关反应如下：

$$NaOH + HCl = NaCl + H_2O$$

$$Na_2CO_3 + 2HCl = 2NaCl + CO_2\uparrow + H_2O$$

另一份试液中先加入稍过量的 $BaCl_2$，使 Na_2CO_3 完全转化成 $BaCO_3$ 沉淀，试液中只存在 NaOH。在沉淀存在的情况下，用酚酞作指示剂，以 c mol/L HCl 标准溶液滴定至红色刚消失，此时溶液中的 NaOH 完全被中和，所消耗 HCl 标准溶液的体积记为 V_2 mL。

显然，$n_{NaOH} = cV_2 \times 10^{-3}$，$n_{Na_2CO_3} = \frac{1}{2}c(V_1 - V_2) \times 10^{-3}$，因此

$$\omega_{NaOH} = \frac{cV_2 \times 10^{-3} M_{NaOH}}{\frac{1}{10}m_s} \times 100\%$$

$$\omega_{Na_2CO_3} = \frac{\frac{1}{2}c(V_1 - V_2) \times 10^{-3} M_{Na_2CO_3}}{\frac{1}{10}m_s} \times 100\%$$

4.5.3.2 纯碱中 Na_2CO_3 和 $NaHCO_3$ 含量的测定

Na_2CO_3 俗称纯碱、苏打，在空气中能吸收二氧化碳和水，部分生成 $NaHCO_3$。Na_2CO_3 和 $NaHCO_3$ 含量的测定，也可采用上面的两种方法。

（1）双指示剂法

双指示剂法测定时，具体操作步骤同上，显然 $V_1 < V_2$。有关反应如下：

第一终点：

$$Na_2CO_3 + HCl \rlap{=}{=} NaCl + NaHCO_3$$

第一终点到第二终点：

$$NaHCO_3 + HCl \rlap{=}{=} NaCl + H_2CO_3$$

由此可知，$n_{Na_2CO_3} = cV_1 \times 10^{-3}$，$n_{NaHCO_3} = c(V_2 - V_1) \times 10^{-3}$，所以

$$\omega_{Na_2CO_3} = \frac{cV_1 \times 10^{-3} M_{Na_2CO_3}}{m_s} \times 100\%$$

$$\omega_{NaHCO_3} = \frac{c(V_2 - V_1) \times 10^{-3} M_{NaHCO_3}}{m_s} \times 100\%$$

（2）氯化钡法

用氯化钡法测定时，步骤与前稍有不同。准确称取一定量纯碱试样 m_s g，溶解后转移到容量瓶中，并稀释定容，假设所用容量瓶为 250 mL，移取两份相同体积的试液，设为 25.00 mL，分别作如下测定。

一份试液加入过量的 c_1 mol/L V_1 mL NaOH 标准溶液，将试液中的 NaHCO$_3$ 全部转化成 Na$_2$CO$_3$，然后加入稍过量的 BaCl$_2$ 溶液，使溶液中的 CO_3^{2-} 全部沉淀为 BaCO$_3$。同样在沉淀存在的情况下，以酚酞为指示剂，用 c_2 mol/L HCl 标准溶液滴定过量的 NaOH 溶液。当溶液的红色刚消失时，为滴定终点，所消耗 HCl 标准溶液的体积记为 V_2 mL。

显然，使溶液中 NaHCO$_3$ 转化成 Na$_2$CO$_3$ 所消耗 NaOH 的量即为溶液中 NaHCO$_3$ 的量，即 $n_{NaHCO_3} = (c_1V_1 - c_2V_2) \times 10^{-3}$，因此

$$\omega_{NaHCO_3} = \frac{(c_1V_1 - c_2V_2) \times 10^{-3} M_{NaHCO_3}}{\frac{1}{10}m_s} \times 100\%$$

另一份试液，以甲基橙作指示剂，用 c_2 mol/L HCl 标准溶液滴定至溶液由黄变为橙红色，溶液中的 Na$_2$CO$_3$ 与 NaHCO$_3$ 全被滴定到 $CO_2\uparrow + H_2O$，所消耗 HCl 标准溶液的体积记为 V_3 mL。显然，$n_{Na_2CO_3} = \frac{1}{2}[c_2V_3 - (c_1V_1 - c_2V_2)] \times 10^{-3}$，因此

$$\omega_{Na_2CO_3} = \frac{\frac{1}{2}[c_2V_3 - (c_1V_1 - c_2V_2)] \times 10^{-3} M_{Na_2CO_3}}{\frac{1}{10}m_s} \times 100\%$$

当混合碱的组成不清楚时，可用双指示剂法进行定性分析，如表 4-5 所示。

表 4-5　用双指示剂法进行定性分析数据

V_1 和 V_2 的变化	试样组成（以活性离子表示）	V_1 和 V_2 的变化	试样组成（以活性离子表示）
$V_1 \neq 0, V_2 = 0$	OH^-	$V_1 > V_2 > 0$	$OH^- + CO_3^{2-}$
$V_1 = 0, V_2 \neq 0$	HCO_3^-	$V_2 > V_1 > 0$	$CO_3^{2-} + HCO_3^-$
$V_1 = V_2 \neq 0$	CO_3^{2-}		

4.5.4　硅酸盐中二氧化硅的测定

测定水泥、岩石等硅酸盐试样中的 SiO$_2$ 含量的方法通常采用重量分析法、盐酸二次蒸干法、

动物胶凝聚法等。由于操作费时,在日常工业生产的控制分析中一般采用氟硅酸钾容量法,该法的分析步骤如下:取硅酸盐试样于坩埚中用固体 NaOH 熔融分解,将硅转化为可溶解性的硅酸盐;在强酸介质中,加入过量的 KCl、KF,与硅酸反应生成难溶解的氟硅酸钾沉淀;将所得的氟硅酸钾过滤,用 KCl 的乙醇溶液洗涤至中性后,转移至沸水中使氟硅酸钾沉淀溶解,用 NaOH 标准溶液滴定水解产生的 HF,其主要的反应方程式为:

$$H_2SiO_3 + 2K^+ + 6F^- + 4H^+ \Longrightarrow K_2SiF_6 \downarrow + 3H_2O$$

$$K_2SiF_6 + 3H_2O \Longrightarrow H_2SiO_3 + 2KF + 6HF$$

$$HF + OH^- \Longrightarrow F^- + H_2O$$

综合上面几个反应方程式可知,硅与 NaOH 反应的化学计量关系为 1:4,分析结果通常用 SiO_2 的质量分数来表示。

4.5.5 酸碱滴定法测定磷

将 m_s g 含磷试样用 HNO_3 和 H_2SO_4 处理后,使磷转化为 H_3PO_4,然后在 HNO_3 介质中加入钼酸铵,反应生成黄色的磷钼酸铵沉淀,化学反应式为:

$$PO_4^{3-} + 12MoO_4^{2-} + 2NH_4^+ + 25H^+ \Longrightarrow (NH_4)_2HPMo_{12}O_{40} \cdot H_2O \downarrow + 11H_2O$$

沉淀经过滤后,用水洗涤,然后将其溶于一定量过量的 c_1 mol/L V_1 mL NaOH 标准溶液中,溶解反应式为:

$$(NH_4)_2HPMo_{12}O_{40} \cdot H_2O + 27OH^- \Longrightarrow PO_4^{3-} + 12Mo_{12}O_4^{2-} + 2NH_3 + 16H_2O$$

过量的 NaOH 用 c_2 mol/L HNO_3 标准溶液返滴定至酚酞刚好褪色为终点(pH≈8),消耗 HNO_3 V_2 mL,这时有下列三个反应发生:

$$OH^-(过量的 NaOH) + H^+ \Longrightarrow H_2O$$

$$PO_4^{3-} + H^+ \Longrightarrow HPO_4^{2-}$$

$$NH_3 + H^+ \Longrightarrow NH_4^+$$

由上述几步反应,可以看出溶解 1 mol $(NH_4)_2HPMo_{12}O_{40} \cdot H_2O$ 沉淀,消耗 27 mol NaOH。用 HNO_3 返滴定至 pH≈8 时,沉淀溶解后所产生的 PO_4^{3-} 和 NH_3 又转变为原来的形式 HPO_4^{2-} 和 NH_4^+,共需要消耗 3 mol HNO_3,所以 1 mol 磷钼酸铵沉淀实际只消耗 24 mol NaOH,因此,磷与 NaOH 的化学计量比为 1:24。据此可求得试样中磷的含量为:

$$\omega_P = \frac{(c_1V_1 - c_2V_2) \times 10^{-3} \times \dfrac{1}{24}M_P}{\dfrac{1}{10}m_s} \times 100\%$$

由于磷的化学计量比很小,本方法可用于微量磷的测定。

4.5.6 醛和酮的测定

(1)盐酸羟胺法(肟化法)

盐酸羟胺与醛、酮反应生成肟和游离酸,其化学反应式如下:

$$R-\underset{\underset{H}{|}}{C}=O \ +NH_2OH\cdot HCl =\!=\!= R-\underset{\underset{H}{|}}{C}=N-OH \ +H_2O+HCl$$

$$\underset{\underset{R}{|}}{\overset{R}{|}}C=O \ +NH_2OH\cdot HCl =\!=\!= \underset{\underset{R}{|}}{\overset{R}{|}}C=NOH \ +H_2O+HCl$$

生成的游离酸可用标准碱溶液滴定。由于溶液中存在着过量的盐酸羟胺,呈酸性,因此采用溴酚蓝指示终点。

(2)亚硫酸钠法

醛、酮与过量亚硫酸钠反应,生成加成化合物和游离碱,如下式所示:

$$R-\underset{\underset{H}{|}}{C}=O \ +Na_2SO_3+H_2O =\!=\!= \underset{\underset{H}{|}}{\overset{R\quad OH}{C}}\underset{SO_3Na}{} \ +NaOH$$

$$\underset{\underset{R}{|}}{\overset{R}{|}}C=O \ +Na_2SO_3+H_2O =\!=\!= \underset{\underset{R}{|}}{\overset{R\quad OH}{C}}\underset{SO_3Na}{} \ +NaOH$$

生成的 NaOH 可用标准酸溶液滴定,采用百里酚酞指示终点。

由于测定操作简单,准确度较高,常用这种方法测定甲醛,也可用来测较多种醛和少数几种酮。

4.5.7　酯类化合物的测定

在有机分析中,通常利用酯类化合物在强碱溶液中发生皂化反应,结合酸碱滴定法测定其含量。具体分析步骤如下:称取一定量的酯于过量的 NaOH 的乙醇标准溶液中,进行加热、皂化 $1\sim2\ h$,溶液冷却后,以酚酞为指示剂,过量的碱用 HCl 标准溶液回滴,其主要的化学反应式为:

$$RCOOC_2H_5+NaOH =\!=\!= RCOONa+C_2H_5OH$$
$$OH^-+H^+=\!=\!= H_2O$$

4.5.8　酸酐的测定

与酯类化合物的分析类似,利用酸酐的水解反应可以测定酸酐的含量。具体分步步骤如下:称取一定量的酸酐试样于过量的 NaOH 标准溶液中,加热、回流 $1\sim2\ h$,多余的 NaOH 以酚酞为指示剂,用 HCl 标准溶液进行回滴,其主要的化学反应式为:

$$(RCO)_2O+2NaOH =\!=\!= 2RCOONa+H_2O$$
$$OH^-+H^+=\!=\!= H_2O$$

4.5.9 简单无机阴离子的测定

一些常见的无机离子(如 F^-,SO_4^{2-},NO_3^-),可以通过预处理转化为较强的酸、碱,用间接法测定。例如,NaF 的碱性很弱($pK_b=10.82$),不能直接用 HCl 滴定。将一定量的 NaF 溶液经过处理并洗涤至中性的强碱性的阴离子交换柱,定量置换出等量的强碱 NaOH,可以用 HCl 标准溶液直接进行滴定,其反应方程式为:

$$R_4N-OH+F^- \Longrightarrow R_4N-F+OH^-$$
$$OH^-+H^+ \Longrightarrow H_2O$$

4.6 非水溶液酸碱滴定法及其应用

非水溶液中的酸碱滴定是指用水以外的其他溶剂做滴定介质的一种容量分析法。因为在水溶液中,对于 K_a 和 K_b 值小于 10^{-7} 的弱酸和弱碱,或 K_a 和 K_b 小于 10^{-7} 的弱酸盐及弱碱盐,都不能直接滴定,许多有机物在水中溶解度小,也不适应在水溶液中滴定。采用非水滴定可以大大扩展酸碱滴定的范围。

4.6.1 溶剂的分类

4.6.1.1 两性溶剂

两性溶剂既能给出质子,又能接受质子,既有酸的性质,又有碱的性质,还有质子自递作用。根据两性溶剂给出和接受质子能力的不同,还可分为以下三类。

(1)中性溶剂

中性溶剂是指酸碱性与水相近的两性溶剂,其给出和接受质子的能力相当。醇类一般都属于中性溶剂,如甲醇、乙醇、乙二醇、异丙醇等。中性溶剂适用于作为滴定不太弱的酸、碱的介质。

(2)酸性溶剂

酸性溶剂是指酸性明显比水强的两性溶剂。与水相比,它们给出质子的能力更强,接受质子的能力更弱。如甲酸、乙酸、丙酸、硫酸等。酸性溶剂适用于作为滴定弱碱性物质的介质。

(3)碱性溶剂

碱性溶剂是指碱性明显比水强的两性溶剂。与水相比,它们接受质子的能力更强,给出质子的能力更弱。乙二胺、液氨、乙醇胺等是常用的碱性溶剂。碱性溶剂适用于作为滴定弱酸性物质的介质。

4.6.1.2 非质子溶剂

非质子溶剂分子之间没有质子自递反应或质子自递反应极弱。非质子溶剂可分为惰性溶剂和极性非质子溶剂。

(1)惰性溶剂

既不能给出质子,又不能接受质子,如苯、氯仿、四氯化碳等。

(2)极性非质子溶剂

仅有接受质子的能力而不能够给出质子,即只具有碱性而不具有酸性,其中有的碱性较强些如吡啶,有的碱性很弱如甲基异丁基酮等。只具有酸性而无碱性的溶剂目前尚未发现。

4.6.2　溶剂的性质

4.6.2.1　溶剂的离解性

常用的废水溶剂中,除了无质子溶剂不能离解外,其他溶剂与水一样,均有一定程度的离解。在离解性溶液中,存在下列平衡:

$$SH \Longrightarrow H^+ + S^- \quad , K_a^{SH} = \frac{[H^+][S^-]}{[SH]}$$

$$H^+ + SH \Longrightarrow SH_2^+ , K_b^{SH} = \frac{[SH_2^+]}{[H^+][SH]}$$

K_a^{SH} 和 K_b^{SH} 分别为溶剂的固有酸度常数和固有碱度常数,可用于衡量溶剂给出和接受质子的能力大小。

4.6.2.2　质子自递反应

由于各种溶剂的酸碱性不同,质子自递常数(K_s)也不同,表 4-6 是一些常见溶剂的质子自递常数。

溶剂的 K_s 是非水溶剂的重要特性,由 K_s 可以了解酸碱滴定反应的完全度和混合酸有无连续滴定的可能性。

表 4-6　常用溶剂的 pK_s(25℃)

H_2O	14.0
C_2H_5OH	19.1
CH_3OH	16.7
HAc	14.45
HCOOH	6.2
乙二胺	15.3
CH_3CN	32.2
甲基异丁基酮	>30

4.6.2.3　溶剂的酸碱性

根据酸碱质子理论,酸碱在溶液中的离解是通过溶剂接受或给予质子得以实现的。显然,一种酸(碱)在溶液中的酸(碱)性强弱,不仅与酸(碱)自身本性有关,还与溶剂的碱(酸)性有关。

例如,硝酸在水溶液中给出质子能力较强,表现出强酸性;醋酸在水溶液中给出质子能力较弱,而表现出弱酸性。这是由硝酸和醋酸的本性所决定。若将硝酸溶于冰醋酸中,由于冰醋酸的酸性比水强,接收质子能力比水弱,使硝酸在醋酸溶液中给出质子的能力相应减弱而显弱酸性。同理,若将醋酸溶于液氨中就比溶在水中的酸性强,其反应式如下:

$$HNO_3 + H_2O \Longrightarrow H_3O^+ + NO_3^-$$

硝酸在水中显强酸性。

$$HNO_3 + HAc \Longrightarrow H_2Ac^+ + NO_3^-$$

硝酸在冰醋酸中显弱酸性。

$$NH_3(液) + HAc \Longrightarrow Ac^- + NH_4^+$$

醋酸在液氨中显强酸性。

4.6.2.4　溶剂的极性

溶剂的介电常数 ε 能反映溶剂极性的强弱。极性强的溶剂 ε 大。根据库仑定律,溶剂中两个带相反电荷的离子间的静电吸引力 f 与溶剂的介电常数 ε 成反比,即

$$f = \frac{e_+ \, e_-}{\varepsilon r^2}$$

式中,e_+ 和 e_- 是正负电荷;r 是两电荷中心之间的距离。所以,在介电常数大的溶剂中有利于溶质离解。

在非水溶剂中,溶质(酸或碱)分子的离解分为电离和离解两个步骤:

$$HA + SH \Longrightarrow [SH_2^+ \cdot A^-] \Longrightarrow SH_2^+ + A^-$$

首先溶质与溶剂发生质子转移,借静电引力形成离子对,离子对再部分离解,形成溶剂合质子和溶质阴离子。

例如,将冰醋酸溶解在水和乙醇两个碱度约相等而极性不相同的溶剂中,所表现出的离解度是不同的,在极性较大的水中,有较多的醋酸分子发生离解,形成水合质子(H_3O^+)和醋酸根离子(Ac^-);而在极性较小的乙醇中,只有很少的醋酸分子离解成离子,故醋酸在水中的酸度比在乙醇中大。因此,在非水滴定中常用极性大的溶剂使供试品易于溶解,然后加入一定比例的弱极性溶剂,以适当降低溶剂的极性,使反应生成物在极性小的溶剂中解离度减小,反应更完全,滴定突跃更加明显。常见的介电常数见表4-7。

表 4-7　常用溶剂的介电常数

溶剂	ε	溶剂	ε
水	78.5	乙腈	36.6
甲醇	31.5	甲基异丁酮	13.1

乙醇	24.0	二甲基甲酰胺	36.7
甲酸	58.5(16℃)	吡啶	12.3
冰醋酸	6.13	二氧六环	2.21
醋酐	20.5	苯	2.3
乙二胺	14.2	三氯甲烷	4.81

4.6.3　溶剂的选择

在非水酸碱滴定中,溶剂的选择十分重要。

选择溶剂时要考虑的首先是溶剂的酸碱性。弱酸的滴定通常用碱性溶剂或偶极亲质子溶剂。弱碱的滴定通常选用酸性溶剂或惰性溶剂。混合酸(碱)的滴定可选择酸(碱)性都弱的溶剂,通常选择惰性溶剂及 pK_s 大的溶剂,能提高终点的敏锐性。混合溶剂能改善试样溶解性,并且能增大滴定突跃,终点时指示剂变色敏锐。

在选择溶剂时,应遵循以下原则:

①溶剂能完全溶解样品及滴定产物:根据相似相溶原则,极性物质易溶于质子性溶剂,非极性物质易溶于惰性溶剂,必要时也可选用混合溶剂。

②溶剂能增强样品的酸碱性:弱碱性样品应选择酸性溶剂,弱酸性样品应选择碱性溶剂。

③溶剂不能引起副反应:某些第一胺或仲胺的化合物能与醋酐发生乙酰化反应,影响滴定,所以滴定上述物质时不宜使用醋酐作溶剂。

④溶剂应有一定的纯度,黏度小、挥发性低,易于精制、回收,且价廉、安全。

4.6.4　非水滴定的应用

4.6.4.1　碱的滴定

(1)溶剂

对于在水溶液中不能被滴定的弱碱($cK_b < 1.0 \times 10^{-8}$)可选用酸性溶剂,使弱碱的强度调平到溶剂阴离子水平,增强其碱件,使滴定突跃明显。

冰醋酸是最常用的酸性溶剂,市售冰醋酸含有少量水分,为避免水分存在对滴定的影响,一般需加入一定量的醋酐,使其与水反应变成醋酸。

$$(CH_3CO)_2O + H_2O \longrightarrow 2CH_3COOH$$

根据此反应式可以计算出所需加入酸酐的量。

(2)滴定液与基准物质

滴定碱常采用高氯酸的冰醋酸溶液作为滴定液,这是因为高氯酸在冰醋酸溶剂中的酸性最强。

①配制。市售高氯酸为含 $HClO_4$ 70%～72%的水溶液,故也需加入醋酐除去水分。

高氯酸与有机物接触,遇热极易引起爆炸,因此不能将醋酐直接加到高氯酸中,应先用冰醋酸将高氯酸稀释后,在不断搅拌下,慢慢滴加醋酐。测定一般样品时醋酐的量可多于计算量,不影响结果。

②标定。标定高氯酸滴定液,常用邻苯二甲酸氢钾为基准物,结晶紫为指示剂,滴定反应如下:

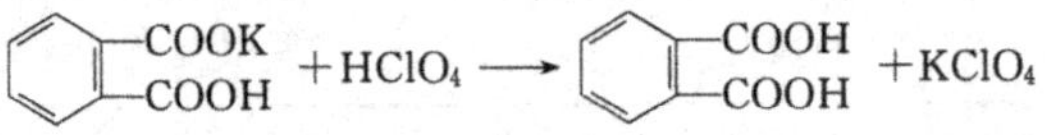

$$\text{（苯环）}\begin{array}{l}-COOK\\-COOH\end{array} + HClO_4 \longrightarrow \text{（苯环）}\begin{array}{l}-COOH\\-COOH\end{array} + KClO_4$$

由于溶剂和指示剂要消耗一定量的标准溶液,所以需要做空白试验校正。

(3)指示剂

用非水溶液酸碱滴定法滴定弱碱性物质时,可用的指示剂有:结晶紫、喹哪啶红及 α-萘酚苯甲醇。其中最常用的是结晶紫,其酸式色为黄色,碱式色为紫色,在不同的酸度下变色较为复杂,由碱区到酸区的颜色变化为紫、蓝、蓝绿、黄绿、黄。滴定不同强度的碱时终点颜色变化不同。滴定较强的碱,以蓝色或蓝绿色为终点;滴定较弱碱,以蓝绿或绿色为终点,并做空白试验以减小滴定终点误差。

(4)应用

萘普生钠的含量测定:

《中国药典》(2005 年版)的测定方法:精密称定样品,加冰醋酸 30mL 溶解后,加结晶紫指示液 1 滴,用高氯酸液(0.1 mol/L)滴定至溶液显蓝绿色,并将滴定结果用空白试验校正。

4.6.4.2 酸度滴定

(1)溶剂

对于在水溶液中不能被 NaOH 滴定液直接滴定的弱酸($cK_a < 1.0 \times 10^{-8}$),可选用碱性比水强的溶剂,以增强其酸性,使滴定突跃明显。

滴定不太弱的羧酸时,可选用两性溶剂醇类,如甲醇、乙醇等;而滴定弱酸和极弱酸时,则常用碱性溶剂乙二胺或非质子亲质子性溶剂二甲基甲酰胺;对于混合酸的区分滴定可以惰性溶剂甲基异丁酮为区分性溶剂。除上述溶剂外,有时也用混合溶剂如甲醇-苯、甲醇-丙酮等。

(2)滴定液和基准物质

常用的滴定碱的标准溶液为甲醇钠的苯-甲醇溶液。甲醇钠是由甲醇和金属钠反应制得。反应式如下:

$$2CH_3OH + 2Na \rightleftharpoons 2CH_3ONa + H_2$$

有时也用碱金属氢氧化物的醇溶液或氨基乙醇钠以及氢氧化四丁基铵的甲醇-甲苯溶液作为滴定酸的滴定液。

(3)指示剂

百里酚蓝适宜于在苯、丁胺、二甲基甲酰胺、必定、叔丁醇溶剂中滴定中等强度酸时作指示剂,变色敏锐,终点清楚,其碱式色为蓝色,酸式色为黄色。

偶氮紫适用于在碱性溶剂或偶极亲质子溶剂中滴定较弱的酸,其碱式色为蓝色,酸式色为红色。

溴酚蓝适用于在甲醇、苯、氯仿等溶剂中滴定羟酸、磺胺类、巴比妥类等,其碱式色为蓝色,酸式色为红色。

(4)应用

磺酰胺类的滴定:

磺胺类化合物分子中具有酸性的磺酰氨基($-SO_2NH_2$)和碱性的氨基($-NH_2$),在适当的溶剂中可用酸滴定,也可用碱滴定。

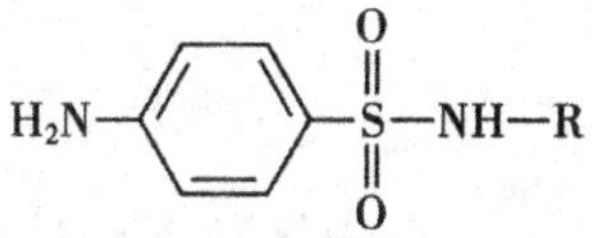

$$H_2N-\!\!\!\!\bigcirc\!\!\!\!-\overset{\displaystyle O}{\underset{\displaystyle O}{\overset{\|}{\underset{\|}{S}}}}-NH-R$$

这类化合物酸性的强弱与 R 基有很大的关系,如 R 为芳烃或杂环基时酸性增强,如 R 为脂肪烃基则酸性减弱。如磺胺嘧啶、磺胺噻唑的酸性较强,而磺胺的酸性较弱。对酸性较强的磺胺嘧啶可用甲醇-丙酮或甲醇-苯作溶剂,百里酚蓝为指示剂,用甲醇钠标准溶液滴定。而酸性较弱的磺胺则宜使用碱性较强的溶剂如丁胺或乙二胺,以偶氮紫为指示剂,用标准碱溶液滴定。

此外,巴比妥酸、氨基酸、某些铵盐及烯醇类化合物等也可在碱性溶剂中用标准酸溶液滴定。

第5章　氧化还原滴定法

5.1　氧化还原平衡

分析化学中,氧化还原反应主要应用于滴定分析、分离、各种测定的步骤之中。氧化还原反应是基于氧化剂和还原剂之间的电子转移,其反应机理比较复杂,在氧化还原反应中,除了主反应外,还时常伴有副反应的发生,有时反应速度较慢等特点。如有些氧化还原反应从理论上看是可能进行的,但由于反应速度太慢实际上并没有发生,有些氧化还原反应还受介质的影响较大。因此,在研究学习氧化还原反应及氧化还原滴定时,除从平衡的观点判断反应的可行性外,还应考虑反应的机理、反应速度、反应条件及滴定条件等问题。

5.1.1　氧化还原反应

5.1.1.1　氧化数

氧化数是指单质或化合物中某元素一个原子的形式电荷数,也称为氧化值。这种电荷数是假设将每个键中的电子指定给电负性大的原子而求得的。它主要用于描述物质的氧化或还原状态,并用于氧化还原反应方程式的配平。氧化数可以为整数也可以为小数或分数,其具体的计算规则如下:

①单质中元素的氧化数为零。例如,Cu、N_2等物质中,铜、氮的氧化数都为零。

②简单离子的氧化数等于该离子的电荷数。例如,Ca^{2+}、Cl^-离子中的钙和氯的氧化数分别为$+2$、-1。

③在中性分子中各元素的正负氧化数的代数和为零;在复杂离子中各元素原子正负氧化数代数和等于离子电荷数。

④共价化合物中,将属于两个原子共用的电子对指定给电负性较大的原子后,两原子所具有的形式电荷数即为它们的氧化数。例如,HCl分子中H的氧化数为$+1$,Cl为-1。

⑤一般情况下氢的氧化数为$+1$,但在碱金属等氢化物中为-1,例如,NaH中,氢的氧化数为-1;氧在化合物中的氧化数一般为$+2$;但在过氧化物(H_2O_2、Na_2O_2)中氧的氧化数为-1;在含氟氧键的化合物(OF_2)中氧的氧化数为$+2$。

5.1.1.2　氧化与还原

根据上述氧化数的概念,则可定义在化学反应中,反应前后元素的氧化数发生变化的反应称为氧化还原反应。其中,元素氧化数升高的过程称为氧化;元素氧化数降低的过程称为还原。并且在反应过程中,氧化过程和还原过程必然同时发生,其氧化数升高的总数与氧化数降低的总数总是相等。

可以概括氧化还原反应的本质为电子的得失(包括电子对的偏移),并引起元素氧化数的变化。通常称得到电子氧化数降低的物质为氧化剂,在化学反应中被还原;失去电子氧化数升高的物质是还原剂,在化学反应中被氧化。例如,

$$2KMnO_4 + 5H_2O_2 + 3H_2SO_4 \Longrightarrow K_2SO_4 + 2MnSO_4 + 5O_2 \uparrow + 8H_2O$$

上述反应中,$KMnO_4$ 是氧化剂,Mn 的氧化数从 $+7$ 降到 $+2$,它使 H_2O_2 氧化,其本身被还原。H_2O_2 是还原剂,其中氧的氧化数从 -1 升高到 0,它使 $KMnO_4$ 还原,其本身被氧化。H_2SO_4 中各元素的氧化数没有变化,为反应介质。有时氧化数的升高和降低可能会发生在统一元素上的反应为歧化反应。

常见的氧化剂有活泼的非金属单质和一些高氧化数的化合物,前者例如,F_2、Cl_2、Br_2 等卤族非金属单质,后者常见的有 $KMnO_4$、KIO_3、HNO_3、MnO_2、浓 H_2SO_4 及 Fe^{3+}、Ce^{4+} 等。

常见的还原剂有活泼的金属单质和低氧化数的化合物,前者为 Na、Mg、Zn、Fe 等最为普遍,后者则如 $H_2C_2O_4$、H_2S、CO 等。

某些含有中间氧化数的物质,在反应时其氧化数可能升高,也可能降低。在不同反应条件下,有时作氧化剂,有时又可作还原剂,如 H_2SO_3 等。

5.1.2　电极电位和条件电位

5.1.2.1　电极电位

氧化剂和还原剂的强弱,可通过有关电对的标准电极电位来衡量。电对的标准电极电位越高,其氧化态的氧化能力越强;电对的标准电极电位越低,其还原态的还原能力越强。作为氧化剂,它可以氧化电位比它低的还原剂;同样,还原剂可以还原电位比它高的氧化剂。根据电对的标准电极电位,可以判断氧化还原反应进行的方向、次序和反应进行的程度。

通常可大略将氧化还原电对分为可逆氧化还原电对和不可逆氧化还原电对两大类。所谓可逆氧化还原电对是指在氧化还原反应的任一瞬间,都能迅速地建立起氧化还原平衡的电对,其实际电位能与能斯特公式计算的理论电位值相符,或者相差很少。而不可逆电对则相反,它在氧化还原反应的任一瞬间,不能真正地建立起氧化还原半反应所示的氧化还原平衡,其实际电位与能斯特公式计算的理论电位值相差甚大。

若以 Ox 表示氧化态,Red 表示还原态,则可用下式表示氧化还原电对的半反应:

$$Ox + ne^- \Longrightarrow Red$$

式中,n 是转移电子数。能斯特(Nernst)公式能够完全适用于可逆氧化还原电对。然而,对于那些不可逆氧化还原电对,实际电位虽然与能斯特公式计算的理论电位值相差颇大,但作为初步判

断,仍有一定的实际意义。

对于上述可逆氧化还原电对半反应,其对应的电极电位可用能斯特公式表示为:

$$\varphi_{Ox/Red} = \varphi^{\ominus} + \frac{RT}{nF}\ln\frac{a_{Ox}}{a_{Red}} = \varphi^{\ominus} + \frac{2.303RT}{nF}\lg\frac{a_{Ox}}{a_{Red}} \tag{5-1}$$

式中,$\varphi^{\ominus}$ 表示标准电极电位;a_{Ox} 表示氧化态的活度;a_{Red} 表示还原态的活度;R 是摩尔气体常数 [8.314 J/(mol·K)];T 是热力学温度;F 是法拉第常数(96 487 C/mol)。

在 25℃时,则上述公式在取常用对数的情况下,变为

$$\varphi_{Ox/Red} = \varphi^{\ominus} + \frac{0.059}{n}\lg\frac{a_{Ox}}{a_{Red}}(25℃) \tag{5-2}$$

在处理氧化还原平衡时,还应该注意到电对有对称和不对称的差异。在对称电对中,氧化态与还原态的系数相同,例如,

$$Fe^{3+} + e \Longrightarrow Fe^{2+}$$

$$MnO_4^- + 8H^+ + 5e \Longrightarrow Mn^{2+} + 4H_2O$$

在不对称电对中,氧化态与还原态的系数不相同,例如,

$$I_2 + 2e \Longrightarrow 2I^-,\ Cr_2O_7^{2-} + 14H^+ + 6e \Longrightarrow 2Cr^{3+} + 7H_2O$$

当涉及不对称电对的有关计算时,情况稍微有些复杂,计算时应注意。

对于金属—金属离子电对,Ag-AgCl 电对等而言,纯金属、纯固体的活度为 1,溶剂的活度为常数,它们的影响已反映在 $\varphi^{\ominus}$ 中,故不再列 Nernst 方程式中。

5.1.2.2 条件电位

在应用能斯特公式计算相关电对的电极电位时,不能忽略离子强度的影响。实际工作中,通常只知道各物质的浓度,而不知道其活度。并且由于溶液体系中可能还存在各种副反应。如果用浓度代替活度,就必须引入相应的活度系数(γ_{Ox}、γ_{Red})和副反应系数(a_{Ox}、a_{Red})。此外,当溶液体系的组成改变时,电对的氧化型、还原型的存在型体可能会发生改变,进而使电对的氧化型、还原型浓度改变,电极电位也会随之发生改变。活度与浓度之间的关系为:

$$a_{Ox} = \gamma_{Ox}[Ox],\ a_{Red} = \gamma_{Red}[Red] \tag{5-3}$$

活度等于平衡浓度与活度系数的乘积。

若将浓度代替活度,则往往会引起较大的误差(只有在极稀的溶液中两者才近似相等),而其他的副反应如酸度的影响、沉淀或配合物的形成,都会引起氧化型及还原型浓度的改变,进而使电对的电极电位改变。若要以浓度代替活度,还需引入副反应系数。

$$a_{Ox} = \frac{C_{Ox}}{[Ox]},\ a_{Red} = \frac{C_{Red}}{[Red]} \tag{5-4}$$

式中,C_{Ox} 和 C_{Red} 分别表示溶液中 Ox、Red 的分析浓度。将式(5-3)、式(5-4)代入式(5-2)中,可得:

$$\varphi_{Ox/Red} = \varphi^{\ominus} + \frac{0.059}{n}\lg\frac{\gamma_{Ox}a_{Red}c_{Ox}}{\gamma_{Red}a_{Ox}c_{Red}} = \varphi^{\ominus'} + \frac{0.059}{n}\lg\frac{c_{Ox}}{c_{Red}} \tag{5-5}$$

其中,

$$\varphi^{\ominus'} = \varphi^{\ominus} + \frac{0.059}{n}\lg\frac{\gamma_{Ox}a_{Red}}{\gamma_{Red}a_{Ox}} \tag{5-6}$$

式中,$\varphi^{\ominus\prime}$为条件电位(conditional potential),它是在一定条件下,氧化型和还原型的分析浓度均为 1 mol/L 或它们的浓度比为 1 时的实际电极电位。由于在实验条件一定时,活度系数和副反应系数均为固定值,故条件电位 $\varphi^{\ominus\prime}$在该条件下也是固定值。

条件电位是在一定实验条件下,校正了溶液离子强度以及副反应等各种因素影响后得到的实际电极电位,因此,用它来处理氧化还原滴定中的有关问题不仅更方便,且更符合实际情况。例如,Fe^{3+}/Fe^{2+} 电对的标准电极电位 $\varphi^{\ominus}=0.77$ V,而其条件电极电位在不同无机酸介质中则有不同数值,如表 5-1 所示。

表 5-1　Fe^{3+}/Fe^{2+} 电对条件电位

介质(浓度)	$HClO_4$(1 mol/L)	HCl(0.5 mol/L)	H_2SO_4(1 mol/L)	H_3PO_4(2 mol/L)
$\varphi^{\ominus\prime}$/V	0.767	0.71	0.68	0.46

条件电极电位都是由实验测得,到目前为止,人们只测出了部分氧化还原电对的条件电极电位数据。由于实际工作中的反应条件多种多样,常遇到缺少相同条件下的条件电位的情况,若缺乏相关电对的条件电极电位值,可用标准电极电位值进行粗略近似计算,否则应用实验方法测定。

通常影响条件电位的因素有:

(1)离子强度

电解质浓度的变化会改变溶液中的离子强度,从而改变氧化态和还原态的活度系数。在氧化还原滴定体系中,若电解质浓度较大,则离子强度也较大,活度与浓度的差别较大,能斯特方程中用浓度代替活度计算的结果与实际情况会有较大差异;若副反应对条件电位的影响远比离子强度的影响大,在估算条件电位时则可忽略离子强度的影响,而着重考虑副反应对电极电位的影响。

(2)溶液酸度

如果电对的氧化还原半反应中有 H^+ 或 OH^- 参加,则溶液酸度的变化将直接引起条件电位的变化;若电对的氧化态或还原态是弱酸或弱碱,则溶液酸度的变化将影响其存在形式,从而间接地引起条件电位的变化。例如,

$$H_3AsO_4 + 2H^+ + 2e \Longrightarrow H_3AsO_3 + H_2O$$
$$MnO_4^- + 8H^+ + 5e \Longrightarrow Mn^{2+} + 4H_2O$$

(3)副反应

氧化还原滴定中常见的副反应是生成沉淀和生成配合物。

生成沉淀。氧化态生成沉淀将使电对的条件电位降低;还原态生成沉淀将使电对的条件电位升高。例如,用碘量法测定Cu^{2+}的化学反应为:

$$2Cu^{2+} + 4I^- \Longrightarrow 2CuI\downarrow + I_2$$
$$\varphi^{\ominus}_{Cu^{2+}/Cu^+} = 0.153 \text{ V}$$
$$\varphi^{\ominus}_{I_2/I^-} = 0.535 \text{ V}$$

如果只是从标准电极电位出发,则该反应不能自发向右进行。但由于反应生成了 CuI 沉淀,导致Cu^{2+}/Cu^+电对的条件电位明显升高,超过 I_2/I^- 电对的条件电位,从而使反应得以进行。

生成配合物。当溶液中存在能与电对的氧化态或还原态反应生成配合物的配位剂时,电对的条件电位就会受到影响。若氧化态配合物的稳定性高于还原态配合物,那么条件电位将降低;反之,条件电位将升高。根据这一原理,在氧化还原滴定中,经常借助配位剂与干扰离子生成稳

定的配合物来消除对测定的干扰。

（4）温度

由 Nernst 方程式的基本式可以看出，当温度升高时，电极电位升高。

5.1.3 氧化还原反应进行的方向与程度

5.1.3.1 氧化还原反应进行的方向

通过氧化还原反应电对的电位计算，便可大概判断氧化还原反应进行的方向。氧化还原反应是由较强的氧化剂和较强的还原剂向着生成较弱的氧化剂和较弱的还原剂的方向进行。当溶液中有几种还原剂时，加入氧化剂，首先与最强的还原剂作用。同样，溶液中含有几种氧化剂时，加入还原剂，则首先与最强的氧化剂作用。也就是说在合适的条件下，在所有可能发生的氧化还原反应中，电极电位相差最大的电对间首先反应。

于是就出现了由于氧化剂和还原剂的浓度、溶液的酸度、生成沉淀和形成配合物等都对氧化还原电对的电位产生影响，而导致在不同的条件下可能影响氧化还原反应进行的方向的情况出现。

例如，碘量法测定 Cu^{2+} 含量：

$$Cu^{2+} + e \rightleftharpoons Cu^+, \varphi^{\ominus}_{Cu^{2+}/Cu^+} = 0.159 \text{ V}$$

$$I_2 + e \rightleftharpoons 2I^-, \varphi^{\ominus}_{I_2/I^-} = 0.535 \text{ V}$$

由标准电位值可知 Cu^{2+} 不可能氧化为 I^- 为 I_2，但加入的 I^- 与 Cu^{2+} 反应生成难溶的 CuI 沉淀：

$$Cu^+ + I^- \rightleftharpoons CuI \downarrow$$

而实际的反应

$$2 Cu^{2+} + 4I^- \rightleftharpoons 2 CuI \downarrow + I_2$$

其原因是

$$\varphi = \varphi^{\ominus}_{Cu^{2+}/Cu^+} + 0.059 \frac{[Cu^{2+}]}{[Cu^+]}$$

$$\varphi = \varphi^{\ominus}_{Cu^{2+}/Cu^+} + 0.059 \frac{[Cu^{2+}][I^-]}{K_{sp}} = \varphi^{\ominus}_{Cu^{2+}/Cu^+} - 0.059 \lg K_{sp} + 0.059 \lg[Cu^{2+}][I^-]$$

若

$$[I^-] = [Cu^{2+}] = 1 \text{ mol/L}$$

则

$$\varphi^{\ominus'}_{Cu^{2+}/Cu^+} = 0.159 - 0.059 \lg 1.1 \times 10^{-12} = 0.865 \text{ V}$$

由于

$$\varphi^{\ominus'}_{Cu^{2+}/Cu^+} > \varphi^{\ominus}_{I_2/I^-}$$

因此，该反应是向着生成 CuI 沉淀并析出 I_2 的方向进行。

5.1.3.2 氧化还原反应进行的程度

氧化还原反应进行的程度通常用反应平衡常数 K 来衡量。K 可以根据相关的氧化还原反应，通过 Nernst 方程式加以求解。设氧化还原反应如下：

$$n_2 Ox_1 + n_1 Red_2 \rightleftharpoons n_1 Ox_2 + n_2 Red_1$$

反应平衡常数的表达式为：

$$K = \frac{a_{Red_1}^{n2}\, a_{Ox_2}^{n1}}{a_{Ox_1}^{n2}\, a_{Red_2}^{n1}} \tag{5-7}$$

与该反应有关的氧化还原半反应和电对的电极电位分别为：

$$Ox_1 + n_1 e^- \rightleftharpoons Red_1,\ \varphi_1 = \varphi_1^{\ominus} + \frac{0.59}{n_1} lg \frac{a_{Ox_1}}{a_{Red_1}}$$

$$Ox_2 + n_2 e^- \rightleftharpoons Red_2,\ \varphi_2 = \varphi_2^{\ominus} + \frac{0.59}{n_2} lg \frac{a_{Ox_2}}{a_{Red_2}}$$

反应达到平衡时，有 $\varphi_1 = \varphi_2$，因此

$$\varphi_1^{\ominus} + \frac{0.59}{n_1} lg \frac{a_{Ox_1}}{a_{Red_1}} = \varphi_2^{\ominus} + \frac{0.59}{n_2} lg \frac{a_{Ox_2}}{a_{Red_2}}$$

两边同时乘以 n_1、n_2 的最小公倍数 n，整理后可得

$$lg \frac{a_{Red_1}^{n2}\, a_{Ox_2}^{n1}}{a_{Ox_1}^{n2}\, a_{Red_2}^{n1}} = lgK = \frac{n(\varphi_1^{\ominus} - \varphi_2^{\ominus})}{0.59} \tag{5-8}$$

若考虑溶液中各种副反应的影响，则以相应的条件电位代入上式，相应的活度也以总浓度代替，所得平衡常数为条件平衡常数 K'，它能更好地反映实际情况下反应进行的程度。即

$$lg \frac{c_{Red_1}^{n2}\, c_{Ox_2}^{n1}}{c_{Ox_1}^{n2}\, c_{Red_2}^{n1}} = lgK' = \frac{n(\varphi_1^{\ominus\prime} - \varphi_2^{\ominus\prime})}{0.59} \tag{5-9}$$

式(5-9)表明，氧化还原反应进行的程度与两个氧化还原电对的条件电位之差以及电子转移数有关。条件电位之差越大，两个半反应转移电子数的最小公倍数越大，所进行的反应越彻底。

滴定分析法中，通常要求达到化学计量点时的反应完全程度在 99.9% 以上。也就是说，对于一个 1:1 类型的反应

$$Ox_1 + Red_2 \rightleftharpoons Ox_2 + Red_1$$

在化学计量点时，应有以下浓度关系

$$\frac{c_{Red_1}}{c_{Ox_1}} \geqslant 10^3,\quad \frac{c_{Ox_2}}{c_{Red_2}} \geqslant 10^3$$

即条件平衡常数应满足 $K' \geqslant 10^6$，代入式(5-9)，得 $\Delta\varphi^{\ominus\prime} = \varphi_1^{\ominus\prime} - \varphi_2^{\ominus\prime} \geqslant 0.36\ V$，这就是 1:1 类型的反应定量完成的条件。依此类推，可以计算其他类型反应定量完成的条件。

通常不管是怎样的氧化还原反应，如只是考虑反应的完全程度，则 $\Delta\varphi^{\ominus\prime} \geqslant 0.4\ V$ 即可满足滴定分析的要求。

例 5.1　在 1.0 mol/L HCl 溶液中，Fe^{3+} 和 Sn^{3+} 反应的平衡常数，能否进行完全？已知($\varphi^{\ominus\prime}_{Fe^{3+}/Fe^{2+}} = 0.68\ V$，$\varphi^{\ominus\prime}_{Sn^{4+}/Sn^{2+}} = 0.14\ V$)

解：反应式为：

$$2Fe^{3+} + Sn^{2+} \rightleftharpoons 2Fe^{2+} + Sn^{4+}$$

$$lg\ K = \frac{2 \times 1 \times (0.68 - 0.14)}{0.059} = 18.30$$

因为该反应相当于 $m=2$、$n=1$ 的氧化还原反应，只要 $lg\ K \geqslant 9$，即可视为反应能进行完全，到达化学计量点时，误差小于 0.1%，故该反应能用于氧化还原滴定。

5.1.4　影响氧化还原反应速度因素

氧化还原反应平衡常数可衡量氧化还原反应进行的程度,但不能说明反应的速度。有的反应平衡常数很大,但实际上觉察不到反应的进行。其主要原因是反应的机制较复杂,且常分步进行,反应速度较慢。氧化还原反应速度除与反应物的性质有关外,还与下列外界因素有关。

5.1.4.1　氧化剂和还原剂的性质

不同性质的氧化剂和还原剂,其反应速率相差极大。这与它们的电子层结构、条件电极电位的差异和反应历程等因素有关,具体情况较为复杂。目前对此问题的了解尚不完整。

5.1.4.2　反应物浓度影响

根据质量作用定律,反应速度与反应物浓度的乘积成正比。但是,许多氧化还原反应是分步进行的,整个反应速度由最慢的一步决定。因此,不能简单地按总的氧化还原方程式来判断浓度对反应速度的影响程度。但通常来看,增大反应物的浓度可以加快反应速度。

例如,在酸性溶液中,一定量的 $K_2Cr_2O_7$ 和 KI 反应:

$$Cr_2O_7^{2-} + 6I^- + 14H^+ \Longrightarrow 2Cr^{3+} + 3I_2 + 7H_2O$$

如果适当增大 I^- 和 H^+ 的浓度,可加快反应速率。实验结果表明,在 0.4 mol/L $[H^+]$ 条件下,KI 过量约 5 倍,反应速率会加快,放置 5 min 反应可进行完全。

5.1.4.3　温度影响

升高反应温度一般可提高反应速率。通常温度每升高 10℃,反应速率可提高 2~4 倍。这是由于升高反应温度时,不仅增加了反应物之间碰撞的概率,而且增加了活化分子数目。例如,酸性介质中,用 MnO_4^- 氧化 $C_2O_4^{2-}$ 的反应

$$2MnO_4^- + 5C_2O_4^{2-} + 16H^+ \Longrightarrow 2Mn^{2+} + 10CO_2\uparrow + 8H_2O$$

在室温下反应速率很慢,若将溶液加热并控制在 70~80℃,则反应速率明显加快。但是并不是在任何情况下都可以通过升高温度来提高反应速率,使用不当会产生副作用。例如,$K_2Cr_2O_7$ 与 KI 的反应,若用升高温度的办法提高速率,则会使反应产物 I_2 挥发。有些还原性物质,如 Fe^{2+}、Sn^{2+} 等,升高温度也会加快空气中氧气氧化 Fe^{2+}、Sn^{2+}。

5.1.4.4　催化剂的影响

使用催化剂是加快反应速率的有效方法之一。催化反应的机理非常复杂。在催化反应中,由于催化剂的存在,可能产生了一些不稳定的中间价态离子、游离基或活泼的中间配合物,从而改变了氧化还原反应历程,或者改变了反应所需的活化能,使反应速率发生变化。催化剂有正催化剂和负催化剂之分,正催化剂增大反应速率,负催化剂减小反应速率。分析化学中,常用正催化剂来加快反应的速率。

例如,在酸性溶液中 $KMnO_4$ 与 $Na_2C_2O_4$ 的反应,反应速率较慢。

$$2MnO_4^- +5C_2O_4^{2-} +16H^+ ===== 2\ Mn^{2+} +10CO_2\uparrow +8H_2O$$

反应开始时进行得很慢。若加入少量 Mn^{2+},则反应速率明显加快。由于反应本身有 Mn^{2+} 生成,因此,如果不另加 Mn^{2+},反应速率便会呈现为先慢后快的特点。这种由生成物本身起催化作用的反应,称为自动催化反应。滴定过程中,可以先滴加少量 $KMnO_4$,一旦有少量 Mn^{2+} 生成,便会加快反应速率,观察到 $KMnO_4$ 褪色后,就可以正常进行滴定。

5.1.4.5　诱导作用

有些氧化还原反应在通常情况下,并不进行或进行得很慢的反应,但是由于另一个反应的进行,受到诱导而得以进行。这种由于一个氧化还原反应的发生促进另一氧化还原反应进行的现象,称为诱导作用,所发生的反应称为诱导反应。

例如,酸性溶液中,$KMnO_4$ 氧化 Cl^- 的反应速率极慢,当溶液中同时存在 Fe^{2+} 时,$KMnO_4$ 氧化 Fe^{2+} 的反应将加速 $KMnO_4$ 氧化 Cl^- 的反应。这里 Fe^{2+} 称为诱导体,MnO_4^- 称为作用体,Cl^- 称为受诱体。反应如下:

$$MnO_4^- +5Fe^{2+} +8H^+ ===== Mn^{2+} +5Fe^{2+} +4H_2O$$
$$As_2O_3 +6OH^- ===== 2AsO_3^{3-} +3H_2O$$

值得注意的是,诱导作用和催化作用是不同的。在催化反应中,催化剂在反应前后的组成和质量均不发生改变;而在诱导反应中,诱导体参加反应后转变为其他物质。因此,对于滴定分析而言,诱导反应往往是有害的,应该尽量避免。

5.2　氧化还原滴定法概述

以氧化还原反应为基础的滴定分析法叫作氧化还原滴定法。在分析化学中,氧化还原反应主要应用于滴定分析、分离、各种测定的步骤之中。氧化还原反应是基于氧化剂和还原剂之间的电子转移,其反应机理比较复杂,在氧化还原反应中,除了主反应外,而且有时经常伴有副反应的发生,有时反应速度较慢等特点。如有些氧化还原反应从理论上看是可能进行的,但由于反应速度太慢实际上并没有发生,有些氧化还原反应还受介质的影响较大。因此,在学习和讨论氧化还原反应及氧化还原滴定时,除从平衡的观点判断反应的可行性外,还应考虑反应的机理、反应速度、反应条件及滴定条件等问题。

5.2.1　滴定中的预处理

在进行氧化还原滴定之前,必须使待测组分处于一定的价态,因此通常需要对试样进行预处理。需要先将待测组分处理成能与滴定剂反应的适合滴定的形式,可将待测组分氧化为高价态后,用还原剂滴定;或者还原为低价态后,用氧化剂滴定。这种在滴定前使待测组分转变为一定价态的过程,称为预处理。例如,滴定 Mn^{2+} 溶液,比较难找到合适的氧化性滴定剂,便可先用过量 $(NH_4)_2S_2O_8$ 氧化 Mn^{2+},生成 MnO_4^-,余下的 $(NH_4)_2S_2O_8$ 通过加热破坏,再通过 Fe^{2+} 标准

溶液滴定生成的 MnO_4^- 即可。

通常用于预氧化和预还原的氧化剂或还原剂必须满足以下要求：

①反应速度快。

②必须将待测组分定量地氧化或还原。

③反应应具有一定的选择性，例如，用金属锌为预还原剂，由于 $\varphi^\ominus_{Zn^{2+}/Zn}$ 值较低 $(-0.76\ V)$，电位比它高的金属离子都可被还原，所以金属锌的选择性较差，而 $SnCl_2 (\varphi^\ominus_{Sn^{4+}/Sn^{2+}}=0.14\ V)$ 的选择性则较高。

过量的氧化剂或还原剂要易于除去。常见的除去过量氧化剂或还原剂的方法有：

加热分解：如 $(NH_4)_2S_2O_8$、H_2O_2 可通过加热煮沸后分解而除去，其反应如下：

$$2S_2O_8^{2-}+2H_2O \Longrightarrow O_2\uparrow+4HSO_4^-$$

$$2H_2O_2 \Longrightarrow O_2\uparrow+2H_2O$$

过滤：如 $NaBiO_3$ 不溶于水，可借过滤除去。

利用化学反应：如用 $HgCl_2$ 可除去过量 $SnCl_2$，其反应为：

$$SnCl_2+2HgCl_2 \Longrightarrow SnCl_4+Hg_2Cl_2$$

生成的 Hg_2Cl_2 沉淀不被一般滴定剂氧化，不必过滤除去。

表 5-2 和表 5-3 所示为常见的预处理时所用的氧化剂和还原剂。

表 5-2 常见的预处理时所用的氧化剂

氧化剂	反应条件	主要应用	除去方法
$NaBiO_3$	室温 HNO_3 介质 H_2SO_4 介质	$Mn^{2+}\rightarrow MnO_4^-$ $Ce(\text{III})\rightarrow Ce(\text{IV})$	过滤
PbO_2	$pH=2\sim6$ 焦磷酸盐缓冲液	$Mn(\text{II})\rightarrow Mn(\text{III})$ $Ce(\text{III})\rightarrow Ce(\text{IV})$ $Cr(\text{III})\rightarrow Cr(\text{IV})$	过滤
$(NH_4)_2S_2O_8$	酸性 Ag^+ 做催化剂	$Ce(\text{III})\rightarrow Ce(\text{IV})$ $Mn^{2+}\rightarrow MnO_4^-$ $VO^{2+}\rightarrow VO_3^-$	煮沸分解
H_2O_2	$NaOH$ 介质 HCO_3^- 介质 碱性介质	$Cr^{3+}\rightarrow Cr_4^{2-}$ $Co(\text{II})\rightarrow Co(\text{III})$ $Mn(\text{II})\rightarrow Mn(\text{VI})$	煮沸分解，加少量 Ni^{2+} 或 I^- 作催化剂，加速 H_2O_2 分解
高锰酸盐	焦磷酸盐、 氟化物和 $Cr(\text{III})$ 存在时	$Ce(\text{III})\rightarrow Ce(\text{IV})$ $V(\text{IV})\rightarrow V(\text{V})$	叠氮化钠或亚硝酸钠
高氯酸	热、浓 $HClO_4$	$V(\text{IV})\rightarrow V(\text{V})$ $Cr(\text{III})\rightarrow Cr(\text{VI})$	迅速冷却至室温，用 水稀释

表 5-3　常见的预处理时用的还原剂

还原剂	反应条件	主要应用	除去方法
SO_2	1 mol/L H_2SO_4 介质	$Fe^{3+} \rightarrow Fe^{2+}$ $As(V) \rightarrow As(III)$ $Sb(V) \rightarrow Sb(III)$ $V(V) \rightarrow V(IV)$ $Cu(II) \xrightarrow{SCN^-} Cu(I)$	煮沸或通入 CO_2
$SnCl_2$	酸性,加热	$Fe^{3+} \rightarrow Fe^{2+}$ $Mo(VI) \rightarrow Mo(V)$ $As(V) \rightarrow As(III)$	加入 $HgCl_2$ 溶液
$TiCl_3$ (或 $SnCl_2$-$TiCl_3$ 联合应用)	酸性	$Fe^{3+} \rightarrow Fe^{2+}$	用水稀释,Cu^{2+} 催化
锌汞齐 (Jones 还原器)	酸性	$Fe^{3+} \rightarrow Fe^{2+}$ $VO_2^+ \rightarrow V^{2+}$ $Cr^{3+} \rightarrow Cr^{2+}$ $Ti(IV) \rightarrow Ti(III)$	—
银还原器 (Walden 还原器)	HCl 介质	$Fe^{3+} \rightarrow Fe^{2+}$	—

(1)过二硫酸铵$(NH_4)_2S_2O_8$

在酸性介质中,过二硫酸铵是一种强氧化剂,可将 Ce^{3+} 氧化为 Ce^{4+}、VO^{2+} 氧化为VO_3^-。在 H_2SO_4 或 H_3PO_4 介质中,在 Ag^+ 催化下,可将 Mn^{2+} 氧化为 MnO_4^-、Cr^{3+} 氧化为 $Cr_2O_7^{2-}$。过量的$(NH_4)_2S_2O_8$ 可通过煮沸除去。

(2)H_2O_2

H_2O_2 常用在 NaOH 溶液中将 Cr^{3+} 氧化为 CrO_4^{2-},在HCO_3^- 溶液中将Co^{2+} 氧化为Co^{3+} 等。在 H_2O_2 的碱性溶液中,Mn^{2+} 被氧化为 Mn^{4+},析出 $MnO(OH)_2$ 沉淀。

过量的 H_2O_2 可用煮沸分离。加入少量Ni^{2+} 或 I^- 作催化剂,可加速 H_2O_2 的分解。

(3)$KMnO_4$

在温度较低的酸性中,当有 Cr^{3+} 存在时MnO_4^- 可将 VO^{2+} 氧化为VO_3^-,此时 Cr^{3+} 被氧化的速率很慢不会产生干扰。在碱性溶液中,MnO_4^- 很容易将 Cr^{3+} 氧化为 CrO_4^{2-}。有 F^-、H_3PO_4 或 $H_2P_2O_7^{2-}$ 存在时,MnO_4^- 也可将 Ce^{3+} 氧化为 Ce^{4+}、VO^{2+} 氧化为VO_3^-。

过量的MnO_4^- 可用NO_2^- 除去,其反应为:

$$2MnO_4^- + 5NO_2^- + 6H^+ =\!=\!= 2Mn^{2+} + 5NO_3^- + 3H_2O$$

余下的NO_2^- 干扰测定,可加尿素使之分解,其反应为:

$$2NO_2^- + CO(NH_2)_2 + 2H^+ =\!=\!= 2N_2 + CO_2 + 3H_2O$$

当加入NO_2^- 来除去过量的MnO_4^- 时,已氧化为高价状态的待测组分(VO_3^-、$Cr_2O_7^{2-}$ 等)也可能被过量的NO_2^- 还原。为此,可先加入尿素,再小心滴加 $NaNO_2$ 溶液至MnO_4^- 红色正好消失,这样可防止VO_3^-、$Cr_2O_7^{2-}$ 被NO_2^- 还原。但实验证明,若 H_3PO_4 量过大,VO_3^-、$Cr_2O_7^{2-}$ 的条

件电极电势有所提高,这时仍可能存在少量 VO_3^-、$Cr_2O_7^{2-}$ 被 NO_2^- 还原,对测定不利。VO_3^-、$Cr_2O_7^{2-}$ 浓度太大时,也会出现这种情况。

(4) $HClO_4$

浓热的 $HClO_4$ 具有强氧化性,可将 Cr^{3+} 氧化为 $Cr_2O_7^{2-}$,VO^{2+} 氧化为 VO_3^-。当有 H_3PO_4 存在时,Mn^{2+} 可定量地被氧化为 Mn^{3+},生成稳定的 $[Mn(H_2P_2O_7)_3]^{3-}$。$HClO_4$ 可直接将 I^- 氧化为 IO_3^-。过量的 $HClO_4$ 经加水稀释后,即可失去氧化能力。

浓热的 $HClO_4$ 遇有机物时会发生爆炸。因此,对含有有机物的试样,用 $HClO_4$ 处理前,应先用 HNO_3 将有机物破坏。

(1) SO_2

SO_2 是弱还原剂,可将 Fe^{3+} 还原为 Fe^{2+},在大量 H_2SO_4 存在时,反应速率缓慢,当有 SCN^- 共存时,可加速反应。SO_2 也能将 As^{5+} 还原为 As^{3+}、将 Sb^{5+} 还原为 Sb^{3+}、将 V^{+5} 还原为 V^{+4} 等。在有 SCN^- 存在时,可以将 Cu^{2+} 还原为 Cu^+。

(2) $SnCl_2$

在 HCl 溶液中,$SnCl_2$ 可以将 Fe^{3+} 还原为 Fe^{2+}。过量的 $SnCl_2$ 可与 $HgCl_2$ 生成 Hg_2Cl_2 沉淀而除去,在预处理时,应避免加入过多的 $SnCl_2$,否则它将进一步使 Hg_2Cl_2 还原为 Hg,而 Hg 能与氧化剂(滴定剂)起反应。$SnCl_2$ 也可以将 Mo^{6+} 还原为 Mo^{5+} 及 Mo^{4+},将 As^{5+} 还原为 As^{3+};当加入 Fe^{3+} 作催化剂时,还可以将 U^{6+} 还原为 U^{4+}。

(3) $TiCl_3$

在无汞定铁中,通常用 $TiCl_3$ 或 $SnCl_2$-$TiCl_3$ 联合还原 Fe^{3+}。$TiCl_3$ 溶液很不稳定,易被空气氧化,用水稀释试液后,少许过量的 $TiCl_3$ 即被水中溶解的 O_2 氧化,在滴定时不再发生干扰。

(4) 金属还原剂

常用的金属有铝、锌、铁等。例如,在 HCl 溶液中,铝可将 Sn^{4+} 还原为 Sn^{2+},Ti^{4+} 还原为 Ti^{3+}。最好将金属还原剂制备成汞齐后,组装成还原柱使用。例如,将 Fe^{3+}、Cr^{3+}、Ti^{4+}、V^{5+} 溶液流经锌汞齐还原柱后,被分别还原为 Fe^{2+}、Cr^{2+}、Ti^{3+}、V^{2+},用一定量过量的氧化型标准溶液承接还原后的溶液,再用某种还原型标准溶液返滴定。

5.2.2 影响氧化还原滴定突跃范围的因素

氧化还原滴定曲线类似与其他类型的滴定曲线,在化学计量点附近溶液电势发生了突跃,而指示剂就是依据此突跃范围加以选择的。

根据滴定曲线和化学计量点附近溶液电势的计算可以看出,氧化还原滴定突跃范围的大小,取决于两电对条件电极电势的差值。两电对的条件电极电势相差越大,滴定突跃范围越大;反之,两电对条件电极电势的差值越小,滴定突跃范围越小。如图 5-1 所示,对于两电对电子转移数相同且等于 1 的滴定反应,当差值大于或等于 0.40 V 时,才可选用氧化还原指示剂指示滴定的终点。

此外,如图 5-2 所示,不同介质中,氧化还原电对的条件电极电势不同,滴定曲线的突跃范围大小和化学计量点在曲线的位置就不同。

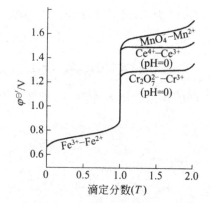

图 5-1 $\Delta\varphi^{\ominus\prime}$ 与滴定突跃范围

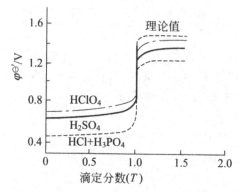

图 5-2 反应介质与滴定突跃范围

并且,根据式(5-11)也可以看出影响氧化还原滴定突跃范围的两个主要因素:①两个氧化还原电对的条件电位之差 $\Delta\varphi^{\ominus\prime}$,$\Delta\varphi^{\ominus\prime}$ 越大,对应突跃范围越大;②两个氧化还原电对的电子转移数 n_1 和 n_2,电子转移数越大,突跃范围越大。

若氧化还原反应有不对称电对参加,例如,

$$n_2 Ox_1 + n_1 Red_2 \Longrightarrow n_1 Ox_2 + n_2 b Red_1$$

则化学计量点时的电极电位为:

$$\varphi_{sp} = \frac{n_1 \varphi^{\ominus\prime}_1 + n_2 \varphi^{\ominus\prime}_2}{n_1 + n_2} + \frac{0.059}{n_1 + n_2} \lg \frac{1}{b\left[(c_{Red1})_{sp}\right]^{b-1}}$$

综上可知,若氧化还原反应的两个电对都是可逆的,且没有不对称电对参加,那么氧化还原滴定的化学计量点的电位以及突跃范围大小与两个氧化还原电对相关离子的浓度无关;而若有不对称电对参加,则其化学计量点的电位与该电对相关离子的浓度有关。

5.2.3 氧化还原滴定结果计算

氧化还原反应一般较为复杂,有可能同一物质在不同的条件下反应,会得到不同的产物。因此,对氧化还原滴定结果的计算,关键是首先要清楚相关的氧化还原反应,根据反应确定被测组分与滴定剂间的化学计量关系。再依据此计量关系,求出被测组分的含量。如被测组分为 A,经

过一系列相关化学反应后得到被滴物为 D,最后用滴定剂 T 滴定之。各相关化学反应确定的计量关系如下:

$$aA \xlongequal{} bB \xlongequal{} cC \xlongequal{} dD \xlongequal{} tT$$

则被测组分 A 与滴定剂 T 间的化学计量关系为:

$$aA \xlongequal{} tT$$

试样中被测组分 A 的质量为:

$$m_A = C_T V_T \times \frac{a}{t} \times M_A$$

则组分 A 的含量(%)为:

$$A\% = \frac{C_T V_T \times \frac{a}{t} \times \frac{M_A}{1\,000}}{S} \times 100\%$$

例 5.2　一定量的 KHC_2O_4 基准品,用待标定的 $KMnO_4$ 标准溶液在酸性条件下滴定至终点,用去 15.24 mL;同样量的该 KHC_2O_4 基准品,恰好被 0.120 0 mol/L 的 NaOH 标准溶液中和完全时,用去 15.95 mL。求 $KMnO_4$ 标准溶液的浓度。

解:本例中涉及的相关化学反应式为:

$$2MnO_4^- + 5HC_2O_4^- + 11H^+ \Longleftrightarrow 2Mn^{2+} + 10CO_2\uparrow + 8H_2O$$
$$HC_2O_4^- + OH^- \Longleftrightarrow C_2O_4^{2-} + H_2O$$

通过第一个反应式可知:

$$2molKMnO_4 \xlongequal{} 5molKHC_2O_4$$

通过第二个反应式可知:

$$1\ molKHC_2O_4 \xlongequal{} 1\ molNaOH$$

因此

$$2molKMnO_4 \xlongequal{} 5molNaOH$$

$$c_{KMnO_4} V_{KMnO_4} \times \frac{5}{2} = c_{NaOH} V_{NaOH}$$

$$c_{KMnO_4} = 0.050\,24\ mol/L$$

例 5.3　精密称取漂白粉试样 2.702 g,加水溶解,加过量 KI,用 H_2SO_4(1 mol/L)酸化,析出的 I_2 立即用 0.120 8 mol/L $Na_2S_2O_3$ 标准溶液滴定,用去 34.38 mL 达终点。计算试样中有效氯的含量。

解:漂白粉的主要成分是 CaCl(OCl),遇酸产生 Cl_2,可以起漂白作用。因此,漂白粉的质量,是以所能释放出的氯量作为衡量标准。测定方法是在漂白粉的酸性溶液中加入过量的 KI,与漂白粉在酸性条件下生成的 Cl_2 反应:

$$Cl_2 + 2KI \Longleftrightarrow I_2 + 2KCl$$

然后用 $Na_2S_2O_3$ 标准溶液滴定 I_2

$$I_2 + 2Na_2S_2O_3 \Longleftrightarrow Na_2S_4O_6 + 2NaI$$

由反应式可知:

$$Cl_2 \xlongequal{} I_2 \xlongequal{} Na_2S_2O_3$$

所以

$$n_{Cl} = n_{Na2S2O3}$$

$$Cl\% = \frac{c_{Na2S2O3} V_{Na2S2O3} M_{Cl} \times 10^{-3}}{S} \times 100\%$$

$$= \frac{0.120\ 8 \times 34.38 \times 35.45 \times 10^{-3}}{2.702} \times 100\%$$

$$= 5.45\%$$

例 5.4 称取软锰矿 0.100 0 g。试样经碱熔后,得到 MnO_4^{2-},煮沸溶液以除去过氧化物。酸化溶液,此时 MnO_4^{2-} 歧化为 MnO_4^- 和 MnO_2。然后滤去 MnO_2,用 0.101 2 mol/L Fe^{2+} 标准溶液滴定 MnO_4^-,用去 20.80 mL。计算试样中 MnO_2 的百分含量。

解: 根据有关反应式,其测定步骤为:

$$3MnO_2 \xrightarrow{Na_2O_2} 3MnO_4^{2-} \xrightarrow{H^+} 2MnO_4^- \xrightarrow{Fe^{2+}} Mn^{2+}$$

反应关系为:

$$3MnO_2 \sim 3MnO_4^{2-} \sim 2MnO_4^- \sim 2 \times 5Fe^{2+}$$

物质的量比为:

$$n_{MnO_2} = \frac{3}{10} n_{Fe^{2+}}$$

故

$$MnO_2\% = \frac{3}{10} \times \frac{c_{Fe^{2+}} V_{Fe^{2+}} M_{MnO_2}}{S} \times 100\%$$

$$= \frac{3}{10} \times \frac{0.101\ 2 \times 25.80 \times 10^{-3} \times 86.94}{0.100\ 0} \times 100\%$$

$$= 68.10\%$$

5.3 氧化还原滴定曲线和指示剂的选择

5.3.1 氧化还原滴定曲线

在氧化还原滴定过程中,随着滴定剂的加入和反应的进行,溶液中氧化剂和还原剂的浓度逐渐改变,有关电对的电位也随之改变。以滴定剂加入的体积或滴定分数为横坐标,以其对应的电对电极电位为纵坐标作图,所得曲线称为氧化还原滴定曲线,一般可用实验方法测得。对于可逆氧化还原体系可以用 Nernst 方程从理论上算出的数据绘制。

对于可逆氧化还原电对,滴定过程中两个电对的电极电位瞬间达到平衡,则滴定体系的电极电位,等于任一电对的电极电位。以下以 0.100 0 mol/L Ce^{4+} 标准溶液滴定 20.00 mL 0.100 0 mol/L Fe^{2+} 溶液为例(1 mol/L H_2SO_4 溶液中)。

相关电对的氧化还原半反应为:

$$Ce^{4+} + e \Longrightarrow Ce^{3+}, \quad \varphi^{\ominus\prime}_{Ce^{4+}/Ce^{3+}} = 1.44\ V$$

$$Fe^{3+} + e \Longrightarrow Fe^{2+}, \quad \varphi^{\ominus\prime}_{Fe^{3+}/Fe^{2+}} = 0.68\ V$$

滴定反应为：

$$Ce^{4+} + Fe^{2+} \Longrightarrow Ce^{3+} + Fe^{3+}$$

滴定过程中相关的电极电位可以根据 Nernst 方程式计算。

5.3.1.1　滴定前

此时的研究对象是 $0.100\ 0\ mol/L$ 的 Fe^{2+} 溶液,空气中的氧气能氧化少量 Fe^{2+} 为 Fe^{3+},由于此时 Fe^{3+} 的浓度从理论上难以确定,故此时电极电位无法依据 Nernst 方程式进行计算。

5.3.1.2　滴定开始至化学计量点前

在这个阶段,溶液体系中存在着 Fe^{3+}/Fe^{2+}、Ce^{4+}/Ce^{3+} 两个电对。达到平衡时,由于 Ce^{4+} 在溶液中存在量极少且难以确定其浓度,故只能用 Fe^{3+}/Fe^{2+} 电对计算该阶段的电极电位。

$$\varphi_{Fe^{3+}/Fe^{2+}} = \varphi^{\ominus\prime}_{Fe^{3+}/Fe^{2+}} + 0.059 \lg \frac{c_{Fe^{3+}}}{c_{Fe^{2+}}}$$

因 $c_{Fe^{3+}}/c_{Fe^{2+}}$ 在数值上等于二者物质的量与溶液总体积的比值,溶液总体积对 Fe^{3+}、Fe^{2+} 来说是相同的,为方便起见,Nernst 方程式中的浓度比用物质的量之比来代替。

若加入 Ce^{4+} 标准溶液 $19.98\ mL$(化学计量点前 0.1%),则

Fe^{3+} mmol 数:$19.98 \times 0.100\ 0 = 1.998$

Fe^{2+} mmol 数:$(20.00 - 19.98) \times 0.100\ 0 = 0.002\ 000$

$$\varphi_{Fe^{3+}/Fe^{2+}} = 0.68 + 0.059 \lg \frac{1.998}{0.002\ 000} = 0.86\ V$$

5.3.1.3　化学计量点

当加入 Ce^{4+} 标准溶液 $20.00\ mL$ 时,反应到达化学计量点。化学计量点电位值依式(5-5)可得:

$$\varphi_{sp} = \frac{n\varphi^{\ominus\prime}_{Ox1/Red1} + m\varphi^{\ominus\prime}_{Ox2/Red2}}{m+n} = \frac{1.44 + 0.68}{1+1} = 1.06\ V$$

5.3.1.4　化学计量点后

在这个阶段因 Fe^{2+} 已被 Ce^{4+} 氧化完全,虽然可能有少量的 Fe^{2+} 存在,但其浓度难以确定,故应按 Ce^{4+}/Ce^{3+} 电对的电极电位计算式计算这个阶段体系的电极电位。

$$\varphi_{Ce^{4+}/Ce^{3+}} = \varphi^{\ominus\prime}_{Ce^{4+}/Ce^{3+}} + 0.059 \lg \frac{Ce^{4+}}{Ce^{3+}}$$

如果加入 Ce^{4+} 标准溶液 $20.02\ mL$,即化学计量点后 0.1%,则

过量 Ce^{4+} 的 mmol 数:$0.02 \times 0.100\ 0 = 0.002\ 00$

Ce^{3+} 的 mmol 数:$20.00 \times 0.100\ 0 = 2.000$

$$\varphi_{Ce^{4+}/Ce^{3+}} = 1.44 + 0.059 \lg \frac{0.002\ 000}{2.00} = 1.26\ V$$

用相同的方法可计算出该阶段其他各点相应的电位值,计算结果如表 5-4 所示。

表 5-4　在 1 mol/L H_2SO_4 溶液中,用 0.100 0 mol/L Ce^{4+} 滴定 20.00 mL 0.100 0 mol/L Fe^{2+} 相关数据

加入 Ce^{4+} 的体积/mL	反应进行的百分率	φ 值/V
1.00	5.0	0.60
2.00	10.0	0.62
4.00	20.0	0.64
8.00	40.0	0.67
10.00	50.0	0.68
18.00	90.0	0.74
19.80	99.0	0.80
19.98	99.9	0.86 ⎫
20.00	100.0	1.06 ⎬ 突跃范围
20.02	101.0	1.26 ⎭
22.00	110.0	1.38

以加入 Ce^{4+} 标准溶液的体积(毫升数)为横坐标,相应的电位值(V)为纵坐标作图,即得该氧化还原滴定的滴定曲线,如图 5-3 所示。

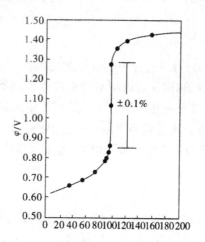

图 5-3　用 0.100 0 mol/L Ce^{4+} 滴定 20.00 mL
0.100 0 mol/L Fe^{2+} 溶液的滴定曲线

通过表 5-4 和图 5-3 可以看出,滴定曲线在化学计量点前后是对称的,这是由于两个电对的电子转移数相等,均为 1,φ_{sp} 正好位于突跃范围的中点。从化学计量点前 0.1% 到化学计量点后 0.1%,体系电极电位由 0.86 V 突变至 1.26 V(即 $\Delta\varphi$ 为 0.40 V)。此区间就是该氧化还原滴定的突跃范围,氧化还原滴定的突跃范围,对选择适宜的氧化还原指示剂是非常重要的。

对 $m O_{X_1} + n Red_2 \Longrightarrow m Red_1 + n O_{X_2}$ 可逆氧化还原反应,若用 O_{X_1} 滴定 Red_2,则其化学计

量点前后误差在 $\pm 0.1\%$ 范围内的电位突跃区间为：

$$\left[\varphi^{\ominus\,\prime}_{\mathrm{Ox1/Red1}}+\frac{3\times0.059}{n}\right]\!\longrightarrow\!\left[\varphi^{\ominus\,\prime}_{\mathrm{Ox2/Red2}}-\frac{3\times0.059}{n}\right]$$

由上式可知，影响氧化还原滴定的电位突跃范围有两个因素：一是两个氧化还原电对的条件电极电位的差值，即 $\Delta\varphi^{\ominus\,\prime}$ 值，$\Delta\varphi^{\ominus\,\prime}$ 值越大，突跃范围越大；二是两个氧化还原半反应中转移的电子数 n 和 m，n 和 m 越大，突跃范围也越大。应该指出，氧化还原滴定的突跃范围，与两个氧化还原电对的相关离子浓度无关，这点是区别于其他滴定分析方法的。

5.3.2　氧化还原滴定中的指示剂

氧化还原滴定终点的确定可以用电势测量法，但实际工作中还是经常使用指示剂来确定滴定终点。氧化还原滴定常用的指示剂主要有以下三种。

5.3.2.1　自身指示剂

在氧化还原滴定中，有的标准溶液或样品溶液本身有颜色，而滴定产物无色或颜色很浅，滴定时不需要另加指示剂。自身颜色变化起着指示剂的作用，这类指示剂称为自身指示剂。例如，$KMnO_4$ 标准溶液呈紫红色，在酸性条件下被还原为近乎无色的 Mn^{2+}。因此，用 $KMnO_4$ 在酸性溶液中滴定无色或浅色的样品溶液，当滴定达到化学计量点时，微过量的 MnO_4^- 可使溶液呈粉红色以指示滴定终点。实验表明，$KMnO_4$ 的浓度约为 2×10^{-5} mol/L 时就可以看到溶液呈粉红色，所以在高锰酸钾滴定法中不需外加指示剂，$KMnO_4$ 为自身指示剂。

5.3.2.2　特殊指示剂

特殊指示剂（specific indicator）本身并不具有氧化还原性，但能与滴定剂或被测定物质发生显色反应，而且显色反应是可逆的，因而可以指示滴定终点。这类指示剂最常用的是淀粉，如可溶性淀粉与碘溶液反应生成深蓝色的化合物，当 I_2 被还原为 I^- 时，蓝色就突然褪去。因此，在碘量法中，多用淀粉溶液作指示液。用淀粉指示液可以检出约 1.0×10^{-5} mol/L 的碘溶液，但淀粉指示液与 I_2 的显色灵敏度与淀粉的性质和加入时间、温度及反应介质等条件有关。

5.3.2.3　外指示剂

有的物质本身具有氧化还原性，能与标准溶液或被测溶液发生氧化还原反应，故不能将其加到被测溶液中，只能在化学计量点附近，用玻璃棒蘸取被滴定的溶液在外面与其作用，根据颜色变化来判定滴定终点，这类物质称为外指示剂（out indicator）。例如，重氮化滴定法就可以用碘化钾-淀粉糊这种外指示剂来滴定终点。

5.3.2.4　氧化还原指示剂

氧化还原指示剂一类本身具有氧化还原性质的有机试剂。其氧化态和还原态具有不同的颜色。在滴定过程中，因指示剂被氧化或还原而发生颜色变化，从而指示滴定终点。

以 In(Ox) 和 In(Red) 分别表示氧化还原指示剂的氧化态和还原态，则其电对的电极反应和

25℃时相应的 Nernst 方程为：

$$In(Ox) + ne^- \rightleftharpoons In(Red)$$

$$\varphi = \varphi_{In}^{\ominus\prime} + \frac{0.059}{n} \lg \frac{[In(Ox)]}{[In(Red)]}$$

在滴定体系中加入一定量的氧化还原指示剂，在滴定过程中，随着滴定的进行，溶液电势发生变化，指示剂的氧化还原态的浓度之比 $\frac{[In(Ox)]}{[In(Red)]}$ 也随之变化。当溶液电势大于指示剂的条件电极电势，即 $\varphi > \varphi_{In}^{\ominus\prime}$，指示剂被氧化，指示剂的氧化态浓度增加；反之，指示剂的还原态浓度增加。根据人类眼睛辨别颜色的灵敏度，一般来说：

当 $\frac{[In(Ox)]}{[In(Red)]} \geq 10$ 时，溶液电势 $\varphi \geq \varphi_{In}^{\ominus\prime} + \frac{0.059}{n} \lg 10$，即 $\varphi \geq \varphi_{In}^{\ominus\prime} + \frac{0.059}{n}$。溶液呈氧化态 $In(Ox)$ 的颜色。

当 $\frac{[In(Ox)]}{[In(Red)]} \leq \frac{1}{10}$ 时，溶液电势 $\varphi \leq \varphi_{In}^{\ominus\prime} + \frac{0.059}{n} \lg \frac{1}{10}$，即 $\varphi \leq \varphi_{In}^{\ominus\prime} + \frac{0.059}{n}$。溶液呈还原态 $In(Red)$ 的颜色。

当 $\frac{1}{10} \leq \frac{[In(Ox)]}{[In(Red)]} \leq 10$ 时，$\varphi_{In}^{\ominus\prime} - \frac{0.059}{n} \leq \varphi \leq \varphi_{In}^{\ominus\prime} + \frac{0.059}{n}$，指示剂由还原态颜色转变为氧化态颜色，溶液呈现指示剂氧化态和还原态的混合色。

当 $\frac{[In(Ox)]}{[In(Red)]} = 1$ 时，溶液电势等于指示剂的条件电极电势，即 $\varphi = \varphi_{In}^{\ominus\prime}$，溶液呈现指示剂氧化态与还原态的中间色，因此氧化还原指示剂的理论变色点就是其条件电极电势 $\varphi_{In}^{\ominus\prime}$。

这类指示剂的选择原则：应使指示剂变色点（即条件电极电势）处于滴定体系的突跃范围内，并尽可能与化学计量点 φ_{sp} 接近。常用的氧化还原指示剂，如表 5-5 所示。

表 5-5　常用的氧化还原指示剂

指示剂	颜色变化		$\varphi_{In}^{\ominus\prime}$	配置方法
	$In(Ox)$	$In(Red)$	$[H^+] = 1$ mol/L	
次甲基蓝	无色	蓝色	+0.53	0.05% 的水溶液
二苯胺	无色	紫色	+0.76	0.25 g 指示剂与 3 mL 水混合溶于 100 mL 浓 H_2SO_4 或 H_3PO_4 中
二苯胺磺酸钠	无色	紫红色	+0.85	0.8 g 指示剂加 2 g Na_2CO_3，用水溶解并稀释至 100 mL
邻二氮基苯甲酸	无色	紫红色	+0.89	0.1 g 指示剂溶于 30 mL 0.6% 的 Na_2CO_3 溶液中，用水稀释至 100 mL 过滤，保存在暗处
邻二氮菲亚铁	红色	淡蓝色	+1.06	1.49 g 邻二氮菲加 0.7 g $FeSO_4 \cdot 7H_2O$ 溶于水，稀释至 100 mL

（1）二苯胺磺酸钠

二苯胺磺酸钠是二苯胺的衍生物，易溶于水及酸性介质，在酸性溶液中遇强氧化剂时，首先被氧化为无色的二苯联苯胺磺酸，然后进一步氧化为二苯联苯胺磺酸紫的紫色化合物，其反应过程如下：

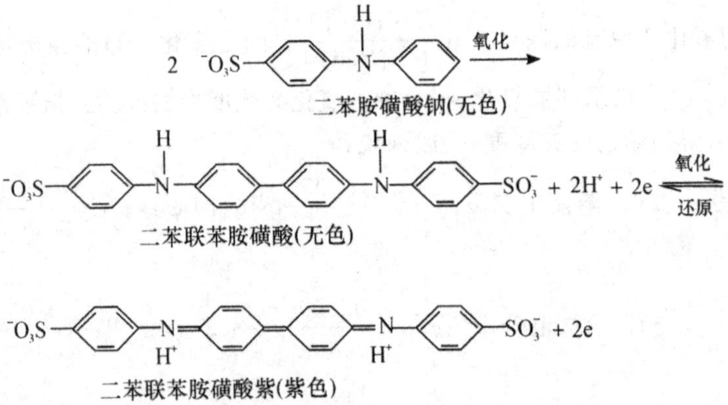

二苯胺磺酸钠(无色)

二苯联苯胺磺酸(无色)

二苯联苯胺磺酸紫(紫色)

二苯联苯胺磺酸紫不稳定，在含有氧化剂的溶液中，会缓慢地被氧化而分解为其他物质。因此，滴定到终点后，溶液的紫红色会逐渐消失。

在 $[H^+]=1$ mol/L 时，二苯胺磺酸钠的条件电极电势是 0.85 V。在 H_3PO_4 存在下，可以指示 Ce^{4+}、CrO_7^{2-}、VO_3^- 等标准溶液滴定 Fe^{2+}，或 Fe^{2+} 溶液滴定某些氧化剂物质时的滴定终点。

（2）邻二氮菲亚铁

邻二氮菲也叫邻菲罗啉，分子式为 $C_{12}H_8N_2$，其结构简式为：

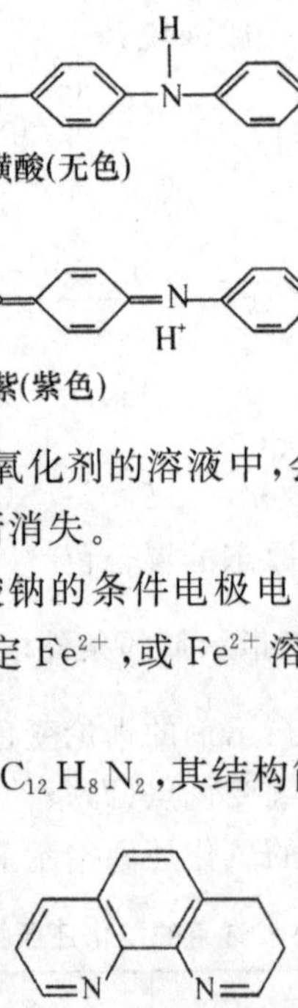

在邻二氮菲的 1，10 为上的氮原子具有孤对电子，可与 Fe^{2+} 配位形成深红色的 $Fe(C_{12}H_8N_2)_3^{2+}$ 配离子，而与 Fe^{3+} 形成浅蓝色的 $Fe(C_{12}H_8N_2)_3^{3+}$ 配离子。氧化还原滴定中，如果以氧化剂为滴定剂，随着溶液电势升高，$Fe(C_{12}H_8N_2)_3^{2+}$ 可被氧化为 $Fe(C_{12}H_8N_2)_3^{3+}$，溶液颜色由深红色变为浅蓝色，其氧化还原半反应为：

$$Fe(C_{12}H_8N_2)_3^{3+} + e^- \Longrightarrow Fe(C_{12}H_8N_2)_3^{2+}$$

在 $[H^+]=1$ mol/L 时，条件电极电势为 1.06 V。由于邻二氮菲亚铁的条件电极电势较高，因此适合于强氧化剂作滴定剂的滴定反应，如铈量法测定 Fe^{2+} 等。

5.4 常用的氧化还原滴定法及其应用

氧化还原滴定法可以根据待测物的性质来选择合适的滴定剂，并常根据所用滴定剂的名称来命名，比如碘量法、高锰酸钾法、重铬酸钾法、溴酸钾法、铈量法等。各种方法都有其特点和应用范围，应该根据实际情况正确选用。

5.4.1 碘量法及其应用

碘量法是利用 I_2 的氧化性和 I^- 的还原性来进行滴定的氧化还原滴定方法,其基本反应为:

$$I_2 + 2e^- \Longleftrightarrow 2I^-$$

固体 I_2 在水中溶解度很小并且容易挥发,所以通常 I_2 溶解于 KI 溶液中,此时它以 I_3^- 配离子形式存在,其半反应为:

$$I_3^- + 2e^- \Longleftrightarrow 3I^-, \varphi_{I_3^-/I^-}^{\ominus} = 0.545 \text{ V}$$

从 $\varphi^{\ominus}$ 值可以看出,I_2 是较弱的氧化剂,能与较强的还原剂作用;而 I^- 是中等强度的还原剂,能与许多氧化剂作用。因此碘量法可以用直接滴定或者间接滴定的两种方式进行。

5.4.1.1 碘量法的滴定方式

碘量法既可测定氧化剂,又可测定还原剂。I_3^-/I^- 电对反应的可逆性好,副反应少,又有很灵敏的淀粉指示剂指示终点,因此碘量法的应用范围很广。

(1)直接碘量法

凡标准电极电位 $\varphi^{\ominus}$ 值比碘低的电对,其还原型可用 I_2 标准溶液直接滴定,这种滴定分析方法,称为直接碘量法,也称为碘滴定法。例如,试样中硫的测定,将试样在近 1 300℃ 的燃烧管中通入 O_2 燃烧,使硫转化为 SO_2,再用 I_2 溶液滴定,其反应为:

$$I_2 + SO_2 + H_2O \Longleftrightarrow 2I^- + SO_4^{2-} + 4H^+$$

滴定时以淀粉为指示剂,终点十分明显。

直接碘量法还可以用来测定含有 S^{2-}、SO_3^{2-}、$S_2O_3^{2-}$、Sn^{2+}、AsO_3^{3-}、SbO_3^{3-} 及含有二级醇基等物质的含量。

(2)间接碘量法

电位值比 $\varphi_{I_3^-/I^-}^{\ominus}$ 高的氧化性物质,可在一定的条件下,用 I^- 还原,然后用 $Na_2S_2O_3$ 滴定液滴定释放出来的 I_2,这种方法称为间接碘量法,又称为滴定碘法。间接碘量法的基本反应为:

$$I_2 + 2S_2O_3^{2-} \Longleftrightarrow S_4O_6^{2-} + 2I^-$$

利用这一方法可以测定许多氧化性物质,如 Cu^{2+}、$Cr_2O_7^{2-}$、IO_3^-、BrO_3^-、AsO_4^{3-}、ClO^-、NO_2^-、H_2O_2、MnO_4^- 和 Fe^{3+} 等。

5.4.1.2 碘量法的终点指示

碘量法一般选择淀粉水溶液作终点指示剂,I_2 与淀粉呈现蓝色,其显色灵敏度高,但应注意以下几点:

①所用的淀粉必须是可溶性淀粉。

②由于 I^- 与淀粉的蓝色在热溶液中会消失,所以不能在热溶液中进行滴定。

③淀粉在弱酸性溶液中灵敏度很高,显蓝色;但当 pH<2 时,淀粉会水解,与 I_2 作用显红色;当 pH>9 时,I_2 转变为 IO^- 离子与淀粉不显色。

④直接碘量法终点时,溶液由无色突变为蓝色,故应在滴定开始时加入淀粉溶液。间接碘量法用淀粉指示液指示终点时,应等滴至 I_2 的黄色很浅时再加入淀粉指示液,若滴定开始时就加

入淀粉溶液,它易与 I_2 形成蓝色配合物而吸附 I_2,使终点提前。

5.4.1.3　滴定液的配置与标定

(1) I_2 滴定液(0.05 mol/L)的配制

用升华法制得的纯碘,可直接配制成滴定液。但纯碘因其具有挥发性和腐蚀性,不宜用电子天平准确称量,通常采用间接法配制碘滴定液,用市面上销售的碘先配成近似浓度的碘滴定液,然后用基准试剂或已知准确浓度的 $Na_2S_2O_3$ 滴定液来标滴定液的准确浓度。由于 I_2 难溶于水,易溶于 KI 溶液,配制时应该将 I_2、KI 与少量水一起研磨后再用水稀释,并保存在棕色试剂瓶中待标定。

(2) I_2 滴定液(0.05 mol/L)的标定

I_2 滴定液通常可用 As_2O_3 (俗称砒霜,剧毒)基准物来滴定。As_2O_3 难溶于水,易溶解于碱溶液,故多用 NaOH 溶解,使之生成亚砷酸钠,再用 I_2 滴定液滴定 AsO_3^{3-}。反应如下:

$$As_2O_3 + 6NaOH \Longrightarrow 2Na_3AsO_3 + 3H_2O$$
$$AsO_3^{3-} + I_2 + H_2O \Longrightarrow AsO_4^{3-} + 2I^- + 2H^+$$

上述反应为可逆反应,为使反应快速定量地向右进行,可加入 $NaHCO_3$,以保持溶液 pH ≈ 8。

根据称取的 As_2O_3 质量和滴定时消耗 I_2 溶液的体积,可计算出 I_2 滴定液的浓度。计算公式如下:

$$C_{I_2} = \frac{2 \times m_{As_2O_3} \times 10^3}{M_{As_2O_3} \times V_{I_2}}$$

(3) $Na_2S_2O_3$ (0.1 mol/L)标准溶液的配制

$Na_2S_2O_3 \cdot 5H_2O$ 容易风化、氧化,且含少量的 S、S^{2-}、SO_3^{2-}、CO_3^{2-}、Cl^- 等杂质,故不能用直接法配制,只能用间接法配制。

在 500 mL 新煮沸放冷的蒸馏水中加入 0.1 g Na_2CO_3,溶解后加入 12.5 g $Na_2S_2O_3 \cdot 5H_2O$,充分混合溶解后转入棕色试剂瓶中,放置两周予以标定。

配制 $Na_2S_2O_3$ 溶液应注意的问题:

①蒸馏水中有 CO_2 时会促使 $Na_2S_2O_3$ 分解:

$$S_2O_3^{2-} + CO_2 + H_2O \Longrightarrow HSO_3^- + HCO_3^- + S\downarrow$$

此处,$S_2O_3^{2-}$ 发生歧化反应生成 SO_3^{2-} 和 S。虽然 SO_3^{2-} 也具有还原性,但它与 I_2 的反应却不同于 $S_2O_3^{2-}$。

$$SO_3^{2-} + I_2 + H_2O \Longrightarrow 2SO_4^{2-} + 2I^-$$

1 mol SO_3^{2-} 与 1 mol I_2 作用,而 $Na_2S_2O_3$ 与 I_2 作用时间却是 2:1 的摩尔比。

②空气中 O_2 氧化 $S_2O_3^{2-}$,使 $Na_2S_2O_3$ 浓度降低。

$$O_2 + 2S_2O_3^{2-} \Longrightarrow 2SO_4^{2-} + 2I^-$$

③蒸馏水中嗜硫菌等生物作用,促使 $Na_2S_2O_3$ 分解。

(4) $Na_2S_2O_3$ (0.1 mol/L)标准溶液的标定

标定 $Na_2S_2O_3$ 溶液常用的基准物质有:$K_2Cr_2O_7$、KIO_3 等,其中以 $K_2Cr_2O_7$ 基准品最为常用。

标定方法:精密称取一定量的 $K_2Cr_2O_7$ 基准品(与105℃干燥至恒重),在酸性溶液中与过量的 KI 作用,反应生成的 I_2 以待标定的 $Na_2S_2O_3$ 滴定,淀粉为指示剂。根据消耗 $Na_2S_2O_3$ 体积和 $K_2Cr_2O_7$ 质量,求出 $Na_2S_2O_3$ 浓度。

$$Cr_2O_7^{2-} + 6I^- + 14H^+ \rightleftharpoons 2Cr^{3+} + 3I_2 + 7H_2O$$

$$I_2 + 2S_2O_3^{2-} \rightleftharpoons S_4O_6^{2-} + 2I^-$$

可见,$1 \text{ mol } K_2Cr_2O_7 \sim 6 \text{ mol } Na_2S_2O_3$

$$C_{Na_2S_2O_3} = \frac{6 \times m_{K_2Cr_2O_7}}{\dfrac{M_{K_2Cr_2O_7}}{1\,000} \times V_{Na_2S_2O_3}}$$

5.4.1.4　应用实例

(1)安乃近的质量分数测定

安乃近属于解热镇痛及非甾体抗炎镇痛药,用于高热时的解热,也可用于头痛、偏头痛、肌肉痛、关节痛、痛经等。《中国药典》(2010 年版)对其含量测定采用了直接碘量法。操作如下:取安乃近约 0.3 g,精密称定,加入乙醇与 0.01 mol/L 盐酸各 10 mL 溶解后,立即用碘滴定液(0.05 mol/L)滴定(控制滴定速度为 3~5 mL/min),直至溶液所显的浅黄色在 30 s 内不褪去即达到滴定终点。每 1 mL 碘滴定液(0.05 mol/L)相当于 16.67 mg 的安乃近。

(2)维生素 C 的质量分数测定

维生素 C 又称为抗坏血酸($C_6H_8O_6$,摩尔质量为 171.62 g/mol)。由于维生素 C 分子中的烯二醇基,具有还原性,所以它能被 I_2 定量地氧化成二酮基,其反应为:

应该注意的是,维生素 C 在碱性溶液中还原性更强,故滴定时须加入 HAc,使溶液保持一定的酸度,以减少维生素 C 与 I_2 以外的其他氧化剂作用。维生素 C 的还原能力强,在空气中易被氧化,所以在 HAc 酸化后应立即滴定。由于蒸馏水中溶解有氧,因此蒸馏水必须事先煮沸,否则会使测定结果偏低。如果试液中有能被 I_2 直接氧化的物质存在,则对测定有干扰。

测定维生素 C 含量的操作步骤:取维生素 C 样品约 0.2 g 精密称定,加入新煮沸过的冷蒸馏水 100 mL 与稀醋酸 10 mL 使溶解,加入淀粉指示液 1 mL,立即用 I_2 滴定液(0.05 mol/L)滴定,至溶液显蓝色并在 30 s 内不褪色,即为终点。记录所消耗的 I_2 滴定液的体积,平行测 3 次。根据 I_2 滴定液的消耗量,计算出维生素 C 的质量,求出维生素 C 的含量(%)。每 1 mL I_2 滴定液(0.05 mol/L)相当于 8.806 mg 的维生素 C。

维生素 C 的质量分数计算公式:

$$维生素 C\% = \frac{C_{I_2} \times V_{I_2} \times M_{Vc} \times 10^{-3}}{m_s} \times 100\%$$

(3)水体中溶解氧含量的测定

溶解于水中的氧称为溶解氧,常以 DO 表示。水中溶解氧的含量与大气压力、水的温度有密切关系,大气压力减小,溶解氧含量也减小。温度升高,溶解氧含量将显著下降。溶解氧的含量用 1 L 水中溶解的氧气量(O_2,mg/L)表示。

水体中溶解氧含量的多少,反映水体受到污染的程度。清洁的地表水在正常情况下,所含溶解氧接近饱和状态。如果水中含有藻类,由于光合作用而放出氧,就可能使水中含过饱和的溶解氧。但当水体受到污染时,由于氧化污染物质需要消耗氧,水中所含的溶解氧就会减少。因此,溶解氧的测定是衡量水污染的一个重要指标。

清洁的水样一般采用碘量法测定溶解氧。若水样有色或含有氧化性或还原性物质、藻类、悬浮物时将干扰测定,则需采用叠氮化钠修正的碘量法或膜电极法等其他方法测定。

碘量法测定溶解氧的原理是:往水样中加入硫酸锰和碱性碘化钾溶液,使生成氢氧化亚锰沉淀。氢氧化亚锰性质极不稳定,迅速与水中溶解氧化合生成棕色锰酸锰沉淀。

$$MnSO_4 + 2NaOH \longrightarrow Mn(OH)_2 \downarrow + Na_2SO_4$$
白色沉淀

$$2Mn(OH)_2 + O_2 \longrightarrow 2H_2MnO_3 \downarrow$$
棕色沉淀

$$Mn(OH)_2 + H_2MnO_3 \longrightarrow MnMnO_3 \downarrow + 2H_2O$$
棕色沉淀

加入硫酸酸化,使已经化合的溶解氧与溶液中所加入的 I^- 起氧化还原反应,析出与溶解氧相当量的 I_2。溶解氧越多,析出的碘也越多,溶液的颜色也就越深。

$$MnMnO_3 + 3H_2SO_4 + 2KI \longrightarrow 2MnSO_4 + K_2SO_4 + I_2 + 3H_2O$$

最后取出一定量反应完毕的水样,以淀粉为指示剂,用 $Na_2S_2O_3$ 标准溶液滴定至终点。滴定反应为

$$2Na_2S_2O_3 + I_2 \longrightarrow Na_2S_4O_6 + 2NaI$$

测定结果按下式计算。

$$DO = \frac{(V_0 - V_1) \times c_{Na_2S_2O_3} \times 8.000 \times 1\,000}{V_{水}}$$

式中,DO 为水中溶解氧,mg/L;V_1 为滴定水样时消耗硫代硫酸钠标准溶液体积,mL;$V_{水}$ 为水样体积,mL;$c_{Na_2S_2O_3}$ 为硫代硫酸钠标准溶液浓度,mol/L;8.000 为氧 $\frac{1}{2}O$ 摩尔质量,g/mol。

(4)S^{2-} 或 H_2S 的测定

酸性溶液中 I_2 能氧化 H_2S:

$$H_2S + I_2 \Longleftrightarrow S + 2I^- + 2H^+$$

因此,测定硫化物时,可用 I_2 标准溶液直接滴定。

需要注意的是,滴定不能在碱性溶液中进行,否则部分 S^{2-} 将被氧化为 SO_4^{2-}。

$$S^{2-} + 4I_2 + 8OH^- \Longleftrightarrow SO_4^{2-} + 8I^- + 4H_2O$$

而且 I_2 也会发生歧化。

为防止 H_2S 挥发,可用返滴定法进行滴定。即在被测试液加入一定量并过量的酸性 I_2 标准溶液,再用 $Na_2S_2O_3$ 标准溶液回滴过量的 I_2。

能与酸作用生成 H_2S 的物质(如含硫的矿石、石油和废水中的硫化物、钢铁中的硫,以及某些有机化合物中的硫),可用镉盐或锌盐的氨溶液吸收它们与酸反应生成的 H_2S,再用碘量法测定其中的含硫量。

(5)铜合金中铜含量的测定

先把试样预处理,使铜转换为 Cu^{2+},Cu^{2+} 与 I^- 的反应为:

$$2Cu^{2+}+4I^- \Longrightarrow 2CuI\downarrow+I_2$$

析出的 I_2 用 $Na_2S_2O_3$ 标准溶液滴定,就可计算出铜的含量。

为了使上述反应进行完全,必须加入过量的 KI,KI 既是还原剂,又是沉淀剂和配位剂(将 I_2 配位为 I_3^-)。

由于 CuI 沉淀强烈地吸附 I_2,会使测定结果偏低。加入 KSCN,使 CuI 转化为溶解度更小、无吸附作用的 CuSCN 沉淀。

$$CuI+KSCN \Longrightarrow CuSCN\downarrow+KI$$

则不仅可以释放出被 CuI 吸附的 I_2,而且反应时再生出来的 I^- 可与未作用的 Cu^{2+} 反应,这样,就可以使用较少的 KI 却能使反应进行得完全。但是 KSCN 只能在接近终点时加入,否则 SCN^- 可能被 Cu^{2+} 氧化而使结果偏低。

为了防止铜盐水解,反应必须在酸性溶液中进行(一般控制 pH 在 3~4)。如果酸度过低,反应速率慢,终点拖长;酸度过高,则 I^- 被空气氧化为 I_2 的反应被 Cu^{2+} 催化而加快,使结果偏高。又因大量 Cl^- 可与 Cu^{2+} 配合,因此应使用 H_2SO_4 而不用 HCl 溶液。

测定时应注意防止其他共存离子的干扰,例如,试样含有 Fe^{3+} 时,由于 Fe^{3+} 能氧化 I^-,其反应为:

$$2Fe^{3+}+2I^- \Longrightarrow 2Fe^{2+}+I_2$$

故干扰铜的测定。若加入 NH_4HF_2,可使 Fe^{3+} 生成稳定的 $[FeF_6]^{3-}$ 配离子,使 Fe^{3+}/Fe^{2+} 电对的条件电极电位降低,从而防止 Fe^{3+} 氧化 I^-。NH_4HF_2 和 H_2SO_4 还可控制溶液的酸度,使 pH 为 3~4。

5.4.2　高锰酸钾法及其应用

高锰酸钾法是以高锰酸钾为标准溶液的氧化还原滴定法。高锰酸钾是一种强氧化剂,其氧化能力和还原产物与溶液的酸度有关。强酸性溶液中 MnO_4^- 被还原为 Mn^{2+}。

$$MnO_4^-+8H^++5e^- \Longrightarrow Mn^{2+}+4H_2O, \quad \varphi_{MnO_4^-/Mn^{2+}}^\ominus=1.51\ V$$

在弱酸性、中性或弱碱性溶液中,MnO_4^- 被还原成 MnO_2。

$$MnO_4^-+2H_2O+3e^- \Longrightarrow MnO_2+4OH^-, \quad \varphi_{MnO_4^-/MnO_2}^\ominus=0.59\ V$$

在强碱性溶液中,MnO_4^- 被还原成 MnO_4^{2-}。

$$MnO_4^-+e^- \Longrightarrow MnO_4^{2-}, \quad \varphi_{MnO_4^-/MnO_4^{2-}}^\ominus=0.56\ V$$

MnO_4^{2-} 不稳定,可歧化成 MnO_2 和 MnO_4^-。

高锰酸钾法通常是利用强酸性溶液中 MnO_4^- 被还原为 Mn^{2+} 的反应。因为 HCl 具有还原性,可被 $KMnO_4$ 氧化,不宜使用,HNO_3 有氧化性,也不宜使用,故调节溶液的酸度常用 H_2SO_4,酸性应控制在 1~2 mol/L 为宜。

$KMnO_4$ 溶液本身呈紫红色,而生成的 Mn^{2+} 是无色的,故通常用 $KMnO_4$ 作自身指示剂,浓度小于 0.002 mol/L 时,也可选用二苯胺等氧化还原指示剂指示终点。

5.4.2.1 高锰酸钾的滴定方式

用 $KMnO_4$ 溶液作滴定剂时,根据被测物质的性质,可采用不同的滴定方式。

(1)直接滴定法

多还原性较强的物质,如 Fe^{2+}、Sb^{3+}、AsO_3^{3-}、H_2O_2、$C_2O_4^{2-}$、NO_2^-、W^{5+}、U^{4+} 等均可用 $KMnO_4$ 标准溶液直接滴定。

(2)返滴定法

有些氧化物质,如 $S_2O_8^{2-}$、MnO_4^-、MnO_2、ClO_3^-、PbO_2、BrO_3^-、IO_3^- 等,不能用 $KMnO_4$ 标准溶液直接滴定,但可以与 $Na_2C_2O_4$ 或 $FeSO_4$ 标准溶液配合,用返滴定方式进行滴定。例如,MnO_2 含量的测定,可在 H_2SO_4 溶液存在下,加入准确而过量的 $Na_2C_2O_4$(固体)或 $Na_2C_2O_4$ 标准溶液,加热待 MnO_2 与 $C_2O_4^{2-}$ 作用完毕后,再用 $KMnO_4$ 标准溶液滴定剩余的 $C_2O_4^{2-}$。由 $Na_2C_2O_4$ 的总量减去剩余量,就可以算出与 MnO_2 作用所消耗的 $Na_2C_2O_4$,从而求出 MnO_2 的含量。

由于这种方法滴定的是 $Na_2C_2O_4$ 的剩余量,故也称为剩余滴定法。但应注意,用返滴定法进行分析时,只有在被测定物质的还原产物与 $KMnO_4$ 不起作用时,才有使用价值。

(3)间接滴定法

某些非氧化还原性物质,如 Ca^{2+},可向其中加入一定过量的 $Na_2C_2O_4$ 标准溶液,使 Ca^{2+} 全部沉淀为 CaC_2O_4,沉淀经过滤洗涤之后,在用稀 H_2SO_4 溶解,最后用 $KMnO_4$ 标准溶液滴定沉淀溶解释放出的 $C_2O_4^{2-}$,从而求出 Ca^{2+} 的含量。

$$Ca^{2+} + C_2O_4^{2-} \Longrightarrow CaC_2O_4 \downarrow$$
$$CaC_2O_4 + H_2SO_4 \Longrightarrow CaSO_4 + H_2C_2O_4$$
$$5H_2C_2O_4 + 2KMnO_4 + 3H_2SO_4 \Longrightarrow 2MnSO_4 + K_2SO_4 + 10CO_2 \uparrow + 8H_2O$$

此外,某些有机物,如甲醇、甲醛、甲酸、甘油、乙醇酸、酒石酸、柠檬酸、水杨酸、葡萄糖、苯酚等,同样可以用间接法测定。测定时,在强碱溶液中进行。反应如下:

$$6MnO_4^- + CH_3OH + 8OH^- \Longrightarrow CO_3^{2-} + 6MnO_4^{2-} + 6H_2O$$
$$H_2COHCHOHCH_2OH + 14MnO_4^- + 20OH^- \Longrightarrow 3CO_3^{2-} + 14MnO_4^{2-} + 14H_2O$$

以甲醇、甘油等测定为例,先向试样中加入一定过量的 $KMnO_4$ 标准溶液,待反应完全后,将溶液酸化,用还原性 $FeSO_4$ 标准溶液滴定溶液中所有的高价锰离子为 Mn^{2+},计算出消耗还原性 $FeSO_4$ 标准溶液的物理的量;用相同的方法,测定出反应前一定量碱性 $KMnO_4$ 标准溶液相当于还原性 $FeSO_4$ 标准溶液的物质的量。根据两次消耗还原性 $FeSO_4$ 标准溶液物质的量之差,即可求出试样中甲醇、甘油等物质的含量。

5.4.2.2 高锰酸钾标准溶液的配制和标定

(1)高锰酸钾标准溶液的配制

市面销售的 $KMnO_4$ 试剂常含有少量的 MnO_2 和其他杂质,如硫酸盐、氯化物即硝酸盐;另外,蒸馏水中常含有少量的还原性物质,可与 $KMnO_4$ 反应生成 MnO_2 或 $MnO(OH)_2$,且还原产物 MnO_2 又能促进 $KMnO_4$ 自身分解,分解方式如下:

$$4MnO_4^- + 2H_2O \Longrightarrow 4MnO_2 + 3O_2 \uparrow + 4OH^-$$

见光分解更快。因此,$KMnO_4$ 的浓度容易改变,不能用直接法配制其标准溶液。为制得较稳定的 $KMnO_4$,配制时需要将溶液煮沸,以加速还原性杂质与其反应完全,避免贮存过程中溶液浓度改变;配好的溶液贮存与棕色瓶中,密闭放置 $7 \sim 10$ 天,用垂熔玻璃滤器过滤,除去 MnO_2 等杂质,待浓度稳定后可进行标定。

(2)高锰酸钾标准溶液的标定

标定 $KMnO_4$ 的基准物质有 As_2O_3、$H_2C_2O_4 \cdot 2H_2O$、$Na_2C_2O_4$ 和纯铁丝等。其中以 $Na_2C_2O_4$ 最常用,$Na_2C_2O_4$ 不含结晶水,不宜吸湿,宜纯制,性质稳定。用 $Na_2C_2O_4$ 标定 $KMnO_4$ 的反应为:

$$2MnO_4^- + 5C_2O_4^{2-} + 16H^+ \Longrightarrow 2Mn^{2+} + 10CO_2 \uparrow + 8H_2O$$

标定时应该注意下列条件。

①温度。该反应在室温下速率缓慢,常将 $Na_2C_2O_4$ 溶液加热至 $75 \sim 85℃$,并在滴定过程中保持溶液的温度不低于 $60℃$,若高于 $90℃$,会使部分 $H_2C_2O_4$ 分解:

$$H_2C_2O_4 \Longrightarrow CO_2 \uparrow + CO \uparrow + H_2O$$

②酸度。一般用 H_2SO_4 调酸度,滴定开时的酸度应为 $0.5 \sim 1 \, mol/L$,滴定结束时为 $0.2 \sim 0.5 \, mol/L$,酸度过低 $KMnO_4$ 易分解为 MnO_2,酸度过高又会促使 $H_2C_2O_4$ 分解。

③滴定速率。开始滴定时,应该放慢滴定速度,随着反应生成的 Mn^{2+} 增多滴定速率可随之加快,因为 Mn^{2+} 的自动催化作用使反应加速。滴定前加入少量 Mn^{2+},可加快最初的滴定速率。

5.4.2.3　应用实例

(1)Fe^{2+} 的测定

在酸性条件下,Fe^{2+} 与 MnO_4^- 按照下式进行反应:

$$MnO_4^- + 5Fe^{2+} + 8H^+ \Longrightarrow Mn^{2+} + 5Fe^{3+} + 4H_2O$$

反应宜在室温下进行,温度越高,空气中 O_2 氧化 Fe^{2+} 越严重。为避免 Fe^{3+} 黄色对 $KMnO_4$ 自身指示剂的影响,可加入适量 H_3PO_4,使之与 Fe^{3+} 生成 $FeHPO_4^+$,以降低 $[Fe^{3+}]$;加入适量 H_3PO_4,可起到降低 $\varphi_{Fe^{3+}/Fe^{2+}}$ 值,使反应迅速完成。

由滴定反应可知:

$$1 \, mol \, KMnO_4 \, \doteqdot \, 5 \, mol \, Fe^{2+}$$

$$Fe^{2+}\% = \frac{(CV)_{KMnO_4} \times \dfrac{5M_{Fe^{2+}}}{1\,000}}{S} \times 100\%$$

(2)H_2O_2 的测定

H_2O_2 可用 $KMnO_4$ 标准溶液在酸性条件下直接进行滴定,反应如下:

$$2MnO_4^- + 5H_2O_2 + 6H^+ \Longrightarrow 2Mn^{2+} + 5O_2 \uparrow + 8H_2O$$

反应在室温下进行。开始滴定时速度不宜太快,这是由于此时 MnO_4^- 与 H_2O_2 反应速度较慢的缘故。但随着 Mn^{2+} 的生成,反应速率逐渐加快。也可预见加入少量 Mn^{2+} 做催化剂。有滴定反应可知:

$$1 \, mol \, KMnO_4 \, \doteqdot \, \frac{5}{2} \, mol \, H_2O_2$$

$$H_2O_2\% = \frac{(CV)_{KMnO_4} \times \frac{5}{2} \times \frac{M_{H_2O_2}}{1\,000}}{V} \times 100\%$$

（3）Ca^{2+} 的测定

Ca^{2+}、Th^{4+} 等在溶液中没有可变价态，通过生成草酸盐沉淀，可用高锰酸钾法间接测定。

以 Ca^{2+} 的测定为例，先沉淀为 CaC_2O_4，再经过滤、洗涤后将沉淀溶于热的稀 H_2SO_4 溶液中，最后用 $KMnO_4$ 标准溶液滴定 $H_2C_2O_4$。根据所消耗的 $KMnO_4$ 量可计算出 Ca^{2+} 的含量。

为了保证 Ca^{2+} 与 $C_2O_4^{2-}$ 间 1：1 的计量关系，以获得较大的 CaC_2O_4 沉淀便于过滤和洗涤，必须采取以下相应的措施：

①在酸性试液中先加入过量$(NH_4)_2C_2O_4$，后用稀氨水慢慢中和试液至甲基橙显黄色，使沉淀缓慢地生成。

②沉淀完全后需放置陈化一段时间。

③用蒸馏水洗去沉淀表面吸附的 $C_2O_4^{2-}$。若在中性或弱碱性溶液中沉淀，会有部分 $Ca(OH)_2$ 或碱式草酸钙生成，使测定结果偏低。为减少沉淀溶解损失，应用尽可能少的冷水洗涤沉淀。

（4）软锰矿中 MnO_2 的测定

软锰矿中 MnO_2 的测定是利用 MnO_2 与 $C_2O_4^{2-}$ 在酸性溶液中的反应，其反应式如下：

$$MnO_2 + C_2O_4^{2-} + 4H^+ \Longrightarrow Mn^{2+} + CO_2 \uparrow + 2H_2O$$

加入一定量过量的 $Na_2C_2O_4$ 于磨细的矿样中，加入 H_2SO_4 并加热，当样品中无棕黑色颗粒存在时，表示试样分解完全。用 $KMnO_4$ 标准溶液趁热返滴定剩余的草酸。由 $Na_2C_2O_4$ 加入量和 $KMnO_4$ 溶液消耗量之差求出 MnO_2 的含量。

（5）化学需氧量（COD）的测定

化学需氧量是量度水体受还原性物质（主要是有机物）污染程度的综合性指标，它是指水体中还原性物质所消耗的氧化剂的量，换算成氧的质量浓度（以 mg/L 计）。测定时在水样中加入 H_2SO_4 和定量过量的 $KMnO_4$ 标准溶液，置于沸水浴中加热，使其中的还原性物质氧化。剩余的 $KMnO_4$ 用定量过量的 $Na_2C_2O_4$ 还原，再用 $KMnO_4$ 标准溶液返滴定剩余的 $Na_2C_2O_4$。有关的反应方程式为：

$$4MnO_4^- + 5C + 12H^+ \Longrightarrow 4Mn^{2+} + 5CO_2 \uparrow + 6H_2O$$
$$2MnO_4^- + 5C_2O_4^{2-} + 16H^+ \Longrightarrow 2Mn^{2+} + 10CO_2 \uparrow + 8H_2O$$

由于 Cl^- 对此有干扰，因而本法仅适用于地表水、地下水、饮用水和生活污水 COD 的测定，含较高 Cl^- 的工业废水则应采用 $K_2Cr_2O_7$ 法测定。

（6）一些有机物的测定

利用在强碱性溶液中$KMnO_4$ 氧化有机物的反应比在酸性溶液中快的特点，可在强碱性条件下测定有机化合物。例如，测定甘油时，加入一定量过量的$KMnO_4$ 标准溶液到含有试样的 2 mol/L NaOH 溶液中，放置片刻，发生如下反应：

$$HOCH_2CH(OH)CH_2OH + 14MnO_4^- + 20OH^- \Longrightarrow 3CO_3^{2-} + 14MnO_4^{2-} + 14H_2O$$

待反应完全后，将溶液酸化，此时MnO_4^{2-} 歧化成MnO_4^- 和MnO_2，再加入过量的 $Na_2C_2O_4$ 标准溶液，还原所有高价锰为 Mn^{2+}。后再以 $KMnO_4$ 标准溶液滴定剩余的 $Na_2C_2O_4$。由两次加入的 $KMnO_4$ 量和 $Na_2C_2O_4$ 量，计算甘油的质量分数。

甲醛、甲酸、酒石酸、柠檬酸、苯酚、葡萄糖等都可按此法测定。

5.4.3 重铬酸钾法及其应用

$K_2Cr_2O_7$ 是一种常用的强氧化剂,在酸性介质中与还原性物质作用时,本身还原为 Cr^{3+}:

$$Cr_2O_7^{2-} + 6e + 14H^+ \xlongequal{\quad} 2Cr^{3+} + 7H_2O, \quad \varphi^{\ominus}_{Cr_2O_7^{2-}/Cr^{3+}} = 1.33\ V$$

5.4.3.1 $K_2Cr_2O_7$ 滴定的优势

虽然 $K_2Cr_2O_7$ 的氧化能力比 $KMnO_4$ 稍弱,又只能在酸性条件下测定,应用范围比 $KMnO_4$ 法稍窄,但与 $KMnO_4$ 法相比,$K_2Cr_2O_7$ 具有以下优点。

①$K_2Cr_2O_7$ 易制纯,纯品在 120℃ 干燥到恒重之后,可直接精密称取一定量的改试剂后配成标准溶液,无须进行标定。

②$K_2Cr_2O_7$ 标准溶液非常稳定,可长期保持使用。

③$K_2Cr_2O_7$ 的氧化能力较 $KMnO_4$ 弱,在 1 mol/L HCl 溶液中 $\varphi^{\ominus'} = 1.00$ V,室温下不与 Cl^- 作用($\varphi^{\ominus}_{Cl_2/Cl^-} = 1.33$ V)。因此在 HCl 溶液中用 $K_2Cr_2O_7$ 标准溶液滴定 Fe^{2+}。

④$Cr_2O_7^{2-}/Cr^{3+}$ 的 $\varphi^{\ominus'}$ 值随酸的种类和浓度不同而有差异,如表 5-6 所示。

⑤滴定终点的确定。虽然 $K_2Cr_2O_7$ 本身显橙色,但其还原产物 Cr^{3+} 显绿色,对橙色的观察有严重影响,故不能用自身指示终点,常用二苯胺硫酸钠做指示剂。

表 5-6 不同介质中 $Cr_2O_7^{2-}/Cr^{3+}$ 的 $\varphi^{\ominus'}$

酸的浓度和种类	1 mol/L HCl	3 mol/L HCl	1 mol/L HClO$_4$	2 mol/L H$_2$SO$_4$	42 mol/L H$_2$SO$_4$
$\varphi^{\ominus'}$	1.00	1.08	1.025	1.10	1.15

应用 $K_2Cr_2O_7$ 法可以测定 Fe^{2+}、VO_2^{2+}、Na^+、COD、某些生物碱及土壤中的有机质含量。

5.4.3.2 应用实例

(1)铁矿石中全铁量的测定

$K_2Cr_2O_7$ 是测定矿石汇总全铁量的标准方法。根据预氧化还原方法的不同可分为 $SnCl_2$-$HgCl_2$ 法和 $SnCl_2$-$TiCl_3$ 法。

①$SnCl_2$-$HgCl_2$ 法。试样用热浓 HCl 溶解,用 $SnCl_2$ 趁热将 Fe^{3+} 还原为 Fe^{2+}。冷却后,过量的 $SnCl_2$ 用 $HgCl_2$ 氧化,再用水稀释,并加入 H_2SO_4、H_3PO_4 和二苯胺磺酸钠指示剂,立即用 $K_2Cr_2O_7$ 标准溶液滴定至溶液由浅绿色变为紫红色。

用盐酸溶解时反应为:

$$Fe_2O_3 + 6\ HCl \xlongequal{\quad} 2FeCl_3 + 3H_2O$$

滴定反应为:

$$Cr_2O_7^{2-} + 6Fe^{2+} + 14H^+ \xlongequal{\quad} 2Cr^{3+} + 6Fe^{3+} + 7H_2O$$

②$SnCl_2$-$TiCl_3$ 法。$SnCl_2$-$TiCl_3$ 法即无汞测定法。样品用酸溶解后,以 $SnCl_2$ 趁热将大部分 Fe^{3+} 还原为 Fe^{2+},在以钨酸钠为指示剂,用 $TiCl_3$ 还原剩余的 Fe^{3+},反应式为:

$$2Fe^{3+} + Sn^{2+} \longrightarrow 2Fe^{2+} + Sn^{4+}$$

$$Fe^{3+} + Ti^{3+} \longrightarrow Fe^{2+} + Ti^{4+}$$

当 Fe^{3+} 定量还原为 Fe^{2+} 之后,稍过量的 $TiCl_3$ 即可使溶液中作为指示剂的六价钨还原为蓝色的五价钨合物,此时溶液呈现蓝色。然后滴入重铬酸钾溶液,使钨蓝刚好褪色,或者以 Cu^{2+} 为催化剂使稍过量的 Ti^{3+} 被水中溶解的氧所氧化,从而消除少量的还原剂的影响。最后用二苯胺磺酸钠为指示剂,用重铬酸钾标准滴定溶液滴定溶液中的 Fe^{2+},即可求出全铁含量。

（2）土壤中有机质含量的测定

土壤中有机质含量的高低,是判断土地肥力的重要指标。其原理以化学反应方程式为：

$$2K_2Cr_2O_7（过量）+8H_2SO_4+3C（风干土中的碳）\xrightarrow[Ag_2SO_4]{170\sim180℃}$$

$$2K_2SO_4 + 2Cr_2(SO_4)_3 + 3CO_2 \uparrow + 8H_2O$$

$$K_2Cr_2O_7（余量）+6FeSO_4+7H_2SO_4 \longrightarrow Cr_2(SO_4)_3 + K_2SO_4 + 3Fe_2(SO_4)_3 + 7H_2O$$

$$C\% = \frac{\dfrac{1}{6} \times C_{Fe^{2+}}(V_0 - V)_{Fe^{2+}} \times \dfrac{3}{2} \times \dfrac{12.01}{1\,000}}{S_{风干土}} \times 100\%$$

式中,V_0 为空白试验时消耗 $FeSO_4$ 的体积。1 g 碳相当于 1.724 g 有机质,通常有机质中含碳量在 58%。

$$有机质\% = 1.724 \times C\%$$

因为此方法不能将有机质全部氧化,一般只氧化 96%,故最后有机质含量为：

$$有机质\% = 1.724 \times C\% \times 1.04$$

（3）利用 $Cr_2O_7^{2-}$ 与 Fe^{2+} 反应测定其他物质

$Cr_2O_7^{2-}$ 与 Fe^{2+} 的反应可逆性强,速率快,计量关系好,无副反应发生。此反应不仅用于测铁,还可利用它间接地测定多种物质,既可以测定氧化剂(如 NO_3^-、ClO_3^-)、还原剂(如 Ti^{3+}),也可以测定非氧化还原性物质(Pb^{2+}、Ba^{2+})。

5.4.4　亚硝酸钠法及其应用

5.4.4.1　亚硝酸钠法的基本原理

亚硝酸钠法是以亚硝酸钠为标准溶液的氧化还原滴定法,分为重氮滴定法和亚硝基化定法。

芳伯胺类化合物在酸性介质中,与亚硝酸钠发生重氮化反应,生成芳伯胺的重氮盐。用亚硝酸钠滴定芳伯胺类化合物的方法称为重氮化滴定法。

$$ArNH_2 + NaNO_2 + 2HCl \Longleftrightarrow [Ar-N^+\equiv N]Cl^- + NaCl + 2H_2O$$

芳仲胺类化合物在酸性介质中,与亚硝酸钠发生亚硝基化反应。用亚硝酸钠滴定芳仲胺类化合物的方法称为亚硝基化滴定法。

$$ArNHR + NaNO_2 + HCl \Longleftrightarrow \begin{array}{c} Ar-N-R \\ | \\ NO \end{array} + NaCl + H_2O$$

在滴定时应该注意以下条件：

(1)酸的种类及浓度

重氮化反应的速度与酸的种类有关,在 HBr 中比在 HCl 中快,在 HNO₃ 或 H₂SO₄ 中则较慢,但因 HBr 的价格较昂贵,故仍以 HCl 最为常用。此外,芳香伯胺类盐酸盐的溶解度也较大。重氮化反应的速度与酸的浓度有关,一般常在 1~2 mol/L 酸度下滴定,这是因为酸度高时反应速度快,容易进行完全,且可增加重氮盐的稳定性。当然,酸的浓度也不可过高,否则将阻碍芳伯胺的游离,反而影响重氮化反应的速度。

(2)滴定速度

重氮化反应为分子间反应,速度较慢。滴定速度不宜过快,而且需不断搅拌。为加快反应速度,可采用快速滴定法,即将滴定管的尖端插入液面下约 2/3 处,用亚硝酸钠滴定液迅速滴定,随滴随搅拌,至近终点时,将滴定管的尖端提出液面,用少量水淋洗尖端,洗液并入溶液中,继续缓缓滴定,至永停仪的电流计指针突然偏转,并持续 1 min 不再回复,即为滴定终点。

(3)反应温度

重氮化反应随着温度的升高而加快,但生成的重氮盐也能随温度的升高而加速分解,HNO₂ 易分解,导致测定结果偏高。实践证明,温度在 15℃ 以下,虽然反应稍慢,但测定结果却较准确。

5.4.4.2　亚硝酸钠法的指示剂

(1)内指示剂

近年来,有人选用常规的内指示剂确定终点。其中应用较多的有:橙黄 Ⅳ-亚甲蓝、中性红、二苯胺及亮甲酚蓝。使用内指示剂操作虽简便,但终点变色有时不敏锐,尤其重氮盐有色时更难观察。用永停法指示终点,重氮化滴定可得到准确的分析结果。

(2)外指示剂

亚硝酸钠法常用的外指示剂是含锌碘化钾-淀粉指示剂,可制成糊或试纸使用,其中氯化锌起防腐作用。滴定达到化学计量点后,稍过量的亚硝酸钠可将碘化钾氧化成 I₂,生成的 I₂ 遇淀粉即显蓝色。

$$2NO_2^- + 2I^- + 4H^+ \Longleftrightarrow I_2 + 2NO\uparrow + 2H_2O$$

碘化钾-淀粉指示剂不能直接加到被滴定的溶液中,如果直接加入,滴入的 NaNO₂ 溶液将先与 KI 作用,无法观察终点。因此,只能在近终点时,用玻璃棒蘸少许溶液,在外面与指示剂接触,根据是否立即出现蓝色来判断滴定终点。以此方式使用的指示剂称为外指示剂。使用外指示剂判断滴定终点,操作麻烦,又消耗试样溶液,终点还不易掌握,影响测定结果的准确度。

5.4.4.3　亚硝酸钠法的标准溶液的配制与标定

(1)亚硝酸钠法的标准溶液的配制

亚硝酸钠的水溶液不稳定,放置时其浓度易发生改变。亚硝酸溶液在 pH=10 左右最稳定,所以在配制亚硝酸钠滴定液时须加入少量碳酸钠作为稳定剂。

操作步骤:称取亚硝酸钠 7.2 g,加入无水碳酸钠 0.10 g,加入新煮沸的冷蒸馏水适量使溶解,稀释到 1 000 mL,摇匀,贮存于试剂瓶中备用。

（2）亚硝酸钠法的标准溶液的配制

标定亚硝酸钠溶液常用的基准物质是对安吉苯磺酸。

$$H_2N-\langle\ \rangle-SO_3H$$

标定反应为

$$H_2N-\langle\ \rangle-SO_3H + NaNO_2 + 2HCl \Longrightarrow \left[N\equiv N^+ -\langle\ \rangle-SO_3H \right]Cl^- + NaCl + 2H_2O$$

5.4.4.4　应用实例

（1）盐酸普鲁卡因的质量分数测定

盐酸普鲁卡因属于芳伯胺基药物，为酯类局麻药，能暂时阻断神经纤维的传导而具有麻醉作用。盐酸普鲁卡因分子结构中具有芳伯胺基，在酸性条件下可与亚硝酸钠定量反应生成重氮化合物，可采用永停法指示终点。《中国药典》（2010 年版）对该药物的含量测定采用的就是亚硝酸钠滴定法。具体操作如下：取盐酸普鲁卡因约 0.6 g，精密称定，照永停滴定法，在 15～25℃，用亚硝酸钠滴定液（0.1 mol/L）滴定。每 1 mL 亚硝酸钠滴定液（0.1 mol/L）相当于 27.28 mg 的盐酸普鲁卡因。

（2）磺胺嘧啶的质量分数测定

磺胺嘧啶（$C_{10}H_{10}N_4O_2S$，摩尔质量为 250.28 g/mol）用于治疗由溶血性链球菌、肺炎球菌、脑膜炎球菌、淋病双球菌、大肠杆菌所致的感染。磺胺嘧啶分子结构中具有芳伯氨基，在酸性条件下可以与亚硝酸钠发生重氮化反应而生成重氮盐。其反应如下：

$$\langle\ \rangle-NHSO_2-\langle\ \rangle-NH_2 + NaNO_2 + 2HCl \longrightarrow$$

$$\left[\langle\ \rangle-NHSO_2-\langle\ \rangle-N\equiv N \right]^+ Cl^- + NaCl + H_2O$$

《中国药典》（2010 年版）对磺胺嘧啶的含量测定采用了亚硝酸钠滴定法。具体操作如下：取磺胺嘧啶约 0.5 g，精密称定，采用永停滴定法指示终点，用亚硝酸钠滴定液（0.1 mol/L）滴定。每 1 mL 亚硝酸钠滴定液（0.1 mol/L）相当于 25.03 mg 的磺胺嘧啶。

磺胺嘧啶的质量分数计算公式：

$$磺胺嘧啶\% = \frac{C_{NaNO_2} \times V_{NaNO_2} \times M_{C_{10}H_{10}N_4O_2S} \times 10^{-3}}{m_S}$$

5.4.5　铈量法及其应用

铈量法也称为硫酸铈法是以四价铈 Ce(IV) 为标准溶液的氧化还原滴定法。半电池反应为：

$$Ce^{4+} + e^- \Longrightarrow Ce^{3+}, \quad \varphi_{Ce^{4+}/Ce^{3+}}^{\ominus} = 1.45\ V$$

因 Ce^{4+} 易水解，不适合在中性及碱性介质中滴定，滴定应在酸性溶液中进行，可测定能与

Ce（Ⅳ）反应的还原性物质。

Ce^{4+}标准溶液可用硫酸铈 Ce（SO$_4$）$_2$、硫酸铈铵（NH$_4$）$_2$Ce（SO$_4$）$_3$·2H$_2$O 或硝酸铈铵（NH$_4$）$_2$Ce（NO$_3$）$_6$配制。其中最常用硫酸铈，故也称为硫酸铈法。

5.4.5.1 硫酸铈法的特点

硫酸铈法的特点如下：

①硫酸铈易纯化，可用直接法配制标准溶液。若需标定 Ce^{4+}溶液，可用草酸钠、三氧化二砷、硫酸亚铁等作基准物质，标定常在 H$_2$SO$_4$介质中进行。

②硫酸铈标准溶液稳定性好，久置甚至加热煮沸均不引起浓度变化。

③反应机制简单，副反应少，Ce^{4+}还原为 Ce^{3+}，只有一个电子转移，无中间价态的产物形成。

④选择性高，可在盐酸溶液中直接滴定一些还原剂，而 Cl$^-$ 和大多数有机物无干扰。

因 Ce^{4+}呈黄色，Ce^{3+}无色，可作为自身指示剂，但灵敏度不高，常用邻二氮菲亚铁作指示剂。铈量法可直接测定一些金属的低价化合物、过氧化氢及某些有机还原性物质等，常用于硫酸亚铁、硫酸亚铁糖浆等药物的测定。

5.4.5.2 应用实例

酒石酸、甲酸混合液的分析

在 4mol/L HClO$_4$ 中，酒石酸按下式被 Ce^{4+}氧化：

HOOCCHOHCHOHCOOH+6Ce^{4+}+2H$_2$O $\Longrightarrow$ 2HCOOH+6 Ce^{3+}+2CO$_2$↑+6H$^+$

在 3 mol/L H$_2$SO$_4$ 溶液中，酒石酸按下式被 Ce^{4+}氧化：

HOOCCHOHCHOHCOOH+10 Ce^{4+}+2H$_2$O $\Longrightarrow$ 10 Ce^{3+}+4CO$_2$↑+10H$^+$

在 HClO$_4$ 中，甲酸不被 Ce^{4+}氧化，而在 H$_2$SO$_4$ 溶液中可以被氧化：

HCOOH+2 Ce^{4+} $\Longrightarrow$ 2 Ce^{3+}+CO$_2$↑+2H$^+$

因此，可取一定体积的试样，在 3 mol/L H$_2$SO$_4$ 条件下，加入一定量过量的 Ce^{4+}标准溶液，煮沸 1 h，然后用 Fe^{2+}标准溶液回滴剩余的 Ce^{4+}；另取同样的试样，在 4 mol/L HClO$_4$ 条件下，加入一定量过量的 Ce^{4+}，放置 15 min，然后用 Na$_2$C$_2$O$_4$ 标准溶液回滴剩余的 Ce^{4+}。根据反应所表示的计量关系和 Ce^{4+}、Fe^{2+}、Na$_2$C$_2$O$_4$ 三种标准溶液的用量，即可计算出酒石酸、甲酸各自的浓度。

5.4.6 溴酸钾法及溴量法及其应用

5.4.6.1 溴酸钾法

溴酸钾法是以 KBrO$_3$ 标准溶液在酸性溶液中直接滴定还原性物质的分析方法。KBrO$_3$ 酸性溶液中是一种强氧化剂，易被一些还原性物质还原为 Br$^-$，半电池反应为：

BrO$_3^-$ +6e+6H$^+$ $\Longrightarrow$ Br$^-$ +3H$_2$O，$\varphi^{\ominus}_{BrO^-/Br^-}$ =1.44 V

滴定反应到达化学计量点后，稍过量的 BrO$_3^-$ 与 Br$^-$ 作用产生颜色为黄色的 Br$_2$，指示终点的到达。

$$BrO_3^- + 5Br^- + 6H^+ \Longrightarrow Br_2 + 3H_2O$$

但这种指示终点的方法灵敏度不高,常用甲基橙或甲基红作指示剂。化学计量点前,指示剂在酸性溶液中显红色;化学计量点后,稍过量的BrO_3^-立即破坏甲基橙或甲基红的呈色结构,红色消失,指示终点到达。由于指示剂的这种颜色变化是不可逆的,在终点前常因$KBrO_3$溶液局部过浓而与指示剂作用,因此,最好在近终点加入,或在近终点时再补加一点指示剂。

$KBrO_3$法可以测定As^{3+}、Sb^{3+}、Sn^{2+}、Cu^+、Fe^{2+}、I^-及联胺等还原性物质。

5.4.6.2 溴量法

溴量法是以溴的氧化作用和溴代作用为基础的滴定分析方法。

定量的Br_2能与许多有机物发生取代反应或加成反应,利用此类反应,可先向试液中加入一定量、过量的Br_2标准溶液,待反应进行完全后,再加入过量KI,析出与剩余Br_2等摩尔的I_2,最后用$Na_2S_2O_3$标准溶液滴定I_2。根据Br_2和$Na_2S_2O_3$两种标准溶液的浓度和用量,可求出被测组分的含量。

由于Br_2易挥发,故常配成一定浓度$KBrO_3$的KBr(质量比为1∶5)溶液,两者加到酸性溶液中后即生成一定量的Br_2。

溴量法则用于测定能与Br_2发生取代和加成反应的有机物,如酚类及芳胺类化合物的含量。

5.4.6.3 应用实例

(1)苯酚的测定

在苯酚的酸性溶液中,加入一定量过量的$KBrO_3$标准溶液,反应如下:

$$BrO_3^- + 5Br^- + 6H^+ \Longrightarrow 3Br_2 + 3H_2O(标准溶液在酸性条件下的反应)$$

$$C_6H_5OH + 3Br_2 \Longrightarrow C_6H_2Br_3OH + 3HBr(生成的Br_2与苯酚发生取代反应)$$

待反应完全后,向溶液中加入过量KI,与过量的Br_2反应:

$$Br_2 + 2I^- \Longrightarrow I_2 + 2Br^-$$

析出的I_2用$Na_2S_2O_3$标准溶液滴定。

(2)Sb^{3+}的测定

在酸性溶液中,以甲基橙为指示剂,用$KBrO_3$标准溶液直接滴定。滴定反应如下:

$$3Sb^{3+} + BrO_3^- + 6H^+ \Longrightarrow 3Sb^{5+} + Br^- + 3H_2O$$

到达化学计量点时,稍过量(1滴)的$KBrO_3$即可以是甲基橙的红色褪去,指示滴定终点。

第6章　沉淀滴定法

6.1　沉淀滴定法概述

沉淀滴定法以沉淀反应为基础,在众多的能生成沉淀的反应中,真正能够适用于沉淀滴定分析的非常少,这主要是由于很多反应生成沉淀的组成不恒定,或溶解度较大,或容易形成过饱和溶液,或达到平衡的速度慢,或共沉淀现象严重等。

通常能够用于沉淀滴定的反应必须满足以下几点要求:

①生成沉淀的溶解度必须很小,才能获得敏锐的终点和准确的结果。

②沉淀反应必须迅速、定量地进行,并且要求具有确定的计量关系。

③沉淀的吸附作用不影响滴定结果及终点判断。

④可以用指示剂或其他适当的方法指示滴定终点的到达。

目前,运用较多的主要是生成难溶性银盐的反应,对应的沉淀滴定法就是银量法。

银量法根据确定终点所用的指示剂不同,可分为三种,铬酸钾指示剂法、铁铵矾指示剂法和吸附指示剂法,三种方法也分别以创立者的姓名予以命名,也分别称为莫尔法、佛尔哈德法、法扬司法。

银量法是利用 Ag^+ 与卤素阴离子等的反应来测定 Cl^-、Br^-、I^-、SCN^- 和 Ag^+,即以 $AgNO_3$ 为标准溶液滴定样品中能与 Ag^+ 生成沉淀的物质或以能与 Ag^+ 形成沉淀的物质为标准溶液滴定样品中的 Ag^+。其反应通式为:

$$Ag^+ + X^- =\!\!= AgX \downarrow (X = Cl^-、Br^-、I^-、SCN^- 及 CN^- 等)$$

例如,Ag^+ 离子与 Cl^- 离子或 SCN^- 离子的反应:

$$Ag^+ + Cl^- =\!\!= AgCl \downarrow$$
$$Ag^+ + SCN^- =\!\!= AgSCN \downarrow$$

除了上述银量法外,在沉淀滴定法中,还有一些其他沉淀反应,例如,某些汞盐(HgS)、铅盐($PbSO_4$)、钡盐($BaSO_4$)、锌盐($K_2 Zn[Fe(CN)_4]_2$)、钍盐(ThF_4)和某些有机沉淀剂参加的反应,也可用于沉淀滴定法。但各种沉淀滴定法在实际应用中都不如银量法广泛。

6.2 沉淀溶解平衡

难溶电解质的沉淀溶解平衡是一种多相离子平衡,是暂时的、有条件的动态平衡。当条件改变时,平衡会发生移动。当平衡向生成沉淀的方向移动,就能生成沉淀。

在沉淀滴定法中,是以沉淀进行完全为基础的,但是难溶化合物与其饱和溶液共存时,总是存在着溶解平衡。平衡常数用于表示沉淀反应进行完全的程度。

6.2.1 沉淀的溶解

根据溶度积规则,只要降低难溶电解质饱和溶液中相关离子的浓度,使 $Q < K_{sp}$,平衡向着沉淀溶解的方向移动。常用的方法如下所示。

6.2.1.1 利用酸碱反应生成弱电解质

(1)难溶氢氧化物的溶解

如 $Mg(OH)_2$、$Cu(OH)_2$、$Fe(OH)_3$ 等的溶解度与溶液的酸度有关,可以用加酸或加 NH_4Cl 的方法使沉淀溶解。

例如,$Mg(OH)_2$ 沉淀可溶于盐酸等强酸中,其反应如下:

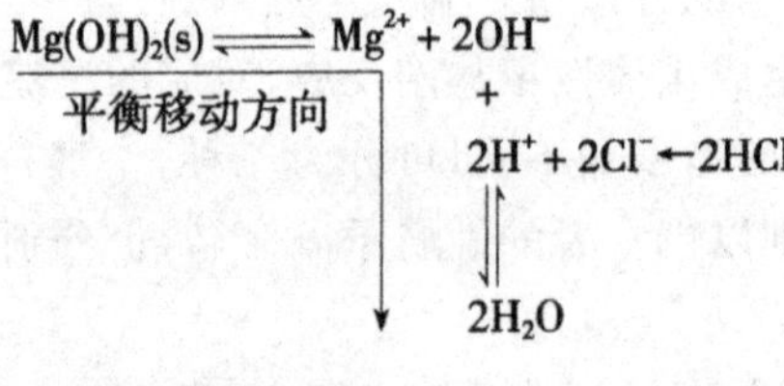

$$Mg(OH)_2(s) \rightleftharpoons Mg^{2+} + 2OH^-$$

平衡移动方向

$$+$$
$$2H^+ + 2Cl^- \leftarrow 2HCl$$
$$\downarrow$$
$$2H_2O$$

(2)碳酸盐、亚硫酸盐和某些硫化物的溶解

这些难溶盐与稀酸作用都能生成微溶性的气体,随着气体的逸出,平衡不断向沉淀溶解的方向移动。

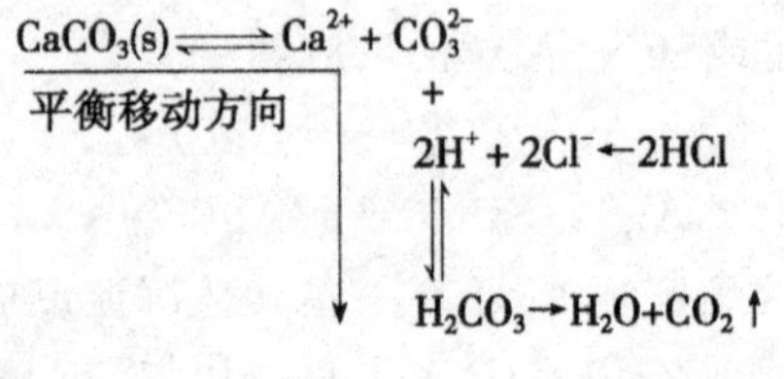

$$CaCO_3(s) \rightleftharpoons Ca^{2+} + CO_3^{2-}$$

平衡移动方向

$$+$$
$$2H^+ + 2Cl^- \leftarrow 2HCl$$
$$\downarrow$$
$$H_2CO_3 \rightarrow H_2O + CO_2 \uparrow$$

6.2.1.2 利用配位反应

向沉淀体系中加入适当的配位剂与某一离子形成稳定的配合物,减少其离子浓度,使沉淀溶解。

$$AgCl(s) \rightleftharpoons Ag^+ + Cl^-$$

$$+$$

$$2NH_3(加氨水)$$

$$\Downarrow$$

$$[Ag(NH_3)_2]^+$$

总反应：$AgCl(s) + 2NH_3 \rightleftharpoons [Ag(NH_3)_2]^+ + Cl^-$

6.2.1.3　利用氧化还原反应

用氧化剂或还原剂使难溶电解质中的某一离子发生氧化还原反应而降低离子浓度。例如，一些金属硫化物如 CuS、HgS 等的溶度积特别小，不能溶于稀酸，可以加入稀 HNO_3 将 CuS 中的 S^{2-} 氧化成 S，使溶液中 S^{2-} 的浓度减少，$Q < K_{sp}$，达到 CuS 溶解目的。

$$3CuS + 8HNO_3 \rightleftharpoons 3Cu(NO_3)_2 + 4H_2O + 3S \downarrow + 2NO \uparrow$$

此法适用于那些具有明显氧化性和还原性的难溶物。

6.2.2　沉淀的转化

实验证明，在白色 $PbSO_4$ 沉淀中加入 K_2CrO_4 溶液并搅拌，沉淀将变为黄色的 $PbCrO_4$。这是因为发生下列的沉淀转化：

$$PbSO_4 + CrO_4^{2-} \rightleftharpoons PbCrO_4(s) + SO_4^{2-}$$

该反应的平衡常数为：

$$K = \frac{[Pb^{2+}][SO_4^{2-}]}{[Pb^{2+}][CrO_4^{2-}]} = \frac{K_{sp,PbSO_4}}{K_{sp,PbCrO_4}} = \frac{2.53 \times 10^{-8}}{2.8 \times 10^{-13}} = 9.04 \times 10^4$$

由此可以说明平衡常数很大，转化容易实现。原因是 $PbSO_4$ 的溶解度大于 $PbCrO_4$。这种借助某一试剂，把一种难溶电解质转化为另一种难溶电解质的过程称为沉淀的转化。沉淀转化是有条件的，由一种溶解度大的沉淀转化为溶解度小的沉淀较容易。反之，则比较困难，甚至不可能转化。

另外，在同一溶液中，存在两种或两种以上的离子能与同一试剂反应产生沉淀，首先析出的是离子积最先达到溶度积的化合物，然后按先后顺序依次沉淀的这种现象叫作分步沉淀。

6.3　沉淀滴定曲线

沉淀滴定法在滴定过程中，溶液中离子浓度变化的情况相似与其他滴定法，可用滴定曲线表示。

现以 0.100 0 mol/L 的 $AgNO_3$ 标准溶液滴定 20.00 mL 0.100 0 mol/L 的 NaCl 溶液为例。沉淀反应方程式为

$$Ag^+ + Cl^- \rightleftharpoons AgCl \downarrow, K_{sp} = 1.77 \times 10^{-10}$$

白色

（1）滴定开始前

溶液中 $[Cl^-]$ 为溶液的原始溶度

$$[Cl^-] = 0.1000 \ mol/L, pCl = -lg0.1000 = 1.00$$

（2）滴定开始至化学计量点前

溶液中 $[Cl^-]$ 取决于剩余的 NaCl 浓度。若加入 $AgNO_3$ 溶液 18.00 mL 时，

$$[Cl^-] = \frac{0.1000 \times 2.00}{20.00 + 18.00} = 5.26 \times 10^{-3}$$

$$pCl = 2.28, pAg = 7.46$$

当加入 $AgNO_3$ 溶液 19.98 mL 时，

$$[Cl^-] = \frac{(20.00 - 19.98) \times 10^{-3} \times 0.1000}{(20.00 + 19.98) \times 10^{-3}} = 5.0 \times 10^{-5} \ mol/L$$

$$pCl = 4.30, pAg = 5.44$$

（3）化学计量点时

溶液为 AgCl 的饱和溶液

$$[Ag^+][Cl^-] = K_{sp}$$

$$[Cl^-][Ag^+] = \sqrt{K_{sp,AgCl}} = \sqrt{1.8 \times 10^{-10}} = 1.3 \times 10^{-5} \ mol/L$$

$$pCl = pAg = 4.89$$

（4）化学计量点后

溶液中 $[Ag^+]$ 由过量的 $AgNO_3$ 浓度决定。若加入 $AgNO_3$ 溶液的体积为 V mL 时，则溶液中 $[Ag^+]$ 为：

$$[Ag^+] = \frac{(V - 20.00) \times 10^{-3} \times 0.1000}{(V + 20.00) \times 10^{-3}} \ mol/L$$

当加入 $AgNO_3$ 溶液 20.02 mL 时，

$$[Ag^+] = \frac{(20.02 - 20.00) \times 10^{-3} \times 0.1000}{(20.02 + 20.00) \times 10^{-3}} = 5.0 \times 10^{-5} \ mol/L$$

$$pAg = 4.30, pCl = 5.51$$

逐一计算，可得表 6-1 中。根据表 6-1 所列数据绘出滴定曲线，如图 6-1 所示。

表 6-1　以 0.1000 mol/L 的 $AgNO_3$ 标准溶液滴定 20.00 mL 0.1000 mol/L 的 NaCl 或 0.1000mol/L KBr 溶液时化学计量点前后 pAg 及 pX 的变化

加入 $AgNO_3$ 溶液的体积	滴定的百分数	滴定 Cl^-		滴定 Br^-	
mL	%	pCl	pAg	pBr	pAg
0.00	0	1.0		1.00	
18.00	90	2.28	7.46	2.28	10.02
19.80	99	3.30	6.44	3.30	9.00
19.98	99.9	4.30	5.44	4.30	8.00
20.00	100	4.87	4.87	6.15	6.15
20.02	100.1	5.44	4.30	8.00	4.30
20.20	101	6.44	3.30	9.00	3.30
22.00	110	7.42	2.32	10.00	2.32

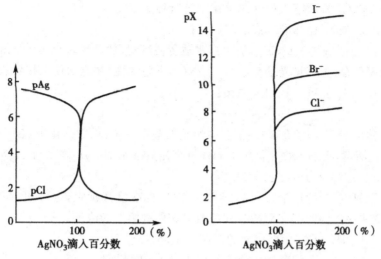

图 6-1　$AgNO_3$ 溶液滴定 Cl^-、Br^- 和 I^- 的滴定曲线

根据表 6-1 和图 6-1 可以看出：

①pAg 与 pCl 两条曲线以化学计量点对称。这表示随着滴定的进行，溶液中 Ag^+ 浓度增加，而 Cl^- 浓度以相同比例减少，化学计量点时，两种离子浓度相等，因此，两条曲线的交点即是化学计量点（化学计量点时的 $pAg = \frac{1}{2}\lg K_{sp,AgCl}$）。

②滴定开始时，溶液中离子浓度较大，滴入 Ag^+ 所引起的 Cl^- 浓度改变不大，曲线比较平坦；接近化学计量点时，溶液中 Cl^- 浓度已经很小，再滴入少量 Ag^+ 即可使浓度产生很大变化而产生突跃。

③突跃范围的大小，取决于沉淀的溶度积常数与溶液的浓度。溶度积常数越小，突跃范围越大；溶液的浓度越小，突跃范围越小。

6.4　标准溶液的配置与标定

银量法用的标准溶液为 $AgNO_3$ 和 NH_4SCN 标准溶液。$AgNO_3$ 标准溶液可以采用直接法配制，也可采用间接法配制。对于基准物 $AgNO_3$ 试剂可采用直接法配制，但在配制前应先将 $AgNO_3$ 在 110℃烘干 2 h，以除去吸湿水。然后称取一定质量烘干的 $AgNO_3$，溶解后注入一定体积的容量瓶中，加水稀释至刻度并摇匀，即得一定浓度的标准溶液。实际工作中在 $AgNO_3$ 纯度不高时，必须采用间接法配制，即先配制近似浓度的溶液，然后用基准物 NaCl 标定。但基准物 NaCl 应先在 500～600℃下灼烧至不发生爆裂声为止，然后置于密封瓶中，保存于干燥器内备用。标定时可用莫尔法或法扬司法。选用的方法应和测定待测试样的方法一致，这样可抵消测定方法所引起的系统误差。

氯化钠有基准试剂出售，也可用一般试剂规格的氯化钠精制。氯化钠极易吸潮，应置于干燥器中保存。

NH₄SCN 试剂易吸潮,易含杂质,不能用直接法配制其标准溶液,因此,应先配制近似浓度的溶液,然后用 AgNO₃ 标准溶液按佛尔哈德法进行标定。

(1)0.1 mol/L AgNO₃ 标准溶液的配制与标定

配制:取分析纯的 AgNO₃ 17.5 g,加蒸馏水适量使溶解,然后稀释至 1 000 mL,摇匀,置玻璃塞棕色瓶中,密闭保存(因其见光易分解)。AgNO₃ 有腐蚀性,注意勿使它接触衣服和皮肤。

由于 AgNO₃ 见光易分解,析出金属银:

$$2AgNO_3 \longrightarrow 2Ag\downarrow + 2NO_2\uparrow + O_2\uparrow$$

标定:精密称取在 270℃(±10℃)干燥至恒重的基准 NaCl 0.2 g,置于 250 mL 锥形瓶中,加蒸馏水 50 mL 使溶解,再加入糊精溶液 5 mL 与荧光黄指示剂 5 滴,用以上 AgNO₃ 标准溶液滴定至混浊液由黄绿色转变为微红色即为终点。

硫氰酸铵(硫氰酸钾)标准溶液可直接用 AgNO₃ 标准溶液标定,也可用 NaCl 作基准物质,以铁铵矾指示剂法一次同时标定硝酸银和硫氰酸铵两种溶液的浓度。

(2)0.1 mol/L NH₄SCN 标准溶液的配制与标定

配制:取 NH₄SCN 8 g,加蒸馏水使溶解成 1 000 mL,摇匀。

标定:精密量取 0.100 0 mol/L AgNO₃ 溶液 25.00 mL,置于锥形瓶中,加蒸馏水 50 mL、HNO₃ 2 mL 和铁铵矾指示剂 2 mL,用 0.100 0 mol/L NH₄SCN 溶液滴定至溶液呈红色,剧烈振摇后仍不褪色,即为终点。根据 NH₄SCN 溶液的消耗量计算其浓度。

6.5 常用的沉淀滴定法

目前应用最为广泛的,最为成熟的沉淀滴定法是银量法。根据所选指示剂的不同,银量法可分为莫尔法、佛尔哈德法、法扬司法等。

6.5.1 莫尔法

6.5.1.1 基本原理

以铬酸钾为指示剂的银量法称为莫尔法。莫尔法主要用于以 AgNO₃ 为标准溶液,直接测定氯化物或溴化物的滴定方法。在这个滴定中,产生白色或浅黄色的卤化银沉淀;在加入第一滴过量的 AgNO₃ 溶液时,即产生砖红色的 Ag₂CrO₄ 沉淀指示终点的到达。莫尔法依据的是 AgCl(或 AgBr)与 Ag₂CrO₄ 溶解度和颜色有显著差异。

滴定反应为:

$$Ag^+ + Cl^- \longrightarrow AgCl\downarrow, \quad K_{sp,AgCl} = 1.8\times10^{-10}$$
$$\text{白色}$$

指示终点反应为:

$$2Ag^+ + CrO_4^{2-} \longrightarrow Ag_2CrO_4\downarrow, \quad K_{sp,Ag_2CrO_4} = 2.0\times10^{-12}$$
$$\text{砖红色}$$

由于 AgCl 和 Ag_2CrO_4 不是同一类型的沉淀,所以不能用溶度积直接进行比较和计算,需要用它们的溶解度进行讨论。

根据分步沉淀的原理,在滴定过程中,随着 $AgNO_3$ 标准溶液的滴加,溶液中首先形成白色的 AgCl 沉淀,溶液中 Cl^- 浓度不断减小,当 Cl^- 浓度降到一定程度接近化学计量点时,即 Cl^- 近乎完全沉淀时,稍过量的 $AgNO_3$ 与 CrO_4^{2-} 生成砖红色的 Ag_2CrO_4 沉淀,从而指示滴定终点的到达。

莫尔法需要在中性或弱碱性(pH 为 6.5～10.5)溶液中进行。若溶液酸性较强,CrO_4^{2-} 一会转化为 $Cr_2O_7^{2-}$,即

$$2H^+ + 2CrO_4^{2-} \Longleftrightarrow 2\,HCrO_4^- \Longleftrightarrow CrO_7^{2-} + H_2O$$

从而导致 CrO_4^{2-} 浓度减小,Ag_2CrO_4 沉淀出现过迟,甚至不出现沉淀。若溶液酸性太强,可用 $NaHCO_3$ 或 $Na_2B_4O_7 \cdot 10H_2O_4$ 进行中和。

如果溶液碱性较强,将出现 Ag_2O 沉淀,即

$$2Ag^+ + 2OH^- \Longrightarrow Ag_2O \downarrow + H_2O$$
$$黑$$

析出的 Ag_2O 沉淀,会影响分析结果。若溶液碱性太强,可用稀 HNO_3 溶液中和。滴定时不应含有氨,否则必须用酸中和成铵盐,滴定的 pH 应控制在 6.5～7.2。

凡是能够和 Ag^+ 生成微溶性沉淀或络合物的阴离子,都干扰测定,常见的如 CO_3^{2-}、$C_2O_4^{2-}$、SO_3^{2-}、AsO_4^{3-}、S^{2-}、PO_4^{3-} 等离子。凡是能够与 CrO_4^{2-} 生成沉淀的阳离子也都会干扰滴定,常见的如 Ba^{2+}、Pb^{2+}、Hg^{2+} 等,其中 Ba^{2+} 的干扰可通过加入过量的 Na_2SO_4 消除;此外,Cu^{2+}、Fe^{3+}、Al^{3+}、Ni^{2+} 和 Co^{2+} 等有色离子以及一些在中性或碱性溶液中易发生水解的离子也会干扰滴定。

6.5.1.2 滴定条件

(1)指示剂的用量

溶液中指示剂浓度的大小和滴定终点出现的迟早有着密切的关系,并直接影响到分析结果。如果 K_2CrO_4 指示剂的浓度过高或过低,Ag_2CrO_4 沉淀析出就会提前或滞后。因此,要使 Ag_2CrO_4 沉淀恰好在滴定反应的化学计量点时产生。

滴定达到化学计量点时,溶液中的 $[Ag^+]$ 为:

$$[Ag^+] = [Cl^-] = \sqrt{K_{sp,AgCl}} = \sqrt{1.56 \times 10^{-10}} = 1.25 \times 10^{-5} \text{ mol/L}$$

Ag_2CrO_4 沉淀恰好析出,则溶液中的 $[CrO_4^{2-}]$ 为:

$$[CrO_4^{2-}] = \frac{K_{sp,AgCl}}{[Ag^+]^2} = \frac{9.0 \times 10^{-12}}{(1.25 \times 10^{-5})^2} = 5.8 \times 10^{-2} \text{ mol/L}$$

以上的计算说明在滴定到达化学计量点时,刚好生成 Ag_2CrO_4 沉淀所需 $[CrO_4^{2-}]$ 较高,由于 K_2CrO_4 溶液呈黄色,浓度较高时颜色较深,会影响滴定终点的判断,所以指示剂的浓度应略低一些为宜,一般滴定溶液中 K_2CrO_4 的浓度约为 5.0×10^{-3} mol/L。显然,K_2CrO_4 浓度降低,要生成 Ag_2CrO_4 沉淀就要多消耗一些 $AgNO_3$,这样滴定剂就会过量,滴定终点将在化学计量点后出现,因此需做指示剂的空白值对测定结果进行校正,以减小误差。具体就是在不含 Cl^- 的同量的溶液中加入同量的指示剂,滴入 $AgNO_3$ 呈现砖红色,记录其用量,即为指示剂空白值。

（2）溶液的酸碱度

莫尔法需要在中性或弱碱性（pH 为 6.5～10.5）溶液中进行。若溶液酸性较强，CrO_4^{2-} 一会转化为 $Cr_2O_7^{2-}$，即

$$2H^+ + 2CrO_4^{2-} \rightleftharpoons 2HCrO_4^- \rightleftharpoons CrO_7^{2-} + H_2O$$

从而导致 CrO_4^{2-} 浓度减小，Ag_2CrO_4 沉淀出现过迟，甚至不出现沉淀。若溶液酸性太强，可用 $NaHCO_3$ 或 $Na_2B_4O_7 \cdot 10H_2O_4$ 进行中和。

如果溶液碱性较强，将出现 Ag_2O 沉淀，即

$$2Ag^+ + 2OH^- \rightleftharpoons Ag_2O\downarrow + H_2O$$
$$\text{黑}$$

析出的 Ag_2O 沉淀，会影响分析结果。若溶液碱性太强，可用稀 HNO_3 溶液中和。滴定时不应含有氨，因为 NH_3 易使 Ag^+ 生成 $[Ag(NH_3)_2]^+$，而使 AgCl 和 Ag_2CrO_4 溶解。溶液中有氨存在时，必须用酸中和成铵盐，滴定的 pH 应控制在 6.5～7.2。

（3）干扰因素

凡是能够和 Ag^+ 生成微溶性沉淀或络合物的阴离子，都干扰测定，常见的如 CO_3^{2-}、$C_2O_4^{2-}$、SO_3^{2-}、AsO_4^{3-}、S^{2-} 和 PO_4^{3-} 等离子。凡是能够与 CrO_4^{2-} 生成沉淀的阳离子也都会干扰滴定，常见的如 Ba^{2+}、Pb^{2+} 和 Hg^{2+} 等，其中 Ba^{2+} 的干扰可通过加入过量的 Na_2SO_4 消除；此外，Cu^{2+}、Fe^{3+}、Al^{3+}、Ni^{2+} 和 Co^{2+} 等有色离子以及一些在中性或碱性溶液中易发生水解的离子也会干扰滴定。

（4）沉淀吸附作用

通过莫尔法可直接滴定 Cl^- 或 Br^-，生成的卤化银沉淀将优先吸附溶液中的卤离子，使卤离子浓度下降，终点提前到达，因此，滴定时必须剧烈摇动。

但莫尔法不能测定 I^- 和 SCN^-，这是由于 AgI、AgSCN 沉淀强烈吸附 I^- 或 SCN^-，即使剧烈摇动也不能解吸，导致终点过早出现，测定结果偏低。

莫尔法主要用于以 $AgNO_3$ 标准溶液直接滴定 Cl^-、Br^-、CN^-，但不适用于滴定 I^- 和 SCN^-，也不适用于以 NaCl 为标准溶液直接滴定 Ag^+。因为 Ag_2CrO_4 转化为 AgCl 十分缓慢而使测定无法进行。

如用莫尔法测定 Ag^+，必须采用返滴定，即先加入一定量过量的 NaCl 标准溶液与其充分反应，然后加入指示剂，用 $AgNO_3$ 标准溶液返滴定。

6.5.2 佛尔哈德法

6.5.2.1 基本原理

佛尔哈德法是以铁铵矾 $[NH_4Fe(SO_4)_2 \cdot 12H_2O]$ 作指示剂的银量法，包括直接滴定法和返滴定法。

（1）直接滴定法

在酸性介质中，以铁铵矾作指示剂，用 NH_4SCN 标准溶液滴定 Ag^+。在滴定过程中，先析出白色的 AgSCN 沉淀，

$$Ag^+ + SCN^- \rightleftharpoons AgSCN\downarrow$$

达到化学计量点时,微过量的 NH_4SCN 与 Fe^{3+} 生成红色 $FeSCN^{2+}$,

$$Fe^{3+} + SCN^- \Longrightarrow FeSCN^{2+} \downarrow$$

即为滴定终点。

在滴定过程中,会不断生成 AgSCN 沉淀,由于它有较强烈的吸附作用,所以有部分 Ag^+ 被吸附在沉淀表面,这样就会造成终点出现过早的情况,导致结果偏低。所以滴定时要剧烈振荡,避免吸附,减小测定误差。

在直接滴定法中,一般将溶液的酸度控制为 $0.1 \sim 1$ mol/L。酸度过低,Fe^{3+} 易水解。为使终点时刚好能观察到 $FeSCN^{2+}$ 明显的红色,所需 $FeSCN^{2+}$ 的最低浓度为 6×10^{-6} mol/L。要维持 $FeSCN^{2+}$ 的配位平衡,Fe^{3+} 的浓度应远高于这个数值,但 Fe^{3+} 的浓度过大,它的黄色干扰终点的观察。综合这两方面的因素,终点时 Fe^{3+} 的浓度一般控制在 0.015 mol/L。

(2)返滴定法

在含有卤素离子的试液中,首先加入一定量过量的 $AgNO_3$ 标准溶液,使之与卤素离子充分反应,然后以铁铵矾为指示剂,用 NH_4SCN 标准溶液返滴定过量的 AgSCN。

用返滴定法测定 Cl^- 时,由于 AgCl 的溶解度比 AgSCN 大,故终点后,稍过量的 SCN^- 将与 AgCl 发生沉淀转化反应,使 AgCl 转化为溶解度更小的 AgSCN:

$$AgCl + SCN^- \Longrightarrow AgSCN \downarrow + Cl^-$$

所以溶液中出现了红色之后,随着不断地摇动溶液,红色又逐渐消失,不仅多消耗一部分 NH_4SCN 标准溶液,同时也使终点不易判断。

为了避免上述误差,可采取下列措施:

①加入有机溶剂如硝基苯或 1,2-二氯乙烷 $1 \sim 2$ mL。用力摇动,使 AgCl 沉淀表面覆盖一层有机溶剂,避免沉淀与溶液接触,这样就可以阻止转化反应发生。此法虽然比较简便,但由于硝基苯的毒性,操作时应多加小心。

用返滴定法测定 Br^- 或 I^- 时,由于 AgBr 及 AgI 的溶解度均比 AgSCN 小,不发生上述的转化反应。但在测定 I^- 时,指示剂必须在加入过量的 $AgNO_3$ 后加入,否则 Fe^{3+} 将氧化 I^- 为 I_2,影响分析结果的准确度。

②当加入过量 $AgNO_3$ 标准溶液,立即加热煮沸溶液,使 AgCl 沉淀凝聚,以减少 AgCl 沉淀对 Ag^+ 的吸附。滤去 AgCl 沉淀,并用稀 HNO_3 洗涤沉淀,洗涤液并入滤液中,然后用 NH_4SCN 标准溶液返滴滤液中过量的 Ag^+。

6.5.2.2　滴定条件

(1)指示剂的用量

指示剂铁铵矾的用量能影响滴定终点,指示剂浓度越高,终点越提前;反之,终点越拖后。在化学计量点时,SCN^- 的浓度为:

$$c_{SCN^-} = c_{Ag^+} = \sqrt{K_{sp,AgSCN}} = \sqrt{1.0 \times 10^{-12}} = 1.0 \times 10^{-6} \text{ mol/L}$$

要求此时刚好生成 $FeSCN^{2+}$ 以确定终点。故此时 Fe^{3+} 的浓度应为:

$$c_{Fe^{3+}} = \frac{[Fe(SCN)^{2+}]}{K_1[SCN^-]}, K_1 = 138$$

通常而言,$Fe(SCN)^{2+}$ 的浓度要达到 6×10^{-6} mol/L 左右,才能明显观察到 $Fe(SCN)^{2+}$ 的红

色,所以

$$c_{Fe^{3+}} = \frac{6 \times 10^{-6}}{138 \times 1.0 \times 10^{-6}} = 0.04 \text{ mol/L}$$

实际上这样高的 Fe^{3+} 浓度使溶液呈较深的橙黄色,影响终点的观察,故通常保持 Fe^{3+} 的浓度为 0.015 mol/L,此时引起的终点误差实际上很小,可以忽略不计。

(2)溶液的酸度

佛尔哈德法滴定必须在酸性溶液(多为 HNO_3)中进行,溶液的 pH 通常控制在 0~1。此时 Fe^{3+} 主要以 $Fe(H_2O)_6^{3+}$ 的形式存在,颜色较浅。如果酸度较低,则会造成 Fe^{3+} 水解,形成颜色较深的棕色的 $Fe(H_2O)_5OH^{2+}$ 或 $Fe(H_2O)_4OH_2^+$ 等物质,十分影响终点的观察。

此外,在强酸性介质中进行滴定,许多弱酸根离子,如 CO_3^{2-}、SO_3^{2-}、AsO_4^{3-} 等不能与 Ag^+ 生成沉淀,不干扰测定,这点优于莫尔法。

(3)测定碘化物注意事项

在测定碘化物时,应先加入准确过量的 $AgNO_3$ 标准溶液后,才能加入铁铵矾指示剂。否则 Fe^{3+} 可氧化 I^- 而使生成 I_2,造成误差,影响测定结果。其反应为:

$$Fe^{3+} + 2I^- \Longrightarrow Fe^{2+} + \frac{1}{2}I_2$$

佛尔哈德法的选择性很高,适用的范围比莫尔法要广泛,不仅可以用来测定 Ag^+、Cl^-、Br^-、I^- 和 SCN^-,还可以用来测定 AsO_4^{3-} 和 PO_4^{3-},在农业上也常用此法测定有机氯农药。

6.5.3　法扬司法

6.5.3.1　基本原理

法扬司法是用吸附指示剂指示滴定终点的银量法。吸附指示剂是一类有色的有机化合物,一般为有机弱酸,在溶液中解离出具有一定颜色的阴离子,被带正电的胶体沉淀表面吸附时,发生结构的改变,从而引起吸附指示剂颜色的变化,指示终点到达。

例如,以 $AgNO_3$ 标准溶液滴定 Cl^- 时,可用荧光黄吸附指示剂。荧光黄是一种有机弱酸,可用 HFI 表示,它在溶液中解离出黄绿色的 FI^-:

$$HFI \Longrightarrow H^+ + FI^-$$

在化学计量点之前,溶液中 Cl^- 过量,AgCl 沉淀表面胶体微粒吸附 Cl^- 而带负电荷($AgCl \cdot Cl^-$),不吸附指示剂阴离子 FI^-,溶液呈黄绿色。滴定到化学计量点之后,稍过量的 $AgNO_3$ 可使 AgCl 沉淀表面胶体微粒吸附 Ag^+ 而带正电荷($AgCl \cdot Ag^+$)。这时,带正电荷的胶体微粒吸附 FI^-,形成表面化合物($AgCl \cdot Ag^+ \cdot FI^-$),使整个溶液由黄绿色变成淡红色,以指示终点的到达。

6.5.3.2　滴定条件

(1)溶液的酸度

由于吸附指示剂多为有机弱酸或弱碱,溶液的 pH 和指示剂的 K_a 将决定指示剂存在的形式和离子浓度。将溶液的 pH 应控制在最佳数值,应有利于指示剂离子的存在。即电离常数小的吸附指示剂,溶液的 pH 就要偏高些;反之,电离常数大的吸附指示剂,溶液的 pH 要偏低些。

(2)溶液的浓度

溶液的浓度不能太稀,否则沉淀很少,观察终点比较困难。用荧光黄为指示剂,以 $AgNO_3$ 溶液滴定 Cl^- 时,待测离子的浓度要在 0.005 mol/L 以上。滴定 Br^-、I^- 及 SCN^- 时,灵敏度稍高,浓度降至 0.001 mol/L 时,仍可看到终点。

(3)吸附指示剂

吸附指示剂的电荷与加入的滴定剂离子应带有相反电荷。若采用 $AgNO_3$ 标准溶液滴定卤离子时,应选择阴离子型的吸附指示剂;若用 NaCl 标准溶液滴定 Ag^+,就不能选择阴离子的吸附指示剂,如荧光黄指示剂,应选用阳离子型的吸附指示剂,如甲基紫指示剂。

(4)胶体保护剂

吸附指示剂不是使溶液发生颜色变化,而是使沉淀的表面颜色发生变化。因此,应尽可能使卤化银沉淀呈胶体状态,具有较大的比表面积。因此,在滴定前应将溶液稀释并加入糊精、淀粉等亲水性高分子化合物形成保护胶体。同时应避免大量中性盐存在,因其能使胶体凝聚。

(5)避免强光照射

卤化银沉淀对光敏感,遇光易分解析出金属银,使沉淀很快转变为灰黑色,影响终点观察,因此在滴定过程中应避免强光照射。

(6)吸附指示剂的吸附力

胶体颗粒(卤化银胶状沉淀)对指示剂离子的吸附力应略小于对被测离子的吸附力,否则指示剂将在计量点前变色,提前终点;但对指示剂离子的吸附力也不能太小,否则计量点后不能立即变色。滴定卤化物时,卤化银对卤化物和几种常用的吸附指示剂的吸附力的大小次序如下:

$$I^- \rightarrow 二甲基二碘荧光黄 > Br^- \rightarrow 曙红 \rightarrow 荧光黄或二氯荧光黄$$

从上述排列顺序来看,在测定 Cl^- 时不选用曙红,而应选用荧光黄为指示剂。若选用曙红则 AgCl 对曙红的吸附力大于对 Cl^- 的吸附力,则使未达到化学计量点就发生颜色变化。同理,测定 Br^- 时,应选用曙红或荧光黄,而不能用二甲基二碘荧光黄,测定 I^- 时应选用二甲基二碘荧光黄或曙红而不能用荧光黄,因为碘化银对荧光黄的吸附能力太弱,在化学计量点时不能立即变色。

法扬司法可用于 Cl^-、Br^-、I^-、Ag^-、Ag^+、SCN^- 以及一些含卤原子的有机化合物。

6.6　沉淀滴定法的应用

6.6.1　盐酸丙卡巴肼含量的测定

有些游离的有机碱,单独存在时易分解、挥发或氧化变质,为了便于保存,常将其制成能够稳定存在的盐酸盐形式。以盐酸盐形式存在的有机碱可用银量法测定其含量。以抗肿瘤药盐酸丙卡巴肼($C_{12}H_{19}N_3O \cdot HCl$)为例,利用铁铵矾指示剂法可测定其含量。$C_{12}H_{19}N_3O \cdot HCl$ 的结构式如下:

取盐酸丙卡巴肼试样约 0.25 g，精密称定，加水 50 mL 溶解后，加稀 HNO_3 3 mL，加入 0.1 mol/L $AgNO_3$ 标准溶液 20.00 mL，再加约 3 mL 的邻苯二甲酸二丁酯，充分振摇后，加 2 mL 铁铵矾指示剂，用 0.1 mol/L NH_4SCN 标准溶液滴定至溶液呈淡棕红色为终点。1 mL 0.100 0 mol/L $AgNO_3$ 标准溶液相当于 25.78 mg $C_{12}H_{19}N_3O \cdot HCl$。

试样中盐酸丙卡巴肼的质量分数为

$$\omega_{C_{12}H_{19}N_3O \cdot HCl} = \frac{(V^0_{NH_4SCN} - V^s_{NH_4SCN}) \times 25.78 \times 10^{-3} \times \dfrac{c_{NH_4SCN} \times V_{KSCN}}{0.100\ 0}}{m} \times 100\%$$

式中，m 为试样的质量，g；c_{NH_4SCN} 为 NH_4SCN 标准溶液的浓度，mol/L；$V^0_{NH_4SCN}$ 是空白试验时消耗 NH_4SCN 标准溶液的体积，mL；$V^s_{NH_4SCN}$ 为试样测定时消耗的 NH_4SCN 标准溶液的体积，mL。

6.6.2 合金中银含量的测定

准确称取银合金试样，将其完全溶解于 HNO_3，制成溶液，其反应式如下：

$$Ag + NO_3^- + 2H^+ \Longrightarrow Ag^+ + NO_2\uparrow + H_2O$$

需要注意的是，在溶解样品时，必须煮沸以除去氮的低价氧化物，防止其与 SCN^- 作用产生红色化合物，会影响终点的观察。

$$HNO_3 + H^+ + SCN^- \Longrightarrow NOSCN + H_2O$$
$$\text{红色}$$

在试样溶解后，加入铁铵矾指示剂，用 NH_3SCN 标准溶液滴定，根据试样的质量和滴定用去的 NH_3SCN 标准溶液的浓度和体积，计算银的质量分数。

$$Ag^+ + SCN^- \Longrightarrow AgSCN\downarrow$$
$$\text{白色}$$
$$Fe^{3+} + SCN^- \Longrightarrow FeSCN^{2+}$$
$$\text{红色}$$

$$\omega_A g = \frac{c_{NH_3SCN} V_{NH_3SCN} M_A g}{m} \times 100\%$$

铁铵矾指示剂的用量最好以控制 Fe^{3+} 浓度在 0.015 mol/L 左右。

6.6.3 氯化钠含量的测定

实际应用中利用银量法测定氯化钠的含量的有很多。例如，氯化钠注射液中氯化钠的含量即可用银量法进行测定。精密量取氯化钠注射液 10 mL，加水 40 mL，再加 2％糊精溶液 5 mL 和荧光黄指示液 5～8 滴，用 0.1 mol/L 硝酸银标准溶液滴定至沉淀表面呈淡红色即为终点。

1 mL 0.100 0 mol/L AgNO₃ 标准溶液相当于 5.844 mg NaCl。试样中 NaCl 的质量浓度(g/L)为

$$\rho_{NaCl}=\frac{V_{AgNO_3}\times 5.844\times 10^{-3}\times \frac{c_{AgNO_3}}{0.100\ 0}}{V_{NaCl}}$$

式中，V_{NaCl} 为氯化钠注射液试样的体积，mL；c_{AgNO_3} 为 AgNO₃ 标准溶液的浓度，mol/L；V_{AgNO_3} 为滴定至终点时消耗的 AgNO₃ 标准溶液的体积，mL。

NaCl 作为人体血液中重要的电解质，人体血清中 Cl⁻ 的正常值应为 3.4～3.8 g/L。通常采用莫尔法测定血清中的 Cl⁻，测定时先将血清中的蛋白沉淀，取无蛋白滤液进行 Cl⁻ 的测定。

6.6.4　中药中的无机和有机氢卤酸盐含量的测定

中药中所含的无机卤化物如 NaCl(大青盐)、CaCl₂、NH₄Cl(白硇砂)、KI、NaI、CaI₂ 等以及能与 AgNO₃ 生成沉淀的无机化合物和许多有机碱的盐酸盐，都可用银量法测定。

6.6.4.1　白硇砂中氯化物的含量测定

精密称取本品约 1.2 g，加蒸馏水溶解后，定量转移至 250 mL 容量瓶中，用蒸馏水稀释至刻度，摇匀，静置至澄清，吸取上层清液 25.00 mL 加蒸馏水 25 mL，硝酸 3 mL，准确加入 0.100 0 mol/L AgNO₃ 标准溶液 40.00 mL，摇匀，再加硝基苯 3 mL，用力振摇，加铁铵矾指示剂 2 mL，用 0.1 mol/L NH₄SCN 标准溶液滴定至溶液呈红色。

$$NH_4Cl\%=\frac{(V_{AgNO_3}c_{AgNO_3}-V_{NH_4SCN}c_{NH_4SCN})\times M_{NH_4Cl}}{S\times \frac{25}{250}}\times 100\%$$

6.6.4.2　盐酸麻黄碱片的含量测定

本品含盐酸麻黄碱($C_{10}H_{15}ON\cdot HCl$)应为标示量的 93%～107%。

通过法扬司法，以溴酚蓝(HBs)为指示剂，用 AgNO₃ 为标准溶液。对应的滴定反应如下：

终点前，Cl⁻ 过量	(AgCl)Cl⁻ ┊ M⁺
终点时，Ag⁺ 过量	(AgCl)Ag⁺ ┊ X⁻
(AgCl)Ag⁺ 吸附 Bs⁻	(AgCl)Ag⁺ ┊ Bs⁻

溶液颜色变化：黄绿色──→灰紫色

具体取 15 片试样，精密称定，计算平均片重。将已称重之盐酸麻黄碱片研细，精密称出适量，置于锥形瓶中，加蒸馏水 15 mL，振摇，使盐酸麻黄碱溶解。加溴酚蓝指示剂(此时作酸碱指

示剂)2 滴,滴加醋酸使溶液由紫色变为黄绿色,再加溴酚蓝指示剂 10 滴与糊精(1→50)5 mL,用 0.100 0 mol/L AgNO$_3$ 溶液滴定至 AgCl 沉淀的乳浊液呈灰紫色即达终点,其中 $M_{C_{10}H_{15}ON \cdot HCl}$ =201.7。

$$平均每片被测成分的实测重量 = \frac{c_{AgNO_3} \times V_{AgNO_3} \times \dfrac{M}{1\,000}}{S} \times 平均片重$$

$$含量占标示量的百分数(\%) = \frac{平均每片被测成分的实测重量}{每片被测成分的标示量} \times 100\%$$

$$= \frac{\dfrac{c_{AgNO_3} \times V_{AgNO_3} \times \dfrac{M}{1\,000}}{S} \times 平均片重}{标示量} \times 100\%$$

6.6.5 有机卤化物中卤素的测定

因为有机卤化物中不同的卤素结合方式,它们中大多数不能直接采用银量法进行测定,需要经过适当的处理,使有机卤素转变成卤素离子后再用银量法测定。使有机卤素转变成卤离子的常用方法如下所示。

6.6.5.1 NaOH 水解法

将试样与 NaOH 水溶液加热回流水解,使有机卤素以卤离子形式进入溶液中。反应式表示:

$$R-X + NaOH \longrightarrow R-OH + NaX$$

NaOH 水解法常用于脂肪族卤化物或卤素结合于侧链上类似脂肪族卤化物的有机化合物,其卤素比较活泼,在碱性溶液中加热水解,有机卤素即以卤素离子形式进入溶液中。常见的可通过 NaOH 水解法进行测定的化合物如下:

溴米那   对硝基-α-溴代苯乙酮

Cl$_3$C(CH$_2$)$_2$OH   CH$_3$CONH—⟨ ⟩—SO$_2$Cl

三氯叔丁醇   对-乙酰胺基磺酰氯

例如,溴米那的测定:取样品 0.3 g,精密称定,置于锥形瓶中,加入 1 mol/L NaOH 溶液 40 mL 和沸石 2～3 块,瓶上放一小漏斗,微微加热至沸,并持续 20 min,用蒸馏水冲洗漏斗,冷却至室温,加入 6 mol/L HNO$_3$ 10 mL,再准确加入 0.1 mol/L AgNO$_3$ 溶液 25 mL,铁铵钒指示液 2 mL,用 0.1 mol/L 的 NH$_4$SCN 溶液滴定至出现淡棕红色,即为终点。

6.6.5.2　Na₂CO₃ 熔融法

把试样和无水碳酸钠置于坩埚中,均匀混合,灼烧至内容物完全灰化,冷却,用水溶解,调成酸性,用银量法测定。

Na₂CO₃ 熔融法主要用于结合在苯环或杂环上的有机卤素化合物的测定,这是由于其有机卤素都比较稳定,对这些结构较复杂的有机卤化物,通过该法,使有机卤化物转变成无机卤化物后,然后进行测定。

例如,α-溴-β 萘酚,其结构如下:

通过 Na₂CO₃ 熔融法使有机溴以Br⁻ 形式转入溶液中再进行相应的测定。

6.6.5.3　氧瓶法

将试样裹入滤纸内,夹在燃烧瓶的铂丝下部,瓶内加入适当的吸收液(NaOH、H₂O₂ 或 NaOH、H₂O₂ 的混合液),然后充入氧气,点燃。待燃烧完全后,充分振摇至瓶内白色烟雾完全被吸收为止。有机碘化物可用碘量法测定;有机溴化物和氯化物可用银量法测定。

例如,二氯酚(5,5′-二氯-2,2′-二羟基二苯甲烷)就是通过氧瓶法破坏有机氯,使有机氯以Cl⁻ 形式进入溶液中,用 NaOH 和 H₂O₂ 的混合液为吸收液,用银量法测定。

$$\xrightarrow[NaOH+H_2O_2]{[O]} NaCl+CO_2+H_2O$$

取本品 20 mg 精密称定,用氧瓶法进行有机破坏,以 0.1 mol/L NaOH 10 mL 和 H₂O₂ 2 mL 的混合液作为吸收液,等到反应充分后,微微煮沸 10 min,除去剩余的 H₂O₂,冷却,加稀HNO₃ 35 mL,0.02 mol/L AgNO₃ 溶液 25 mL,至沉淀完全后,过滤,用水洗涤沉淀,合并滤液,以铁铵矾为指示剂,用 0.02 mol/L NH₄SCN 溶液滴定,同时做一空白试验。

6.6.6　溶液中 AsO₄³⁻ 的测定

在 pH 为 7~9 的 AsO₄³⁻ 溶液中,加入过量的 Ag⁺,生成沉淀 Ag₃AsO₄,过滤后,将此沉淀溶于 30 mL 8 mol/L HNO₃ 溶液中,稀释至 120 mL,用 KSCN 标准溶液滴定,采用铁铵矾指示剂法指示滴定终点。溶液中的 Ge、少量 Sb 和 Sn 都不干扰测定。

试样中 AsO₄³⁻ 的物质的量浓度(mol/L)为:

$$c_{AsO_4^{3-}} = \frac{c_{KSCN} \times V_{KSCN}}{3V_{AsO_4^{3-}}}$$

式中,$V_{AsO_4^{3-}}$ 为 AsO₄³⁻ 试样溶液的体积,mL;c_{KSCN} 为 KSCN 标准溶液的浓度,mol/L;V_{KSCN} 为滴

定至终点时消耗的 KSCN 标准溶液的体积,mL。

6.6.7 亚铁氰化钾容量法测定氧化锌含量

冶金产品中氧化锌的含量可用亚铁氰化钾容量法测定。具体的沉淀反应如下:

$$3Zn^{2+} + 2K^+ + 2[Fe(CN)_6]^{4-} \Longrightarrow K_2Zn_3[Fe(CN)_6]_2$$

在试样以硫酸铵-磷酸氢二钠混合溶剂溶解后,加热至沸,以二苯胺为指示剂,用亚铁氰化钾标准溶液滴定至紫蓝色突然消失并呈现黄绿色即为终点。用氧化锌基准试剂标定亚铁氰化钾标准溶液,便可得亚铁氰化钾标准溶液的滴定度(g/mL)为:

$$T_{K_4[Fe(CN)_6]/ZnO} = \frac{m_{ZnO}}{V_{K_4[Fe(CN)_6]}}$$

式中,m_{ZnO} 为称取的氧化锌的质量,g;$V_{K_4[Fe(CN)_6]}$ 为标定时消耗的亚铁氰化钾标准溶液的体积,mL。

试样中 ZnO 的质量分数为:

$$\omega_{ZnO} = \frac{T_{K_4[Fe(CN)_6]/ZnO} V_{K_4[Fe(CN)_6]}}{m} \times 100\%$$

式中,m 为试样的质量,g;$V_{K_4[Fe(CN)_6]}$ 为滴定试液时所消耗的亚铁氰化钾标准溶液的体积,mL。

6.6.8 四苯硼钠滴定法快速测定钾

四苯硼钠$[NaB(C_6H_5)_4]$是测定钾的最佳试剂。沉淀反应为:

$$NaB(C_6H_5)_4 + K^+ \Longrightarrow KB(C_6H_5)_4 \downarrow + Na^+$$

测定时,以四苯硼钠为标准溶液,在水和三氯甲烷的两相介质中,指示剂取溴酚蓝和季铵盐,滴定钾离子直至三氯甲烷层中蓝色消失,水相呈色即为终点。

试样中 K 的质量分数为:

$$\omega_K = \frac{c_{NaB(C_6H_5)_4} V_{NaB(C_6H_5)_4} M_K}{1\,000 \times m} \times 100\%$$

式中,m 为试样的质量,g;$c_{NaB(C_6H_5)_4}$ 为四苯硼钠标准溶液的浓度,mol/L;$V_{NaB(C_6H_5)_4}$ 为四苯硼钠标准溶液消耗的体积,mL;M_K 为 K 的摩尔质量,g/mol。

第 7 章　配位滴定法

7.1　配合物概述

　　配位滴定法是以配位反应为基础的滴定分析方法,可通过金属离子与配位剂作用形成配合物进行滴定分析。

7.1.1　EDTA 及其解离平衡

　　乙二胺四乙酸是一种四元酸,习惯上用 H_4Y 表示。因为其在水中的溶解度很小,所以常用它的二钠盐 $Na_2H_2Y \cdot 2H_2O$,一般简称 EDTA。在水溶液中,EDTA 具有双偶极离子结构:

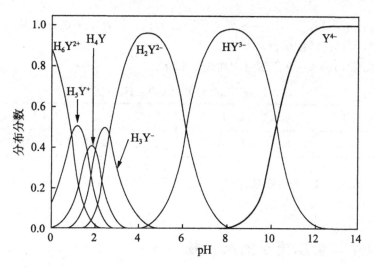

　　当 H_4Y 溶于酸度很高的溶液时,其两个羧酸根还可以接受两个 H^+,形成六元酸 H_6Y^{2+},有六级离解平衡:

$$H_6Y^{2+} \Longrightarrow H^+ + H_5Y^+, K_{a1} = \frac{[H^+][H_5Y^+]}{[H_6Y^{2+}]} = 10^{-0.90}$$

$$H_5Y^+ \Longrightarrow H^+ + H_4Y, K_{a2} = \frac{[H^+][H_4Y]}{[H_5Y^+]} = 10^{-1.60}$$

$$H_4Y \rightleftharpoons H^+ + H_3Y^-, \quad K_{a3} = \frac{[H^+][H_3Y^-]}{[H_4Y]} = 10^{-2.00}$$

$$H_3Y^- \rightleftharpoons H^+ + H_2Y^{2-}, \quad K_{a4} = \frac{[H^+][H_2Y^2]}{[H_3Y^-]} = 10^{-2.67}$$

$$H_2Y^{2-} \rightleftharpoons H^+ + H_2Y^{3-}, \quad K_{a5} = \frac{[H^+][H_2Y^{3-}]}{[H_2Y^{2-}]} = 10^{-6.16}$$

$$HY^{3-} \rightleftharpoons H^+ + Y^{4-}, \quad K_{a6} = \frac{[H^+][HY^{4-}]}{[HY^{3-}]} = 10^{10.26}$$

由此可见,EDTA 在水溶液中以 H_6Y^{2+}、H_5Y^+、H_4Y、H_3Y^-、H_2Y^{2-}、HY^{3-} 和 Y^{4-} 7 种型体存在,且在不同酸度下,各种型体的分布分数 δ(各种型体的浓度与 EDTA 总浓度之比)是不同的。EDTA 各种存在型体在不同 pH 时的分布曲线如图 7-1 所示。

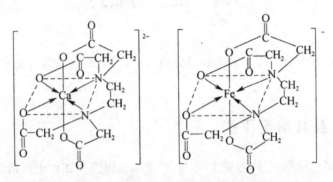

图 7-1　EDTA 各种存在型体在不同 pH 时的分布曲线

在这 7 种型体中,只有 Y^{4-} 能与金属离子直接配位。因此溶液的酸度越低(pH 越大),Y^{4-} 的存在形式越多,EDTA 的配位能力越强。

不同 pH 时 EDTA 的主要存在型体如表 7-1 所示。

表 7-1　不同 pH 时 EDTA 的主要存在型体

pH	<1	~1.6	1.6~2	2~2.7	2.7~6.2	6.2~10.3	>10.3
主要存在型体	H_6Y^{2+}	H_5Y^+	H_4Y	H_3Y^-	H_2Y^{2-}	HY^{3-}	Y^{4-}

由表 7-1 可知,在 pH<1 的强酸性溶液中,EDTA 主要以 H_6Y^{2+} 形式存在;在 pH>10.3 的碱性溶液中,主要以 Y^{4-} 形式存在。

7.1.2　EDTA 与金属离子的配合物

EDTA 分子具有两个氨氮原子和四个羧氧原子,均为孤对电子,即有六个配位原子。它可以和绝大多数的金属离子形成稳定的配位物。

EDTA 与金属离子配位形成具有六配位、五个五元环结构稳定的配合物,具有该类环结构的螯合物比较稳定,配位反应较完全。图 7-2 所示为 EDTA 与 Ca^{2+}、Fe^{3+} 形成的配合物的立体结构示意图。

一般情况下配位比为 1:1,计量关系简单。例如,

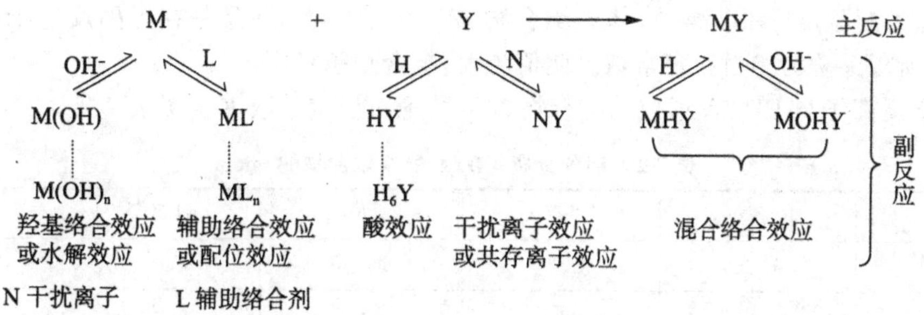

$$M \quad + \quad Y \quad \longrightarrow \quad MY \qquad 主反应$$

```
   OH⁻        L              H       N           H      OH⁻
M(OH)        ML           HY        NY          MHY    MOHY       副
                                                                  反
M(OH)ₙ       MLₙ          H₆Y                                     应
羟基络合效应  辅助络合效应   酸效应  干扰离子效应     混合络合效应
或水解效应    或配位效应           或共存离子效应
N 干扰离子    L 辅助络合剂
```

图 7-2　EDTA 与 Ca^{2+}、Fe^{3+} 形成的配合物的立体结构

$$Zn^{2+} + H_2Y^{2-} \rightleftharpoons ZnY^{2-} + 2H^+$$

$$Fe^{3+} + H_2Y^{2-} \rightleftharpoons FeY^- + 2H^+$$

$$Al^{3+} + H_2Y^{2-} \rightleftharpoons AlY^- + 2H^+$$

$$Sn^{4+} + H_2Y^{2-} \rightleftharpoons SnY + 2H^+$$

在计算时均可以取其化学式作为基本单元,计算简单。只有少数高价金属离子,例如,Zr、Mo 等金属离子形成 2∶1 形式配合物。

大多数 M^{n+} 与 EDTA 形成配合物的反应瞬间即可完成,只有极少数金属离子如 Cr^{3+}、Al^{3+} 室温下反应较慢,但是可以加热促使反应迅速进行。

形成的配合物易溶于水且无色的金属离子形成无色配合物,与有色的金属离子形成颜色更深的配合物,例如,

$$NiY^{2-} \quad CuY^{2-} \quad CoY^{2-} \quad FeY^- \quad CrY^- \quad MnY^{2-}$$

蓝绿色　　蓝色　　玫瑰紫　　黄色　　深紫　　紫红

滴定这些离子时,要适当控制其浓度,一般不宜过大,便于指示剂确定其终点。

EDTA 与金属离子的配位能力与溶液的 pH 有密切的关系。使用时要注意选择合适的缓冲溶液。

7.2　配位平衡和影响配合物稳定性的因素

7.2.1　配位平衡常数

7.2.1.1　绝对稳定常数

对于 1∶1 型的配合物 MY 而言,其配位反应式如下,为便于书写,略去电荷,M 代表金属离子,Y 代表 EDTA:

$$M + Y \rightleftharpoons MY$$

因此反应的平衡常数表达式为:

$$K_{MY} = \frac{[MY]}{[M] \cdot [Y]}$$

K_{MY} 即为配位反应平衡常数,体现配合物 MY 的稳定性,而且是在无副反应干扰情况下获取的数据,所以又称为绝对稳定常数。此值越大,配合物越稳定。

常见金属离子与 EDTA 形成的配合物 MY 的绝对稳定常数 K_{MY} 见表 7-2。

表 7-2 部分金属-EDTA 配位化合物的 lgK_{MY}

阳离子	lg K_{MY}	阳离子	lg K_{MY}	阳离子	lg K_{MY}
Na^+	1.66	Ce^{4+}	15.98	Cu^{2+}	18.08
Li^+	2.79	Al^{3+}	16.3	Ga^{2+}	20.3
Ag^+	7.32	Co^{2+}	16.31	Ti^{3+}	21.3
Ba^{2+}	7.86	Pt^{2+}	16.31	Hg^{2+}	21.8
Mg^{2+}	8.69	Cd^{2+}	16.49	Sn^{2+}	22.1
Sr^{2+}	8.73	Zn^{2+}	16.50	Th^{4+}	23.2
Be^{2+}	9.20	Pb^{2+}	18.04	Cr^{3+}	23.4
Ca^{2+}	10.69	Y^{3+}	18.09	Fe^{3+}	25.1
Mn^{2+}	13.87	Vo^+	18.1	U^{4+}	25.8
Fe^{2+}	14.33	Ni^{2+}	18.60	Bi^{3+}	27.94
La^{3+}	15.50	Vo^{2+}	18.8	Co^{3+}	36.0

7.2.1.2 条件稳定常数

绝对稳定常数是指无副反应情况下的数据,它不能反映实际滴定过程中的真实状况。如果充分考虑副反应的影响,根据溶液实有离子浓度计算,由此推导出的稳定常数称为条件稳定常数,用 K'_{MY} 表示。

$$K'_{MY} = \frac{[MY']}{[M'][Y']}$$

条件稳定常数是实际稳定常数,真正体现配合物的稳定性。lg K'_{MY} 越大,主反应越安全。lg $K'_{MY} \geqslant 8$ 作为单一金属离子准确滴定条件。

7.2.1.3 累积稳定常数

金属离子还能与其他配位剂形成 ML_n 型配合物。ML_n 型配合物在溶液中逐级形成,每一配位平衡各有其相应的平衡常数:

$$M+L \Longrightarrow ML \qquad 第一级稳定常数 \qquad K_{稳1} = \frac{[ML]}{[M][L]}$$

$$ML+L \Longrightarrow ML_2 \qquad 第二级稳定常数 \qquad K_{稳2} = \frac{[ML_2]}{[ML][L]}$$

$$\cdots$$

$$ML_{n-1}+L \Longrightarrow ML_n \qquad 第 n 级稳定常数 \qquad K_{稳n} = \frac{[ML_n]}{[ML_{n-1}][L]}$$

将各级稳定常数依次相乘,可得到逐级累积(积累)稳定常数,用 β_n 表示

$$\beta_1 = K_{稳1} = \frac{[ML]}{[M][L]}$$

$$\beta_2 = K_{稳1}K_{稳2} = \frac{[ML_2]}{[M][L]^2}$$

$$\cdots$$

$$\beta_n = K_{稳1}K_{稳2}\cdots K_{稳n} = \frac{[ML_n]}{[M][L]^n}$$

最后一级累积常数有称为总稳定常数。

从以上关系中可得到下列算式,可用于在配位平衡中计算各级配合物的浓度:

$$[ML] = \beta_1[M][L]$$

$$[ML_2] = \beta_2[M][L]^2$$

$$\cdots$$

$$[ML_n] = \beta_n[M][L]^n$$

7.2.2　影响配合物稳定性的因素

在配位滴定中所涉及的化学平衡比较复杂,除了被测金属离子 M 与滴定剂 Y 之间的主反应外,还存在不少副反应,从而影响主反应的进行。如下式所示:

除了反应产物 MY 的副反应有利于主反应,其他副反应都将对主反应产生不利影响。为了定量表示副反应进行的程度,引入副反应系数 α。下面讨论各种副反应的影响。

7.2.2.1　配位剂的副反应系数的影响

用 α_Y 表示配位剂的副反应系数:

$$\alpha_Y = \frac{[Y']}{[Y]}$$

α_Y 表示未与 M 配位的 EDTA 的各种型体的总浓度[Y']为游离 EDTA(Y^{4-})浓度([Y])的 α_Y 倍。配位剂的副反应主要有酸效应和共存离子效应,其副反应系数则分别表示酸效应系数 $\alpha_{Y(H)}$ 和共存离子效应系数 $\alpha_{Y(N)}$。

(1)酸效应及酸效应系数 $\alpha_{Y(H)}$

因为 H^+ 与 Y 之间的副反应,使得 M 和 Y 的主反应的配位能力下降,将这种现象称为酸效应。当 H^+ 与 Y 发生副反应时,未与金属离子配位的配位体除游离的 Y 外,还有 HY、H_2Y、H_3Y、H_4Y、H_5Y、H_6Y 等,所以未与 M 配位的 EDTA 的浓度应等于以上七种浓度的总和:

$$[Y'] = [Y] + [HY] + [H_2Y] + [H_3Y] + [H_4Y] + [H_5Y] + [H_6Y]$$

酸效应的大小使用酸效应系数来表示:

$$\alpha_{Y(H)} = \frac{[Y']}{[Y]}$$

根据 EDTA 的各级解离平衡关系,可以推导出:

$$\alpha_{Y(H)} = 1 + \frac{[H^+]}{K_{a6}} + \frac{[H^+]^2}{K_{a6}K_{a5}} + \frac{[H^+]^3}{K_{a6}K_{a5}K_{a4}} + \frac{[H^+]^4}{K_{a6}K_{a5}K_{a4}K_{a3}}$$
$$+ \frac{[H^+]^5}{K_{a6}K_{a5}K_{a4}K_{a3}K_{a2}} + \frac{[H^+]^6}{K_{a6}K_{a5}K_{a4}K_{a3}K_{a2}K_{a1}}$$

由此可以看出,$\alpha_{Y(H)}$ 与溶液酸度有关,随着溶液 pH 的增大而减小,$\alpha_{Y(H)}$ 越大,配位反应 Y 的浓度越小,从而表示滴定剂发生的副反应越严重;当 $\alpha_{Y(H)} = 1$ 时,$[Y'] = [Y]$,表示滴定剂没有发生副反应,EDTA 全部以 Y 的形式存在。

根据 EDTA 的各级解离常数 K_{a1}、K_{a2}、K_{a3}、$\cdots$、K_{a6},还可以计算出在不同 pH 下的 $\alpha_{Y(H)}$ 值。EDTA 在各种 pH 时的酸效应系数见表 7-3。

表 7-3　EDTA 在各种 pH 时的酸效应系数

pH	lg$\alpha_{Y(H)}$	pH	lg$\alpha_{Y(H)}$	pH	lg$\alpha_{Y(H)}$
0.0	23.64	4.5	7.44	9.0	1.28
0.5	20.75	5.0	6.45	9.5	0.83
1.0	18.01	5.5	5.51	10.0	0.45
1.5	15.55	6.0	4.65	10.5	0.20
2.0	13.51	6.5	3.92	11.0	0.07
2.5	11.90	7.0	3.32	11.5	0.02
3.0	10.63	7.5	2.78	12.0	0.01
3.5	9.48	8.0	2.27	13.0	0.000 8
4.0	8.44	8.5	1.77	13.9	0.000 1

表 7-3 显示,lg $\alpha_{Y(H)}$ 随着酸度的增大而增大,即 pH 越小,酸效应越显著,EDTA 参与配位反应的能力越低。反之,pH 越大,则酸效应越不显著,当 pH 增大至一定程度时,可忽略 EDTA 酸效应的影响。

(2)共存离子效应及共存离子效应系数 $\alpha_{Y(N)}$

当用 Y 滴定 M 时,如果溶液中存在其他金属离子 N,Y 与 N 也能形成 1:1 配合物,从而降低 Y 参加主反应的能力,这种现象称为共存离子效应。其副反应影响程度用共存离子效应系数 $\alpha_{Y(N)}$ 衡量。若只考虑共存离子的影响:

$$\alpha_{Y(N)} = \frac{[Y']}{[Y]} = \frac{[Y] + [NY]}{[Y]} = 1 + \frac{[N][Y]K_{NY}}{[Y]} = 1 + [N]K_{NY}$$

即配位剂 EDTA 与干扰离子 N 的共存离子效应系数决定于干扰离子 N 的浓度和干扰离子 N 与 EDTA 的稳定常数 K_{NY}。

(3)Y 的总副反应系数 α_Y

如果 EDTA 与 H^+ 及 N 同时发生副反应,则总的副反应系数 α_Y 可按下式计算

$$\alpha_Y = \frac{[Y']}{[Y]} = \frac{[Y] + [HY] + [H_2Y] + \cdots + [H_6Y] + [NY]}{[Y]}$$

$$= \frac{[Y] + [HY] + [H_2Y] + \cdots + [H_6Y] + [Y] + [NY] - [Y]}{[Y]}$$

$$= \alpha_{Y(H)} + \alpha_{Y(N)} - 1$$

7.2.2.2 金属离子的配位效应的影响

由于溶液中的其他配位体与金属离子配位所产生的副反应,使金属离子参加主反应的能力降低的现象称为金属离子的配位效应。当有配位效应存在时,未与 Y 配位的金属离子,除了游离的 M 外,还有 ML、ML_2、$\cdots ML_n$ 等,以 $[M']$ 表示未与 Y 配位的金属离子的总浓度,则有

$$[M'] = [M] + [ML] + [ML_2] + \cdots + [ML_n]$$

配位效应对主反应影响程度的大小可用配位效应系数 $\alpha_{M(L)}$ 来衡量,它表示未与 Y 配位的金属离子各种型体的总浓度($[M']$)为游离金属离子浓度($[M]$)的 $\alpha_{M(L)}$ 倍,其表达式为:

$$\alpha_{M(L)} = \frac{[M']}{[M]}$$

7.2.2.3 配合物的条件稳定常数的影响

在没有副反应发生时,金属离子 M 与配位剂 EDTA 的反应进行程度可用稳定常数 K_{MY} 表示,其不受溶液浓度、酸度等外界条件的影响,所以又称为绝对稳定常数。K_{MY} 值越大,配合物越稳定。然而在实际滴定中,由于受到副反应的影响,K_{MY} 值已经不能反映主反应的进行程度,此时稳定常数的表达式中,Y 应用 Y' 代替,M 应用 M' 代替,所形成的配位化合物也应当用总浓度 $[MY']$ 表示,那么,在有副反应的情况下,平衡常数变为:

$$K'_{MY} = \frac{[MY']}{[M'][Y']}$$

K'_{MY} 称为条件稳定常数。表示在一定条件下,有副反应发生时主反应进行的程度。

因为

$$[M'] = \alpha_M[M], [Y'] = \alpha_Y[Y], [MY'] = \alpha_{MY}[MY]$$

所以

$$K'_{MY} = \frac{\alpha_{MY}[MY]}{\alpha_M[M] \cdot \alpha_Y[Y]} = K_{MY} \cdot \frac{\alpha_{MY}}{\alpha_M \alpha_Y}$$

使用对数形式表示如下:

$$\lg K'_{MY} = \lg K_{MY} - \lg \alpha_M - \lg \alpha_Y + \lg \alpha_{MY}$$

上述两个公式为配位平衡的重要公式,其表示 MY 的条件稳定常数随溶液酸度不同而改变。K'_{MY} 的大小反映了在相应 pH 条件下形成配合物的实际稳定常数,是判定滴定可能性的重要依据。

7.3 金属指示剂

金属指示剂是一些可与金属离子生成有色配合物的有机配位剂,其有色配合物的颜色与游

离指示剂的颜色不同,从而可以用来指示滴定过程中金属离子浓度的变化情况,因而称为金属离子指示剂,简称金属指示剂。

7.3.1 金属指示剂的作用原理

金属指示剂是一些有色的有机配位剂,在被测定的金属离子溶液中,加入金属指示剂,指示剂与被测金属离子进行配位反应,生成有色配合物,其颜色与指示剂自身颜色不同。现以铬黑 T(EBT)为例,说明金属指示剂的作用原理。

铬黑 T 与金属离子(如 Ca^{2+}、Zn^{2+}、Mg^{2+} 等)反应形成比较稳定的红色配合物,pH=8.0～11.0 时,铬黑 T 自身显蓝色。在 pH = 10 的条件下,用 EDTA 滴定 Mg^{2+} 离子,铬黑 T 做指示剂,反应式如下:

$$Mg^{2+} + EBT \rightleftharpoons Mg\text{-}EBT$$
$$\text{蓝色} \qquad \text{鲜红色}$$

当滴入 EDTA 时,溶液中游离态的 Mg^{2+} 逐步被 EDTA 配位,当达到计量点时,Mg^{2+} 浓度已经非常低,再加入 EDTA 进而夺取 Mg^{2+},释放出指示剂 EBT,这样溶液就呈现出指示剂自身的颜色。

$$Mg\text{-}EBT + EDTA \rightleftharpoons Mg\text{-}EDTA + EBT$$
$$\text{鲜红色} \qquad\qquad\qquad \text{蓝色}$$

另外,要注意的是使用金属指示剂,一定要选用合适的 pH 范围。

7.3.2 金属离子指示剂必备的条件

根据金属离子指示剂的变色原理可以看出,金属离子指示剂必须具备以下几个条件:

①在滴定的 pH 范围内,指示剂与其金属离子配合物的颜色应该有显著的差异,这样,终点时的颜色变化才会明显。

②金属离子指示剂和金属离子的反应要灵敏、迅速,而且还要有良好的变色可逆性。

③金属离子指示剂要比较稳定,不易氧化变质或分解,便于贮藏和使用。

④金属离子与指示剂形成的配合物(简称 MIn)稳定性要适当。MIn 的稳定性一定要比 MY 配合物的稳定性低。如果稳定性太低,就会使终点提前,而且颜色变化不敏锐,如果稳定性太高的话,则会使重点拖后,甚至是 EDTA 不能夺取 MIn 中的 M,到达计量点后也不会改变颜色,看不到滴定终点。因此,一般要求二者的稳定常数符合以下关系式:

$$\frac{\lg K'_{MY}}{\lg K'_{MIn}} > 10^2$$

⑤指示剂及其配合物都应易溶于水。如果生成胶体或者沉淀,则会影响显色反应的可逆性,使得变色不明显。

7.3.3 金属指示剂的选择

金属离子指示剂配合物在溶液中存在下列平衡:

$$MIn \rightleftharpoons M + In$$

平衡常数：

$$K_{\mathrm{MIn}}^{\ominus\prime}=\frac{[\mathrm{MIn}]}{[\mathrm{M}][\mathrm{In}]}$$

只考虑指示剂的酸效应，得到

$$K_{\mathrm{MIn}}^{\prime}=\frac{[\mathrm{MIn}]}{[\mathrm{M}][\mathrm{In}']}\quad \lg K_{\mathrm{MIn}}^{\prime}=\mathrm{pM}+\lg\frac{[\mathrm{MIn}]}{[\mathrm{In}']}$$

当 $[\mathrm{MIn}]=[\mathrm{In}']$ 时，指示剂发生颜色转变，此即指示剂的变色点。

$$\mathrm{pM}=\lg K_{\mathrm{MIn}}^{\prime}$$

也可将上式改写成

$$\mathrm{pM}=\lg K_{\mathrm{MIn}}^{\ominus\prime}-\lg \alpha_{\mathrm{In(H)}}$$

　　因此，只要知道金属离子指示剂配合物的稳定常数及一定 pH 时指示剂的酸效应系数，就可求出变色点的 pM，用 $\mathrm{pM_t}$ 表示。

　　应当指出的是，由于配位滴定使用的指示剂一般为有机弱酸，存在酸效应。所以它与金属离子 M 所形成的配合物的条件稳定常数将随 pH 的变化而变化，从而使指示剂变色点的 pM 也随 pH 的变化而变化。因此，金属离子指示剂不可能像酸碱指示剂那样，有一个确定的变色点。在选择指示剂时，必须考虑体系的酸度，使指示剂的变色点与化学计量点尽量一致。

　　实际工作中大多采用实验方法来选择指示剂。这是因为金属离子指示剂的常数很不齐全，有时无法进行计算的缘故。

7.3.4　常见的金属指示剂

7.3.4.1　二甲酚橙

二甲酚橙的化学名称为 3,3-双[N,N-二(羧甲基)氨甲基]-邻-甲酚磺酞，简称 XO。其结构式为：

在水溶液中有七级酸式离解，其中 $\mathrm{H_7In}$ 至 $\mathrm{H_3In^{4-}}$ 均为黄色，$\mathrm{H_2In^{5-}}$ 至 $\mathrm{In^{7-}}$ 均为红色。$\mathrm{H_3In^{4-}}$ 的离解平衡为：

$$\mathrm{H_3In^{4-}}\xrightarrow{\ pK_a=6.3\ }\mathrm{H^+}+\mathrm{H_2In^{5-}}$$

　　二甲酚橙与金属离子的配合物均为红紫色，因此二甲酚橙只适合在 pH<6 酸性溶液中使用。二甲酚橙可用于很多金属离子的滴定，如 $\mathrm{ZrO^{2+}}$ (pH<1)、$\mathrm{Bi^{3+}}$、$\mathrm{Th^{4+}}$ (pH 1~3)、$\mathrm{Hg^{2+}}$、$\mathrm{Zn^{2+}}$、$\mathrm{Cd^{2+}}$、$\mathrm{Pb^{2+}}$、稀土(pH 5~6)，终点由红紫色变为亮黄色。$\mathrm{Fe^{3+}}$、$\mathrm{Al^{3+}}$、$\mathrm{Cu^{2+}}$、$\mathrm{Co^{2+}}$、$\mathrm{Ni^{2+}}$ 对二甲酚橙有封闭作用。二甲酚橙比较稳定，通常配成 0.2% 水溶液，约稳定 2~3 周。

7.3.4.2　铬黑 T

铬黑 T 化学名称是 1-(1-羟基-2-萘偶氮)-6-硝基-2-萘酚-4-磺酸钠，简称 EBT。其结构式如下：

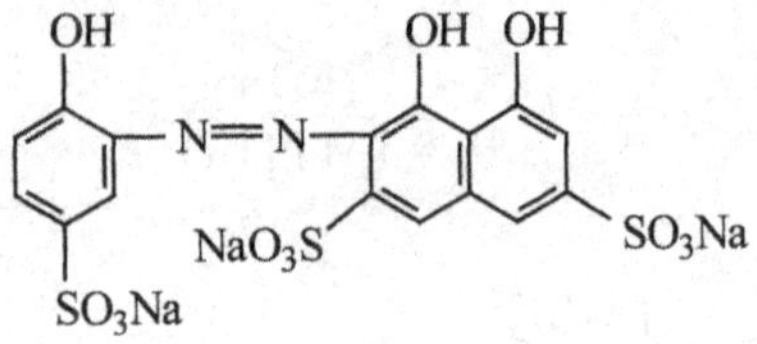

当 pH<6.3 时,呈紫红色,pH>11 时,呈橙色,铬黑 T 金属配合物呈红色。所以,铬黑 T 应在 pH 6.3~11.6 范围内使用。在 pH 为 10 的缓冲溶液中,用 EDTA 滴定 Mg^{2+}、Zn^{2+}、Cd^{2+}、Pb^{2+}、Mn^{2+}、稀土等离子时,EBT 是良好的指示剂,但 Al^{3+}、Fe^{3+}、Cu^{2+}、Co^{2+}、Ni^{2+} 对铬黑 T 有封闭作用。

铬黑 T 水溶液不稳定,在水溶液中只能保存几天,其原因是发生了聚合作用或氧化反应。pH<6.5 时聚合作用严重,配制时加入三乙醇胺可减缓聚合速度。在碱性溶液中易被氧化褪色。固体铬黑 T 较稳定。

7.3.4.3 酸性铬蓝 K

酸性铬蓝 K 的化学名称为 4,5-二羟基-3-(2-羟基-5-苯磺酸钠)偶氮 1-2,7-萘二磺酸钠。其结构式如下:

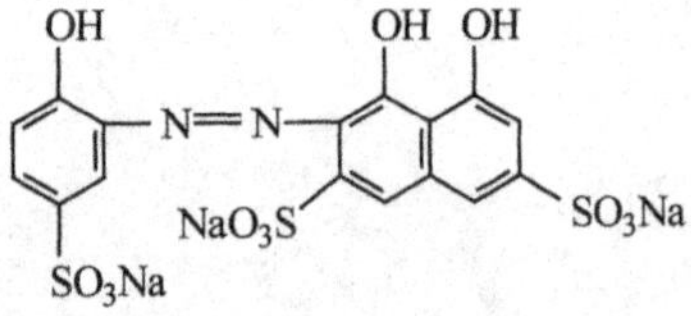

酸性铬蓝 K 呈棕红色或暗红色粉末,溶于水和乙醇,水溶液呈玫瑰红色,在碱性溶液呈灰蓝色。一般与 NaCl 按 1:10 配成固体指示剂使用。酸性铬蓝 K 的适宜 pH 使用范围是 8~13,终点由红色变为纯蓝色。常用作在 pH=10 时滴定 Mg^{2+}、Zn^{2+}、Mn^{2+} 的指示剂,pH=13 时,可作为滴定 Ca^{2+} 的指示剂。

7.3.4.4 钙指示剂

钙指示剂的化学名称为 2-羟基-1-(2-羟基-4-磺酸基-1-萘偶氮)-3-萘甲酸,简称 NN 或钙红。其结构式如下:

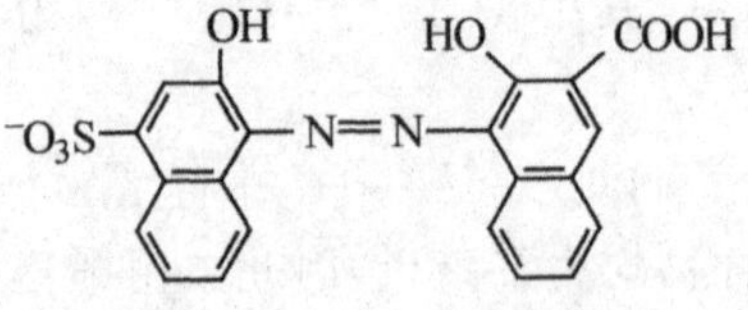

钙指示剂为黑色粉末,用 Na_2H_2In 表示,在水溶液中有下列酸碱平衡:

$$H_2In^{2-} \underset{+H^+}{\overset{-H^+}{\rightleftharpoons}} HIn^{3-} \underset{+H^+}{\overset{-H^+}{\rightleftharpoons}} In^{4-}$$

$$\text{红} \qquad\qquad \text{蓝} \qquad\qquad \text{紫}$$

在 pH 为 12~13 的条件下,钙指示剂与 Ca^{2+} 生成红色配合物 CaIn,因此,在 Ca^{2+}、Mg^{2+} 离

子混合液中测 Ca^{2+} 离子时,首先把溶液的酸度控制在 $pH \geqslant 12$,使 Mg^{2+} 生成 $Mg(OH)_2$ 沉淀,从溶液中除去,再加钙指示剂,到达滴定终点时,溶液由红色变为蓝色。NN 在固态时很稳定,在水溶液、乙醇溶液中均不稳定。实际应用时,常用 $1 : 100$ 的 NN 和 NaCl 混合研细混匀的固态指示剂,即钙红。

7.3.4.5　PAN

PAN 的化学名称为 1-(2-吡啶-偶氮)-2-萘酚[1-(2-pyridylazo)-2-naphthiloli,PAN]。其结构式为:

PAN 与 Cu^{2+} 的显色反应非常灵敏,但很多其他金属离子如 Ni^{2+}、Co^{2+}、Zn^{2+}、Pb^{2+}、Bi^{3+}、Ca^{2+} 等与 PAN 反应慢或显色灵敏度低。所以有时利用 Cu-PAN 作间接指示剂来测定这些金属离子。Cu-PAN 指示剂是 $[CuY]^{2-}$ 和少量 PAN 的混合液。将此液加到含有被测金属离子 M 的试液中时,发生如下置换反应:

$$CuY + PAN + M \rightleftharpoons MY + Cu\text{-}PAN$$
$$\qquad\quad 黄 \qquad\qquad\qquad\qquad 紫红$$

此时溶液呈现紫红色。当加入的 EDTA 定量与 M 反应后,在化学计量点附近 EDTA 将夺取 $Cu-PAN$ 中的 Cu^{2+},从而使 PAN 游离出来:

$$Cu\text{-}PAN + Y \rightleftharpoons CuY + PAN$$
$$\quad 紫红 \qquad\qquad\qquad\quad 黄$$

溶液由紫红变为黄色,指示终点到达。因滴定前加入的 CuY 与最后生成的 CuY 是相等的,故加入的 CuY 并不影响测定结果。

在几种离子的连续滴定中,若分别使用几种指示剂,则会发生颜色干扰。由于 $Cu-PAN$ 可在很宽的 pH 范围内使用,因而可以在同一溶液中连续指示终点。

7.4　配位滴定的基本原理

7.4.1　配位滴定曲线

在金属离子的溶液中,随着配位滴定剂的加入,金属离子不断发生配位反应,其浓度也随之减小,在化学计量点附近,金属离子浓度发生突跃。因此,可将配位滴定过程中金属离子浓度随着滴定剂加入量不同而变化的规律绘制成滴定曲线。

若被滴定的金属离子为不易水解也不易与其他配位剂反应的离子,如Ca^{2+},那么只需要考虑 EDTA 的酸效应 $\alpha_{Y(H)}$。可以利用 $K'_{MY}=\dfrac{K_{MY}}{\alpha_{Y(H)}}$ 计算出在不同 pH 溶液中,滴定到不同阶段时被滴定的金属离子的浓度,其计算的思路类同于酸碱滴定。以 0.010 00 mol/L EDTA 溶液滴定 20.00 mL 0.010 00 mol/L Ca^{2+} 溶液为例,说明曲线的绘制。

已知 $\lg K_{CaY}=10.69$,pH$=10.0$,$\lg \alpha_{Y(H)}=0.45$,通过计算得到 $K'_{CaY}=1.74\times10^{10}$。

整个滴定过程可分为以下四个阶段进行计算。

(1)滴定开始前

$$[Ca^{2+}]=0.010\ 00\ mol/L,\ pCa=-\lg[Ca^{2+}]=2.00$$

(2)滴定开始至化学计量点前

当加入 19.98 mL EDTA 溶液时,有

$$[Ca^{2+}]=\frac{0.02\ mL\times0.010\ 00\ mol/L}{39.98\ mL}=5.0\times10^{-6}\ mol/L$$

$$pCa=5.30$$

从滴定开始到化学计量点前的各点都这样计算。

(3)化学计量点时

当加入 20.00 mL EDTA 溶液时,Ca^{2+} 与 EDTA 恰好完全作用生成 CaY,浓度为 0.005 000 mol/L,此时$[Ca^{2+}]=[Y']$

所以

$$[Ca^{2+}]=\sqrt{\frac{[CaY]}{K'_{CaY}}}=\sqrt{\frac{0.005\ 000}{1.74\times10^{10}}}\ mol/L=5.36\times10^{-7}\ mol/L$$

$$pCa=6.27$$

(4)化学计量点后

加入 20.02 mL EDTA 溶液时,EDTA 溶液过量 0.02 mL,此时

$$[Y']=\frac{0.02\ mL\times0.010\ 00\ mol/L}{40.02\ mL}=5.0\times10^{-6}\ mol/L$$

$$[Ca^{2+}]=\frac{[CaY]}{[Y']K'_{CaY}}=\frac{0.005\ 000}{5.0\times10^{-6}\times1.74\times10^{10}}\ mol/L=5.75\times10^{-8}\ mol/L$$

$$pCa=7.24$$

化学计量点计算过程同上述过程类似,最后以加入 EDTA 溶液的加入量作为横坐标,对应的 pC_a 作为纵坐标,得到图 7-3 所示的 EDTA 滴定 Ca^{2+} 的滴定曲线。

在化学计量点前一段曲线的位置仅随着 EDTA 的加入 Ca^{2+} 的浓度不断缩小,后一段受 EDTA 酸效应的影响,pCa 数值随着 pH 的不同而不同。

若被滴定的金属离子为易水解或者易与其他配位剂反应的离子,滴定时常常需要加入辅助配位剂防止水解,那么滴定曲线同时受酸效应和配位效应的影响。如图 7-4 所示为 EDTA 滴定 Ni^{2+} 的滴定曲线,由于氨缓冲溶液中 Ni^{2+} 易与 NH_3 配位,从而生成较为稳定的$[Ni(NH_3)_4]^{2+}$,使游离的 Ni^{2+} 的浓度减小,所以滴定曲线在化学计量点前一段的位置升高。

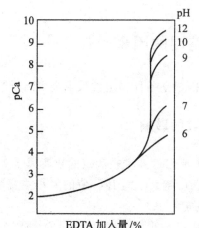

图 7-3　不同 pH 时用 0.010 00 mol/L DETA 标准溶液滴定 20.00mL 等浓度 Ca^{2+} 的滴定曲线

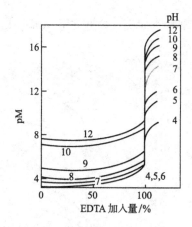

图 7-4　EDTA 滴定 0.001 mol/L Ni^{2+} 的滴定曲线

如果用 EDTA 标准溶液滴定不同浓度的同一金属离子 M,则所得的滴定曲线如图 7-5 所示。

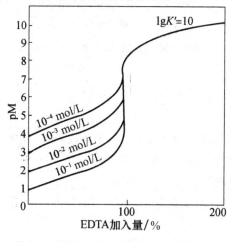

图 7-5　EDTA 与不同浓度 M 的滴定曲线

7.4.2 影响滴定突跃范围的因素

影响滴定突跃范围的主要因素是条件稳定常数和金属离子浓度。

7.4.2.1 条件稳定常数的影响

由图 7-6 不难看出,当配位剂 EDTA 和被滴定的金属离子 M 浓度一定时,配合物的条件稳定常数 K'_{MY} 的值越大,滴定突跃就越大。而 K'_{MY} 值的大小主要取决于有配合物的稳定常数、溶液的酸度以及存在的其他配位剂等。

①配合物的 K_{MY} 值越大,则 K'_{MY} 也越大,配位滴定的 pM$'$ 突跃范围也越大。

②滴定体系的酸度越高,pH 越小,$\lg \alpha_{Y(H)}$ 越大,$\lg K'_{MY}$ 值就越小,配位滴定的 pM$'$ 突跃范围也就越小。

③若有其他配位剂存在时,则对金属离子产生配位效应。$\lg \alpha_{M(L)}$ 值越大,$\lg K'_{MY}$ 值就越小,配位滴定的 pM$'$ 突跃范围也越小。

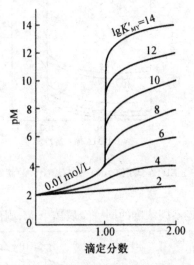

图 7-6　用 EDTA 滴定不同 K'_{MY} 值的金属离子的滴定曲线

7.4.2.2 金属离子浓度的影响

从图 7-7 可以看出,当 K'_{MY} 值一定时,金属离子浓度越低,滴定曲线的起点就越高,滴定突跃就越小。因此,溶液的浓度不宜过稀,一般选用 10^{-2} mol/L 左右。

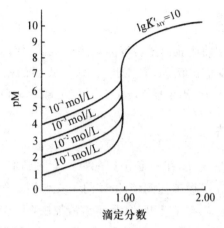

图 7-7　不同浓度的 EDTA 滴定相应浓度金属离子的滴定曲线

7.5　提高配位滴定的选择性

由于 EDTA 能与多种金属离子作用形成稳定配合物,而得到广泛应用。但在实际分析工作中,被测试样多数是几种金属离子共存,滴定时会产生相互干扰,因此,在测定某一金属离子或分别滴定某几种金属离子时,如何消除共存离子的干扰成为配位滴定中要解决的重要问题。

7.5.1　控制溶液的酸度

酸度是影响配位滴定的一个重要因素,控制溶液酸度进行选择性滴定是提高配位滴定选择性最简便的方法。控制在一定酸度下滴定,可使某些配离子的条件稳定常数下降到不被滴定的数值。

由于溶液的酸度会影响金属离子的条件稳定常数,所以可以通过调节适宜的酸度来提高配位滴定的选择性。但控制酸度并不能改变被测离子与干扰离子的稳定常数的差值,只是使两者的条件稳定常数都减少相同的值;控制酸度只适合于被测离子与干扰离子的 EDTA 配合物稳定性相差足够大的情况。

7.5.2　掩蔽方法

利用掩蔽剂与干扰离子反应,降低干扰离子的浓度,使其不与 EDTA 配合,从而消除干扰影响。但应注意这种方法只适合于有少量的干扰离子存在的情况,否则效果不理想。掩蔽方法可分为沉淀掩蔽法、配位掩蔽法和氧化还原掩蔽法等。

7.5.2.1　沉淀掩蔽法

这种方法主要利用沉淀剂将干扰离子转变为难溶的沉淀,使溶液残留的干扰离子浓度大为下降而不再能与 EDTA 有反应。例如,在 Ca^{2+}、Mg^{2+} 共存的溶液中加入适量的 NaOH,用 EDTA 直接滴定 Ca^{2+},此时 Mg^{2+} 因生成 $Mg(OH)_2$ 沉淀和 $Mg(OH)^+$,而不干扰 Ca^{2+} 的测定。

7.5.2.2　配位掩蔽法

这种方法主要是利用掩蔽剂(L)在一定 pH 条件下与干扰离子 N 结合成 NL_n,从而降低游离的 N 至很小数值,即降低 K'_{NY} 数值达到消除 N 的干扰作用。例如,Zn^{2+}、Al^{3+} 共存时,在一般情况下,Al^{3+} 对 EDTA 滴定 Zn^{2+} 有干扰,如果将溶液控制在 pH=5.5 时,加入过量的 NH_4F,使 Al^{3+} 结合生成很稳定的 AlF_6^{3-},使 K'_{AlY} 大为降低,而 Zn^{2+} 这时不与 F^- 配位结合,K'_{ZnY} 几乎不变,这样就可以用 EDTA 滴定 Zn^{2+} 而不会受到 Al^{3+} 的干扰。

7.5.2.3　氧化还原掩蔽法

利用氧化还原反应,加入氧化剂或还原剂使某些离子的氧化态升高或降低,达到消除干扰的目的,称为氧化还原掩蔽法。例如,Fe^{3+} 和 Fe^{2+}、Al^{3+}、Zn^{2+} 等离子共存时,要用 EDTA 滴定法分别测定 Fe^{3+} 和 Fe^{2+} 的含量。可先控制溶液的 pH=2,用磺基水杨酸作指示剂,以 EDTA 滴定 Fe^{3+};然后加适量过氧化氢或过硫酸铵使 Fe^{2+} 氧化成 Fe^{3+},加热除去过量氧化剂,再用 EDTA 滴定,计算出 Fe^{2+} 的含量。因为如果在滴定 Fe^{3+} 后不加氧化剂而用控制 pH 的方法直接滴定 Fe^{2+},将会受到 Al^{3+} 和 Zn^{2+} 的干扰。

7.5.3　预先分离干扰离子

为了提高配合滴定的选择性,通常可以采用控制酸度、掩蔽干扰离子、解蔽被测离子等方法。但若采用以上的方法仍不能消除干扰离子的影响,只有采用分离的方法来解决。

分离的方法有很多种,在配位滴定中常用到的有沉淀分离、气态分离、离子交换分离等。例如,磷矿石中一般含 Fe^{3+}、Al^{3+}、Ca^{2+}、Mg^{2+}、F^- 和 PO_4^{3-} 等离子,其中 F^- 的干扰最为严重,它能与 Al^{3+} 生成很稳定的配合物 $[AlF_6]^{3-}$,在酸度低时 F^- 又能与 Ca^{2+} 生成 CaF_2 沉淀,因此在配位滴定中,必须首先加酸,加热,使 F^- 生成 HF 挥发逸出。若测定时必须分离沉淀,为避免吸附、共沉淀等使待测离子损失,不允许先沉淀分离大量的干扰离子后,再测定少量离子。此外,还应尽可能选用能同时沉淀多种干扰离子的试剂来进行分离,以简化分离步骤。

7.5.4　采用其他配位剂

氨羧酸配位剂种类很多。除了 EDTA 外,许多氨羧配位剂也能与金属离子生成配合物,但其稳定性与 EDTA 配合物的稳定性有时差别很大,故选用这些氨羧配位剂作为滴定剂,有可能提高滴定某些金属离子的选择性。

7.5.4.1　EDTP(乙二胺四丙酸)

EDTP 与 Cu^{2+} 形成的配合物有相当高的稳定性,而与 Zn^{2+}、Cb^{2+}、Mn^{2+}、Mg^{2+} 等离子形成的配合物稳定性就相对低得多,故可以在 Zn^{2+}、Cb^{2+}、Mn^{2+}、Mg^{2+} 存在下,用 EDTP 直接滴定 Cu^{2+}。

7.5.4.2　DCTA(环己烷二胺四乙酸)

DCTA 与金属离子形成的配合物一般比相应的 EDTA 配合物更稳定。但 DCTA 与金属离子配位反应速率较慢,使终点拖长,且价格较贵,一般不使用。但它与 Al^{3+} 的配位反应速率相当快,用 DCTA 滴定 Al^{3+},可省去加热等手续。

7.5.4.3　EGTA(乙二醇二乙醚二胺四乙酸)

EGTA 与 Ca^{2+}、Mg^{2+} 形成的配合物稳定性相差较大,故可在 Ca^{2+}、Mg^{2+} 共存时,用 EGTA 直接滴定 Ca^{2+}。而 EDTA 与 Ca^{2+}、Mg^{2+} 形成的配合物稳定性相差不大。

7.6　EDTA 标准溶液的配制与标定

7.6.1　EDTA 标准溶液的配制

EDTA 难溶于水,在分析中通常使用其二钠盐配制标准溶液,也称为 EDTA 溶液。乙二胺四乙酸二钠盐经提纯后可作为基准物质,直接配制成标准溶液。由于乙二胺四乙酸二钠盐的提纯方法较为复杂,在实验室中常采用间接法配制 0.02 mol/L 的溶液,也有用 0.01 mol/L 和 0.05 mol/L 等浓度的该标准溶液。

由于 EDTA 溶液分子中的结晶水有可能在放置的过程中失去一部分,也可能会有少量吸附水,而且配制好的溶液如果贮存在玻璃器皿中,因玻璃材质的不同,EDTA 将不同程度地溶解玻璃中的 Ca^{2+} 生成 CaY。因此,EDTA 标准溶液应用间接法配制且间隔一段时间后需重新标定。

EDTA 溶液应当贮存在聚乙烯塑料瓶或硬质玻璃瓶中,以防止溶解软质玻璃中的 Ca^{2+} 形成 CaY^{2+},对滴定分析结果产生影响。

7.6.2　EDTA 标准溶液的标定

标定 EDTA 常用金属锌或氧化锌为基准物质,铬黑 T 或二甲酚橙为指示剂。也可用碳酸钙作基准物质。

7.6.2.1　以金属锌为基准物质

将金属锌粒表面的氧化物用稀盐酸洗去,用水洗去盐酸,再用丙酮漂洗一下,沥干后于

110℃烘 5 min 备用。精密称取锌粒约 0.1 g,加稀盐酸 5 mL,置水浴上温热溶解后,按以 ZnO 为基准物时同样的操作步骤进行标定。

7.6.2.2 以氧化锌为基准物质

精密称取在 800℃灼烧至恒重的基准级 ZnO 的质量为 0.12 g,加稀盐酸 3 mL 使溶解,加蒸馏水 25mL 及甲基红指示剂 1 滴,滴加氨试液至溶液呈微黄色,再加蒸馏水 25 mL,氨性缓冲液 10 mL,铬黑 T 指示剂数滴,用 EDTA 标准溶液滴定至溶液由紫红色变为纯蓝色即为终点。

如用二甲酚橙作指示剂,则当 ZnO 在盐酸中溶解后加蒸馏水 50 mL,0.5%二甲酚橙指示剂 2~3 滴,然后滴加 20%的六次甲基四胺溶液至呈紫红色,再多加 3 mL,用 EDTA 标准溶液滴定至溶液由紫红色变为亮黄色即为终点。

7.6.2.3 以碳酸钙为基准物质

精密称取 0.20~0.80 g CaCO₃ 于 250 mL 烧杯中,先用少量水润湿,盖上表面皿,缓慢加入 6 mol/L盐酸 8~15 mL,使全部溶解。将溶液转移至 250 mL 容量瓶中。用水稀释至刻度,摇匀。

用移液管移取 20.00 mL 上述溶液于锥形瓶中,加入 pH=10 的 $NH_3 \cdot H_2O$-NH_4Cl 缓冲液 20 mL,以及 K-B 指示剂 2~3 滴,用 EDTA 标准溶液滴定至溶液由紫红色变为蓝绿色即为终点。

在测定石灰石或白云石中 CaO、MgO 的含量时常用用 CaCO₃ 为基准物标定 EDTA 溶液。准确称取一定量基准物 CaCO₃,加 HCl 溶液,其反应如下:

$$CaCO_3 + 2HCl \Longrightarrow CaCl_2 + CO_2 \uparrow + H_2O$$

再把溶液定量转移到容量瓶中,稀释至刻度,配制成 Ca^{2+} 标准溶液。吸取一定量 Ca^{2+} 标准溶液,用 NaOH 调节溶液 pH≥12,加入钙指示剂,在溶液中,钙指示剂 HIn^{2-} 与 Ca^{2+} 形成比较稳定的配离子,此时溶液呈酒红色。其反应如下:

$$HIn^{2-} + Ca^{2+} \Longrightarrow CaIn^- + H^+$$

当用 EDTA 溶液滴定时,由于 EDTA 能与 Ca^{2+} 形成比$CaIn^-$ 配离子更稳定的配离子,因此在滴定终点附近,$CaIn^-$ 配离子不断转化为较稳定的CaY^{2-} 配离子,而钙指示剂则被游离出来,其反应可表示如下:

$$CaIn^- + H_2Y^{2-} + OH^- \Longrightarrow CaY^{2-} + HIn^{2-} + H_2O$$

到滴定终点时,溶液由酒红色变纯蓝色。根据滴定消耗体积计算 EDTA 溶液浓度。

若有 Mg^{2+} 共存,则 Mg^{2+} 不仅不干扰钙的测定,而且使终点比 Ca^{2+} 单独存在时更敏锐。当 Ca^{2+}、Mg^{2+} 共存时,终点由酒红色到纯蓝色,当 Ca^{2+} 单独存在时则由酒红色到紫蓝色。所以测定单独存在的 Ca^{2+} 时,常常加入少量 Mg^{2+}。

在有 Mg^{2+} 共存时,以 NaOH 调节溶液酸度时,用量不宜过多,否则一部分 Ca^{2+} 被 $Mg(OH)_2$ 沉淀吸附,影响测定结果。

7.7　配位滴定的方式和应用

7.7.1　配位滴定的方式

配位滴定方式多种多样,采用不同的滴定方式不仅能扩大配位滴定的应用范围,还可以提高配位滴定的选择性。常用的滴定方式有直接滴定、间接滴定、返滴定、置换滴定等。

7.7.1.1　直接滴定法

直接滴定法是用 EDTA 标准溶液直接滴定被测金属离子的方法。直接滴定法方便、快速,准确度高。能满足配位滴定要求的配位反应均可采用直接滴定法。例如,EDTA 滴定法测定水中钙、镁的含量。取一定量试液,在 pH=10 的氨缓冲溶液中,以 EBT 为指示剂,用 EDTA 滴定,测得 Ca^{2+}、Mg^{2+} 总量。另取同量试液,在 pH>12 时,镁以 $Mg(OH)_2$ 沉淀形式被掩蔽。以钙指示剂为指示剂,用 EDTA 滴定,测得 Ca^{2+} 的含量。两次测定结果之差即为镁含量。

7.7.1.2　间接滴定法

有些金属离子(Li^+、Na^+、K^+、Rb^+、Cs^+ 等)和一些非金属离子(如 SO_4^{2-}、PO_4^{3-} 等)不能和 EDTA 配位或与 EDTA 生成的配合物不稳定,不便于配位滴定,这时就可采用间接滴定剂的方法进行测定。

例如,测定 PO_4^{3-} 时,可加入一定量过量的$Bi(NO_3)_3$,使生成$BiPO_4$沉淀,再用 EDTA 滴定过量的 Bi^{3+}。又如,测咖啡因含量时,可在 pH=1.2~1.5 的条件下,使过量碘化铋钾先与咖啡因生成沉淀$[(C_8H_{10}N_4O_2)H]\cdot BiI_4$,再用 EDTA 滴定剩余的 Bi^{3+}。

7.7.1.3　返滴定法

当被测离子与 EDTA 配位缓慢或在滴定的 pH 下发生水解,或对指示剂有封闭作用,或没有合适的指示剂,可采用返滴定法。在待测溶液中加入一定量过量的 EDTA 标准溶液,等到反应完全后,用另一金属离子标准溶液回滴过量的 EDTA。根据两种标准溶液的浓度及用量,就可以求出被测离子的含量。

7.7.1.4　置换滴定法

利用置换反应,置换出等物质量的另一种金属离子或置换出 EDTA,然后用标准溶液滴定的方法,称为置换滴定法。

(1)置换出金属离子

例如,Ag^+ 与 EDTA 的配合物很不稳定,不能用 EDTA 直接滴定,但将 Ag^+ 加入到$[Ni(CN)_2]^{2-}$ 溶液中则有下列反应:

$$2Ag^+ + [Ni(CN)_2]^{2-} \rightleftharpoons 2[Ag(CN)_2]^- + Ni^{2+}$$

在 pH=10 的氨性溶液中，以紫脲酸铵作指示剂，用 EDTA 滴定置换出来的 Ni^{2+}，即可得到 Ag^+ 的含量。又如，在 pH=10 的溶液中用 EDTA 滴定 Ca^{2+} 时，常于溶液中先加入少量 MgY，由于 $K_{CaY} > K_{MgY}$，而 $K_{MgIn} > K_{CaIn}$，此时发生置换反应：

$$MgY + Ca^{2+} \rightleftharpoons CaY + Mg^{2+}$$

$$Mg^{2+} + HIn^{2-} \rightleftharpoons MgIn^- + H^+$$

置换出来的 Mg^{2+} 与 EBT 显很深的红色。达到滴定终点时，EDTA 夺取 Mg-EBT 配合物中的 Mg^{2+}，形成 MgY，游离出指示剂而显纯蓝色，颜色变化很明显。

（2）置换出 EDTA

用 EDTA 将样品中所有金属离子生成配合物，再加入专一性试剂 L，选择性地与被测金属离子 M 生成比 MY 更稳定的配合物 ML，因而将与 M 等量的 EDTA 置换出来。

$$MY + L \rightleftharpoons ML + Y$$

释放出来的 EDTA 用锌标准溶液滴定，可计算出 M 的含量。

例如，测定合金中 Sn 时，可于供试液中加入过量的 EDTA，试样中 Pb^{2+}、Zn^{2+}、Cd^{2+}、Ba^{2+}、Sn^{4+} 都与 EDTA 形成配合物，过量的 EDTA 用锌标准液回滴。再加入 NH_4F 使 SnY 转变成更稳定的 SnF_6^{2-}，释放出的 EDTA 再用锌标准溶液滴定，即可求得 Sn^{4+} 的含量。

7.7.2 配位滴定法的应用

7.7.2.1 水的总硬度及钙镁含量的测定

水中常含有某些金属阳离子和一些阴离子，由于高温作用，阴阳离子聚集形成沉淀，把水中这些金属离子的总浓度称为水的硬度。水的硬度是水质控制的一个重要指标，在水中的金属离子浓度较高时可采用 EDTA 滴定法进行测定。但由于含量太小，可以忽略不计。因而常把水中 Ca^{2+}、Mg^{2+} 的总浓度看成水的硬度。

硬度的表示方法在国际、国内都尚未统一，我国目前使用的表示方法是将所测得的 Ca^{2+}、Mg^{2+} 折算成 CaO 或 $CaCO_3$ 的质量，用 1L 水中所含 CaO 或 $CaCO_3$ 的毫克数，单位为 mg/L。

（1）水的总硬度的测定

取一份水样，用氨性缓冲溶液调节溶液的 pH=10 左右，这时 Ca^{2+}、Mg^{2+} 均可被 EDTA 准确滴定。加入少量铬黑 T 作指示剂，此时溶液呈红色，用 EDTA 标准溶液滴定至终点，溶液颜色由红色变为蓝色，即为终点。水的总硬度可以通过 EDTA 的标准浓度 c_{EDTA} 和消耗体积 V_{EDTA1} 以及水样的体积 V_s 来计算，以 $CaCO_3$ 计，单位为 mg/L。

$$总硬度 = \frac{c_{EDTA} V_{EDTA1} M_{CaCO_3}}{V_s}$$

（2）Ca^{2+} 含量的测定

取等量的水样，用 NaOH 溶液调节水样的 pH=12.0，此时水中的 Mg^{2+} 转化为 $Mg(OH)_2$ 沉淀而被掩蔽，不会干扰到 Ca^{2+} 的测定，加入少量钙指示剂，与 Ca^{2+} 生成红色配合物 CaIn，用 EDTA 滴定溶液由红色变为蓝色即为终点。以终点时所消耗 EDTA 体积 V_{EDTA2} 计算水的钙硬度。其质量浓度（单位为 mg/L）为：

$$\rho_{Ca^{2+}} = \frac{c_{EDTA} V_{EDTA\,2} M_{Ca}}{V_s}$$

则溶液中 Mg^{2+} 的含量为：

$$\rho_{Mg^{2+}} = \frac{c_{EDTA}(V_{EDTA1} - V_{EDTA2}) M_{Mg}}{V_s}$$

7.7.2.2　铝盐中 Al^{3+} 测定

由于 Al^{3+} 与 EDTA 配位反应的速度较慢，需要加热才能配合完全，且 Al^{3+} 对二甲酚橙、EBT 等指示剂有封闭作用，在 pH 不高时，水解生成一系列多核羟基配合物，影响滴定，因此 Al^{3+} 不能用 EDTA 直接滴定法进行测定，但可采用返滴定法和置换滴定法进行测定。

返滴定法即在含 Al^{3+} 的试液中，加入过量 EDTA 标准溶液，在 pH=3.5 时煮沸溶液，使其完全反应，然后将溶液冷却，并用缓冲溶液调 pH 为 5~6，加入二甲酚橙指示剂，用 Zn^{2+} 标准溶液返滴过量的 EDTA。终点时溶液颜色由亮黄色变为微红色。

置换滴定法即将 Al^{3+} 的试液调节 pH=3~4，加入过量 EDTA 标准溶液，煮沸使 Al^{3+} 与 EDTA 完全反应，冷却、调溶液 pH 为 5~6，以二甲酚橙为指示剂，用标准溶液滴定过量的 EDTA。然后加入过量的 KF，煮沸，将 Al-EDTA 中的 EDTA 定量置换出来，再用 Zn^{2+} 标准溶液滴定使溶液颜色从亮黄色变为微红色即为终点。其反应式如下：

$$AlY^- + 6F^- =\!=\!= AlF_6^{3-} + Y^{4-}$$
$$Y^{4-} + Zn^{2+} =\!=\!= ZnY^{2-}$$

7.7.2.3　锌矿中锌含量的测定

锌矿中锌含量的测定运用了配合掩蔽直接滴定法。

在 pH 为 5~6 的醋酸-醋酸钠缓冲溶液中，Zn^{2+} 与 EDTA 生成稳定的配合物

$$Zn^{2+} + H_2Y^{2-} \Longrightarrow ZnY^{2-} + 2H^+$$

用二甲酚橙为指示剂，EDTA 标准溶液滴定至由紫红色突变为亮黄色为终点。

矿石用盐酸-氢氟酸-硝酸溶解，铁、铝、锰等干扰元素通过氨分离除去，铜先还原成低价铜，再用硫脲络合掩蔽，滤液中尚有微量的铁、铝、钛等离子采用乙酰丙酮-磺基水杨酸掩蔽。

7.7.2.4　可溶性硫酸盐中 SO_4^{2-} 的测定

SO_4^{2-} 不能与 EDTA 直接反应，可采用间接滴定法进行测定。即在含有 SO_4^{2-} 的溶液中加入已知准确浓度的过量 $BaCl_2$ 标准溶液，使 SO_4^{2-} 与 Ba^{2+} 充分反应生成 $BaSO_4$ 沉淀，剩余的 Ba^{2+} 用 EDTA 标准溶液返滴定，可用铬黑 T 作指示剂。由于 Ba^{2+} 与铬黑 T 的配合物不够稳定，终点颜色变化不明显，因此，实验时常加入已知量的 Mg^{2+} 标准溶液，以提高测定的准确性。

SO_4^{2-} 的质量分数可用下式求得

$$\omega_{SO_4^{2-}} = \frac{c_{Ba^{2+}} V_{Ba^{2+}} + c_{Mg^{2+}} V_{Mg^{2+}} - c_{EDTA} V_{EDTA} M_{SO_4^{2-}}}{m_S}$$

式中，$c_{Ba^{2+}}$ 为加入 $BaCl_2$ 标准溶液的浓度，mol/L；$V_{Ba^{2+}}$ 为加入 $BaCl_2$ 标准溶液的体积，L；$c_{Mg^{2+}}$

为加入 Mg^{2+} 标准溶液的浓度，mol/L；$V_{Mg^{2+}}$ 为加入 Mg^{2+} 标准溶液的体积，L；c_{EDTA} 为 EDTA 标准溶液的浓度，mol/L；V_{EDTA} 为滴定时消耗 EDTA 的体积，L；$M_{SO_4^-}$ 为 SO_4^{2-} 的摩尔质量，g/mol；m_S 为称取硫酸盐样的质量，g。

第8章 重量分析法

8.1 重量分析法概述

重量分析法简称重量法,是称取一定重量的试样,用适当的方法将被测组分与试样中其他组分分离后,转化成一定的称量形式,称重,从而求得该组分含量的方法。

根据分离方法的不同,重量分析法又可分为沉淀法、电解法和气化法等。

重量分析法是化学分析法中最经典的方法,其优点是直接采用分析天平称量的数据来获得分析结果,在分析过程中不需要标准溶液和基准物质,也就不需要容量器皿引入数据,这样引入的误差较小,因此分析结果准确度较高。对于常量组分的测定,相对误差不超过±(0.1%~0.2%)。同时重量分析法也有着明显的缺点,如操作烦琐、分析周期长、灵敏度不高、不适于微量及痕量组分的测定、不适于生产的控制分析。因此,目前在生产中已逐渐被其他较快速的方法所取代,尽管如此,但利用沉淀法的有关原理及基本操作技术,在分离干扰组分和富集痕量组分方面,却是目前在实际工作中常采用的分离手段。

此外,重量法也常用于某些准确度要求较高的分析工作中,如一些稀有金属的测定以及有关溶液浓度的标定等。因此,重量分析法仍然是分析化学中必不可少的基本方法。

根据分离方法的不同,重量分析法通常分为沉淀重量法、挥发重量法、提取重量法和电解重量法。

(1)沉淀重量法

沉淀重量法是利用沉淀反应使被测组分生成溶解度很小的沉淀,将沉淀过滤、洗涤、烘干或灼烧成为组成一定的物质,称其质量,再计算被测组分的含量。如测定试液中 SO_4^{2-} 含量时,在试液中加入过量的 $BaCl_2$ 溶液,使 SO_4^{2-} 完全生成难溶的 $BaSO_4$ 沉淀,经过滤、洗涤、烘干或灼烧后称量的质量,而计算试液中 SO_4^{2-} 的含量。这是重量分析的主要方法。

(2)挥发重量法

挥发重量法是用加热或其他方法使试样中被测组分逸出,再根据逸出前后试样质量之差来计算被测成分的含量。试样中的结晶水的测定多用这种方法。例如,在土壤污染物监测中,水分含量是其必测项目。测定时,根据土壤样品在 105℃ 烘干后所损失的质量,计算对应的水分含量。另外,还可以在被测组分逸出后,用某种吸收剂来吸收它,这时可以根据吸收剂质量的增加来计算含量。例如,试样中 CO_2 的测定,以碱石灰为吸收剂。此法只适用于测定可挥发性物质。

（3）提取重量法

提取重量法是利用被测组分在两种互不相溶的溶剂中的分配比的不同进行测定的。通过加入某种提取剂，使被测组分从原来的溶剂中定量地转入提取剂中，称量剩余物的质量，从而计算被测组分含量；或将提出液中的溶剂蒸发除去，称量剩下的质量，以计算被测组分的含量。

（4）电解重量法

电解重量法是利用电解的原理，控制适当的电位，使被测组分以纯金属或难溶化合物的形式在电极上析出，通过称量沉积物的质量计算待测组分的含量，又称为电重量分析法，精度可达千分之一，分析中不需要标准物校正，直接获得测得量。常用于一些金属纯度的鉴定、仲裁分析等。

8.2　沉淀的溶解度及其影响因素

8.2.1　沉淀的溶解度

沉淀在水中溶解有两步平衡，一是固相与液相间的平衡，二是溶液中未离解的分子与离子之间的解离平衡。如 1∶1 型难溶化合物 MA 在水中有如下平衡关系：

$$MA_{(固)} \rightleftharpoons MA_{(水)} \rightleftharpoons M^+ + A^-$$

固体 MA 的溶解部分为 $MA_{(水)}$、M^+ 和 A^- 两种状态，其中 $MA_{(水)}$ 有的以分子状态存在，有的以离子对状态存在，例如，$AgCl$ 和 $CaSO_4$ 溶于水中，分别存在下列平衡关系

$$AgCl_{(固)} \rightleftharpoons AgCl_{(水)} \rightleftharpoons Ag^+ + Cl^-$$
$$CaSO_{4\,(固)} \rightleftharpoons Ca^{2+} \cdot SO_4^{2-}{}_{(水)} \rightleftharpoons Ca^{2+} + SO_4^{2-}$$

其中，$AgCl$ 以分子状态存在，而 $CaSO_4$ 以离子对状态存在。

以 $AgCl$ 为例，第一步平衡，根据 $AgCl_{(固)}$ 和 $AgCl_{(水)}$ 之间的沉淀溶解平衡关系

$$\frac{a_{AgCl(水)}}{a_{AgCl(固)}} = s^0$$

式中，$a_{AgCl(水)}$ 为水中 $AgCl$ 的活度；$a_{AgCl(固)}$ 为固体 $AgCl$ 的活度。纯固体活度等于 1，故 $a_{AgCl(水)} = s^0$。所以，溶液中物质分子状态或离子对状态的活度为一常数，称为该物质的固有溶解度，以 s^0 表示。其意义为：一定温度下，在有固相存在时，溶液中以分子（或离子对）状态存在的活度。

第二步平衡，根据沉淀 $AgCl$ 在水溶液中的平衡关系：

$$\frac{a_{Ag^+} \cdot a_{Cl^-}}{a_{AgCl(水)}} = K$$

将 s^0 代入上式得

$$a_{Ag^+} \cdot a_{Cl^-} = s^0 \cdot K = K_{ap}$$

式中，K_{ap} 为 $AgCl$ 的活度积常数，简称活度积。在分析化学中，通常不考虑离子强度的影响，采用浓度代替活度，根据活度与浓度的关系可得

$$[Ag^+][Cl^-] = \frac{K_{ap}}{\gamma_{Ag^+} \cdot \gamma_{Cl^-}} = K_{sp}$$

式中,K_{sp} 为 AgCl 的溶度积常数,简称溶度积(solubility product);γ 为活度系数。

由于溶解度是指在平衡状态下所溶解的难溶盐的总浓度,若溶液中不再存在其他平衡关系时,其溶解度 s 应包括分子浓度与离子浓度两部分,若 AgCl 的溶解度为 s,则

$$s = s^0 + [Ag^+] = s^0 + [Cl^-]$$

但沉淀的固有溶解度不易测得,主要由于溶液中有大量共同离子存在,使各种微溶化合物的固有溶解度相差颇大。已知的一些难溶盐,如 $AgBr$、AgI、$AgIO_3$ 等的固有溶解度占总溶解度的 $0.1\% \sim 1\%$;其他如 $Fe(OH)_3$、$Zn(OH)_2$、CdS、CuS 等的固有溶解度也很小。因此,固有溶解度可忽略不计。

因此 AgCl 的溶解度为:

$$s = [Ag^+] = [Cl^-] = \sqrt{K_{sp}}$$

而对于 $M_m A_n$ 型难溶盐则有

$$[M^{n+}]^m \cdot [A^{m-}]^n = \frac{K_{ap}}{\gamma_{M^{n+}} \cdot \gamma_{A^{m-}}}$$

难溶盐的溶解度小,在纯水溶液中离子强度很小,此种情况下活度系数可视为 1。所以活度积 K_{ap} 等于溶度积 K_{sp},即,$[M^{n+}]^m \cdot [A^{m-}]^n = K_{sp}$。一般溶度积表中,所列的 K 均为活度积,但应用时一般作为溶度积,不加区别。但若溶液中的离子强度较大,K_{ap} 与 K_{sp} 差别较大,则应采用活度系数校正。

K_{sp} 的大小主要取决于沉淀的结构、温度等因素。在一定温度下的饱和溶液中 K_{sp} 是一个常数,是衡量沉淀溶解度的一个尺度。在特定温度下,由已知的 K_{sp} 可以计算出难溶盐的溶解度。同时,根据溶度积规则,又可判断沉淀的生成与溶解。为了能够进行有效的分离,K_{sp} 应为 10^{-4} 或更小。如有几种离子均可沉淀时,则它们的 K_{sp} 值要有足够的差异,才能使其中溶解度最小的物质在特定条件下沉淀出来,而其他的离子仍留在溶液中。

实际上,在沉淀的平衡过程中,除了被测离子与沉淀剂形成沉淀的主反应外,还存在多种副反应,如水解效应、配位效应和酸效应等。

$$\begin{array}{ccccc}
MA & \rightleftharpoons & M^+ & + & A^- \\
& \swarrow\nwarrow OH^- & \downarrow\uparrow L^- & & \downarrow\uparrow H^+ \\
& MOH & ML & & HA
\end{array}$$

此时被测离子在溶液中以多种型体存在,其各种型体的总浓度分别为 $[M']$ 和 $[A']$,则

$$K_{sp} = [M^+] \cdot [A^-] = \frac{[M'][A']}{\alpha_M \cdot \alpha_A} = \frac{K'_{sp}}{\alpha_M \cdot \alpha_A}$$

式中,K'_{sp} 称为条件溶度积,α_M、α_A 分别为相应的副反应系数。

由此可见,由于副反应的发生,使 K'_{sp} 大于 K_{sp}。这时沉淀的溶解度为:

$$s = [M'] = [A'] = \sqrt{K'_{sp}}$$

$M_m A_n$ 型难溶盐沉淀的条件溶度积 K'_{sp} 与配合物的条件稳定常数 K'_{MY} 及氧化还原电对的条件电位 $\varphi^{\ominus'}$ 类似,也随沉淀条件的变化而改变。K'_{sp} 能反映溶液中沉淀溶解平衡的实际情况,比 K_{sp} 更能反映沉淀反应的完全程度,反映各种因素对沉淀溶解度的影响。

8.2.2　影响沉淀溶解度的因素

利用沉淀反应进行重量分析时,要求沉淀反应进行完全,一般可根据沉淀溶解度的大小来衡量。通常,在重量分析中要求沉淀溶解度在母液及洗涤液中所引起的损失不超过分析天平的称量允许误差范围。但是,很多沉淀不能满足这个条件。例如,在 1 L 水中,$BaSO_4$ 的溶解度为0.002 3 g,故沉淀的溶解损失是重量分析法误差的重要来源之一。因此,在重量分析中,必须了解各种影响沉淀溶解度的因素,以降低沉淀的溶解度,使沉淀完全。

影响沉淀溶解度的因素很多,如同离子效应、盐效应、酸效应、配位效应等。另外,温度、溶剂、沉淀颗粒大小和晶体结构也对溶解度有影响。其中,同离子效应能减小沉淀溶解度,酸效应和配位效应则使沉淀溶解度增大,所以在重量分析中有必要控制一些条件,使沉淀的溶解度降低,以满足重量分析对沉淀形式的要求。

下面将分别讨论各种因素对沉淀溶解度的影响。

8.2.2.1　同离子效应

当已经达到沉淀-溶解平衡的系统中,若向溶液中加入含有某一构晶离子的试剂或溶液,则可使沉淀的溶解度降低的现象,称为同离子效应。

在重量分析中,由于大多数难溶化合物都有一定的溶解度,所以很难使沉淀反应进行完全。因此,在制备沉淀时,常加入过量沉淀剂,或用沉淀剂的稀溶液洗涤沉淀,以保证沉淀完全,减小沉淀的溶解,提高分析结果的准确度。

例如,25℃时,以 $BaSO_4$ 重量法测定 Ba^{2+} 时,如果加入等物质的量的沉淀剂 SO_4^{2-},则 $BaSO_4$的溶解度为:

$$S=[Ba^{2+}]=[SO_4^{2-}]=\sqrt{K_{sp,BaSO_4}}=\sqrt{8.7\times10^{-11}}=9.3\times10^{-6}\ mol/L$$

$$M_{BaSO_4}=233.4\ g/mol$$

如果在 200 mL 溶液中,$BaSO_4$ 的溶解损失量为:

$$9.3\times10^{-6}\times200\times233.4=0.4\ mg$$

该值已超过重量分析法所允许的沉淀溶解损失,如果使溶液中的$[SO_4^{2-}]$增至 0.010 mol/L,此时 $BaSO_4$ 的溶解度为:

$$S=[Ba^{2+}]=\frac{\sqrt{K_{sp,BaSO_4}}}{[SO_4^{2-}]}=\frac{8.7\times10^{-11}}{0.01}=8.7\times10^{-9}\ mol/L$$

此时沉淀在 200 mL 溶液中的损失量为:

$$8.7\times10^{-9}\times200\times233.4=0.000\ 4\ mg$$

显然,同离子效应大大减少了沉淀的溶解损失。

在实际工作中,通常利用同离子效应,即加大沉淀剂的用量,使被测组分沉淀完全。但沉淀剂加得太多,有时可能引起盐效应或配位效应,反而使沉淀的溶解度增大。沉淀剂过量的程度,应根据沉淀剂的性质来确定。若沉淀剂不易挥发,应过量少些,一般过量 20%～50%;若沉淀剂易挥发除去,则可过量多些,甚至过量 100%。

8.2.2.2　盐效应

盐效应是指难溶盐溶解度随溶液中离子强度增大而增加的现象。溶液的离子强度越大，离子活度系数越小。

在一定温度下，K_{ap} 是一常数，活度系数与 K_{sp} 成反比，活度系数 γ_{M^+}、γ_{A^-} 减小，K_{sp} 增大，溶解度必然增大。高价离子的活度系数受离子强度的影响较大，所以构晶离子的电荷越高，盐效应越严重。一般由盐效应引起沉淀溶解度的变化与同离子效应、酸效应和配位效应等相比，影响要小得多，常常可以忽略不计。

所以，利用同离子效应降低沉淀溶解度的同时应考虑到盐效应和配位效应的影响，否则沉淀溶解度不但不能减小反而增加，达不到预期的目的。

8.2.2.3　酸效应

溶液的酸度对沉淀溶解度的影响称为酸效应。产生酸效应的原因主要是溶液中 H^+ 浓度对弱酸、多元酸或难溶盐解离平衡的影响。也可以说是沉淀的构晶离子与溶液中 H^+ 或 OH^- 发生了副反应。不同类型的沉淀其影响程度不同。如果沉淀是强酸盐，则影响不大；如果沉淀是弱酸盐或者多元酸盐，或者沉淀本身是弱酸（如硅酸），以及许多与有机沉淀剂形成的沉淀，酸效应影响较大。

在重量分析中，必须注意由酸效应引起的溶解损失。如果已知溶液的 pH，就可以利用酸效应系数 $\alpha_{A(H)}$ 来计算溶解度。

现以草酸钙沉淀为例，在溶液中有如下平衡：

$$CaC_2O_4 \rightleftharpoons Ca^{2+} + C_2O_4^{2-}$$

$$C_2O_4^{2-} \xrightarrow{H^+} HC_2O_4^- \xrightarrow{H^+} H_2C_2O_4$$

在不同的酸度下，溶液中存在的沉淀剂总浓度 $[C_2O_4^{2-}]_总$ 应为：

$$[C_2O_4^{2-}]_总 = [C_2O_4^{2-}] + [HC_2O_4^-] + [H_2C_2O_4]$$

能与 Ca^{2+} 形成沉淀的是 $C_2O_4^{2-}$，所以

$$\alpha_{C_2H_4^{2-}(H)} = \frac{[C_2O_4^{2-}]_总}{[C_2O_4^{2-}]}$$

则有

$$[Ca^{2+}][C_2O_4^{2-}] = [Ca^{2+}] \times \frac{[C_2O_4^{2-}]_总}{[C_2O_4^{2-}]} = \frac{K'_{sp}}{\alpha_{C_2H_4^{2-}(H)}} = K_{sp}$$

式中，K'_{sp} 表示在一定条件下草酸钙的溶度积，称为条件溶度积。利用 K'_{sp} 可以计算不同酸度下草酸钙的溶解度。

$$S = [Ca^{2+}] = [C_2O_4^{2-}]_总 = \sqrt{K'_{sp,CaC_2O_4}} = \sqrt{K_{sp}\alpha_{C_2H_4^{2-}(H)}}$$

另外，酸效应对于不同类型沉淀的影响情况是不一样的。除了上述的情况以外，如果沉淀本身是弱酸，如硅酸（$SiO_2 \cdot nH_2O$），钨酸（$WO_3 \cdot nH_2O$）等，易溶于碱，则应在强酸性介质中进行沉淀。如果沉淀是强酸盐，如 $AgCl$ 等，在酸性溶液中进行沉淀时，溶液的酸度对沉淀的溶解度影响不大。对于硫酸盐沉淀，由于 H_2SO_4 的 K_{a2} 不大，所以溶液的酸度太高时，沉淀的溶解度也随之增大，其中，还伴随有盐效应的影响。例如，表 8-1 所示是 $25℃$ 时，$PbSO_4$ 在不同 H_2SO_4 溶

液中的溶解度。

表 8-1　$PbSO_4$ 在不同 H_2SO_4 溶液中的溶解度

H_2SO_4 浓度/(mol/L)	0	0.001	0.025	0.55	1～4.5	7	18
$PbSO_4$ 溶解度/(mg/L)	38.2	8.0	2.5	1.6	1.2	11.5	40

8.2.2.4　配位效应

若溶液中存在配位剂,它能与生成沉淀的离子形成配合物,将使沉淀溶解度增大,甚至不产生沉淀,这种现象称为配位效应。

例如,用 Cl^- 沉淀 Ag^+ 时,会有反应

$$Ag^+ + Cl^- =\!=\!= AgCl$$

若溶液中有氨水,则 NH_3 能与 Ag^+ 配位,形成 $[Ag(NH_3)_2]^+$ 配离子因而 AgCl 在 0.01 mol/L 氨水中的溶解度比在纯水中的溶解度大 40 倍。如果氨水的浓度足够大,则不能生成 AgCl 沉淀。

又如 Ag^+ 溶液中加入 Cl^-,最初生成 AgCl 沉淀,但若继续加入过量的 Cl^-,则 Cl^- 能与 AgCl 配位成 $[AgCl_2]^-$ 和 $[AgCl_3]^{2-}$ 等配离子,而使 AgCl 沉淀逐渐溶解。AgCl 在 0.01 mol/L HCl 溶液中的溶解度比在纯水中的溶解度小,这时同离子效应是主要的;若 $[Cl^-]$ 增到 0.05 mol/L,则 AgCl 的溶解度超过纯水中的溶解度,此时配位效应的影响已超过同离子效应;若 $[Cl^-]$ 更大,则由于配位效应起主要作用,AgCl 沉淀就可能不出现。因此用 Cl^- 沉淀 Ag^+ 时,必须严格控制 $[Cl^-]$。

应该指出的是,配位效应使沉淀溶解度增大的程度与沉淀的溶度积和形成配合物的稳定常数的相对大小有关,形成的配合物越稳定,配位效应越显著,沉淀的溶解度越大。

综合上面四种效应对沉淀溶解度的影响讨论可知,在进行沉淀反应时,对无配位反应的强酸盐沉淀,应主要考虑同离子效应和盐效应的影响。对弱酸盐或难溶酸盐,多数情况应主要考虑酸效应的影响。在有配位反应,尤其在能形成较稳定的配合物,而沉淀的溶解度又不太小时,则应主要考虑配位效应的影响。

8.2.2.5　其他影响因素

(1)温度

绝大部分沉淀的溶解都是吸热过程。因此,沉淀的溶解度一般随着温度的升高而增大,但不同沉淀增大的程度并不相同。例如,温度对 AgClA 溶解度的影响比较大,对 $BaSO_4$ 的影响不显著,如图 8-1 所示。为了获得较好的沉淀,大多数沉淀过程都在热溶液中进行。对于一些在热溶液中溶解度较大的沉淀,则需冷却后再进行过滤和洗涤,以减少溶解损失。对于一些溶解度很小或者溶解度温度系数小的沉淀,如 $BaSO_4$、$Fe(OH)_3$、$Al(OH)_3$ 等,一般应趁热过滤,并用热的洗涤液洗涤。

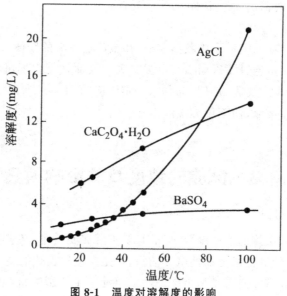

图 8-1　温度对溶解度的影响

（2）溶剂

大部分无机物沉淀是离子型晶体，它们在水中的溶解度一般比在有机溶剂中大一些。例如，$PbSO_4$ 沉淀在水中的溶解度为 4.5 mg/(100 mL)，而在 30% 的乙醇的水溶液中，溶解度降低为 0.23 mg/(100 mL)。在分析化学中，经常在水溶液中加入乙醇、丙酮等有机溶剂来降低沉淀的溶解度。

（3）沉淀颗粒大小

同一种沉淀，在相同质量时，颗粒越小，其总表面积越大，溶解度越大。因为小晶体比大晶体有更多的角、边和表面，处于这些位置的离子受晶体内离子的吸引力小，而且又受到外部溶剂分子的作用，容易进入溶液中，所以小颗粒沉淀的溶解度比大颗粒的大。如 $BaSO_4$ 沉淀，当晶体颗粒半径为 1.7 μm 时，每升水中可以溶解沉淀 2.29 mg（25℃）；若将晶体研磨至半径 0.1 μm 时，则每升水中可溶解 4.15 mg（25℃）。在沉淀形成后，常将沉淀和母液一起放置一段时间进行陈化，使小晶体逐渐转变为大晶体，有利于沉淀的过滤与洗涤。

（4）晶体结构

沉淀的结构不同，溶解度不同。陈化还可使沉淀结构发生转变，由初生成时的结构转变为另一种更稳定的结构，溶解度就大为减小。例如，初生成的 CoS 是 α 型，$K_{sp,CoS\alpha} = 4.0 \times 10^{-21}$，放置后经陈化转变成 β 型，$K_{sp,CoS\beta} = 2.0 \times 10^{-25}$。

（5）水解作用

因为沉淀构晶离子发生水解，使难溶盐溶解度增大的现象称为水解作用。例如，$MgNH_4PO_4$ 的饱和溶液中，三种离子都能水解。

$$Mg^{2+} + H_2O \Longleftrightarrow MgOH^+ + H^+$$

$$NH_4^+ + H_2O \Longleftrightarrow NH_4OH + H^+$$

$$PO_4^{3-} + H_2O \Longleftrightarrow HPO_4^{2-} + OH^-$$

因为水解使 $MgNH_4PO_4$ 离子浓度乘积大于溶度积，沉淀溶解度增大。为了抑制离子的水解,在 $MgNH_4PO_4$ 沉淀时需加入适量的 NH_4OH。

(6)胶溶作用

进行无定形沉淀反应时,极易形成胶体溶液,甚至已经凝集的胶体沉淀还会重新转变成胶体溶液。同时胶体微粒小,可透过滤纸而引起沉淀损失。因此在无定形沉淀时常加入适量电解质防止沉淀胶溶。如 $AgNO_3$ 沉淀 Cl^- 时,需加入一定浓度的 HNO_3 溶液;洗涤 $Al(OH)_3$ 沉淀时,要用一定浓度 NH_4NO_3 溶液,而不用纯水洗涤。

8.3　沉淀的纯度及其影响因素

沉淀法中,不仅要求沉淀的溶解度要小,而且要求沉淀要纯净。但当沉淀从溶液中析出时会或多或少地夹杂溶液中的其他组分而使沉淀沾污,这是重量法误差的主要来源。因此,必须了解影响沉淀纯度的原因,以及如何得到尽可能纯净的沉淀。主要影响沉淀纯度的因素是共沉淀和后沉淀。下面讨论影响沉淀纯度的因素。

8.3.1　共沉淀

在进行沉淀时,一些组分从它的溶解度看,应该留在溶液中,但被混入沉淀中同时沉淀下来了,这种现象称为共沉淀现象。例如,将 Na_2SO_4 溶液加入 $BaCl_2$ 溶液时,$BaSO_4$ 沉淀中会含有少量 Na_2SO_4 和 $BaCl_2$,从溶解度角度看,它们都不应该沉淀,但由于有共沉淀现象,被带入了沉淀。共沉淀是影响沉淀纯度的主要原因,也是重量分析的重要误差来源之一。共沉淀现象主要可分为表面吸附、混晶、吸留和包藏等几种。

8.3.1.1　表面吸附

在沉淀晶体结构中,正负离子按一定的晶格排列,沉淀内部的离子都被带相反电荷的离子所包围,处于静电平衡状态,如图 8-2 所示。但表面上的离子至少有一个面未被包围,由于静电引力使这些离子具有吸引带相反电荷离子的能力,尤其是棱角上的离子更为显著。从静电引力的作用来说,溶液中任何带相反电荷的离子都同样有被吸附的可能性,但实际上表面吸附是有选择性的。一般规律如下:

①优先吸附溶液中过量的构晶离子形成第一吸附层。

②第二吸附层易优先吸附与第一吸附层的构晶离子生成溶解度小或离解度小的化合物离子。

③浓度相同的杂质离子,电荷越高越容易被吸附。

例如,用过量的 $BaCl_2$ 溶液与 Na_2SO_4 溶液作用时,生成的 $BaSO_4$ 沉淀表面首先吸附过量的 Ba^{2+},形成第一吸附层,使晶体表面带正电荷。第一吸附层中的 Ba^{2+} 又吸附溶液中共存的阴离子 Cl^-,$BaCl_2$ 过量越多,被共沉淀的也越多。如果用沉淀剂 $Ba(NO_3)_2$ 代替一部分 $BaCl_2$,并使二者过量的程度相同时,由于 $Ba(NO_3)_2$ 的溶解度小于 $BaCl_2$ 的溶解度,NO_3^- 离子优先被吸附形成第二吸附层。第一、二吸附层共同组成沉淀表面的双电层,双电层里的电荷等衡。

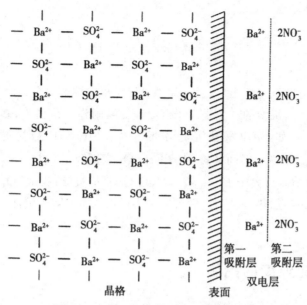

图 8-2　$BaSO_4$ 晶体表面吸附作用示意图

此外,沉淀对同一种杂质的吸附量,尚与下列因素有关:

①沉淀颗粒越小,比表面积越大,吸附杂质量越多。

②杂质离子浓度越大,被吸附的量也越多。

③溶液的温度越高,吸附杂质的量越少,由于吸附过程是一放热过程,提高温度可减少或阻止吸附作用。

吸附作用是一可逆过程,洗涤可使沉淀上吸附的杂质进入溶液,从而净化沉淀。但所选洗涤剂必须是灼烧或烘干时容易挥发除去的物质。

8.3.1.2　混晶

每种晶形沉淀,都有其一定的晶体结构。如果试液中杂质与沉淀具有相同的晶格,或杂质离子与构晶离子具有相同的电荷和相近的离子半径,杂质将进入晶格排列中形成混晶。例如,AgCl 和 AgBr;$BaSO_4$ 和 $PbSO_4$;$MgNH_4PO_4 \cdot 6H_2O$ 和 $MgNH_4AsO_4 \cdot 6H_2O$ 等。由于杂质是进入沉淀内部的,通常用洗涤或陈化的方法难以除去。为避免混晶的生成,最好事先将这类杂质分离除去。

8.3.1.3　吸留和包藏

吸留是指被吸附的杂质离子机械地嵌入沉淀之中。

包藏则是指母液机械地嵌入沉淀之中。

这类现象的发生是由于沉淀析出过快造成的。表面吸附的杂质来不及离开沉淀表面就被随后生成的沉淀所覆盖,是杂质或母液被吸留或包藏在沉淀内部,当沉淀剂加入过快或存在局部过浓现象,吸留和包藏就比较严重。

这类现象由于杂质处在沉淀内部，故不能用洗涤的方法除去，通常借改变沉淀条件、熟化或重结晶的方法加以消除。

8.3.2 后沉淀

当溶液中某一组分的沉淀析出后，另一原本难以析出沉淀的组分，也在沉淀表面逐渐形成沉积的现象称为后沉淀。后沉淀的产生是由于沉淀表面吸附作用所引起，多出现在该组分形成的稳定过饱和溶液中。例如，用草酸盐沉淀分离 Ca^{2+} 和 Mg^{2+} 时，最初得到的 CaC_2O_4 不夹杂 MgC_2O_4，但若将沉淀与溶液长时间共置，由于 CaC_2O_4 表面吸附 $C_2O_4^{2-}$ 而使其表面 $C_2O_4^{2-}$ 浓度增大，致使 $[Mg^{2+}]$ $[C_2O_4^{2-}]$ 大于 K_{sp,MgC_2O_4}，MgC_2O_4 常能沉淀在 CaC_2O_4 上析出，产生后沉淀，影响分离效果。尤其是经加热、放置后，后沉淀更为严重。所以减少沉淀与母液共置时间可减小后沉淀。

8.3.3 提高沉淀纯度的措施

8.3.3.1 选择合理的分析步骤

如果溶液中同时存在含量相差很大的两种离子需要沉淀分离，应避免先沉淀主要组分，否则会引起大量沉淀的析出，使部分少量组分因共沉淀或后沉淀而混入沉淀中而引起测定误差。例如，分析烧结菱镁矿（含 1% 左右的 CaO，90% 以上的 MgO）时，应该先沉淀 Ca^{2+}。为了避免沉淀 Ca^{2+} 时 MgC_2O_4 共沉淀，应该在大量乙醇介质中用稀硫酸将 Ca^{2+} 沉淀成 $CaSO_4$，而不能采用草酸铵沉淀 Ca^{2+}。

8.3.3.2 降低易被吸附杂质离子的浓度

由于吸附作用具有选择性，降低易被吸附杂质离子的浓度，可以减少共沉淀。例如，溶液中含有易被吸附的 Fe^{3+} 时，可将 Fe^{3+} 预先还原成不易被吸附的 Fe^{3+}，或加酒石酸（或柠檬酸）使之生成稳定的配合物，以减少共沉淀。

8.3.3.3 选择合理的沉淀条件

针对不同类型的沉淀，选用适当的沉淀条件。沉淀的吸附作用与沉淀颗粒的大小、沉淀的类型、温度和陈化过程等都有关系。因此可通过试剂浓度、温度、试剂加入的次序与速度、陈化等情况，选择适宜的沉淀条件。

8.3.3.4 选择合理的洗涤剂

吸附过程是一个可逆过程，因此洗涤沉淀可以使表面吸附的杂质进入洗涤液中，从而达到提高沉淀纯度的目的。需要注意的是，选择的洗涤剂必须是在灼烧或烘干时容易挥发除去的物质，同时，在洗涤过程中沉淀的损失最少。

8.3.3.5　进行再沉淀

必要时进行再沉淀(或称二次沉淀)。即将沉淀过滤、洗涤、再溶解后,进行再一次沉淀。第二沉淀时,溶液中杂质的量大大减少,共沉淀和后沉淀现象也大大减少,再沉淀对于除去吸留的杂质特别有效。

如果采用上述措施后,沉淀的纯度仍提高不大,则应对沉淀中的杂质进行分析测定,然后对分析结果加以校正。

8.4　沉淀的类型及沉淀条件的选择

8.4.1　沉淀的类型

在重量分析法中,为了得到准确的分析结果,要求沉淀尽可能具有易于过滤和洗涤的结构。根据沉淀的物理性质和结构,可粗略地分为以下三类。

1. 晶形沉淀

晶形沉淀体积小,颗粒大,其颗粒直径在 $0.1\sim 1\ \mu m$,内部排列较规则,结构紧密,比表面积较小,易于过滤和洗涤。如用一般方法得到的 $BaSO_4$ 沉淀。

2. 无定形沉淀

无定形沉淀又称为胶状沉淀或非晶形沉淀,是由细小的胶体微粒凝聚在一起组成的,体积庞大,颗粒小,胶体微粒直径一般在 $0.02\ \mu m$ 以下,无定形沉淀是杂乱疏松的,比表面积比晶形沉淀大得多,容易吸附杂质,难以过滤和洗涤。X 衍射法证明,一般情况下形成的无定形沉淀并不具有晶体的结构。如 $Fe_2O_3 \cdot nH_2O$ 沉淀。

3. 凝乳状沉淀

凝乳状沉淀也是由胶体微粒凝聚在一起组成的,胶体微粒直径在 $0.02\sim 0.1\ \mu m$,微粒本身是结构紧密的微小晶体。所以,从本质上讲,凝乳状沉淀也属晶形沉淀,但与无定形沉淀相似,凝乳状沉淀也是疏松的,比表面积较大,如 $AgCl$ 沉淀。

生成的沉淀属于哪种类型,首先取决于沉淀的性质,同时也与形成沉淀时的条件以及沉淀的预处理密切相关。以上三类沉淀的最大差别是沉淀颗粒的大小不同,重量分析中最好能避免形成无定形沉淀。因为它的颗粒排列杂乱,其中还包含了大量的水分子,体积特别庞大,形成疏松的絮状沉淀,所以在过滤时速度很慢,还会将滤纸的孔隙堵塞。而且,由于比表面积特别大,带有大量杂质,很难洗净。相比之下,凝乳状沉淀在过滤时并不堵塞滤纸,过滤的速度还比较快,洗涤液可以通过孔隙将沉淀内部的表面也洗净。

在沉淀重量分析中,希望得到的是晶形沉淀,有较大的颗粒,无定形沉淀要紧密,这样便于洗涤和过滤,沉淀的纯度要高。所以了解沉淀的溶解度、纯度以及沉淀条件的选择对沉淀重量分析是很重要的。

8.4.2　沉淀条件的选择

在重量分析中,为了获得准确的分析结果,要求沉淀完全、纯净、易于过滤和洗涤,并减少沉淀的溶解损失。为此,应根据沉淀类型,选择不同的沉淀条件,以获得符合重量分析要求的沉淀。

8.4.2.1　晶形沉淀的沉淀条件

对于晶形沉淀来说,主要考虑如何获得较大的沉淀颗粒以便使沉淀纯净并易于过滤和洗涤。但是,晶型沉淀的溶解度通常都比较大,所以还应注意沉淀的溶解损失。

(1)应在适当稀的溶液中进行沉淀

在这样的溶液中进行,可以降低相对过饱和度,均相成核趋势减弱,有利于减少成核数量,使构晶离子聚集速率小于定向排列速率,从而得到大颗粒晶形沉淀,所以沉淀易于过滤和洗涤。晶粒大,比表面积小,表面吸附作用小,且溶液稀,杂质的浓度低,共沉淀现象减少,沉淀较纯净。但对溶解度较大的沉淀,必须考虑溶解损失,溶液的浓度也不宜过稀。

(2)应在热溶液中进行沉淀

一般难溶化合物的溶解度随温度升高而增大,沉淀吸附杂质的量随温度升高而减少。所以在热溶液中进行沉淀,一方面可降低溶液的相对过饱和度,以减少成核数量,使聚集速率减小,得到颗粒大的晶形沉淀;另一方面又能减少杂质的吸附,有利于得到纯净的沉淀。为了防止沉淀在热溶液中的溶解损失,应当在沉淀作用完毕后,将溶液冷却在室温再过滤,以减少沉淀损失。

(3)在不断搅拌下慢慢加入沉淀剂

这样可以防止局部过浓现象,使沉淀剂离子不论在全部溶液中还是在局部溶液中的过饱和度不致过高,从而使得到的沉淀颗粒大而纯净。

(4)进行陈化

陈化是在沉淀完全后,将沉淀与母液一起放置的过程。在同样条件下,小晶粒的溶解度比大晶粒的溶解度大,如果溶液对于大结晶是饱和的,对于小结晶则未达到饱和,于是小结晶溶解,溶解到一定程度后,溶液对小晶体达到饱和,而对大结晶达到过饱和,溶液中离子就在大结晶上沉淀。但溶液对大结晶为饱和溶液时,对小结晶又为不饱和状态,小结晶又要继续溶解。这样,小结晶不断地溶解,而大结晶不断地长大,结果使晶粒变大。所以陈化的作用有以下几点:

①小颗粒不断溶解,大颗粒不断长大。

②吸附、吸留或包藏在小晶粒内部的杂质重新进入溶液,使沉淀更加纯净。

③不完整的晶粒转化为较完整的晶粒,亚稳态的沉淀转化为稳定态的沉淀。加热和搅拌可增加小颗粒的溶解速度和离子在溶液中的扩散速度,缩短陈化时间。

8.4.2.2　无定形沉淀的沉淀条件

无定形沉淀的溶解度一般很小,因此溶液中相对过饱和度相当大,很难通过降低溶液的相对过饱和度来改变沉淀的物理性质,无定形沉淀颗粒小,体积庞大,吸附杂质多,又易胶溶,不易过滤和洗涤。所以对无定形沉淀主要是设法破坏胶体,防止胶溶,加速沉淀微粒的凝聚。以获得较紧密的沉淀,减小杂质的吸附,并减少沉淀的溶解损失。

(1)不断搅拌下应在较浓的热溶液中进行沉淀

在不断搅拌下加入沉淀剂的速率可适当快一些。因为较高的浓度和温度都可降低沉淀的水化程度,减少沉淀的含水量,也有利于沉淀凝集,可得到紧密的沉淀,方便过滤。提高温度还可减少表面吸附,使沉淀纯净。

(2)加入大量电解质

电解质可防止胶体形成,降低水化程度,使沉淀凝聚。要用易挥发的电解质,如盐酸、氨水、铵盐等洗涤沉淀,可防止胶溶,也可将吸附层中难挥发的杂质交换出来。

(3)不必陈化

洗涤完毕后,静置数分钟立刻趁热过滤,不需陈化。这是因为无定形沉淀一经放置后,将逐渐失去水分而聚集得更为紧密,使已吸附的杂质难以洗去。

8.4.2.3　凝乳状沉淀的沉淀条件

由胶体微粒凝聚而成的凝乳状沉淀,比表面积相当大,表面吸附现象比较严重,而吸留并不显著。凝乳状沉淀的过滤和洗涤并不困难,吸附的杂质基本上可以洗去。但是,如果胶体微粒没有完全凝聚或者在洗涤时发生胶溶,都会引起损失。所以首要的问题是胶体微粒的凝聚,以及设法减小沉淀的比表面积,降低杂质的吸附量。

例如,AgCl 沉淀,沉淀的条件和晶形沉淀基本相同,也是在比较稀的溶液中进行沉淀,但必须加入一定量的 HNO_3。HNO_3 既可以作为电解质促使 AgCl 胶体微粒凝聚,又可以避免形成某些弱酸银盐沉淀。测定银时,可以在热溶液中进行沉淀;但测定氯时,通常在冷溶液中加入 $AgNO_3$ 进行沉淀,以避免 HCl 的挥发损失。由于 AgCl 能与 Cl^- 或 Ag^+ 形成络离子,所以要控制过量沉淀剂的浓度。测定银时,最终的 Cl^- 浓度最好在 5×10^{-4} mol/L 左右。沉淀剂加完后,必须加热一段时间,促使胶体微粒完全凝聚,沉淀的比表面积显著减小,对杂质的吸附量也明显降低。对于 AgCl 沉淀,还需注意整个沉淀过程应避免直接光照,否则 AgCl 沉淀会部分分解。

8.5　重量分析的操作技术

8.5.1　试样的溶解与沉淀

8.5.1.1　试样的溶解

在沉淀称量法中,溶解或分解试样的方法取决于试样及待测组分的性质。应确保待测组分全部溶解而无损失,加入的试剂不应干扰以后的分析。

溶样时,准备好洁净的烧杯、玻璃棒及直径略大于烧杯口的表面皿。称取一定量的样品,放入烧杯后,将溶剂顺器壁倒入或沿下端靠紧杯壁的玻璃棒流下,防止溶液飞溅。如果溶样时有气体产生,可将试样用水润湿,通过烧杯嘴和表面皿之间的缝隙慢慢注入溶剂,作用完后用洗瓶吹水冲洗表面皿,水流沿壁流下。试样溶解过程操作必须十分小心,避免溶液损失和溅出。

8.5.1.2 沉淀形成的条件

沉淀的形成包括生成晶核和晶核长大两个阶段。为了得到颗粒较大而纯净的晶形沉淀,应控制沉淀的条件如下。

①稀释应当在适当的稀溶液中进行,这样溶液的相对过饱和度不大,均相成核作用不显著,容易得到大颗粒的晶形沉淀。同时,杂质的浓度减小,共沉淀现象也相应减少,有利于得到纯净的沉淀。但对于溶解度较大的沉淀,溶液不宜过分稀释。

②加热应当在热溶液中进行,可以增大沉淀的溶解度,降低溶液的相对过饱和度,以便获得大的晶粒,还能减少杂质的吸附量。另外,升高溶液的温度,可以增加构晶离子的扩散速度,从而加快晶体的成长。但对于溶解度较大的沉淀,在热溶液中析出沉淀,宜冷却至室温后再过滤,以减小沉淀溶解的损失。

③加入沉淀剂时应不断缓慢搅拌。在没有搅拌的情况下,加入沉淀剂后容易形成局部过浓的现象。局部过浓使部分溶液的相对过饱和度变大,导致均相成核,易获得颗粒较小、纯度差的沉淀。在不断地搅拌下,缓慢地加入沉淀剂,可以减小局部过浓。

④陈化沉淀完全后,让初生成的沉淀与母液一起放置一段时间。因为在同样条件下,小晶粒的溶解度比大晶粒的大。在同溶液中对大晶粒为饱和溶液时,对小晶粒则为未饱和,因此,小晶粒就要溶解。这样,溶液中的构晶离子则在大晶粒上沉积,沉积到一定程度后,溶液对大晶粒为饱和溶液时,对小晶粒又为未饱和,又要溶解。如此反复,小晶粒逐渐消失,大晶粒不断长大。

8.5.1.3 沉淀操作

沉淀是称量分析最重要的一步操作,应根据沉淀的性质采用不同的沉淀条件和操作方式。

晶形沉淀要求在适当稀的热溶液中进行。将试液在水浴或电热板上加热后,一手持玻璃棒充分搅拌,另一手拿滴管滴加沉淀剂,注意滴管口接近液面滴下沉淀剂,以免溶液溅出。滴加速度可先慢后稍快。在沉淀过程中,要有严格的定量观念,不得将玻璃棒拿出烧杯,以防损失沉淀。检查沉淀是否沉淀完全时,将溶液静置待沉淀下沉后,沿烧杯壁向上层清液中加一滴沉淀剂,观察滴落处是否出现浑浊,若不出现浑浊则表示沉淀完全。否则应补加沉淀剂至沉淀完全为止。

沉淀完全后,盖上表面皿进行陈化。

8.5.2 沉淀的过滤和洗涤

过滤的目的是将沉淀从母液中分离出来,使其与过量沉淀剂、共存组分或其他杂质分开,并通过洗涤获得纯净的沉淀。对于需要灼烧的沉淀常用滤纸过滤,而对于过滤后只需烘干即可称重的沉淀,可用微孔玻璃坩埚或漏斗过滤。

8.5.2.1　滤纸过滤

滤纸的选择沉淀称量分析过滤沉淀应当采用"定量滤纸",每张滤纸灼烧后的灰分在 0.1 mg 以下,故称无灰滤纸。按滤纸纤维空隙的大小,又分为快速、中速、慢速三种。用洁净的手将滤纸对折两次,将其展开后即成 60°角的圆锥体放入漏斗中,检查与漏斗边是否贴合。为了使漏斗与滤纸间贴紧而无气泡,可将三层厚的外两层撕下一小块。撕下来的滤纸角应保存于干燥的表面皿中,以备擦拭烧杯中残留的沉淀用。滤纸放入漏斗后,用手按住滤纸三层的一边,用洗瓶注入少量水把滤纸润湿,轻压滤纸赶走气泡,使滤纸锥体上部与漏斗壁刚刚贴合。加水至滤纸边缘,漏斗颈内应全部充满水形成水柱。具有水柱的漏斗,会由于水柱的重力而加快过滤速度。

沉淀的过滤将准备好的漏斗放在漏斗架上,漏斗下面放一洁净烧杯,漏斗颈口长的一边靠杯壁,使滤液沿杯壁流下,不致溅出。倾注时,溶液应沿着一支垂直的玻璃棒流入漏斗中。玻璃棒的下端在滤纸三层的一边,并尽可能接近滤纸。随着溶液的倾入,应将玻璃棒逐渐提高,以免触及液面,待漏斗中液面到达离滤纸边缘 5 mm 处,应暂时停止倾注,以免造成少量损失。暂停倾注时,烧杯嘴抵住玻璃棒将烧杯向上提,并逐渐扶正烧杯,这样可以避免烧杯嘴上的液滴流入烧杯外壁,再将玻璃棒放回烧杯中。如此继续进行,直至沉淀上的清液几乎全部倾入为止。

8.5.2.2　用微孔玻璃坩埚或漏斗过滤

有些沉淀不能与滤纸一起灼烧,否则易被滤纸中的碳还原,如氯化银沉淀。有些沉淀不需要灼烧,只需干燥即可称量,如丁二肟镍沉淀。此时应用微孔玻璃坩埚来过滤。

采用微孔玻璃坩埚抽滤时,在抽滤瓶口配一个橡皮垫圈,插入坩埚,瓶侧的支管用橡皮管与水流泵相连,进行减压过滤。过滤结束后,先去掉抽滤瓶上的胶管,然后关闭水泵,以免水倒吸入抽滤瓶中。

8.5.2.3　沉淀的洗涤和转移

洗涤沉淀时,既要除去吸附在沉淀表面的杂质,又要防止溶解损失。根据沉淀的性质不同,可选择不同的洗涤液,如晶形沉淀常用沉淀剂的稀溶液做洗涤液。

洗涤沉淀一般是先在原烧杯中用倾注法洗涤,沿烧杯壁四周加入 10～20 mL 洗涤液,用玻璃棒搅拌、静置,待沉淀沉降后倾注。如此反复 4～5 次,每次应尽可能使洗涤液流尽。转移沉淀时需加入少量洗涤液,并将溶液搅混,随后立即将沉淀连同洗涤液一起转移到滤纸上,至大部分沉淀转移后,若剩余少量沉淀,则用左手持烧杯,用食指按住横搁在烧杯口上的玻璃棒,玻璃棒下端的长度比烧杯嘴长出 2～3 cm,将烧杯倾置于漏斗上方,玻璃棒下端靠近滤纸的三层处,右手拿洗瓶吹洗烧杯内壁黏附有沉淀处及全部烧杯壁,直至洗净烧杯。杯壁和玻璃棒上黏附的少量沉淀可用淀帚擦下,也可用玻璃棒头上卷一小片滤纸成淀帚状抹下杯壁的沉淀,擦过的滤纸放入漏斗中。转移后,再在滤纸上进行最后的洗涤。这时需用洗瓶吹入洗液,从滤纸边缘开始向下螺旋形移动,将沉淀冲洗到滤纸底部,反复几次,直至洗净。洗涤沉淀时既要将沉淀洗净,又不能用太多的洗涤液,否则将增大沉淀的溶解损失,为此需用"少量多次"的洗涤原则以提高洗涤效率。充分洗涤后,取一小试管承接滤液 1～2 mL,检查其中是否还有母液成分存在。

8.5.3　沉淀的烘干和灼烧

8.5.3.1　沉淀的烘干

烘干是指在 250℃ 以下进行的热处理,其目的是除去沉淀上所沾的洗涤液。凡是用微孔玻璃坩埚过滤的沉淀都需用烘干的方法处理。

一般将微孔玻璃坩埚连同沉淀放在表面皿上,再放入烘箱中,根据沉淀的性质确定烘干温度。第一次烘干沉淀的时间约 2 h;第二次烘干时间 45 min～1 h。沉淀烘干后,取出置于干燥器中冷却至室温后称量。反复烘干、称量,直至恒重为止。

8.5.3.2　沉淀的干燥和灼烧

灼烧是指在高于 250℃ 以上温度进行的热处理。凡是用滤纸过滤的沉淀都需要用灼烧的方法处理。灼烧是在预先已烧至恒重的瓷坩埚中进行的。

先把坩埚洗净晾干,然后在高温下灼烧至恒重,灼烧坩埚的温度应与灼烧沉淀时的温度相同。坩埚可以放在温度为 800～1 000℃ 的马弗炉中灼烧,也可以用喷灯、煤气灯灼烧。第一次灼烧约 30 min,取出稍冷却后,转入干燥器中冷却至室温后称量。第二次再灼烧 15～20 min,再冷却称量,当两次称量之差小于 0.2 mg 时已恒重。恒重的坩埚放在干燥器中备用。

先从漏斗内小心地取出带有沉淀的滤纸,仔细地将滤纸四周折拢,使沉淀完全包裹在滤纸中,此时应注意勿使沉淀有任何损失。将滤纸包放入已恒重的坩埚中,让滤纸层数较多的一边朝上,这样可使滤纸较易灰化。将瓷坩埚斜放在泥三角上,坩埚底应放在泥三角的一边,坩埚口对准泥三角的顶角,把坩埚的盖子斜倚在坩埚口中部,然后开始用小火加热,把火焰对准坩埚盖的中心,使火焰加热坩埚盖,热空气由于对流而通过坩埚内部,使水蒸气从坩埚上部逸出。待沉淀干燥后,将煤气灯移至坩埚底部,仍以小火继续加热,使滤纸炭化变黑。

滤纸灰化后,将坩埚垂直放在泥三角上,盖上坩埚盖,在指定温度下灼烧沉淀,或将坩埚放在马弗炉中灼烧。通常第一次灼烧时间为 30～45 min,第二次灼烧时间为 15～20 min。每次灼烧完毕都应该在空气中稍冷再移入干燥器中,冷却至室温后称量。最后灼烧、冷却、称量,直至恒重。

8.5.4　分析结果的计算

沉淀重量分析中,多数情况下称量形式与待测组分的形式不同,这就需要将称得的称量形式的质量换算成待测组分的质量。待测组分的摩尔质量与称量形式的摩尔质量之比是一常数,称为换算因数或化学因数,用 F 表示。

$$F = \frac{aM_1}{bM_2}$$

式中,M_1 为待测组分摩尔质量;M_2 为称量形式摩尔质量;a、b 为系数,其作用是使分子、分母中待测元素的原子数目相等。

根据称得的称量形式的质量 m_1、换算因数 F 以及所称试样质量 m_2,即可求出待测组分 A

的百分含量：

$$\omega_A = \frac{m_1 F}{m_2} \times 100\%$$

8.6　沉淀重量分析法的应用

8.6.1　药物纯度检查

在中草药纯度检查中，重量法应用最多的是：用干燥失重法测定中草药中水分、挥发性物质的含量；测定中草药中无机杂质的含量（灰分的测定）。

例如，中草药灰分测定，《中国药典》对不同药物灰分含量的要求相差较大，一般原生药（如植物的叶、皮、根等）的灰分含量要求较宽，可高达 10% 左右，例如，洋地黄叶灰分不得超过 10%；而对中草药的分泌物、浸出物等一般要求灰分在 5% 以下，例如，儿茶的灰分不得超过 3%，阿胶的灰分不得超过 1% 等，个别浸出物也有例外，如甘草浸膏的灰分要求不得超过 12% 等。

操作步骤：取中草药试样 2~3 g，置已炽灼至恒重的坩埚中，精密称定，先于低温下炽灼，并注意避免燃烧，至完全炭化时，逐渐升高温度，继续炽灼至暗红色，使完全灰化，称至恒重，根据残渣的重量计算试样中含灰分的百分率，并将结果与《中国药典》标准比较。

8.6.2　药物含量的测定

某些中草药中无机化合物可用沉淀法测定。例如，中药芒硝中 Na_2SO_4 的含量测定，芒硝的主要成分是 Na_2SO_4，以 $BaCl_2$ 为沉淀剂，$BaSO_4$ 形式称量。

测定步骤：取试样 0.4 g，精密称定，加水 200 mL 溶解后，加盐酸 1 mL 煮沸，不断搅拌，并缓慢加入热 $BaCl_2$ 试液至不再产生沉淀，再适当过量。置水浴上加热 30 min，静置 1 h，定量滤纸过滤，沉淀用水分次洗涤至洗涤液不再显氯化物反应，炭化、灼烧至恒重，称量，所得沉淀的重量与 0.608 6 相乘，即得芒硝中含 Na_2SO_4 的重量。

8.6.3　水中残渣的测定

残渣分为总残渣、总可滤残渣和总不可滤残渣。它们是表征水中溶解性物质、不溶性物质含量的指标。

8.6.3.1　总残渣

总残渣是水和废水在一定的温度下蒸发、烘干后剩余的物质，包括总不可滤残渣和总可滤残渣。其测定方法是取适量（如 50 mL）振荡均匀的水样于称至恒重的蒸发皿中，在蒸汽浴或水浴上蒸干，移入 103~105℃烘箱内烘至恒重，增加的质量即为总残渣。计算式如下：

$$总残渣(mg/L) = \frac{(A-B)}{V} \times 1\,000 \times 1\,000$$

式中，A 为总残渣和蒸发皿重，g；B 为蒸发皿重，g；V 为水样的体积，mL。

8.6.3.2　总可滤残渣

总可滤残渣是指将过滤后的水样放在称至恒重的蒸发皿内蒸干，再在一定温度下烘至恒重所增加的质量。一般测定 $103\sim105\,℃$ 烘干的总可滤残渣，但有时要求测定 $180\,℃\pm2\,℃$ 烘干的总可滤残渣。水样在此温度下烘干，可将吸着的水全部赶尽，所得结果与化学分析结果所计算的总矿物质量接近。总可滤残渣的计算方法同总残渣。

8.6.3.3　总不可滤残渣

总不可滤残渣也称为悬浮物（SS），是指水样经过滤后留在过滤器上的固体物质，于 $103\sim105\,℃$ 烘至恒重得到的物质量称为总不可滤残渣。总不可滤残渣包括不溶于水的泥沙、各种污染物、微生物及难溶有机物等。常用的滤器有滤纸、滤膜、石棉坩埚。由于这些滤器的滤孔大小不一致，故报告结果时应注明。石棉坩埚通常用于过滤酸或碱浓度高的水样。总不可滤残渣的计算方法同总残渣。

总不可滤残渣是必测的水质指标之一。地面水中的 SS 使水体浑浊，透明度降低，影响水生生物呼吸和代谢；工业废水和生活污水含大量无机、有机悬浮物，易堵塞管道，污染环境。

8.6.4　生物碱、有机碱的测定

在一定酸度下，某些生物碱、有机碱类可与苦味酸、杂多酸（如硅钨酸）等沉淀剂作用，生成难溶盐，用沉淀法测定该组分的含量。

例如，在酸性条件下，盐酸硫胺（维生素 B_1、$C_{12}H_{17}ON_4SCl \cdot HCl$）与硅钨酸作用生成难溶的硅钨酸硫胺，可采用沉淀重量法测其含量。

首先，精确称取盐酸硫胺 50 mg，加 50 mL 水溶解，待溶解完全后加 2 mL 盐酸煮沸，立即滴加 4 mL 硅钨酸试液，继续煮沸 2 min，用已恒重的垂熔玻璃坩埚过滤，先用 20 mL 煮沸的盐酸溶解沉淀洗涤多次，再用 10 mL 水洗涤一次，最后用丙酮洗涤 2 次，每次 5 mL，在 80℃ 干燥沉淀至恒重，精密称定。所得沉淀质量乘以 0.193 9，即为样品中盐酸硫胺的质量。

8.6.5　大气中 TSP、PM$_{10}$ 的测定

总悬浮颗粒物（Total Suspended Particulate，TSP）是指能悬浮在空气中，空气动力学当量直径 $\leqslant100~\mu m$ 的颗粒。它源自烟雾、尘埃、煤灰或冷凝气化物的固体或液态水珠，能长时间悬浮于空气中，包括碳基、硫酸盐及硝酸盐粒子。是大气质量评价中的一个通用的重要污染指标。

通常把粒径在 $10~\mu m$ 以下的颗粒物称为 PM$_{10}$，又称为可吸入颗粒物（IP）。可吸入颗粒物（PM$_{10}$）在环境空气中持续的时间很长，对人体健康和大气能见度影响都很大。一些颗粒物来自污染源的直接排放，比如烟囱与车辆。另一些则是由环境空气中硫的氧化物、氮氧化物、挥发性

有机化合物及其他化合物互相作用形成的细小颗粒物,它们的化学和物理组成依地点、气候、一年中的季节不同而变化很大。可吸入颗粒物通常来自未铺沥青、水泥的路面上行驶的机动车、材料的破碎碾磨处理过程以及被风扬起的尘土。

大气中 TSP、PM_{10} 均采用重量法进行测定。通过抽取一定体积的空气,通过已恒重的滤膜,空气中悬浮微粒物被阻留在滤膜上,粒径在 100 μm 以下的即为总悬浮微粒 TSP,而粒径在 10 μm 以下的微粒总和即为 PM_{10}。根据采样前、后滤膜重量之差及采样体积,可计算 TSP、PM_{10} 的质量浓度。

8.6.6　矿化度与矿物油的测定

8.6.6.1　矿化度的测定

矿化度用于评价水中的总含盐量,是农田灌溉用水适用性评价的主要指标之一。对无污染的水样,测得的矿化度值与该水样在 103～105℃烘干的总可滤残渣值接近。

矿化度的测定:取适量经过滤去除悬浮物和沉降物的水样于称至恒重的蒸发皿中,在水浴上蒸干,加过氧化氢除去有机物并蒸干,移至 103～105℃烘箱中烘干至恒重,计算出矿化度。

8.6.6.2　矿物油的测定

水中的矿物油来自工业废水和生活污水。工业废水中石油类污染物主要来自原油开采、加工及各种炼制油的使用部门。矿物油漂浮在水表面,影响空气与水体界面间的氧交换;分散于水中的油可被微生物氧化分解,使水质恶化。

重量法测定矿物油的原理是以硫酸酸化水样,用石油醚萃取矿物油,然后蒸发除去石油醚,称量残渣重,计算矿物油含量。重量法适于测定 10 mg/L 以上的含油水样。

8.6.7　可溶性硫酸盐中硫的测定(氯化钡沉淀法)

将试样溶解酸化后,以 $BaCl_2$ 溶液为沉淀剂,将试样中的 SO_4^{2-} 沉淀生成 $BaSO_4$,其反应式如下:

$$Ba^{2+} + SO_4^{2-} \rule[0.5ex]{1.5em}{0.4pt} BaSO_4 \downarrow$$

陈化后,沉淀经过滤、洗涤和灼烧至恒重。根据所得 $BaSO_4$ 形式的称量,可计算试样中含硫质量分数。如果上述重量分析法的结果要求不需十分精确,可利用玻璃砂芯坩埚抽滤 $BaSO_4$ 沉淀、烘干、称量。可缩短实验操作时间,适用于工业生产过程的快速分析。

$BaSO_4$ 沉淀的性质稳定,溶解度小,但是 $BaSO_4$ 是一种细晶形沉淀,要注意控制条件生成较大晶体的 $BaSO_4$。因此,必须在热的稀盐酸溶液中,在不断搅拌下缓缓滴加沉淀剂 $BaCl_2$ 稀溶液,陈化后,得到较粗颗粒的 $BaSO_4$ 沉淀。若试样是可溶性硫酸盐,用水溶解时,有水不溶残渣,应过滤除去。试样中若含有 Fe^{3+} 等将干扰测定,应在加 $BaCl_2$ 沉淀之前,加入 1％的 EDTA 溶液掩蔽。

8.6.8　钢铁中 N_i^{2+} 的测定(丁二酮肟重量法)

丁二酮肟又叫作二甲基乙二肟、丁二肟、秋加叶夫试剂、镍试剂等。该试剂难溶于水,Co^{2+}、Cu^{2+}、Zn^{2+} 等与它生成水溶性的配合物,但只有 Ni^{2+}、Pb^{2+}、Pt^{2+}、Fe^{2+} 能与它生成沉淀。在弱酸性或氨性溶液中,丁二酮肟与 Ni^{2+} 生成鲜红色螯合物 $Ni(C_4H_7O_2N_2)$ 沉淀,沉淀组成恒定,可烘干后直接称重,是一种选择性很高的试剂,常用于重量法测定钢铁中的镍。

在测定钢铁中的镍时,将试样用酸溶解,然后加入酒石酸,并用氨水调节成 pH=8~9 的氨性溶液,加入丁二酮肟有机沉淀剂,就生成丁二酮肟镍沉淀,其反应式为:

$$2 \begin{array}{c} CH_3-C-NOH \\ | \\ CH_3-C-NOH \end{array} + Ni^{2+} = \left[\begin{array}{c} H_3C \quad O \cdots H \cdots O \quad CH_3 \\ C=N \quad N=C \\ \diagdown Ni \diagup \\ C=N \quad N=C \\ CH_3 \quad O \cdots H \cdots O \quad CH_3 \end{array} \right] + 2H^+$$

由于 Fe^{3+}、Al^{3+}、Cr^{3+} 等在氨性溶液中能生成水合氧化物沉淀,干扰测定,常用柠檬酸或酒石酸进行掩蔽。当试样中含钙量高时,由于酒石酸钙的溶解度小,采用柠檬酸作掩蔽剂较好;少量铜、砷、锑存在不干扰。

第9章　电化学分析法

9.1　电化学分析法概述

根据被测物质在溶液中所呈现的电学和电化学性质及其变化来进行分析的方法称为电化学分析法，也称为电分析法。这类方法，通常是以试液作为电解质溶液，选配适当的电极，构成一个电化学电池，通过测量电化学电池的某些参数，如电导、电位、电流和电量等，或者测量这些参数在某个过程中的变化情况求得分析结果。

电化学分析法是仪器分析的一个重要分支，不仅可以应用于各种试样的成分分析，还可以用于化学反应机理的研究，为科学实验工作提供重要的信息。同时，还具有设备简单，分析速度快，灵敏度高，选择性好，适用面广，易于实现自动化等特点。因此，得到广泛应用。

根据所测得的电参量的不同，电化学分析法可分为以下三类：

① 在某特定的条件下，通过待测试液的浓（活）度与化学电池中某些电参量（电阻、电位、电流和电量）的关系进行定量分析，如电位分析、电导分析、库仑分析、极谱分析和伏安分析等。

② 通过某一电参数的变化来指示终点的电容量分析。如电位滴定、电流滴定和电导滴定等。

③ 通过电极反应把被测物质转变为金属或其他形式的氧化物，然后用重量法测定其含量的方法，即电解分析法（或称电重量法）。

不同的电化学分析方法各有其特点，表9-1列出一些重要的电化学分析方法及其特点。

表 9-1　重要的电化学分析方法及其特点

类型	方法名称	测定的电参数	主要特点和用途
测定某一电参数	电位分析法	电极电位	1. 可用于微量成分的测定 2. 可对氢离子及数十种金属、非金属离子和有机化合物进行定量测定 3. 选择性好
	电导分析法	电阻或电导	选择性差，仅能测定水-电解质二元混合物中电解质总量，但对水的纯度分析有特殊意义
	恒电位库仑分析法	电量	不需标准试样，准确度高，选择性好
	恒电流库仑分析法（库仑滴定）	电量	1. 不需标准物质，准确度高 2. 容量分析中的各种滴定反应都可以用库仑滴定
	极谱分析法	极化电极电位-电流变化关系	1. 可用于微量分析 2. 可同时测定多种金属离子和有机化合物 3. 选择性好

类型	方法名称	测定的电参数	主要特点和用途
测定某种电参数的突变	电导滴定法 电位滴定法 电流滴定法	电导的突跃变化 电极电位突跃变化 电流的突跃变化	可用于中和、氧化还原、沉淀及络合滴定的终点指示,易实现自动化 电导滴定可用于测定稀的弱酸和弱碱的含量
用电子作沉淀剂的重量分析(电重量法)	恒电流电解分析法	以恒电流电解至完全	1. 不需标样,准确度高,适用高含量成分的测定 2. 选择性好
	控制阴极电位电解分析法	在选择并控制阴极电位的条件下进行电解至完全	较恒电流电解分析法选择性大有提高,除用作分析外,也是重要的分离手段之一

电化学分析法的灵敏度和准确度都很高,手段多样,所需设备简单,分析浓度范围宽,能进行组成、状态、价态和相态分析,适用于各种不同体系,应用面广。由于在测定过程中得到的是电信号,因而易于实现自动化和连续分析。特别是现代化仪器分析与计算机联用,实现了分析工作的自动化。目前,电化学分析方法已成为产业、卫生和科学研究等领域广泛应用的一种重要分析手段。

9.2 电位分析法

用一个指示电极和一个参比电极或采用两个指示电极,与试液组成电池,然后根据电池电动势(或指示电极电位)的变化来进行分析的方法称为电位分析法。它是电分析化学应用最多的一种方法。

9.2.1 电位分析法的原理

电位分析法的基本原理是根据能斯特(Nernst)方程,电极电位与溶液中待测离子的活度之间具有确定的关系。因此,在一定条件下,通过测量指示电极的电极电位就可以测定离子的含量。

在电位分析法中,常用两电极(指示电极和参比电极)系统进行测量。参比电极是用于测定研究电极(相对于参比电极)的电极电位。常用的有 Ag-AgCl 电极和饱和甘汞电极。指示电极是指在电化学测量过程中,用于测量待测试液中某种离子的活度(浓度)的电极。作为指示电极有固体膜电极、离子选择电极和玻璃膜电极等。

利用电位分析法进行测定时,可以直接根据溶液中指示电极的电位确定待测物质的含量,称为直接电位法。也可以根据滴定过程中指示电极电位的变化确定滴定终点后算出待测物质的含量,称为电位滴定法。电极的绝对电位是无法测量的,电极电位的测量需要构成一个化学电池。在电位分析中,是将指示电极和参比电极同时插入被测物质溶液组成化学电池,此时,电池的电

动势为

$$E = \varphi_{指} - \varphi_{参} + \varphi_{液接}$$

式中，$\varphi_{指}$、$\varphi_{参}$ 和 $\varphi_{液接}$ 分别是指示电极的电极电位、参比电极的电极电位和液接电位。对于给定的体系，参比电极的电极电位和液接电位为常数，以 K 表示，则

$$E = \varphi_{指} + K \tag{9-1}$$

指示电极的电极电位与被测物质的活度之间服从 Nernst 方程

$$\varphi_{指} = \varphi^{\ominus} + \frac{RT}{nF} \ln \frac{a_O}{a_R} \tag{9-2}$$

25℃时，

$$\varphi_{指} = \varphi^{\ominus} + \frac{0.059}{n} \ln \frac{a_O}{a_R}$$

把式(9-2)代入式(9-1)合并常数后得到

$$E = K' + \frac{0.059}{n} \lg \frac{a_O}{a_R} \tag{9-3}$$

式(9-3)中，电池电动势是被测离子活度的函数，电动势的高低反映了溶液中被测离子活度的大小，这是电位法的理论依据。

9.2.2　参比电极与指示电极

9.2.2.1　参比电极

参比电极(reference electrode)是指电极电位不随待测组分活(浓)度改变而改变，电极电位基本恒定的电极。作为参比电极应具备以下基本要求：①电极电位恒定；②重现性好；③装置简单，方便耐用。目前在电位法和其他电化学分析中，最常用的参比电极有饱和甘汞电极和银-氯化银电极。

（1）饱和甘汞电极

饱和甘汞电极(SCE)属于金属-金属难溶盐电极，一般由金属汞、甘汞(Hg_2Cl_2)和饱和 KCl 溶液组成，其结构如图 9-1 所示。

电极由内、外两个玻璃套管组成，内管上端封接一根铂丝，铂丝上部与电极引线相连，铂丝下部插入汞层中(汞层厚 0.5～1 cm)。汞层下部是汞和甘汞的糊状物，内玻璃管下端用石棉或纸浆类多孔物堵塞。外玻璃管内充饱和 KCl 溶液，最下端用素烧瓷微孔物质封紧，既可将电极内外溶液隔开，又可提供内外溶液离子通道，起到盐桥的作用。

电极组成：$Hg, Hg_2Cl_2 \,|\, KCl_{(饱和)}$

电极反应：$Hg_2Cl_2 + 2e \rightleftharpoons 2Hg + 2Cl^-$

电极电位：
$$\varphi = \varphi^{\ominus}_{Hg_2Cl_2/Hg} - \frac{2.303RT}{F} \lg a_{Cl^-} \tag{9-4}$$

由式(9-4)可知，甘汞电极的电极电位与溶液中 Cl^- 的活度和温度有关。甘汞电池构造简单，电位稳定，使用方便，是最常用的参比电极之一，常作为二级标准，代替氢电极来测定其他电极的电位。

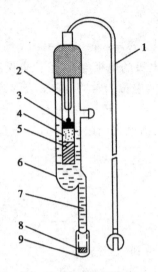

图 9-1　饱和甘汞电极

1—电极引线；2—玻璃内管；3—汞；

4—汞—甘汞糊（Hg_2Cl_2 和 Hg 研磨的糊）；

5—石棉或纸浆；6—玻璃外套管；

7—饱和 KCl 溶液；8—素烧瓷片；9—小橡皮塞

（2）双盐桥饱和甘汞电极

双盐桥饱和甘汞电极（SCE）也称为双液接 SCE，其结构如图 9-2 所示，是在 SCE 下端接一玻璃管，内充适当的电解质溶液（常为 KNO_3）。

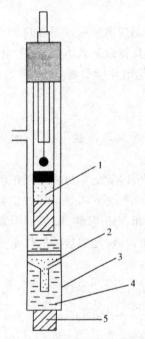

图 9-2　双盐桥饱和甘汞电极

1—饱和甘汞电极；2—磨砂接口；

3—玻璃套管；4—硝酸钾溶液；5—素烧瓷

当使用 SCE 遇到下列情况时,应采用双盐桥饱和甘汞电极。

①SCE 盐桥溶液中的离子与试液中的离子发生化学反应。如测 Ag^+ 时,SCE 盐桥液中的 Cl^- 将与 Ag^+ 反应,生成 AgCl 沉淀。这样既降低了测量的准确度,也会因为沉淀堵塞盐桥通道,使测量无法进行。

②被测离子为 Cl^- 或 K^+ 时,SCE 中 KCl 渗透到试液中将引起误差。

③试液中含有 I^-、CN^-、Hg^{2+} 和 S^{2-} 等离子时,会使 SCE 的电极电位随时间缓慢而有序地改变(漂移),严重时甚至破坏 SCE 的电极功能。

④SCE 与试液间的残余液接电位大且不稳定时使用。如在非水滴定中使用较多。

⑤试液温度较高或较低时。为减少 SCE 的温度滞后效应,可采用双盐桥饱和甘汞电极。由于盐桥中保持了一定的温度梯度,可保证参比电极在正常温度下工作。

(3)银-氯化银电极

银-氯化银电极(SCE)是由 AgCl 沉积在 Ag 电极上,并浸入含有 Cl^- 的溶液中构成的,其结构如图 9-3 所示。

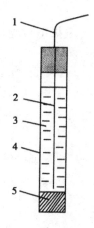

图 9-3　银-氯化银电极
1—银丝;2—银-氯化银;3—饱和 KCl 溶液;4—玻璃管;5—素烧瓷芯

电极组成:$Ag, AgCl \mid KCl(a)$

电极反应:$AgCl + e \Longrightarrow Ag + Cl^-$

电极电位:$\varphi = \varphi^{\ominus}_{AgCl/Ag} - \dfrac{2.303RT}{F} \lg a_{Cl^-}$　　　　　　　　　　　(9-5)

由式(9-5)可知,银-氯化银电极的电极电位与溶液中 Cl^- 的活度和温度有关。Ag-AgCl 电极构造更为简单,常用作玻璃电极和其他离子选择性电极的内参比电极。此外,Ag-AgCl 电极可以制成很小的体积,并可在高于 60℃ 的温度下使用。

9.2.2.2　指示电极

指示电极(indicator electrode)是电极电位随待测组分活(浓)度改变而变化,其值大小可以指示待测组分活(浓)度的电极。一般而言,指示电极应符合下列条件:

①电极电位与待测组分活(浓)度间的关系符合 Nernst 方程。

②对所测组分响应快,重现性好。

③简单耐用。

常见的指示电极有以下几类。

(1)第一类电极

由金属插入含有该金属离子的溶液组成。如银丝插入含有 Ag^+ 离子的溶液中组成的银电极:

$$Ag \mid Ag^+ \, (a)$$

电极反应为:

$$Ag^+ + e \rightleftharpoons Ag$$

电极电位(25℃)为:

$$\varphi = \varphi^{\ominus}_{Ag^+/Ag} + 0.059 \lg a_{Ag^+} \tag{9-6}$$

这类电极还有 $Hg\text{-}Hg^{2+}$、$Zn\text{-}Zn^{2+}$、$Cu\text{-}Cu^{2+}$ 等,该类电极的电极电位能反映相应金属离子的活(浓)度。

(2)第二类电极

①金属-金属难溶盐电极。该类电极的电极电位能反映与金属离子生成难溶盐的阴离子活(浓)度。如银-氯化银电极:

$$Ag, AgCl \mid KCl(a)$$

电极反应为:

$$AgCl + e \rightleftharpoons Ag + Cl^-$$

电极电位(25℃)为:

$$\varphi = \varphi^{\ominus}_{AgCl/Ag} - 0.059 \lg a_{Cl^-} \tag{9-7}$$

由于电极反应是 $AgCl \rightleftharpoons Ag^+ + Cl^-$ 和 $Ag^+ + e \rightleftharpoons Ag$ 两步反应的总反应,通过沉淀平衡 $K_{sp} = a_{Ag^+} \cdot a_{Cl^-}$。即可建立银-氯化银电极标准电极电位与银电极标准电极电位和 AgCl 溶度积之间的关系。

$$\varphi = \varphi^{\ominus}_{Ag^+/Ag} + 0.059 \lg K_{sp}$$

因此,该类电极还可以用于测定一些难溶盐的 K_{sp}。

②金属-金属难溶氧化物电极。如锑电极,由高纯锑镀一层 Sb_2O_3 制成:

$$Sb, Sb_2O_3 \mid H^+(a)$$

电极反应为:

$$Sb_2O_3 + 6H^+ + 6e \rightleftharpoons 2Sb + 3H_2O$$

电极电位(25℃)为:

$$\varphi = \varphi^{\ominus}_{Sb_2O_3/Sb} + 0.059 \lg a_{H^+} = \varphi^{\ominus}_{Sb_2O_3/Sb} - 0.059 pH \tag{9-8}$$

由 Nernst 方程式可知,锑电极是 pH 指示电极。因氧化锑能溶于强酸性或强碱性溶液,所以锑电极只宜于在 pH 3~12 的溶液中使用。

③金属-金属配合物电极。如

$$Hg \mid HgY^{2-}(a_1), Y^{4-}(a_2)$$

可用于测定配体阴离子活(浓)度。

电极反应为:

$$HgY^{2-} + 2e \rightleftharpoons Hg + Y^{4-}$$

电极电位为：

$$\varphi = \varphi_{HgY^{2-}}^{\ominus} + \frac{0.059}{2} \lg \frac{a_{HgY^{2-}}}{a_{Y^{4-}}} \tag{9-9}$$

因为 HgY^{2-} 很稳定,若保持其浓度恒定,则有

$$\varphi = 常数 - \frac{0.059}{2} \lg a_{Y^{4-}} \tag{9-10}$$

(3)第三类电极

当式(9-10)所表达的电极体系中同时存在另一能与 EDTA 形成配合物的金属离子,且该配合物的稳定性小于 HgY^{2-},则此电极体系就成为该金属离子的指示电极。如测定 Ca^{2+} 的电极：

$$Hg \mid HgY^{2-}(a_1), CaY^{2-}(a_2), Ca^{2+}(a_3)$$

该电极体系涉及三步反应：

①$Hg^{2+} + 2e \Longrightarrow Hg$

②$Hg^{2+} + Y^{4-} \Longrightarrow HgY^{2-}$

③$Ca^{2+} + Y^{4-} \Longrightarrow CaY^{2-}$

$$\varphi = \varphi_{Hg^{2+}/Hg}^{\ominus} + \frac{0.059}{2} \lg a_{Hg^{2+}} \tag{9-11}$$

根据配位平衡,可以得到以下 Nernst 方程表达式：

$$\varphi = \varphi_{Hg^{2+}/Hg}^{\ominus} + \frac{0.059}{2} \frac{K_{CaY^{2-}} \cdot a_{HgY^{2-}}}{K_{HgY^{2-}} \cdot a_{CaY^{2-}}} + \frac{0.059}{2} \lg a_{Ca^{2+}} \tag{9-12}$$

在实际中,该电极体系被用于 EDTA 滴定 Ca^{2+}。在试样溶液中加入少量 HgY^{2-}(使其浓度约在 10^{-4} mol/L),插入汞电极和饱和甘汞电极,用 EDTA 标准溶液滴定,近计量点时 $a_{CaY^{2-}}$ 可视为定值,则式(9-12)可改写为

$$\varphi = 常数 + \frac{0.059}{2} \lg a_{Ca^{2+}} \tag{9-13}$$

由于涉及三个化学平衡,此类电极被称为第三类电极或 pM 汞电极。该类电极的电极电位(25℃)与金属离子 M^{n+} 活(浓)度关系的通式为：

$$\varphi = 常数 + \frac{0.059}{2} \lg a_{M^{n+}} = 常数 - \frac{0.059}{2} pM \tag{9-14}$$

(4)惰性金属电极

由惰性金属(Pt 或 Au)插入含有某氧化型还原型电对的溶液中构成。如

$$Pt \mid Fe^{3+}, Fe^{2+}$$

电极反应为：

$$Fe^{3+} + e \Longrightarrow Fe^{2+}$$

电极电位(25℃)为：

$$\varphi = \varphi_{Fe^{3+}/Fe^{2+}}^{\ominus} + 0.059 \lg \frac{a_{Fe^{3+}}}{a_{Fe^{2+}}} \tag{9-15}$$

Pt 丝在此仅起传递电子的作用,本身不参加电极反应。该电极的电极反应是在均相中进行,无相界,故又称为零类电极。

(5)离子选择电极(ISE)

一般由对待测离子敏感的膜制成,也称为膜电极。这类电极不同于上述几类电极,在膜电极

上没有电子交换反应，电极电位被认为是基于响应离子在膜上交换和扩散等作用的结果，与试液中待测离子活（浓）度的关系符合 Nernst 方程式。

$$\varphi = K \pm \frac{2.303RT}{nF} \lg a \tag{9-16}$$

式中，K 为电极常数，阳离子取"＋"，阴离子取"－"；n 是待测离子电荷数。

离子选择电极是电位法中最常用的指示电极，商品电极已有很多种类，如 pH 玻璃电极、钾电极、钠电极、钙电极、氟电极和在药学研究领域中使用的多种药物电极等。

9.2.3　直接电位法

选择合适的指示电极和参比电极浸入待测溶液中组成原电池，测量原电池的电动势。根据 Nernst 方程电极电位与待测离子活（浓）度的函数关系，求出待测组分活（浓）度的方法称为直接电位法。直接电位法可用于测量溶液 pH 和其他阴、阳离子活度。具有选择性好、灵敏度高，适用于微量组分测定等特点。

9.2.3.1　测量溶液 pH

直接电位法测量溶液 pH，常以 SCE 为参比电极，氢电极、醌-氢醌电极、锑电极和玻璃电极等为指示电极，其中最常用的指示电极是玻璃电极。

（1）pH 玻璃电极

①pH 玻璃电极的构造。pH 玻璃电极简称玻璃电极，属于膜电极，玻璃电极一般是由内参比电极、内参比溶液、玻璃膜、高度绝缘的导线和电极插头等部分组成，其构造如图 9-4 所示。玻璃管下端有一个由特殊玻璃制成的球形玻璃膜（厚度 0.05～0.1 mm），球内装有含 KCl 的缓冲溶液（pH 7 或 pH 4）作为内参比溶液，内插入 Ag-AgCl 电极作为内参比电极。电极上端是高度绝缘的导线及引出线，线外套有屏蔽线，以免漏电和静电干扰。

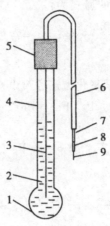

图 9-4　pH 玻璃电极

1—玻璃膜球；2—内参比溶液；3—Ag-AgCl 电极；

4—玻璃管；5—电极帽；6—外套管；

7—网状金属屏；8—塑料高绝缘；9—电极导线

②pH 玻璃电极的响应机制。玻璃膜对溶液中 H^+ 产生的选择性响应主要与玻璃膜组成有关。pH 玻璃电极膜由 72.2% SiO_2、1.44% Na_2O 和 6.4% CaO 组成。一般认为 pH 玻璃膜的水化、离子交换和扩散是产生膜电位的三个主要过程。

pH 玻璃电极使用前必须在纯水中浸泡一段时间,这一过程称为玻璃膜的水化。水化的目的是使玻璃膜表面形成厚度为 $10^{-5} \sim 10^{-4}$ mm 的溶胀水合硅胶层(水化层)。水化层中的 Na^+ 与溶液中 H^+ 进行下列交换反应:

$$H^+(溶液) + Na^+Cl^-(玻璃膜) \rightleftharpoons Na^+(溶液) + H^+Cl^-(玻璃膜)$$

该反应平衡常数很大,使玻璃膜表面 Na^+ 的点位几乎全被 H^+ 占据。越进入凝胶层内部交换越少,即 H^+ 数目越少,Na^+ 数目越多;在玻璃膜中间干玻璃层部分,因无交换反应,点位全部被 Na^+ 占据,几乎全无 H^+。如图 9-5 所示。

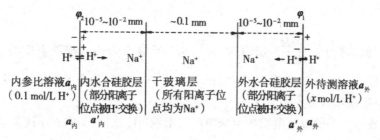

图 9-5 水化玻璃膜

将充分水化的玻璃电极浸入待测溶液中,由于其中的 H^+ 浓度与水化层中 H^+ 浓度不同,则会发生浓差扩散,H^+ 由浓度高的向浓度低的扩散。H^+ 的扩散改变了膜外表面与试液两相界面的电荷分布,形成双电层产生电位差。当扩散达到动态平衡时,电位差达一定值,此电位差称为外相界电位($E_外$);同理,膜内表面与内参比溶液两相界面也产生电位差称为内相界电位($E_内$)。显然,相界电位的大小与两相间 H^+ 活(浓)度有关,其关系为:

$$E_外 = K_1 + \frac{2.303RT}{F} \lg \frac{a_外}{a'_外} \tag{9-17}$$

$$E_内 = K_2 + \frac{2.303RT}{F} \lg \frac{a_内}{a'_内} \tag{9-18}$$

式中,$a_外$、$a_内$ 分别为膜外和膜内溶液中 H^+ 活度;$a'_外$、$a'_内$ 分别为膜外表面和膜内表面水化凝胶层中 H^+ 活度;K_1、K_2 为与玻璃膜外、内表面物理性能有关的常数。

玻璃膜内、外侧之间的电位差称为膜电位($E_膜$),即

$$E_膜 = E_外 - E_内 = \left[K_1 + \frac{2.303RT}{F} \lg \frac{a_外}{a'_外}\right] - \left[K_2 + \frac{2.303RT}{F} \lg \frac{a_内}{a'_内}\right] \tag{9-19}$$

对于同一支玻璃电极,膜内外表面性质基本相同,即 $K_1 = K_2$、$a'_外 = a'_内$。
则

$$E_膜 = \frac{2.303RT}{F} \lg \frac{a_外}{a_内} \tag{9-20}$$

由于玻璃电极内参比溶液 pH 是定值,因而 $a_内$ 也为一定值,所以

$$E_膜 = K' + \frac{2.303RT}{F} \lg a_外 \tag{9-21}$$

作为玻璃电极整体,其电极电位($E_玻$)应为玻璃膜电位和内参比电极电位之和。由此得到 pH 玻璃电极电位与试液中 H^+ 活度的关系:

$$E_玻 = E_{内参比} + E_膜 = K + \frac{2.303RT}{F}lga_外 = K - \frac{2.303RT}{F}pH \qquad (9-22)$$

式(9-22)中,$K = E_{内参比} - \frac{2.303RT}{F}lga_内$ 称为电极常数。式(9-22)表明玻璃电极的电位与膜外试液的 pH 之间呈线性关系,符合 Nernst 方程式,故可用于溶液 pH 的测量。

③pH 玻璃电极性能。pH 玻璃电极的主要性能如下所示。

a. 转换系数。溶液 pH 变化一个单位时引起玻璃电极电位的变化值称为转换系数(或电极斜率 slope),用 S 表示。

$$S = -\frac{\Delta\varphi}{\Delta pH} \qquad (9-23)$$

显然,S 的理论值为 $\frac{2.303RT}{F}$,25℃时为 0.059 V 或 59 mV。玻璃电极的 S 值通常稍低于理论值,在使用过程中,电极逐渐老化,实际转换系数与理论值偏离越大。当 25℃时,S 低于 52 mV/pH 该电极就不宜再使用。

b. 碱差和酸差。一般玻璃电极的电极电位与溶液 pH 之间,只有在 pH 1~9 范围内呈线性关系,否则会产生碱差或酸差。

碱差也称为钠差,是指在较强的碱性溶液中,测量的 pH 低于真实值产生负误差。其原因是 pH>9 时,溶液中 H^+ 浓度较低,玻璃膜水化层点位没有全部被 H^+ 占据,Na^+ 也进入玻璃膜水化层占据某些点位,这样玻璃电极对 Na^+ 等碱金属离子也有响应,电极电位反映出来的 H^+ 活度高于真实值。

酸差是指在 pH<1 的较强酸性溶液中,pH 的测量值高于真实值产生正误差。产生酸差的原因是由于在强酸溶液中水分子活度减小,而 H^+ 是通过 H_3O^+ 传递,达到玻璃膜水化层的 H^+ 减少,使得测量的 pH 高于真实值。

c. 不对称电位。由式(9-21)可知,当玻璃膜内外两侧 H^+ 活度相等时,则膜电位应等于零。但实际上并不为零,而是有几毫伏的电位差存在,该电位差称为不对称电位。产生不对称电位的主要原因是膜内外表面的结构和性能不完全相同。干玻璃电极的不对称电位很大,因此,在使用前必须将玻璃电极敏感膜置纯水中浸泡 24 h 以上充分活化,减小并稳定不对称电位。注意复合玻璃电极的水化需在 3 mol/L KCl 溶液中进行。

d. 电极内阻和使用温度。玻璃电极内阻很高,一般在数十至数百兆欧。内阻的大小与玻璃膜成分、膜厚度及温度有关;国产 221 型和 231 型玻璃电极使用温度在 5~60℃。温度太低,电极内阻增大,使准确测量困难;温度太高时,使用寿命下降或电极性能变差。电极内阻随着使用时间的增长而加大(俗称电极老化)。内阻增加将使测量灵敏度下降,所以当玻璃电极老化至一定程度时应予以更换。

(2)测量原理

直接电位法测量溶液中 pH 通常是以 pH 玻璃电极作为指示电极,SCE 作为参比电极在待测溶液中组成原电池,可表示为:

$(-)Ag \mid AgCl, HCl(a) \mid 玻璃膜 \mid 试液(a_{H^+}) \parallel KCl(饱和), Hg_2Cl_2 \mid Hg(+)$

其电池电动势为：

$$E = E_{SCE} - E_{玻} = E_{SCE} - \left[K - \frac{2.303RT}{F}pH \right] = K' + \frac{2.303RT}{F}pH \qquad (9\text{-}24)$$

$$E = K' + 0.059\ 2pH \qquad (9\text{-}25)$$

由式(9-25)可知，电池电动势与试液 pH 之间呈线性关系，只要测得电池电动势 E 就可以求出溶液的 pH。

（3）测量方法

由于式(9-25)中 K' 包括多项电位值，且受到玻璃电极常数、试液组成、电极使用时间等诸多因素影响，既不能准确测量，又难以由理论计算出。因此，在实际测量中通常采用两次测量法，即在相同条件下分别测量 pH 准确已知的标准缓冲溶液 pHs 和未知试液的 pH_X（pH_S 与试样溶液 pH_X 应尽量接近）。根据式(9-25)可得

$$E_s = K' + 0.059\ 2pH_S \qquad (9\text{-}26)$$

$$E_X = K' + 0.059\ 2pH_X \qquad (9\text{-}27)$$

由式(9-27)减去式(9-26)将 K' 值抵消可得

$$pH_X = pH_S + \frac{E_X - E_s}{0.059\ 2} \qquad (9\text{-}28)$$

根据式(9-28)，只要测出 E_X 和 E_s，即可得到试液的 pH_X。

（4）测量 pH 注意事项

①注意玻璃电极的使用 pH 范围。

②选择标准缓冲液 pHs 应尽可能与待测 pHx 相接近，通常控制 pHs 和 pHx 之差在 3 个 pH 单位之内，以减少残余液接电位所造成的测量误差。现行版《中国药典》附录收载了五种 pH 标准缓冲液的 0～50℃温度的 pH 基准值。

③玻璃电极需在蒸馏水中浸泡 24 小时以上方可使用；复合玻璃电极一般在 3 mol/L KCl 溶液中浸泡 8 h 以上。

④标准缓冲溶液与待测液的温度必须相同。

⑤标准缓冲溶液需按规定方法配制，保存于密塞玻璃瓶中（硼砂应保存在聚乙烯塑料瓶中）；一般可保存 2～3 个月，若发现有浑浊、发霉或沉淀等现象时，则不能继续使用。

9.2.3.2　测量溶液其他阴、阳离子活度

（1）测量原理

与直接电位法测量溶液的 pH 相似，直接电位法测量溶液中离子的活（浓）度也是将对待测离子有响应的离子选择性电极（指示电极）和甘汞电极或其他电极（参比电极）浸入待测溶液中组成工作电池，用仪器测出其电动势，从而求出溶液中待测离子的活（浓）度。图 9-6 所示为离子活度的电位测量装置。

例如，用氟离子选择性电极测量氟离子的活度时，其工作电池为：

（一）甘汞电极‖试液‖氟离子选择性电极（＋）

则 25℃时，电池电动势与 a_{F^-} 或 pF 的关系为：

$$E = K - 0.059 \lg a_{F^-}$$

或

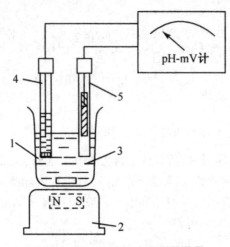

图 9-6　离子活度的电位测量装置

1—容器；2—电磁搅拌器；3—待测离子试液；4—指示电极；5—参比电极

$$E = K + 0.059pF$$

式中，K 在一定条件下为一常数。

用各种离子选择性电极测量与其响应的相应离子活度时，可用下列公式表示：

$$E = K \pm \frac{2.303RT}{nF}\lg\alpha$$

与测量 pH 一样，K 的数值也取决于离子选择性电极的薄膜、内外参比电极的电位、参比溶液与待测溶液间的液接电位，在一定条件下虽有定值但却难以计算和测量，所以也需要采用两次测量法进行测量。即离子浓度的电位测量装置组装好后，先以一种已知离子活度的标准溶液为基准对仪器进行校正，再在此装置中测量待测溶液的 pX，但目前能提供的离子选择性电极校正用的标准活度溶液，除用于校正 Cl^-、Na^+、Ca^{2+}、F^- 电极用的标准参比溶液 NaCl、KF、CaCl$_2$ 以外，其他离子活度标准溶液尚无标准。通常在要求不高并保证离子活度系数不变的情况下，用浓度代替活度进行测量。

（2）测量方法

①直读法。直读法是能够在离子计上直接读出待测离子活（浓）度的方法。直读法也称为标准比较法，可分为单标准比较法和双标准比较法。

a. 单标准比较法。单标准比较法是先选择一个与待测离子活度相近的标准溶液，在相同的测试条件下，用同一对电极分别测量标准溶液和待测试液电池的电动势。

在标准溶液及待测试液中分别加入等量的总离子强度调节剂，先用标准溶液校正电极和仪器，通过调节定位旋钮，使仪器的读数与标准溶液的浓度一致，随即用校正后的电极测量待测试液，即可从仪器上直接读出被测离子的浓度。

b. 双标准比较法。双标准比较法是通过测量两个标准溶液和及试液的相应电池的电动势来测量试液中待测离子的活度。由两个标准溶液中的待测离子活度和测量的相应两个电动势，可以确定电极的响应斜率。

由于在单标准比较法中，电极的响应斜率 S 是按照理论值在离子计或 pH 计中储存的，而双标准比较法电极的响应斜率是通过试验测得的，所以更接近真实值。因此，双标准比较法的准确度比单标准比较法高。

②标准曲线法。先配制一系列已知浓度的标准溶液,依次加入相同量的 TISAB,然后将离子选择性电极、参比电极与每一种浓度的标准溶液组成工作电池,在同一条件下,测出各溶液的电动势。以所测得的电动势 E 为纵坐标,以浓度 c(或其负对数)为横坐标,绘出 E-$(-\lg c_{F^-})$ 的关系曲线。如图 9-7 所示是 F^- 的标准曲线。

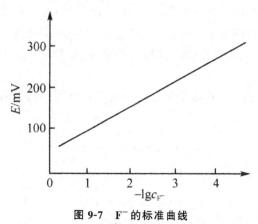

图 9-7　F^- 的标准曲线

在待测溶液中加入与标准溶液同样量的 TISAB 溶液并在同一条件下测量其电池电动势 E_x,再从所绘制的标准曲线上查出 E_x 所对应的 $-\lg c_x$,算出 c_x 这样做出的曲线显然是有误差的,因为所配制的标准溶液并非活度标准溶液。因此,当溶液的浓度大于 10^{-3} mol/L 时,应根据公式 $\alpha = \gamma c$ 把浓度换算为活度;当溶液的浓度小于 10^{-3} mol/L 时,活度系数接近于 1,可不必换算。

由于 K 值容易受温度、搅拌速度及液接电位的影响,标准曲线不是很稳定,容易发生平移,因此在实际工作中,每次使用标准曲线前都必须选定 $1 \sim 2$ 种标准溶液测出 E 值,确定曲线平移的位置,再供分析试液使用。若试剂等更换,应重新作标准曲线。采用标准曲线法进行测量时,试验条件必须保持恒定,否则将影响其线性。

标准曲线法主要适用于大批同样试样的测量,对于要求不高的少量试样,可用两次测量法进行测量。

③标准加入法。标准曲线法只适用于测量组成简单的试样及游离离子的浓度。如果试样组成复杂,或溶液中存在络合剂时,若要测量金属离子总浓度,则可采用标准加入法,即将标准溶液加入到样品溶液中进行测量。标准加入法的操作过程及基本原理如下所述。

用选定的参比电极和离子选择性电极,先测量体积为 V_x、浓度为 c_x 的待测试液的电池电动势 E_1;然后向试液中加入浓度为 c_s、体积为 V_s 的待测离子标准溶液,再测其电动势 E_2。则

$$E_1 = K' \pm \frac{0.059}{n} \lg(X_1 \gamma_1 c_x)$$

$$E_2 = K' \pm \frac{0.059}{n} \lg(X_2 \gamma_2 c_x + X_2 \gamma_2 \Delta c)$$

式中,X_1 和 γ_1 分别为试液中待测游离离子的分数和活度系数;X_2 和 γ_2 分别为加入标准溶液后试液中待测游离离子的分数和活度系数;Δc 是加入标准溶液后试液浓度的增加量。

$$\Delta c = \frac{V_s c_s}{V_x + V_s}$$

由于 $V_s \ll V_x$，所以 $\gamma_1 \approx \gamma_2$，$X_1 \approx X_2$，则

$$\Delta E = E_2 - E_1 = \pm \frac{0.059}{n} \lg \frac{X_2 \gamma_2 c_x + X_2 \gamma_2 \Delta c}{X_1 \gamma_1 c_x} = \pm S \lg \left(1 + \frac{\Delta c}{c_x} \right)$$

整理可得

$$c_x = \Delta c \, (10^{\Delta E / \pm S} - 1)^{-1}$$

式中，S 为电极的响应斜率，待测离子为阳离子时，S 前取正号；为阴离子时则取负号。

实验表明，Δc 的最佳范围为 $c_x \sim 4c_x$；一般 V_x 为 100 mL，V_s 为 1 mL，最多不超过 10 mL。标准加入法的优点是仅需一种标准溶液，操作简便快速，适用于组成复杂样品的分析，不足之处是精密度比标准曲线法低。

④多次标准加入法。加几次标准溶液这一公式都是适用的，只不过是每加一次标准溶液，就会测得一个 E，即 E 随 V_s 而变。

$$E = K + S \lg \gamma \frac{V_s c_s + V_x c_x}{V_x + V_s}$$

变换可得

$$10^{\frac{E}{S}} (V_x + V_s) = 10^{\frac{E}{S}} \gamma (V_s c_s + V_x c_x)$$

因为 γ、K 和 S 为常数，所以 $10^{\frac{E}{S}} \gamma$ 可视为一常数 K'

$$(V_x + V_s) \, 10^{\frac{E}{S}} = K' (V_s c_s + V_x c_x)$$

以 $(V_x + V_s) 10^{\frac{E}{S}}$ 对 V_s 作图，如图 9-8 所示。

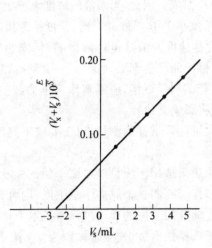

图 9-8　$(V_x + V_s) 10^{\frac{E}{S}}$ 与 V_s 的关系

当 $(V_x + V_s) 10^{\frac{E}{S}} = 0$ 时，由于 K 不可能为 0，则有 $V_s c_s + V_x c_x = 0$，于是可得

$$c_x = -\frac{c_s V_s}{V_x}$$

V_s 很容易由根据试验数据制作的此图求得，c_x 和 V_x 是已知的，根据此式，试液中待测物的未知浓度 c_s 可以求出。

9.2.4 电位滴定法

电位滴定法是以滴定过程中指示电极电位的变化来指示滴定终点的滴定分析法。它克服了一般指示剂法确定终点的弊病,具有客观性强、准确度高、不受溶液有色、浑浊等限制,易于实现滴定分析自动化等优点,可以用于酸碱、沉淀、配位、氧化还原及非水滴定等各类滴定法。

9.2.4.1 电位滴定法的原理

电位滴定法基于滴定反应中待测物或滴定剂的浓度变化通过指示电极的电位变化反映出来,计量点前后浓度的突变导致电位的突变,从而确定滴定终点,完成滴定分析。由此可见,电位滴定法与直接电位法的相同点在于都是测量电极电位,不同的是对电位测量准确性的要求。直接电位法要求电位测量准确性高;而电位滴定法则以测量电位变化为基础,电位测量绝对准确性高低对定量分析结果的影响较小。电位滴定法的基本装置如图9-9所示。

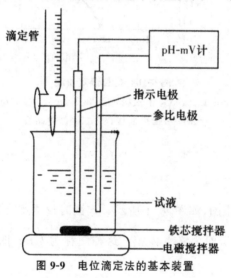

图 9-9 电位滴定法的基本装置

9.2.4.2 电位滴定法终点的确定方法

(1)φ-V 曲线

以电位值 φ(或 pH)对滴定剂体积 V 作图,φ-V 曲线上的突跃即 $d\varphi/dV$ 的最大处为终点,如图 9-10(a)所示。

(2)$\dfrac{\Delta\varphi}{\Delta V}$-$V$ 曲线

以 $\dfrac{\Delta\varphi}{\Delta V}$ 对 $\Delta\varphi$ 相对应的两体积 V 的平均值作图,得如图 9-10(b)的一级微商曲线。曲线极大值所对应的体积就是终点体积。

(3)$\dfrac{\Delta^{2}\varphi}{\Delta V^{2}}$-$V$ 曲线

以 $\dfrac{\Delta^2\varphi}{\Delta V^2}$ 对 V 作图,得二级微商曲线,如图 9-10(c)所示,在 $\dfrac{\Delta^2\varphi}{\Delta V^2}=0$ 时所对应的体积就是终点体积。

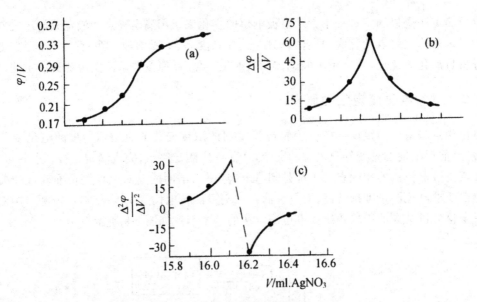

图 9-10　电位滴定曲线

(a)0.231 4 mol/L $AgNO_3$ 溶液滴定 3.737 mmol Cl^- 的电位滴定曲线;

(b)一级微商曲线;(c)二级微商曲线

(4)$\dfrac{\Delta V}{\Delta\varphi}$-$V$ 曲线

若以 $\dfrac{\Delta V}{\Delta\varphi}$ 对体积平均值作图,如图 9-11 所示。作图时仅需终点前后几个滴定数据就可画出两条直线,交点所对应的体积即为终点体积。这种图称为 Gran 图,是一种简单求滴定终点的方法。

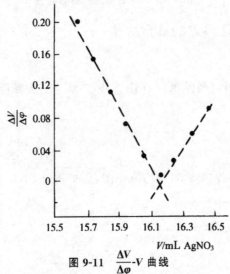

图 9-11　$\dfrac{\Delta V}{\Delta\varphi}$-$V$ 曲线

9.2.4.3　电位滴定法的应用

在滴定分析中,只要有合适的指示电极,各种滴定均可采用电位滴定法。如酸碱滴定、氧化还原滴定、沉淀滴定、配位滴定等,电位滴定确定终点比使用指示剂指示终点更为客观、准确。

(1)酸碱滴定

酸碱滴定中常用 pH 玻璃电极为指示电极,饱和甘汞电极为参比电极。用 pH 计测量滴定过程中溶液的 pH,绘制 pH-V 滴定曲线,确定滴定终点。这种确定滴定终点的方法比用指示剂确定终点要灵敏,一般指示剂法要求滴定突跃范围在 2 个 pH 单位以上,才能辨别颜色变化,而电位滴定 pH 变化很小即可确定滴定终点。此外,还可用于测定弱酸(碱)的平衡常数,例如,NaOH 滴定一元弱酸 HA,半中和点时 $[HA]=[A^-]$,故 $K_a=[H^+]$,即 $pK_a=pH$,可通过 pH-V 曲线求出半中和点时的 pH,即求得了弱酸的平衡常数。

在非水溶液的酸碱滴定中,为了避免由甘汞电极漏出的水溶液影响测定结果,必须用饱和氯化钾无水乙醇溶液代替电极中的饱和氯化钾水溶液。在滴定生物碱或有机碱的氢卤酸盐时,可采用适当的盐桥隔开甘汞电极与滴定溶液,避免漏出的氯化物干扰测定。

(2)氧化还原滴定

氧化还原滴定一般都用铂电极作为指示电极。为了响应灵敏,电极表面必须洁净光亮,如有沾污,需用热 HNO_3(或加入少量 $FeCl_3$)浸洗,必要时用氧化焰灼烧。滴定分析中所讲的氧化还原滴定,都可以用电位滴定法来完成。

(3)沉淀滴定

沉淀滴定常用银盐或汞盐做标准溶液,用银盐标准溶液滴定时,指示电极用银电极(纯银丝);用汞盐标准溶液滴定时,指示电极用汞电极(汞池,或铂丝上镀汞,或把金电极浸入汞中做成金汞齐)。在银量法及汞量法滴定中,Cl^- 都有干扰,因此不宜直接插入饱和甘汞电极,通常是用 KNO_3 盐桥把滴定溶液与饱和甘汞电极隔开。如氯、溴和碘离子混合物的电位滴定在沉淀电位滴定法中应用最多的是以 $AgNO_3$ 滴定卤素离子。

(4)配位滴定

在配位滴定中,根据被滴定金属离子不同,可选择相应的金属离子选择电极作指示电极,例如,滴定 Ca^{2+} 时可用 Ca^{2+} 选择电极;滴定 Fe^{3+} 时可用铂电极(应加 Fe^{2+})等。参比电极常用饱和甘汞电极。在这类滴定中除了应选好适宜的电极,还应注意分析条件,如溶液的 pH、温度、干扰离子的掩蔽等。

9.3　电导分析法

通过测量电解质溶液的电导值来确定物质含量的分析方法,称为电导分析法。电导分析法是电分析化学的一个分支。该方法有极高的灵敏度,但几乎没有选择性,因此在分析中应用不广泛,它的主要用途是电导滴定及测定水体中的总盐量。近年来,用电导池作离子色谱的检测器,使其应用得到发展。

9.3.1 电导分析法的原理

将两个铂电极插入电解质溶液中,并在两电极上施加一定的电压,就会有电流通过。电流是电荷的移动,在金属导体中仅仅是电子的移动,而在电解质溶液中是由正离子和负离子向相反方向的迁移来共同形成的。

电解质溶液导电能力用电导 G 来表示,即

$$G = \frac{1}{R}$$

也就是说,电导值是电阻 R 的倒数,其单位为西门子(S)。

对于一个均匀的导体来说,它的电阻或电导的大小与其长度 L 和截面积 A 有关。为了便于比较各种导体的导电能力,提出了电导率的概念,即

$$G = k \frac{A}{L}$$

式中,k 为电导率,单位为 S/cm。电导率和电阻率互为倒数关系。

电解质溶液的导电过程是通过离子来进行的,因此电导率与电解质溶液的浓度及其性质有关电解质解离后形成的离子浓度(即单位体积内离子的数目)越大,离子的迁移速度越快,离子的价数(即离子所带的电荷数目)越高,电导率就越大。

为了比较各种电解质的导电能力,提出了摩尔电导率的概念。摩尔电导率是含 1 mol 电解质的溶液,在距离为 1 cm 的两电极间所具有的电导。摩尔电导率与电导率的关系为:

$$A_m = kV$$

式中,A_m 为摩尔电导率,$S \cdot cm^2 \cdot mol^{-1}$;V 为含有 1 mol 溶质的溶液的体积,mL。

$$V = \frac{1\ 000}{c}$$

式中,c 为溶液的浓度,mol/L。

当溶液的浓度降低时,电解质溶液的摩尔电导率将增大,这是由于离子移动时常常受到周围相反电荷离子的影响,使其速度减慢。无限稀释时,这种影响减到最小,摩尔电导率达到最大的极限值,此值称为无限稀释时的摩尔电导率,用 A_0 表示。

电解质溶液无限稀释时的摩尔电导率,是溶液中所有离子摩尔电导率的总和,即

$$A_0 = \sum A_{0+} + \sum A_{0-}$$

式中,A_{0+} 和 A_{0-} 分别表示无限稀释时正、负离子的摩尔电导率。

在无限稀释的情况下,离子摩尔电导率是一个定值,与溶液中的共存离子无关。

9.3.2 电导的测量方法

电导是电阻的倒数,因此测量溶液的电导也就是测量它的电阻。经典的测量电阻的方法是采用惠斯顿电桥平衡法,其线路结构如图 9-12 所示。

图 9-12 中,R_1、R_2、R_3 和 R_x 构成惠斯顿电桥,其中 R_x 代表电导池的池电阻。由振荡器产生的交流电压施加至桥的 AB 端,从桥的 CD 端输出,经交流放大器放大后,再整流以使交流信号

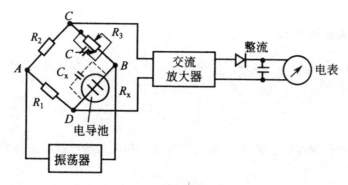

图 9-12　电导线路结构

变成直流信号推动电表。当电桥平衡时,电表指零,则有

$$R_x = \frac{R_1}{R_2} R_3$$

式中,R_1、R_2 称为比例臂,由准确电阻构成,可选择 $R_1/R_2 = 0.1$、1.0 和 10;R_3 是一个可调电阻。

溶液电导的测量通常是将电导电极直接插入试液中进行。电导电极是将一对大小相同的铂片按一定几何形状固定在玻璃环上制成。

在实际应用中,大多数电导仪都是直读式,这有利于快速测量和连续自动测量。国产 DDS-11A 型电导率仪就是一种直读式仪器。

9.3.3　直接电导法

直接根据溶液的电导来确定待测物质含量的方法,称为直接电导法。

直接电导法是利用溶液电导与溶液中离子浓度成正比的关系进行定量分析的。即

$$G = Kc$$

式中,K 与实验条件有关,当实验条件一定时为常数。

定量方法可以用标准曲线法、直接比较法或标准加入法,下面分别进行讨论。

9.3.3.1　标准曲线法

配制一系列已知浓度的标准溶液,分别测定其电导,绘制 G-c 标准曲线;然后,在相同条件下测定待测试液的电导 G_x,从标准曲线上查得待测试液中被测物的浓度 c_x。

9.3.3.2　直接比较法

在相同条件下,同时测定待测试液和一个标准溶液的电导 G_x 和 G_s,则

$$G_x = Kc_x$$
$$G_s = Kc_s$$

将两式相除并整理,得

$$c_x = c_s \frac{G_x}{G_s}$$

9.3.3.3 标准加入法

先测定待测试液的电导 G_1，再向待测试液中加入已知量的标准溶液（约为待测试液体积的 $1/100$），然后再测量其电导 G_2，有

$$G_1 = Kc_x, \quad G_2 = K\frac{V_x c_x + V_s c_s}{V_x + V_s}$$

式中，c_s 为标准溶液的浓度；V_x 和 V_s 分别为待测试液和加入的标准溶液体积。将两式相除，并令 $V_x + V_s \approx V_x$，整理后得

$$c_x = \frac{G_1}{G_2 - G_1}\frac{V_s c_s}{V_x}$$

9.3.4 电导滴定法

电导滴定法是根据滴定过程中被滴溶液电导的突变来确定滴定终点，然后根据到达滴定终点时所消耗滴定剂的体积和浓度求出待测物质的含量。

如果滴定反应产物的电导与反应物的电导有差别，那么在滴定过程中，随着反应物和产物的浓度变化，被滴定溶液的电导也随之变化，在化学计量点时滴定曲线出现转折点，可指示滴定终点。如酸碱滴定，若用 NaOH 滴定 HCl，H^+ 和 OH^- 的电导率都很大，而 Na^+、Cl^- 及产物 H_2O 的电导率都很小。在滴定开始前由于 H^+ 浓度很大，所以溶液电导很大；随着滴定进行，溶液中的 H^+ 被 Na^+ 代替，使溶液的电导下降，在化学计量点时电导最小；过了化学计量点后，由于 OH^- 过量，溶液电导又增大。如图 9-13 所示。

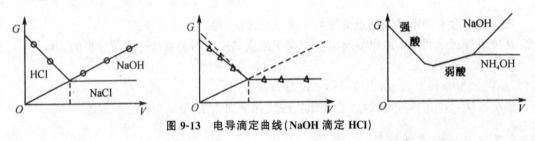

图 9-13 电导滴定曲线（NaOH 滴定 HCl）

电导滴定可以用于滴定极弱的酸或碱（$k = 10^{-10}$），如硼酸、苯酚、对苯二酚等，也能滴定弱酸盐或弱碱盐，以及强弱混合酸。在普通滴定分析或电位滴定中这些都是无法实现的，这也是电导滴定法的一大优点。此外，电导滴定还可以用于反应物与产物电导相差较大的沉淀滴定、络合滴定和氧化还原滴定体系。

9.4 电解分析法

电解分析法是以称量沉积于电极表面的沉积物的质量为基础的一种电分析方法。它是一种比较古老的方法，又称为电重量法，它有时也作为一种分离的手段，能方便地除去某些杂质。

9.4.1　电解分析法的原理

电解是借外电源的作用,使电化学反应向着非自发的方向进行。电解过程是在电解池的两个电极上加上直流电压,改变电极电位,使电解质在电极上发生氧化还原反应,同时电解池中有电流通过。如在 0.1 mol/L 的 H_2SO_4 介质中,电解 0.1 mol/L $CuSO_4$ 溶液,装置如图 9-14 所示。其电极都用铂制成,溶液进行搅拌;阴极采用网状结构,优点是表面积较大。电解池的内阻约为 0.5Ω。

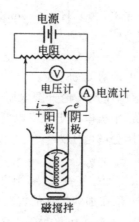

图 9-14　电解装置

将两个铂电极浸入溶液中,当接上外电源,外加电压远离分解电压时,只有微小的残余电流通过电解池。当外加电压增加到接近分解电压时,只有极少量的 Cu 和 O_2 分别在阴极和阳极上析出,但这时已构成 Cu 电极和 O_2 电极组成的自发电池。该电池产生的电动势将阻止电解过程的进行,称为反电动势。只有外加电压达到克服此反电动势时,电解才能继续进行,电流才能显著上升。通常将两电极上产生迅速的、连续不断的电极反应所需的最小外加电压 U_d 称为分解电压。

理论上分解电压的值就是反电动势的值,如图 9-15 所示,其中,曲线(1)是计算所得曲线,曲线(2)为实际测得曲线。

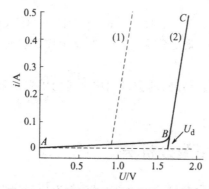

图 9-15　电解铜溶液时的电流-电压曲线

Cu 和 O_2 电极的平衡电位分别为：

Cu 电极：$Cu^{2+}+2e=Cu,\varphi^{\ominus}=0.0337\text{ V}$，

$$\varphi=\varphi^{\ominus}+\frac{0.59}{2}\lg[Cu^{2+}]=0.337+\frac{0.59}{2}\lg 0.1=0.308\text{ V}$$

O_2 电极：$\frac{1}{2}O_2+2H^{+}+2e=H_2O,\varphi^{\ominus}=1.23\text{ V}$，

$$\varphi=\varphi^{\ominus}+\frac{0.59}{2}\lg\{[p_{O_2}]^{1/2}[H^{+}]^{2}\}=1.23+\frac{0.59}{2}\lg(1^{1/2}\times 0.2^{2})=1.189\text{ V}$$

当 Cu 和 O_2 构成电池时，

$$Pt\mid O_2(101\ 325Pa),H^{+}(0.2mol/L),Cu^{2+}(0.1\ mol/L)\mid Cu$$

Cu 为阴极，O_2 为阳极，电池的电动势为：

$$E=\varphi_c-\varphi_a=0.308-1.189=-0.881\text{ V}$$

电解时，理论分解电压的值是它的反电动势 0.881 V。

从图 9-15 可知，实际所需的分解电压比理论分解电压大，超出的部分是由于电极极化作用引起的。极化结果将使阴极电位更负，阳极电位更正。电解池回路的电压降(iR)也应是电解所加的电压的一部分，这时电解池的实际分解电压为：

$$U_d=(\varphi_a+\eta_a)-(\varphi_c+\eta_c)+iR$$

若电解时，铂电极面积为 100 cm²，电流为 0.10 A，则电流密度是 0.001 A/cm² 时，O_2 在铂电极上的超电位是 0.72 V，Cu 的超电位在加强搅拌的情况下可以忽略。

$$iR=0.10\times 0.50=0.050\text{ V}$$
$$U_d=0.88+0.72+0.05=1.65\text{ V}$$

9.4.2　恒电流电解分析法

电解分析有时在控制电流恒定的情况下进行。这时外加电压较高，电解反应的速率较大，但选择性不如控制电位电解法好，往往第一种金属离子还未沉淀完全时，第二种金属离子就在电极上析出。

为了防止干扰，可使用阳极或阴极去极剂，以维持电位不变，如在 Cu^{2+} 和 Pb^{2+} 的混合液中，为防止 Pb 在分离沉积 Cu 时沉淀，可以加入 NO_3^- 作为阴极去极剂。NO_3^- 在阴极上还原生成 NH_4^-，即

$$NO_3^-+10H^{+}+8e=NH_4^-+3H_2O$$

它的电位比 Pb^{2+} 更高，而且量比较大，在 Cu^{2+} 电解完成前可以防止 Pb^{2+} 在阴极上的还原沉积。

类似的情况也可以用于阳极，加入的去极剂比干扰物质先在阳极上氧化，可以维持阳极电位不变，它称为阳极去极剂。

9.4.3　控制阴极电位电解分析法

若待测试液中含有两种以上金属离子时，随着外加电压的增大，第二种离子可能被还原。为了分别测定或分离就需要采用控制阴极电位的电解法。

如以铂为电极,电解液为 0.1 mol/L 硫酸溶液,含有 0.01 mol/L Ag$^+$ 和 1.0 mol/L Cu^{2+},Cu 开始析出的电位为:

$$\varphi_{Cu^{2+}/Cu}=\varphi^{\ominus}_{Cu^{2+}/Cu}+\frac{0.059}{2}\lg[Cu^{2+}]=0.337\ V$$

Ag 开始析出的电位为:

$$\varphi_{Ag^+/Ag}=\varphi^{\ominus}_{Ag^+/Ag}+0.059\lg[Ag^+]=0.681\ V$$

由于 Ag 的析出电位较 Cu 的析出电位正,所以 Ag$^+$ 先在阴极上析出,当其浓度降至 10^{-6} mol/L时,一般可认为 Ag$^+$ 已电解完全。此时 Ag 的电极电位为:

$$\varphi_{Ag^+/Ag}=0.799+0.059\lg[10^{-6}]=0.445\ V$$

阳极发生水的氧化反应,析出氧气。O$_2$ 电极的平衡电位为:

$$\varphi=\varphi^{\ominus}+\frac{0.059}{2}\lg[p_{O_2}]^{1/2}[H^+]^2=1.23+\frac{0.059}{2}\lg[1]^{1/2}[0.2]^2=1.189\ V$$

O$_2$ 在铂电极上的超电位为 0.721V,故

$$\varphi_a=1.189+0.721=1.91\ V$$

而电解池的外加电压值为:

$$V_{外}=\varphi_a-\varphi_c=1.91-0.681=1.229\ V$$

这时 Ag 开始析出,到

$$V_{外}=\varphi_a-\varphi_c=1.91-0.445=1.465\ V$$

即 1.465 V 时,Ag 电解完全。而 Cu 开始析出的电压值为:

$$V_{外}=\varphi_a-\varphi_c=1.91-0.337=1.573\ V$$

故 1.465 V 时,Cu 还没有开始析出。当外加电压为 1.573 V 时,在阴极上析出 Cu。因此,控制外加电压不高于 1.573 V,便可将 Ag 与 Cu 分离。

在实际分析中,通常是通过比较两种金属阴极还原反应的极化曲线,来确定电解分离的适宜控制电位值。图 9-16 所示是甲、乙两种金属离子电解还原的极化曲线。从图中可看出,要使金属离子甲还原,阴极电位需大于 a,但要防止金属离子乙析出,电位又需小于 b。因此,将阴极电位控制在 a、b 之间,就可使金属离子甲定量地析出而金属离子乙仍留在溶液中。

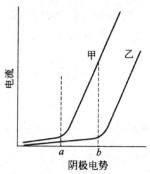

图 9-16　电解还原的极化曲线

要实现对阴极电位的控制,需要在电解池中插入一个参比电极,如甘汞电极,它和工作电极阴极构成回路,其装置如图 9-17 所示。它通过运算放大器的输出可很好地控制阴极电位和参比电极电位的差为恒定值。

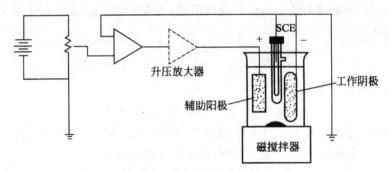

图 9-17　恒阴极电位电解装置

控制阴极电位电解,开始时被测物质析出较快,随着电解的进行,浓度越来越小,电极反应的速率也逐渐变慢,因此电流也越来越小。当电流趋于零时,电解完成。

9.5　库仑分析法

库仑分析法是以测量电解过程中被测物质直接或间接在电极上发生电化学反应所消耗的电量为基础的分析方法。

9.5.1　库仑分析法的原理

库仑分析法是根据电解过程中消耗的电量,由法拉第定律来确定被测物质含量的方法。库仑分析法分为恒电位库仑分析法和恒电流库仑分析法两种。前者是建立在控制电流电解过程的基础上,后者是建立在控制电位电解过程的基础上。不论哪种库仑分析法,都要求电极反应单一,电流效率达 100%,这是库仑分析法的先决条件。库仑分析法的定量依据是法拉第定律。

法拉第发现的电解定律奠定了库仑分析法的理论基础。电流通过电解池时,物质发生氧化还原的量(m)与通过的电荷量(Q)成正比,其数学表达式为:

$$m = \frac{MQ}{nF}$$

恒电流电解时,$Q = it$,所以

$$m = \frac{MQ}{nF} = \frac{M}{n} \cdot \frac{it}{96\ 487} \tag{9-29}$$

式中,m 为电解时在电极上发生反应的物质的质量,g;M 为发生反应物质的相对原子质量或相对分子质量;Q 为电解时通过的电荷量,C;n 为电极反应中转移的电子数;i 为电解时的电流强度,A;t 为电解时间,s;$F = 96\ 487$ C/mol,为法拉第常数,表示 1 mol 电子所带电荷量的绝对值为 96 487 C。

由法拉第电解定律的表达式可以看出:

电极上发生反应的物质的质量与通过的电荷量成正比,即 m 与 Q 成正比;通过相同电荷量时,电极上发生反应(生成或消耗)的各物质的质量与该物质的 $\dfrac{M}{n}$ 成正比。

这就是法拉第电解定律,它是自然科学中最严格的定律之一,不受温度、压力、电解质浓度、电极材料和形状、溶剂性质等因素的影响。

9.5.2　恒电位库仑分析法

9.5.2.1　恒电位库仑分析法的原理

恒电位库仑分析法是指在电解过程中通过严格控制电极电位,使被测金属完全析出,但其他干扰性的金属不被析出,达到分离元素的目的,同时由电解过程所消耗的电量,计算出被测元素的量的方法。

所用的仪器装置如图 9-18 所示,与电解分析法的仪器装置相同,仅在电解电路中串联了一个库仑计,以测量电解过程中消耗的电量。库仑计的种类较多,有重量库仑计(银库仑计)、气体库仑计(氢氧库仑计)、化学库仑计(滴定库仑计)以及电流积分库仑计等。其中最简单的是气体库仑计,结构简单,使用方便,但当电流密度低于 $0.05\ \mathrm{A/cm^2}$,阳极发生 H_2O_2 的副反应,使电解电流效率低于 100% ,产生误差。

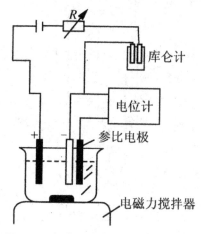

图 9-18　恒电位库仑分析装置示意图

测定时,一般先向试样溶液中通入几分钟难被氧化的气体,如 N_2 ,以除去其中的溶解氧。然后调整工作电极的电势到一个适宜的数值,进行电解,直到电解电流低到接近于零。由库仑计得到整个电解过程所消耗的电量,就可以求得被测物的含量。

恒电位库仑分析法的特点是不需要标准溶液和选择性高,因此可进行含有金属元素混合物溶液的直接分离和分析。例如,可在多金属离子的试样溶液中依次测定铜、铋、铅和锡等元素:在试液中加入酒石酸,并调节酸度近于中性,使锡离子以酒石酸配合物形式掩蔽起来,以饱和甘汞电极为参比电极,首先控制负极电位为 $-0.2\ \mathrm{V}$ 进行电解,当电解电流降为零,根据所消耗的电量可测定出铜的含量,然后调节负极电位为 $-0.4\ \mathrm{V}$ 进行电解可测出铋离子的含量,再调节负极电势为 $-0.6\ \mathrm{V}$ 电解,则测出铅离子的含量,最后使试液酸化,使锡离子解蔽出来,调节电势为

－0.65 V进行电解，就可以测出锡离子的含量。

由于恒电位库仑分析法不需要称量电解产物，只要测量被测物质在电极上反应所消耗的电量，即可确定组分含量，因此，对于没有固体电解产物的试样也能应用，并且分析结果具有较高的准确度。例如，可以利用 Fe^{2+} 离子在一定的电势下转化为 Fe^{3+} 离子来测定 Fe 的含量，可利用 H_3AsO_3 在铂电极上氧化成 H_3AsO_4 的电极反应测定砷的含量。此外，此法还可应用于有机化合物含量的测定，如三氯乙酸和苦味酸等有机化合物在一定电势下可以在阴极上被定量还原。

9.5.2.2　测量电量的方法

控制电位库仑分析法的电量主要由库仑计测定，常用的库仑计有气体库仑计、重量库仑计和电子积分库仑计。

(1)气体库仑计法

气体库仑计有氢氧气体库仑计和氮氧气体库仑计，常用的为氢氧气体库仑计，其结构如图9-19 所示。氢氧气体库仑计是一个电解水的装置，电解液可用 0.5 mol/L 的 K_2SO_4 或 Na_2SO_4 溶液，装入电解管中，管外为恒温水浴套，电解管与刻度管用橡皮管连接，电解管中焊两片铂电极，串联到电解回路中。电解时，两铂电极上分别析出 H_2 和 O_2。

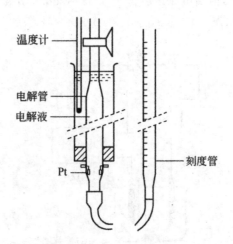

图 9-19　氢氧气体库仑计

阴极析氢反应
$$2H^+ + 2e \longrightarrow H_2 \uparrow$$

阳极析氧反应
$$2H_2O \longrightarrow O_2 \uparrow + 4H^+ + 4e$$

从电极反应式及气体定律可知，在标准状况下，每库仑电量可析出 0.174 1 mL 氢、氧混合气体。将实际测得的混合气体总量换算为标准状况下的体积 V(mL)，即可求出电解所消耗的总电量 Q(C)。

$$Q = V/0.174 1$$

然后由法拉第电解定律得出待测物的质量：

$$m = \frac{MQ}{nF} = \frac{MV}{0.174\ 1nF}$$

氢氧气体库仑计使用简便,能测量 10 C 以上的电量,准确度达 0.1% 以上,但灵敏度较差。

(2)重量库仑计法

重量库仑计有钼库仑计、铜库仑计、汞库仑计等,常用的为银库仑计。以铂坩埚为阴极,银棒为阳极,用多孔瓷管把两极分开,坩埚内盛有 $1\sim2$ mol/L 的 $AgNO_3$ 溶液,串联到电解回路上,电解时发生如下反应:

阳极反应

$$Ag \longrightarrow Ag^+ + e$$

阴极反应

$$Ag^+ + e \longrightarrow Ag$$

电解结束后,称量坩埚的增重,由析出银的量 m_{Ag} 算出所消耗的电量:

$$Q = \frac{m_{Ag}}{M_{Ag}}F$$

(3)电子积分库仑计法

现代仪器多采用积分运算放大器库仑计或数字库仑计测定电量。恒电位库仑分析过程中电解电流 J。随电解时间 t 不断变化,从电解开始到电解完全通过电解池的总电量为

$$Q = \int_0^t I_t \, dt$$

电子积分库仑计采用电流线路积分总电量并直接从仪表中读出,非常方便、准确,精确度可达 $0.01\sim0.001\mu$℃。电解过程中可用 $x\text{-}y$ 记录器自动绘出 $I_t\text{-}Q$ 曲线。

9.5.3　恒电流库仑分析法

9.5.3.1　恒电流库仑分析法的原理

恒电流库仑分析法,也称为库仑滴定法,是在特定的电解液中,控制恒定的电流进行电解,以电解反应的产物作为"滴定剂"。与待测物质定量作用,借助于电位法或指示剂来指示滴定终点,根据达到滴定终点的时间和电解电流求得所消耗的电量,按照式(9-29)和化学计量关系求得被测物质的含量:因此库仑滴定法不需要按照化学滴定和其他仪器滴定分析中的标准溶液和体积进行计算。可见库仑滴定法不必配制标准溶液,其标准溶液来自于电解时的电极产物,产生后立即与溶液中待测物质反应。再者,由于电解时间和电流都能精确测量,因而库仑滴定中的电量容易控制和准确测量,所以,库仑滴定法是目前最准确的常量分析方法,也是一种灵敏度很高的微量分析方法,可分析到 $10^{-5}\sim10^{-9}$ g/mL 的组分含量。

从理论上讲,恒电流库仑滴定法可以按照两种方式进行,一种是被测物质直接在工作电极上进行反应,即直接库仑滴定法;另一种是利用辅助电解质,在一个工作电极上进行氧化还原反应,生成滴定剂,再与溶液中被测物质作用,即间接库仑滴定法。实际上,在进行直接库仑滴定时,当被测物质在电极上直接进行反应时,该电极电势就会随反应进行而迅速变化,因而很快就达到副反应开始发生的电极电势,因此要保证 100% 的电解电流效率是很难实现的,所以一般很少采用直接库仑滴定法进行测定,几乎所有的库仑滴定法都采用间接方式进行。

库仑滴定法的仪器装置如图 9-20 所示。包括电势指示系统和电解发生系统两部分电路。前者的作用是指示滴定终点以确定控制电解的结束;后者的作用是提供数值已知的恒电流,产生滴定剂并准确记录滴定时间。图中的恒电流发生器最简单的是由几个串联的 45VB 型电池组成或直流稳压电源串联可变高电阻构成。为了实现数字直读和自动化,现采用恒流脉冲发生器作为恒流电源。在电解池中,铂阴极为工作电极,产生滴定剂;铂阳极为辅助电极,通常要加隔离套,防止滴定过程发生干扰;玻璃电极和指示电极用来指示滴定终点。电极时间可用停表、电秒表或精密计时器测量。

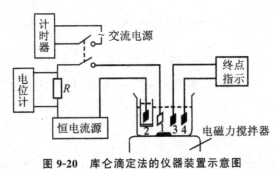

图 9-20　库仑滴定法的仪器装置示意图
1—工作电极;2—辅助电极;3,4—指示电极

由于电流强度和时间现在都可准确测量,因此影响库仑滴定准确度的一个重要因素是滴定终点指示的灵敏度和正确性。

库仑滴定法具有准确、快速、灵敏以及仪器设备不太简单等特点,特别适合于成分单纯的试样如半导体材料、试剂等的分析;可适用于各种类型的化学滴定法,如酸碱滴定、氧化还原滴定、沉淀滴定以及配位滴定等。

9.5.3.2　滴定终点的指示方法

库仑滴定中的终点指示方法主要有指示剂法、电位法、永停终点法等。

(1)指示剂法

这种方法与普通滴定分析法中的一样,都是利用溶液颜色的变化来指示终点的到达。当电解产生的滴定剂略微过量时,溶液变色,说明终点到达。

例如,库仑滴定法测定肼时,可加入辅助电解质溴化钾,以甲基橙为指示剂。电极反应为
阳极反应

$$2Br^- \longrightarrow Br_2 + 2e$$

阴极反应

$$2H^+ + 2e \longrightarrow H_2$$

滴定反应

$$H_2NNH_2 + 2Br_2 \longrightarrow 4HBr + N_2$$

在滴定反应达到化学计量点后,过量的 Br_2 使甲基橙褪色,指示到达滴定终点。

指示剂法省去了库仑滴定装置中的指示系统,简便实用,常用于酸碱库仑滴定,也可用于氧化还原、络合和沉淀反应。由于指示剂的变色范围一般较宽,所以此法的灵敏度较低,不适合进行微量分析,对于常量的库仑滴定可得到满意的测定结果。

选择指示剂时应注意以下两点：

①所选指示剂必须是在电解条件下的非电活性物质，即不能在电极上发生反应。

②指示剂与电生滴定剂的反应，必须是在被测物质与电生滴定剂的反应之后，即前者反应速度要比后者慢。

（2）电位法

库仑滴定的电位法是选用合适的指示电极来指示滴定终点前后电位的突变。可以根据滴定反应的类型，在电解池中另外放入合适的指示电极和参比电极，以直流毫伏计（高输入阻抗）或酸度计测量电动势或 pH 的变化。其滴定曲线可用电位（或 pH）对电解时间的关系表示。

例如，利用库仑滴定法测定钢铁中碳的含量。首先将钢样在 1 200℃左右通氧气灼烧，试样中的碳经氧化后产生 CO_2 气体，导入置有高氯酸钡溶液的电解池中，CO_2 被吸收，产生下列反应：

$$Ba(ClO_4)_2 + H_2O + CO_2 \longrightarrow BaCO_3 + 2HClO_4$$

由于生成高氯酸，溶液的 pH 发生变化。在电解池中，用一对铂电极作为工作电极和对电极，电解时工作电极（阴极）上生成滴定剂 OH^-：

$$2H_2O + 2e \longrightarrow 2OH^- + H_2$$

OH^- 与高氯酸反应，中和溶液使之恢复到原来的酸度。用 pH 玻璃电极、参比电极和酸度计组成终点指示系统。终点时，酸度计上显示的 pH 发生突跃，指示终点到达。

（3）永停终点法

永停终点法的装置如图 9-21 中的指示系统部分所示。在库仑池内，插入一对同样大小的铂电极作为指示电极，两电极间施加一小的外加电压，并在线路中串联一灵敏的检流计 G。若滴定反应为：

$$q R^{n+} + m L^{(p+q)+} = q R^{(n+m)+} + m L^{p+}$$

此电极反应由两个电对 $R^{(n+m)+}/R^{n+}$ 及 $L^{(p+q)+}/L^{p+}$ 构成。可逆电对的氧化态会在指示电极的阴极上还原，其还原态则在指示电极的阳极氧化，因此，只要在两电极间施加很小的外加电压，电路中就有电流通过。不可逆电对只能按上式所示的某一方向在某一电极上发生氧化还原反应，在另一个电极上无电极反应发生，电路中无电流流过。

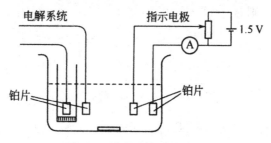

图 9-21　永停终点法的装置

例如，测定 AsO_3^{3-}，在 0.1 mol/L Na_2SO_4 介质中，以 0.2 mol/L KI 为辅助电解质，电解产生的 I_2 对 AsO_3^{3-} 进行库仑滴定。工作电极上的反应为：

阴极

$$2H_2O + 2e \longrightarrow H_2 + 2OH^-$$

阳极

$$2I^- \Longleftrightarrow I_2 + 2e$$

电解产生的 I_2 立即与溶液中的 AsO_3^{3-} 进行反应

$$I_2 + AsO_3^{3-} + OH^- \Longleftrightarrow 2I^- + AsO_4^{3-} + H^+$$

计量点前,溶液中只有 I^- 而没有 I_2,即只有可逆电对的一种状态,指示电极上无反应发生,无电流通过检流计 G。不可逆电对 As(Ⅲ)/As(Ⅴ) 的电极反应速度很慢,不会在指示电极上起作用。当 As(Ⅲ) 作用完毕后,溶液中出现剩余的 I_2,计量点后指示电极上立即发生下列反应:

指示阴极

$$I_2 + 2e \longrightarrow 2I^-$$

指示阳极

$$2I^- \longrightarrow I_2 + 2e$$

所以,指示系统中检流计 G 的指针一开始偏转即表示到达滴定终点。

永停终点法常用于氧化还原反应滴定体系,特别在以电解产生卤素为滴定剂的库仑滴定中用得最广。由于该法具有快速、灵敏、准确及装置简单等优点,其应用越来越广泛。

9.6 伏安分析法

伏安分析法是以记录电解池被分析溶液中电极的电压-电流行为为基础的一类电分析化学方法。

9.6.1 伏安分析法的测量装置

伏安仪是伏安分析法的测量装置,目前大多采用三电极系统,如图 9-22 所示,除工作电极 W、参比电极 R 外,尚有一个辅助电极 C(又称为对电极)。辅助电极一般为铂丝电极。三电极的作用如下:当回路的电阻较大或电解电流较大时,电解池的 iR 降便相当大,此时工作电极的电位就不能简单地用外加电压来表示了。引入辅助电极,在电解池系统中,外加电压 U_0 加到工作电极 W 和对电极 C 之间,则 $U_0 = \varphi - \varphi_W + iR$。

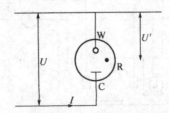

图 9-22 三电极伏安仪电路示意图

伏安图是 i 与 φ_W 的关系曲线,i 很容易由 W 和 C 电路中求得,困难的是如何准确测定 φ_W,不受 φ_W 和 iR 降的影响。因此,在电解池中放置第三个电极,即参比电极,将它与工作电极组成一个电位监测回路。此回路的阻抗甚高,实际上没有明显的电流通过,回路中的电压降可以忽略。监测回路随时显示电解过程中工作电极相对于参比电极的电位 φ_W。

9.6.2　溶出伏安法

溶出伏安法是将控制电位电解富集与伏安分析相结合的一种新的伏安分析法。如图 9-23 所示,可以将溶出伏安分析分成两个过程,即首先是被测物质在适当电压下恒电位电解,在搅拌下使试样中痕量物质还原后沉积在阴极上,称为富集过程。第二个过程是静止一段时间后,再在两电极上施加反向扫描电压,使沉积在阴极上的金属离子氧化溶解,形成较大的峰电流,这个过程称为溶出过程。峰电流与被测物质浓度成正比,且信号呈峰形,便于测量。

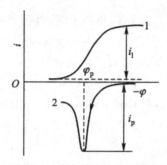

图 9-23　溶出伏安法分析过程

若试样为多种金属离子共存时,按分解电压大小依次沉积,溶出时,先沉积的后析出,故可不经分离同时测量多种金属离子,如图 9-24 所示。根据溶出时工作电极上发生的是氧化反应还是还原反应,可将溶出伏安法分为阳极溶出伏安法或阴极溶出伏安法。溶出伏安法多用于金属离子的定量分析,溶出过程为沉积的金属发生氧化反应又生成金属阳离子,则称为阳极溶出伏安法。

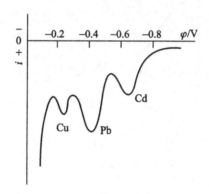

图 9-24　多金属离子的阳极溶出伏安法

溶出伏安法的灵敏度非常高,被广泛应用于超纯物质分析及化学、化工、食品卫生、金属腐蚀、环境检测、超纯材料、生物等各个领域中的微量元素分析。

9.6.3　循环伏安法

循环伏安法加电压方式与单扫描极谱法相似,是将线性扫描电压施加在电极上,电压与扫描时间的关系如图 9-25 所示。开始时,从起始电压 E_i 扫描至某一电压 E 后,再反向回扫至起始电压,呈等腰三角形。

图 9-25　循环伏安法的电压-时间关系

若溶液中存在氧化态 O,当电位从正向负扫描时,电极上发生还原反应:

$$O + ze \Longrightarrow R$$

反向回扫时,电极上生成的还原态 R 又发生氧化反应:

$$R \Longrightarrow O + ze$$

循环伏安图如图 9-26 所示。从循环伏安图上,可以测得阴极峰电流 i_{pc} 和阳极峰电流 i_{pa};阴极峰电位 φ_{pc} 和阳极峰电位 φ_{pa} 等重要参数。需要注意的是,测量峰电流不是从零电流线而是从背景电流线作为起始值。

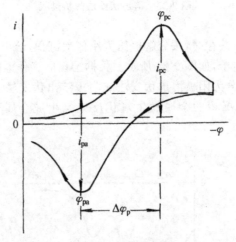

图 9-26　循环伏安图

对于可逆电极过程有

$$\frac{i_{pc}}{i_{pa}} \approx 1$$

$$\Delta\varphi_p = \varphi_{pa} - \varphi_{pc} \approx \frac{56}{z} \text{ mV}$$

它与循环扫描时的换向电位有关,换向电位比 φ_{pc} 为 $\frac{100}{z}$ mV 时,$\Delta\varphi_p$ 为 $\frac{56}{z}$ mV。通常,$\Delta\varphi_p$ 值在 $55\sim65$ V 间。可逆电极过程 φ_p 与扫描速率无关。

峰电位与条件电位的关系为:

$$\varphi^{\circ\prime} = \frac{\varphi_{pa} + \varphi_{pc}}{2}$$

通常,循环伏安法采用三电极系统。使用的指示电极有悬汞电极、汞膜电极和固体电极,如Pt圆盘电极、玻璃碳电极、碳糊电极等。

9.7 极谱分析法

以测定电解过程中所得到的电压-电流曲线(伏安图)为基础建立起来的电化学分析方法称为伏安法,其中以滴汞电极为工作电极的伏安法称为极谱法。

9.7.1 极谱分析法的原理

极谱分析是一种在特殊条件下进行的电解分析,它的特殊性表现在两个电极上,即采用了一个面积很大的参比电极和一个面积很小的滴汞电极进行电解。滴汞电极的构造如图9-27所示。滴汞电极的上部为贮汞瓶,下接一塑料管,塑料管的下端接一毛细管,汞自毛细管中一滴一滴地有规则地滴落。图9-28所示是极谱分析基本装置。电解池由滴汞电极和饱和甘汞电极组成,通常滴汞电极为负极,饱和甘汞电极为正极。电解时利用电位器接触片的变动来改变加在电解池两极上的外加电压,用灵敏检流计记录流经电解池的电流。将待测试液加入电解池中,在试液中加入大量的KCl作为支持电解质。通入 N_2 或 H_2,以除去溶解于溶液中的氧。然后使汞滴以每滴3~5 s的速度滴下,记下各个不同电压下相应的电流值,以电压为横坐标、电流为纵坐标绘图,即得电压-电流曲线。

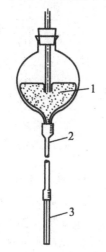

图9-27 滴汞电极
1—贮汞瓶;2—塑料管;3—毛细管

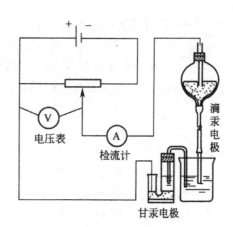

图9-28 极谱分析基本装置

现以 $CdCl_2$ 溶液为例,说明极谱法的测定原理。将含有 0.5 mmol/L Cd^{2+} 的 1 mol/L HCl 溶液置于电解池中,通入 N_2 以除去溶液中的 O_2,当电压从 0 V 开始逐渐增加时,在未达到 Cd^{2+} 的分解电压以前只有微小的电流通过(图9-29),此电流称为残余电流。当电压增加到 Cd^{2+} 的分解电压时(在 -0.6~-0.5 V 之间),Cd^{2+} 开始在滴汞电极上还原并与汞生成汞齐

$$Cd^{2+} + 2e + Hg \Longrightarrow Cd(Hg)$$

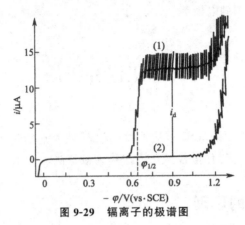

图 9-29　镉离子的极谱图

(1)0.5 mmol/L Cd^{2+},1 mol/L HCl;(2) 1 mol/L HCl

阳极上的反应是 Hg 氧化为 Hg^+,并和溶液中的 Cl^- 生成氯化亚汞(甘汞)

$$2\,Hg + 2Cl^- - 2e \Longrightarrow Hg_2Cl_2$$

这时电位稍稍增加,电流迅速增加,滴汞电极表面 Cd^{2+} 的浓度迅速减少,电流大小决定于 Cd^{2+} 自溶液中扩散到滴汞电极表面的速度。这种扩散速度与离子在溶液中的浓度 c 及离子在电极表面的浓度 c^s 之差($c-c^s$)成正比。在图中电流平台部分 c^s 实际上等于零,电流大小与 c 成正比,不随电压的增加而增加,这时电流达到最大值,称为极限电流,极限电流与残余电流之差称为扩散电流(i_d)。

扩散电流 i_d 的大小与溶液中被测离子的浓度 c 成正比,即

$$i_d = Kc$$

式中的比例常数 K,在滴汞电极上其值为:

$$K = 708nD^{1/2}m^{2/3}t^{1/6}c$$

式中,n 为电极反应中的电子转移数;D 为被测物质在溶液中的扩散系数,cm^2/s;m 为汞流出毛细管的质量流速,mg/s;t 为汞滴生长时间,s。

故

$$K = 708nD^{1/2}m^{2/3}t^{1/6}c \tag{9-30}$$

在极谱分析中,通常使用长周期(4~8 s)检流计记录电流。由于检流计有一定的阻尼,所以只能记录下在平均扩散电流值附近的较小摆动,使极谱曲线呈锯齿状,摆动的中心点即为平均扩散电流 $\bar{i}_d$。平均扩散电流易于测量,再现性好,所以在极谱分析中用它来进行定量计算。

平均扩散电流为每一滴汞在整个生长过程中所流过的电荷量除以滴汞周期 τ,即

$$\bar{i}_d = \frac{1}{\tau}\int_0^\tau i_d\,dt \tag{9-31}$$

将式(9-30)代入式(9-31)并积分得

$$\bar{i}_d = 607nD^{1/2}m^{2/3}\tau^{1/6}c \tag{9-32}$$

式(9-32)为极谱扩散电流方程式,也称为尤考维奇(Ilkovic)方程式,它是极谱定量分析的依据。

当电流为扩散电流的一半时,滴汞电极的电位称为半波电位,以 $\varphi_{1/2}$ 表示。半波电位取决于被测物的性质而与其浓度无关。不同物质在一定条件下具有不同的 $\varphi_{1/2}$,所以 $\varphi_{1/2}$ 是极谱定性

分析的依据。

9.7.2　影响扩散电流和半波电位的因素

9.7.2.1　影响扩散电流的因素

被测物质的浓度是影响扩散电流的主要因素,其他如汞柱高度、毛细管大小、溶液组成及温度等也都对扩散电流有影响。

(1)毛细管特性

从尤考维奇方程式可知,i_d 与 $m^{2/3}$、$\tau^{1/6}$ 成正比(这里 τ 代表滴汞周期),因此 m 与 τ 的任何改变都会引起扩散电流 i_d 的相应变化。汞流出毛细管的速度 m 与汞柱压力 p 成正比。即

$$m = kp$$

另一方面,滴汞周期 τ 与汞柱压力 p 成反比,即

$$\tau = \frac{k'}{p}$$

所以

$$m^{2/3}\tau^{1/6} = (kp)^{2/3}\left(\frac{k'}{p}\right)^{1/6} = k^{2/3}k'^{1/6}(p^{2/3}p^{-1/6})$$

因为

$$i_d \propto m^{2/3}\tau^{1/6}$$

所以

$$i_d \propto p^{1/2}$$

也就是说,扩散电流与汞柱压力的平方根成正比。一般作用于每一滴汞上的压力是以贮汞瓶中的汞面与滴汞电极末端之间的汞柱高度 h 来表示,因为 $i_d \propto p^{1/2}$,所以 $i_d \propto h^{1/2}$。因此,在极谱定量分析过程中,不仅应使用同一支毛细管,而且还应该保持汞柱高度一致。

(2)滴汞电极电位

从滴汞电极的毛细管滴出的汞滴在溶液中受三种力的作用,即向下的重力、向上的浮力和界面张力,因浮力远小于界面张力和重力,所以可忽略不计,当汞滴所受的重力与界面张力相等时汞滴下落。由此可见,汞滴与溶液之间界面张力的大小决定了汞滴的大小。界面张力对汞流出速度 m 的影响很小,主要影响滴汞周期 τ,而界面张力又受滴汞电极电位的影响。

滴汞电极电位对滴汞周期 τ 及 $m^{2/3}\tau^{1/6}$ 的影响如图 9-30 所示。由图可见,$m^{2/3}\tau^{1/6}$ 也随电极电位的变化有所改变,但其变化程度比 r 小得多,这是因为它只与 $\tau^{1/6}$ 有关。在实际测定时,电位在 $0 \sim -1.0$ V 的范围内可以认为 $m^{2/3}\tau^{1/6}$ 基本不变,但在更负的电位下,$m^{2/3}\tau^{1/6}$-φ 曲线的下降较为显著,对 i_d 产生的影响必须考虑。

(3)溶液组成

从尤考维奇方程式可知,扩散电流 i_d 与被测物质在溶液中的扩散系数 D 的 1/2 次方成正比,而扩散系数 D 与溶液的黏度有关。黏度越大,物质的扩散系数就越小,因此 i_d 也随之减小。溶液组成不同其黏度也不同,对 i_d 的影响也随之不同。

同时物质的扩散系数还与其是否生成配合物有关。如果溶液中有与被测物生成配合物的组分,就会由于生成配合物,使其大小发生变化,这样扩散系数也随之发生变化,从而影响 i_d 的数

值。因此,在极谱分析中,需保持标准溶液与试样溶液的组成基本一致。

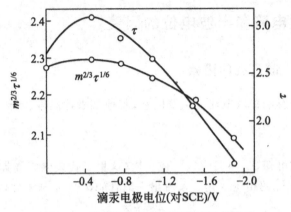

图 9-30　滴汞电极电位对扩散电流的影响

（4）温度

在尤考维奇方程式中,除 n 之外,其余各项都受温度的影响,尤其对 D 的影响更大。因此,在极谱分析过程中需尽可能地使温度保持不变。若将温度变化控制在 $\pm 0.5℃$ 的范围内,可以保证扩散电流因温度变化而产生的误差小于 $\pm 1‰$。

其他实验条件,如离子强度、介电常数等也影响 i_d 的大小。因此,在实验过程中应尽量保持实验条件一致。

9.7.2.2　影响半波电位的因素

半波电位是极谱分析中的重要常数。对于一定的电极反应,当支持电解质的种类、浓度及温度一定时,半波电位为一恒定值。

理论上说,半波电位可以作为极谱定性分析的依据,但在实际分析工作中用得并不多,但半波电位在设计实验方案、确定实验条件、预测干扰以及消除干扰方面却是非常有用的。影响半波电位的因素主要有以下几种。

（1）支持电解质的种类和浓度

同一种物质在不同的支持电解质溶液中,其半波电位往往有差别,例如,Pb^{2+} 在 1 mol/L 的盐酸中其 $\varphi_{1/2}$ 为 -0.44 V,在 1 mol/L 的 $NaOH$ 中则为 -0.76 V。当支持电解质的种类相同,浓度不同时,同一物质的半波电位也不同,例如,Pb^{2+} 在 12 mol/L HCl 中,$\varphi_{1/2}$ 为 -0.90 V,与在 1 mol/L HCl 中的 $\varphi_{1/2}$ 相差较大,原因是支持电解质的浓度改变时,溶液的离子强度随之改变,被测离子的活度系数发生变化,从而影响其半波电位。因此,在提到某物质的半波电位时,必须注明底液。

（2）温度

半波电位随温度而变化,一般温度每升高 1K,$\varphi_{1/2}$ 向负方向移动 1 mV,可见温度对半波电位的影响不大。但是,在温度变化较大时,应对半波电位进行校正。

（3）形成配合物

在极谱分析中若被测离子与溶液中其他组分络合,生成了配合物,则在 $\varphi_{1/2}$ 中包含了该配合物的稳定常数项,使得 $\varphi_{1/2}$ 向负方向移动,配合物越稳定,则 $\varphi_{1/2}$ 越负。可以利用络合效应将原来重叠的两个波分开。

(4)溶液的酸度

酸度影响许多物质的半波电位。当有 H^+ 参加电极反应时,对半波电位的影响更大。例如, $HBrO_3$ 在 pH 为 2 的缓冲溶液中还原时,半波电位为 $-0.60\ V$,而在 pH 为 4.7 的缓冲溶液中则为 $-1.16\ V$。

9.7.3　定量分析方法

由 $i_d = Kc$ 可知,只要测得扩散电流就可以确定被测物质的浓度。扩散电流为极限电流与残余电流之差,在极谱图上通常以波高来表示其相对大小,而不必测量其绝对值,于是有

$$h = Kc$$

(9-33)

式中,h 为波高;K 为比例常数;c 为待测物浓度。因此,只要测出波高,根据式(9-33)就可以进行定量分析。

9.7.3.1　波高的测定方法

极谱图上的波高代表扩散电流,因此正确地测量波高就可以减少定量分析的误差。测量波高的方法很多,常用的主要有以下三种。

(1)平行线法

当波形良好时,通过极谱波上残余电流和扩散电流的锯齿形振荡中心作两条互相平行的直线 AB 和 CD,两线间的垂直距离 h 即为波高,如图 9-31 所示。

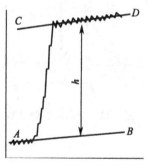

图 9-31　平行线法测量波高

在实际工作中,极谱波的残余电流和扩散电流部分常不平行,所以这个方法的应用受到了限制。

(2)三切线法

在极谱图上,通过残余电流和扩散电流分别做出 AB、CD 及 EF 三条切线,EF 与 AB 相交于 O 点,EF 与 CD 相交于 P 点,通过 O 与 P 作平行于横轴的平行线,此平行线间的垂直距离 h 即为波高,如图 9-32 所示。三切线法比较简便,适用于不同的波形,故应用较广。

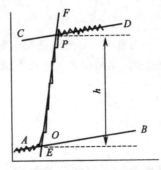

图 9-32　三切线法测量波高

（3）矩形法

将残余电流与扩散电流中点延长，得直线 AB 和 CD，再画极谱波的切线 EF。在 EF 线上取与 AB 及 CD 等距离点 K，K 点所对应的电位即为半波电位。K 点也可由以下方法确定：分别过 AB 与 EF 的交点 G，CD 与 EF 的交点 I 作垂直于横轴的直线 GH 和 IJ。连接 H 和 J，与 EF 相交，交点即为 K。通过 K 点作垂直于横轴的直线与 AB 及 CD 分别交于 L 及 M，LM 即为波高，如图 9-33 所示。

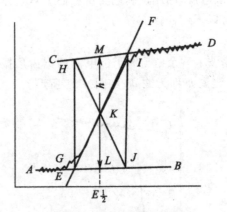

图 9-33　矩形法测量波高

9.7.3.2　极谱定量方法

（1）直接比较法

分别测出浓度为 c_S 的标准溶液和浓度为 c_x 的未知液的极谱图，并测量它们的波高 h_S 和 h_x（mm）。由式（9-33）得

$$h_S = Kc_S$$
$$h_x = Kc_x$$

两式相比可得

$$c_x = c_S \frac{h_x}{h_S} \tag{9-34}$$

由式（9-34）可求出未知液的浓度。测定应在相同的条件下进行，即应使两个溶液的底液组成、温度、毛细管、汞柱高度等保持一致。该法简单，但准确度较低，并要求标准溶液与未知溶液的组成

相近。

（2）标准曲线法

标准曲线法是先配制一系列浓度不同的标准溶液,在相同的实验条件下分别测定各溶液的波高(或扩散电流),绘制波高-浓度曲线,然后在同样的实验条件下测定试样溶液的波高,从标准曲线上查出相应的浓度。此法适用于大批量同一类的试样分析,但实验条件必须保持一致。

（3）标准加入法

标准加入法是指取浓度为 c_x 体积为 V_x 的试样溶液,作出极谱图,测得波高为 h;然后加入浓度为 c_s 体积为 V_s 的标准溶液,在相同的条件下作出极谱图,如图 9-34 所示,测得波高为 H。由于极谱图上的扩散电流 I_d 可由波高 h 来代表,根据扩散电流方程式得

$$h = Kc_x$$

$$H = K\left[\frac{c_x V_x + c_s V_s}{V_x + V_s}\right]$$

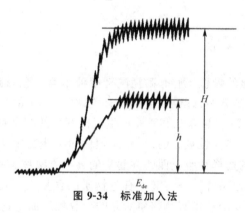

图 9-34　标准加入法

由此可得

$$c_x = \frac{h c_s V_s}{H(V_x + V) - h V_x}$$

由于加入的标准溶液体积很小,避免了底液不同所引起的误差,因此标准加入法的准确度较高。但是当标准溶液加入得太少时,波高增加的值很小,测量误差就变大;当加入的量太大时,就引起底液组成的变化。因此,在使用这一方法时,加入的标准溶液要适量。另外,只有波高与浓度成正比关系时才能使用标准加入法。

第 10 章　紫外-可见分光光度法

10.1　吸光光度法概述

10.1.1　吸光光度法概念

许多物质本身具有明显的颜色,例如,高锰酸钾溶液呈紫红色,硫酸铜溶液呈蓝色。有些物质本身无色或是浅色,但遇到某些试剂后,变成了有色物质,如淡黄色的 Fe^{3+} 与 SCN^- 反应生成血红色的配合物,淡绿色的 Fe^{2+} 与邻二氮菲作用生成橙红色的配合物等。物质呈现不同的颜色是由于物质对不同波长的光选择性吸收的结果,而颜色的深浅是由于物质对光的吸收程度不同而引起的。基于物质对光的选择性吸收而建立起来的分析方法称为吸光光度法。对于有色溶液来说,溶液颜色的深浅在一定条件下与溶液中有色物质的含量成正比关系。吸光光度法利用这一关系,通过分光光度计测得溶液中有色物质对光的吸收程度而对物质进行定性和定量分析。

与经典化学分析方法相比,吸光光度法的特点有:

①灵敏度高。吸光光度法适用于测定微量物质,被测组分的最低浓度为 $10^{-5} \sim 10^{-6} \, mol/L$。

②准确度高。吸光光度法的相对误差通常为 $2\% \sim 5\%$,常量组分的准确度确实不如滴定分析法和重量分析法高,但对微量组分,化学分析法是无法进行的,而吸光光度法则完全能满足要求。

③操作简便。吸光光度法的仪器设备简单,操作简便。若采用灵敏度高、选择性好的显色剂,再采用适宜的掩蔽剂消除干扰,有的样品可不经分离直接测定。完成一个样品的测定一般只需要几分钟到十几分钟,有的甚至更短。

④应用范围广泛。几乎所有的无机离子和许多有机化合物均可直接或间接地用吸光光度法测定。吸光光度法已经成为生产、科研、环境监测等部门的一种不可缺少的测试手段。

通常情况下,吸光光度法可以分为以下几种:

①可见吸光光度法。基于物质对 $420 \sim 760 \, nm$ 可见光区的选择性吸收而建立的分析方法,也称为可见分光光度法,是微量分析的简便而通用的方法。

②红外吸光光度法。利用物质对 $0.78 \sim 1\,000 \, \mu m$ 红外光区电磁辐射的选择性吸收的特性来进行结构分析、定性分析和定量分析的一种分析方法,又称为红外吸收光谱法和红外分光光度法。

③紫外吸光光度法。基于物质对紫外光选择性吸收来进行分析的方法,也称为紫外吸收光

谱法和紫外分光光度法。

④比色分析法。通过比较有色物质溶液颜色深浅来测定物质含量的分析方法。比色分析法有目视比色法和光电比色法。

10.1.2　吸光光度分析法

10.1.2.1　目视比色法

(1)目视比色法

目视比色法是指用眼睛观察比较溶液颜色的深浅,以确定物质含量的分析方法。常用的目视比色法是标准系列法,也叫标准色阶法。该方法使用一套由同种材料制成、大小形状相同的平底玻璃管,即奈氏比色管,在实验条件相同的情况下分别加入不同量的标准溶液和待测溶液,再加入等量的显色剂和其他试剂,稀释至一定刻度后从管口垂直向下观察,比较待测溶液与标准溶液颜色的深浅。当待测溶液与某标准溶液颜色一致时说明两者浓度相等,若介于两标准溶液之间,则取其算术平均值作为待测溶液的浓度。

目视比色法的仪器简单、操作简便、成本低廉。另外,由于是在白光下进行测定的,所以某些显色反应不符合朗伯-比尔定律时,仍可用该法进行测定。但此法的准确度不高,主观误差较大。另外,标准系列不能久存,需要在测定时临时配制。该方法可用于准确度要求不高的半定量分析中,如土壤和植株中氮、磷、钾的速测等。

(2)吸光光度法

吸光光度法目前应用得非常广泛。吸光光度法是比较有色溶液对某一波长光的吸收情况,而目视比色法则是比较透过光的强度。例如,测定溶液中 $KMnO_4$ 的含量时,吸光光度法测量的是 $KMnO_4$ 溶液对黄绿色光的吸收情况,目视比色法则是比较 $KMnO_4$ 溶液透过红紫色光的强度。

10.1.2.2　定量分析方法

(1)标准曲线法

标准曲线法又叫工作曲线法,应用最为广泛。此法要求配制一系列浓度不同的标准溶液。在最大吸收波长处分别测量它们的吸光度。以标准溶液的浓度为横坐标,相应的吸光度为纵坐标作图,绘制工作曲线或标准曲线,再在相同条件下测量待测溶液的吸光度,就可以从标准曲线上查得待测溶液的浓度,如图 10-1 所示。为了保证测定准确度,要求系列标准溶液与试样溶液组成基本一致,试样溶液的浓度应在标准曲线线性范围内。如果实验条件变动,那么标准曲线应该重新绘制。

标准曲线法基本消除了偶然误差的影响,所以测定结果比较可靠。在固定仪器和测定方法时,标准曲线可多次使用。该法适合于同一测定对象的大批试样的常规分析。

(2)比较法

比较法是在相同条件下先配制与被测试液浓度 c_x 相近的标准溶液 c_s,然后在相同条件下测其相应的吸光度 A_x 和 A_s,根据朗伯-比尔定律:

$$A_x = \varepsilon L c_x, \quad A_s = \varepsilon L c_s$$

两式相比可得

$$c_x = c_s \frac{A_x}{A_s}$$

只有当 c_x 与 c_s 相接近时,结果才可靠,否则将有较大误差。

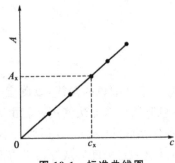

图 10-1　标准曲线图

10.1.2.3　示差吸光光度法

一般来说,吸光光度法只适用于微量组分的测定,当被测组分浓度过高或过低时,吸光度读数超出了准确测量的范围,这时即使不偏离朗伯-比尔定律,也会引起很大的测量误差,导致准确度降低。采用示差吸光光度法可以弥补这一不足,使测定误差降低至 0.5% 以下。示差吸光光度法采用一个比待测溶液浓度稍低的标准溶液作参比溶液,测量待测溶液的吸光度,从测得的吸光度求出它的浓度。

设用作参比的标准溶液浓度为 c_s,待测试液浓度为 c_x,且 $c_x > c_s$。根据朗伯-比尔定律,可得:

$$A_x = \varepsilon c_x L$$
$$A_s = \varepsilon c_s L$$

则相对吸光度为:

$$\Delta A = A_x - A_s = \varepsilon L (c_x - c_s) = \varepsilon L \Delta c$$

相应的示差透光度为:

$$T_{相对} = \frac{T_x}{T_s}$$

所测得吸光度差与这两种溶液的浓度差成正比,这样便可用标准曲线法绘制 ΔA 和 Δc 的标准曲线,根据测得的 ΔA 求出相应的 Δc 值,从 $c_x = c_s + \Delta c$ 可求出待测试液的浓度,这就是示差吸光光度法定量分析的基本原理。

测定浓度过高或过低的试液时,示差光度法比普通光度法的准确度要高得多。提高测量准确度的根本原因在于示差光度法扩展了读数标尺,这可从图 10-2 中看出。设按一般吸光光度法用试剂空白作参比溶液,测得试液的透光度 $T_x = 5\%$,很显然这时的测量误差是非常大的。采用示差吸光光度法时,以按一般吸光光度法测得 $T_1 = 10\%$ 的标准溶液作参比溶液,使其透光率从标尺上的 $T_1 = 10\%$ 处调至 $T_2 = 100\%$ 处,相当于把标尺扩展到原来的 10 倍。即待测试液的透光度由原来的 5% 变为 50%,从而提高了测定的准确度。由此可知,用示差吸光光度法测定浓度过高或过低的试液,所选择参比溶液的浓度越接近待测试液的浓度,测量误差就越小,最小测量误差可达 0.3%。

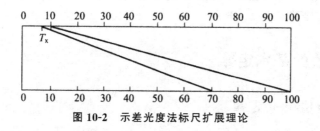

图 10-2　示差光度法标尺扩展理论

10.1.2.4　光度滴定法

根据滴定过程中溶液吸光度变化来确定滴定终点的滴定分析法称为光度滴定法。随着滴定剂的加入,溶液中吸光物质的浓度不断发生变化,因而吸光度也随之变化。考虑到溶液在滴定过程中体积不断增加,因而存在稀释效应,所以可先测出加入不同滴定剂体积时各点的吸光度值,再将该吸光度值乘以 $\dfrac{V_0 + V}{V}$,得到校正后的吸光度 A。其中,V_0 是待测溶液起始体积,V 是加入滴定剂的体积。

以 A 为纵坐标,以加入滴定剂体积 V 为横坐标作图,即得光度滴定曲线。这是一条折线,两直线段的交点或延长线的交点即为化学计量点。下面介绍几种典型体系的滴定曲线。

图 10-3(a)所示是滴定剂在选定波长处有很大的吸收,而待测物与产物均不吸收时的光度滴定曲线,如以 $KMnO_4$ 滴定 Fe^{2+} 的酸性溶液。图 10-3(b)所示是滴定剂与产物对选定波长的光均无吸收,而待测物质有强烈吸收,如以 EDTA 滴定水杨酸铁溶液。图 10-3(c)所示是滴定剂和待测物质有吸收,产物无吸收,如用标准 $KBrO_3$-KBr 溶液在 326 nm 波长处滴定 Sb^{3+} 的 HCl 溶液。图 10-3(d)所示是滴定剂与待测物无吸收,产物有吸收时的光度滴定曲线,如以 NaOH 滴定溴苯酚。

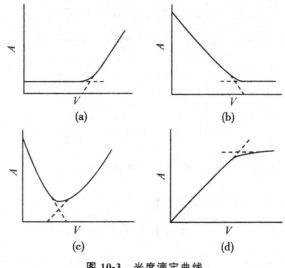

图 10-3　光度滴定曲线

光度滴定法与利用指示剂指示终点的普通滴定法相比,它对反应完成程度不高的滴定体系能获得较准确的测定结果。

10.1.3 光吸收的基本定律

10.1.3.1 朗伯-比尔定律

光的吸收基本定律,即朗伯-比尔定律是比色法和吸光光度法的基本定律,是吸收光谱分析法的定量依据。

朗伯发现一束平行的单色光通过浓度一定的溶液时,在入射光的波长、强度及溶液的温度等条件不变的情况下,溶液对光的吸收程度与溶液的液层厚度(L)成正比。其数学表达式为:

$$A = K_1 L$$

比尔在朗伯定律的基础上研究了有色溶液的浓度与吸光度的关系,指出:当一束平行的单色光通过液层厚度一定的溶液时,在入射光的波长、强度及溶液的温度等条件不变的情况下,溶液对光的吸收程度与溶液的浓度(c)成正比。其数学表达式为:

$$A = K_2 c$$

如果同时考虑溶液的浓度和液层的厚度对光的吸收的影响,当一束平行的单色光通过均匀、无散射现象的溶液时,一部分光被吸收,透过光强就要减弱。假设入射光强为 I_0,透过光强为 I_t,有色溶液浓度为 c,液层厚度为 L,如图 10-4 所示。实验证明,有色溶液对光的吸收程度,与该溶液的浓度、液层厚度及入射光的强度有关。如果保持入射光强度、溶液温度等条件不变的情况下,溶液对光的吸收程度与溶液的浓度和液层的厚度的乘积成正比。这就是朗伯-比尔定律。

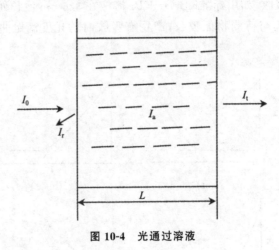

图 10-4 光通过溶液

朗伯-比尔定律的数学表达式可表示为:

$$A = \lg \frac{I_0}{I_t} = KcL$$

式中,K 为吸光系数,$L/(mg \cdot cm)$ 或 $L/(mol \cdot cm)$;A 为吸光度,表示溶液对光的吸收程度。吸光度具有加和性,即当某一波长的单色光通过这样一种多组分溶液时,由于各种吸光物质对光均有吸收作用,溶液的总吸光度应等于各吸光物质的吸光度之和。设体系中有 n 个组分,则在

任一波长处得总吸光度 A,可以表示为:

$$A = A_1 + A_2 + \cdots + A_n$$

与吸光度相对应,透光度表示透射光强度 I_t 与 I_0 的比值,用于度量物质透光程度的大小,用 T 表示,即

$$T = \frac{I_t}{I_0}$$

很显然,吸光度 A 与透光度 T 的关系为:

$$A = \lg \frac{I_0}{I_t} = \lg \frac{1}{T} = -\lg T$$

光线透过溶液的强度即透光率 T 和吸光度 A 可以通过专门的仪器检测。

10.1.3.2　吸光系数

当浓度 c 为质量浓度,单位以 mg/L 表示,液层厚度 L 的单位以 cm 表示时,朗伯-比尔定律中的比例常数则称为吸光系数,用 K 表示。其意义是:浓度为 1 mg/L 的溶液,液层厚度为 1 cm 时在一定波长下测得的吸光度值,其单位是 L/(mg·cm)。

当浓度 c 为物质的量浓度,单位以 mol/L 表示,液层厚度 L 的单位以 cm 表示时,朗伯-比尔定律中的比例常数 K 就是摩尔吸光系数,用 ε 表示。这时朗伯-比尔定律的表达式为:

$$A = \varepsilon c L$$

ε 的意义是:浓度为 1 mol/L 的溶液,液层厚度为 1 cm 时在一定波长下测得的吸光度值,其单位是 L/(mol·cm)。

摩尔吸光系数 ε 在一定条件下是一常数,它与入射光的波长、吸光物质的性质、溶剂、温度及仪器的质量等因素有关。它表示物质对某一特定波长的光的吸收能力。它的数值越大,表明有色溶液对光越容易吸收,测定的灵敏度就越高。一般 ε 值在 1 000 以上,即可进行吸光光度测定。因此,吸光系数是定性和定量的重要依据。但在实际工作中,不能直接取浓度为 1 mg/L 的有色溶液来测定 ε 值,而是测定适当低浓度有色溶液的吸光度,再计算求出 ε 值。

朗伯-比尔定律不仅适用于有色溶液,也适用于无色溶液及气体和固体的非散射均匀体系;不仅适用于可见光区的单色光,也适用于紫外和红外光区的单色光。但是,朗伯-比尔定律仅适用于单色光和一定范围的低浓度溶液。溶液浓度过大时,透光的性质发生变化,从而使溶液对光的吸光度与溶液浓度不成正比关系。波长较宽的混合光影响光的互补吸收,也会给测定带来误差。

吸光光度分析的灵敏度除了用 ε 值表征外,还常用桑德尔灵敏度 S 来表征。桑德尔灵敏度原指人眼对有色质点在单位截面积液柱内能够检出物质的最低量,以 $\mu g/cm^2$ 表示;后将此概念推广到光度仪器,规定为当仪器所能检测的最低吸光度 $A = 0.001$ 时,单位截面积光程内所能检测出来的吸光物质的最低量,单位仍以 $\mu g/cm^2$ 表示。S 与 ε 及吸光物质摩尔质量的关系为:

$$S = \frac{M}{\varepsilon}$$

这里的 ε 值是把待测组分看作完全转变成有色化合物而计算的。实际上,溶液中有色物质的浓度常因副反应和显色平衡等因素而改变,并不完全符合这种计量关系,因此所求得的摩尔吸光系数应为表观摩尔吸光系数。在实际工作中,由于在相同条件下测定吸光度,可不

考虑这种情况。

10. 1. 3. 3　偏离朗伯-比尔定律引起的误差

在分光光度法中,通常固定吸收池的厚度不变,根据朗伯-比尔定律,则溶液的吸光度与其浓度呈线性关系,工作曲线应该是条直线。但在实际工作中,经常发现工作曲线不是直线的情况,特别是浓度较高时,明显地看到工作曲线的弯曲,这种情况称为偏离朗伯-比尔定律,如图 10-5 所示。如果偏离不严重,即工作曲线弯曲程度不严重,只要使用工作曲线的直线部分进行定量分析,则不会引起太大的误差。

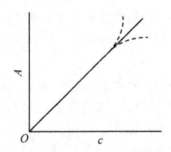

图 10-5　吸光度对朗伯-比尔定律的偏离

引起偏离朗伯-比尔定律的主要原因如下。

(1)复合光引起的偏离

由非单色光引起的偏离是负偏离,即在高浓度时工作曲线弯向浓度轴,单色器质量越差,单色光纯度越差,偏离越严重。朗伯-比尔定律只适用于单色光,但目前各种光度计得到单色光实质上都是具有一定波带宽度的复合光。物质对不同波长光的吸收程度不同,导致对朗伯-比尔定律的偏离。

(2)待测溶液引起的偏离

当待测溶液的浓度较高时,分子质点间的距离缩小,则分子间的相互作用增强,这种相互作用可以改变分子的电荷分布等基本性质,从而能改变它们的吸光能力,引起对朗伯-比尔定律的偏离。溶液浓度越大,这种偏离就越严重,因而认为在稀溶液中应用吸收定律比较可靠。

(3)溶液本身引起的偏离

朗伯-比尔定律要求待测溶液为均匀的非散射的溶液,当被测试液是乳浊液、胶体溶液或悬浊液时,入射光通过溶液时,除了部分被试液吸收外,还有部分因散射而损失,实际测得的吸光度增加,导致偏离朗伯-比尔定律。

溶液中发生的化学反应也会引起偏离朗伯-比尔定律,如吸光组分的离解、缔合、互变异构、形成新化合物等化学反应会改变吸光物质溶液的浓度,因而导致偏离朗伯-比尔定律。

减小误差的方法通常有:①使用单色光,一般应选用 λ_{max} 处或肩峰处测定;②吸光质点形式不变,离解、络合、缔合会破坏线性关系,应控制条件;③稀溶液,浓度增大,分子之间作用增强。

10.2　紫外-可见分光光度计

10.2.1　分光光度计的类型

紫外-可见分光光度计可分为两类,单波长分光光度计和双波长分光光度计。单波长分光光度计又可分为单光束和双光束两类。下面介绍几类分光光度计。

10.2.1.1　单光束分光光度计

单光束分光光度计是最简单的分光光度计,它只有一束单色光、一只比色皿、一只光电转换器(光电管),其结构简单、价格便宜。此类仪器的工作原理如图 10-6 所示。单光束分光光度计的操作程序为:先旋转单色器选择测定波长;机械调零;接通电源,进行暗电流补偿;打开光源,将参比溶液置入光路,调节狭缝宽度或光栏大小以改变光通量,或调节电子放大器的灵敏度,使透光率至 100%;测定溶液的吸光度。

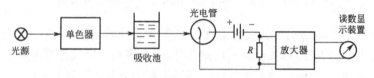

图 10-6　单光束分光光度计原理图

单光束分光光度计在使用时要求配置电子稳压器(也可改用稳定的直流电源),并需注意每改变一次测定波长时,用参比溶液重调使透光率为 100%。

10.2.1.2　双光束分光光度计

双光束分光光度计的构造中,由光源发出的光经过单色器后分成两束,一束通过参比池,一束通过样品池,一次测量即可得到样品的吸光度。目前常用的紫外-可见分光光度计均为双光束型,如图 10-7 所示。

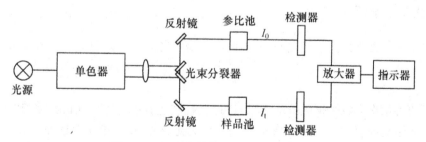

图 10-7　双光束型紫外-可见分光光度计

10.2.1.3 双波长分光光度计

双波长分光光度计由同一光源发出的光被分成两束，分别经过两个单色器，得到两束不同波长(λ_1和λ_2)的单色光。然后，利用切光器使两束光以一定的频率交替照射同一吸收池，然后经过光电倍增管和电子控制系统，最后由显示器显示出两个波长处的吸光度差值 ΔA（$\Delta A = A_1 - A_2$），如图10-8所示。对于多组分混合物、混浊试样分析，以及存在背景干扰或共存组分吸收干扰的情况下，利用双波长分光光度分析法，往往能提高方法的灵敏度和选择性。利用双波长分光光度计，能获得导数光谱。通过光学系统转换，使双波长分光光度计能很方便地转化为单波长工作方式。如果能在A_1和A_2处分别记录吸光度随时间变化的曲线，还能进行化学反应动力学研究。

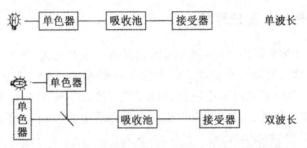

图10-8 单波长和双波长分光光度计的组成示意图

光电比色计和紫外-可见分光光度计属于不同类型的仪器，但其测定原理是相同的，不同之处仅在于获得单色光的方法不同，前者采用滤光片，后者采用棱镜或光栅等单色器。由于两种仪器均基于吸光度的测定，它们统称为光度计。不同类型的分光光度计构造有所差异，但工作原理完全相同，其基本组成也大致相同。

10.2.2 分光光度计的组成

分光光度计（spectrophotometer）用于测量溶液的透光度或吸光度，其仪器种类、型号繁多，特别是近年来产生的仪器，多配有计算机系统，自动化程度较高，但各种仪器的基本组成不变。紫外-可见分光光度计通常都是由这基本部件组成：

光源→单色器→吸收池→检测系统→记录显示系统

10.2.2.1 光源

光源的作用是提供强而稳定的可见或紫外连续入射光。一般分为可见光光源及紫外光源两类。

（1）可见光光源

最常用的可见光光源为钨丝灯。钨丝灯可发射波长为$320 \sim 2\,500$ nm 范围的连续光谱，其中最适宜的使用范围为$320 \sim 1\,000$ nm，除用作可见光源外，还可用作近红外光源。在可见光区内，钨丝灯的辐射强度与施加电压的4次方成正比，因此要严格稳定钨丝灯的电源电压。

(2)紫外光源

紫外光源多为气体放电光源,如氢、氘、氙放电灯及汞灯等。其中以氢灯和氘灯应用最广泛,其发射光谱的波长范围为 $160\sim500$ nm,最适宜的使用范围为 $180\sim350$ nm。氘灯发射的光强度比同样的氢灯大 $3\sim5$ 倍。氢灯可分为高压氢灯(2 000~6 000 V)和低压氢灯(40~80 V),后者较为常用。低压氢灯或氘灯的构造是:将一对电极密封在干燥的带石英窗的玻璃管内,抽真空后充入低压氢气或氘气。石英窗的使用是为了避免普通玻璃对紫外光的强烈吸收。

10.2.2.2　单色器

单色器的作用是将来自光源的含有各种波长的复色光按波长顺序色散,并从中分离出所需波长的单色光。单色器由狭缝、准直镜及色散元件等组成,其原理如图 10-9 所示。来自光源并聚焦于进光狭缝的光,经准直镜变成平行光,投射于色散元件。色散元件使各种不同波长的平行光有不同的投射方向(或偏转角度)形成按波长顺序排列的光谱。再经过准直镜将色散后的平行光聚焦于出光狭缝上。转动色散元件的方位,可使所需波长的单色光从出光狭缝分出。

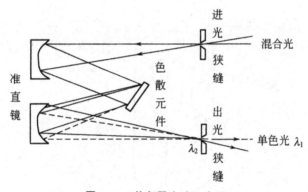

图 10-9　单色器光路示意图

①准直镜是以狭缝为焦点的聚焦镜。其作用是将进入色散器的发散光变成平行光;又将色散后的单色平行光聚集于出光狭缝。

②常用的色散元件有棱镜和光栅。早期仪器多采用棱镜,现在多使用光栅。

③狭缝为光的进出口,包括进光狭缝和出光狭缝。进光狭缝起着限制杂散光进入的作用。狭缝宽度直接影响分光质量。狭缝过宽,单色光不纯,将使吸光度变值;狭缝太窄,则光通量小,将降低灵敏度。故测定时狭缝宽度要适当,一般以减小狭缝宽度至溶液的吸光度不再增加为宜。

一般廉价仪器多用固定宽度的狭缝,不能调节。精密仪器狭缝可调节。光栅分光的仪器多用单色光的谱带宽度来表示狭缝宽度,直接表达单色光的纯度。棱镜分光的仪器因色散不均匀,只能用狭缝的实际宽度一般为 $1\sim3$ mm 来表示,单色光的谱带宽度(即单色光的纯度需经换算后才能得到)。

10.2.2.3　吸收池

吸收池也常称为比色皿,有各种规格和类型。用光学玻璃制成的吸收池,只能用于可见光区。用熔融石英(氧化硅)制的吸收池,适用于紫外光区,也可用于可见光区。盛空白溶液的吸收池与盛试样溶液的吸收池应互相匹配,即有相同的厚度与相同的透光性。在测定吸光系数或利用吸光系数进行定量测定时,还要求吸收池有准确的厚度(光程),或用同一只吸收池。吸收池的厚度即吸收光程,有 1 cm、2 cm 及 3 cm 等规格,可根据试样浓度大小和吸光度读数范围选择吸收池两光面易损蚀,应注意保护。

10.2.2.4 检测器

检测器用于检测光信号。利用光电效应将光强度信号转换成电信号的装置也叫光电器件。用分光光度分析法可以得到一定强度的光信号,这个信号需要用一定的部件检测出来。检测时,需要将光信号转换成电信号才能测量得到。光检测系统的作用就是进行这个转换。

常用的检测器主要有以下几种。

(1)光电管

如图 10-10 所示,光电管是在抽成真空或充有惰性气体的玻璃或石英泡内装上两个电极构成,其中一个是阳极,它由一个镍环或镍片组成;另一个是阴极,它由一个金属片上涂一层光敏材料构成。

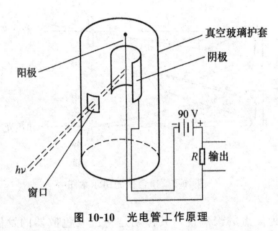

图 10-10 光电管工作原理

当光照射到光敏材料上时,它能够放出电子;光电管将光强度信号转换成电信号的过程是这样的:当一定强度的光照射到阴极上时,光敏材料要放出电子,放出电子的多少与照射到它的光的强度大小成正比,而放出的电子在电场的作用下要流向阳极,从而造成在整个回路中有电流通过。而此电流的大小与照射到光敏材料上的光的强度的大小成正比。当管内抽成真空时,称为真空光电管;充一些气体时,称为充气光电管。真空光电管的灵敏度一般为 $40\sim60\ \mu A$/流明;充气光电管的灵敏度还要大些。由于光电管产生的光电流很小,需要用放大装置将其放大后才能用微安表测量。

(2)光电二极管

光电二极管的原理是这种硅二极管受紫外、近红外辐射照射时,其导电性增强的大小与光强成正比。近年来分光光度计使用光电二极管作检测器在增加,虽然其灵敏度还赶不上光电倍增管,但它的稳定性更好,使用寿命更长,价格便宜,因而许多著名品牌的高档分光光度计都在使用它作检测器。尤其值得注意的是由于计算机技术的飞速发展,使用光电二极管的二极管阵列分光光度计有了很大的发展,二极管数目已达 1 024 个,在很大程度上提高了分辨率。这种新型分光光度计的特点是"后分光",即氘灯发射的光经透镜聚焦后穿过样品吸收池,经全息光栅色散后被二极管阵列的各个二极管接收,信号由计算机进行处理和存储,因而扫描速度极快,约 10 ms 就可完成全波段扫描,绘出吸光度、波长和时间的三维立体色谱图,能最方便快速地得到任一波长的吸收数据,它最适宜用于动力学测定,也是高效液相色谱仪最理想的检测器。

(3)光电池

用半导体材料制成的光电转换器。用得最多的是硒光电池。其结构和作用原理如图 10-11 所示。

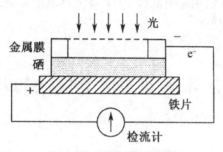

图 10-11　检测器示意图

其表层是导电性能良好、可透过光的金属薄膜,中层是具有光电效应的半导体材料硒,底层是铁或铝片。表层为负极,底层为正极,与检流计组成回路。当外电路的电阻较小时,光电流与照射光强度成正比。

硒光电池具有较高的光电灵敏度,可产生 $100\sim200~\mu A$ 电流,用普通检流计即可测量。硒光电池测量光的波长相应范围为 $300\sim800~nm$,但对波长为 $500\sim600~nm$ 的光最灵敏。

(4)光电倍增管

光电倍增管是检测弱光的最灵敏最常用的光电元件,其灵敏度比光电管高 200 多倍,光电子由阴极到阳极重复发射 9 次以上,每一个光电子最后可产生 $10^6\sim10^7$ 个电子,因此总放大倍数可达 $10^6\sim10^7$ 倍,光电倍增管的响应时间极短,能检测 $10^{-9}\sim10^{-8}$ s 级的脉冲光。其灵敏度与光电管一样受到暗电流的限制,暗电流主要来自阴极发射的热电子和电极间的漏电。图 10-12 所示是光电倍增管的工作原理。

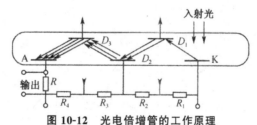

图 10-12　光电倍增管的工作原理

K—光阴极;D_1,D_2,D_3—倍增极;A—阳极

10.2.2.5　信号显示系统

信号显示系统用于放大信号并以适当方式将此信号指示或记录下来。分光光度计中常用的

显示装置有悬镜式检流计、微安表、电位计、数字电压表、自动记录仪等。通常简易型分光光度计多用悬镜式检流计。

检流计用于测量光电池受光照射后产生的电流。它的灵敏度高,标尺刻度每格约为 10^{-10} nm。标尺上有吸光度 A 和百分透光率 $T\%$ 两种刻度。由于吸光度与透光率是负对数关系,因此,吸光度的刻度是不均匀的。微安表的工作原理与检流计相似,它采用指针指示刻度,由于表头的偏转角度有限,满刻度偏转的角度仅为 1%,精确度为 1.5%。

低档分光光度计现在已都使用数字显示,有的还连有打印机。现代高性能分光光度计均可以连接微机,而且有的主机还使用带液晶或 CRT 荧屏显示的微处理机和打印绘图机,有的还带有标准软驱,存取数据更加方便。

10.3 紫外-可见分光光度法的基本原理

10.3.1 紫外-可见吸收光谱的产生机理

紫外-可见吸收光谱是一种分子吸收光谱。它是由于分子中价电子的跃迁而产生的。在不同波长下测定物质对光吸收的程度(吸光度),以波长为横坐标,以吸光度为纵坐标所绘制的曲线,称为吸收曲线,又称为吸收光谱。测定的波长范围在紫外-可见区,称为紫外-可见光谱,简称紫外光谱。如图 10-13 所示。吸收曲线的峰称为吸收峰,它所对应的波长为最大吸收波长,常用 λ_{max} 表示。曲线的谷所对应的波长称为最小吸收波长,常用 λ_{min} 表示。在吸收曲线上短波长端底只能呈现较强吸收但又不成峰形的部分,称为末端吸收。在峰旁边有一个小的曲折,形状像肩的部位,称为肩峰,其对应的波长用地表示。某些物质的吸收光谱上可出现几个吸收峰。不同的物质有不同的吸收峰。同一物质的吸收光谱有相同的 λ_{max}、λ_{min}、λ_{sh};而且同一物质相同浓度的吸收曲线应相互重合。因此,吸收光谱上的 λ_{max}、λ_{min}、λ_{sh} 及整个吸收光谱的形状取决于物质的分子结构,可作定性依据。

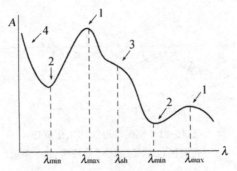

图 10-13 紫外-可见吸收光谱示意图

1—吸收峰;2—谷;3—肩峰;4—末端吸收

当采用不同的坐标时,吸收光谱的形状会发生改变,但其光谱特征仍然保留,紫外吸收光谱

常用吸光度 A 为纵坐标;有时也用透光率(T)或吸光系数(E)为纵坐标。但只有以吸光度为纵坐标时,吸收曲线上各点的高度与浓度之间才呈现正比关系。当吸收光谱以吸光系数或其对数为纵坐标时,光谱曲线与浓度无关,如图 10-14 所示。

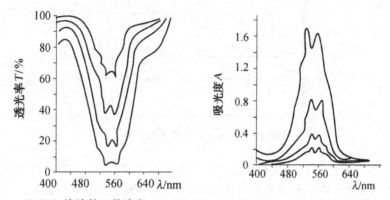

KMnO₄溶液的 4 种浓度:5 ng/L、10 ng/L、20 ng/L、40 ng/L,1 cm 厚

图 10-14　纵坐标不同的吸收光谱图

10.3.1.1　分子轨道与电子跃迁的类型

(1)分子轨道

其中最常见的有 π 轨道、σ 轨道和 n 轨道。

分子 π 轨道的电子云分布不呈圆柱形对称,但有一对称面,在此平面上电子云密度等于零,而对称面的上、下部空间则是电子云分布的主要区域。反键 π* 分子轨道的电子云分布也有一对称面,但 2 个原子的电子云互相分离。处于成键 π 轨道上的电子称为成键 π 电子,处于反键 π* 轨道上的电子称为反键 π* 电子。

成键 σ 轨道的电子云分布呈圆柱形对称,电子云密集于两原子核之间;而反键 σ* 分子轨道的电子云在原子核之间的分布比较稀疏。处于成键 σ 轨道上的电子称为成键 σ 电子,处于反键 σ* 轨道上的电子称为反键 σ* 电子。

含有氧、氮、硫等原子的有机化合物分子中,还存在未参与成键的电子对,常称为孤对电子,孤对电子是非键电子,简称为 n 电子。例如,甲醇分子中的氧原子,其外层有 6 个电子,其中 2 个电子分别与碳原子和氢原子形成 2 个 σ 键,其余 4 个电子并未参与成键,仍处于原子轨道上,称为 n 电子。而含有 n 电子的原子轨道称为 n 轨道。

(2)电子跃迁的类型

根据分子轨道理论的计算结果,分子轨道能级的能量以反键 σ* 轨道最高,成键 σ 轨道最低,而 n 轨道的能量介于成键轨道与反键轨道之间。

分子中能产生跃迁的电子一般处于能量较低的成键 σ 轨道、成键 π 轨道及 n 轨道上。当电子受到紫外-可见光作用而吸收光辐射能量后,电子将从成键轨道跃迁到反键轨道上,或从 n 轨道跃迁到反键轨道上。电子跃迁方式如图 10-15 所示。

从图 10-15 中可见,分子轨道能级的高低顺序是:σ<π<n<π*<σ*;分子轨道间可能的跃迁有:σ→σ*、σ→π*、π→σ*、n→σ*、π→π*、n→π* 六种。但由于与 σ 成键和反键轨道有关的四种跃迁:σ→σ*、σ→π*、π→σ* 和 n→σ* 所产生的吸收谱多位于真空紫外区(0~200 nm),而 n→

π^* 和 $\pi \rightarrow \pi^*$ 两种跃迁的能量相对较小,相应波长多出现在紫外-可见光区。

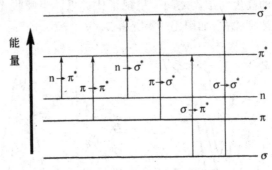

图 10-15 σ、π、n 轨道及电子跃迁

电子跃迁类型与分子结构及其存在的基团有密切的联系,因此可以根据分子结构来预测可能产生的电子跃迁;也可以根据紫外吸收带的波长及电子跃迁类型来判断化合物分子中可能存在的吸收基团。

10.3.1.2 助色团、发生团

发色基团也称为生色基团。凡是能导致化合物在紫外及可见光区产生吸收的基团,不论是否显出颜色都称为发色基团。有机化合物分子中,能在紫外-可见光区产生吸收的典型发色基团有羰基、硝基、羧基、酯基、偶氮基及芳香体系等,这些发色基团的结构特征是都含有 λ_{max} 电子。当这些基团在分子内独立存在,与其他基团或系统没有共轭或没有其他复杂因素影响时,它们将在紫外区产生特征的吸收谱带。孤立的碳-碳双键或三键其 λ_{max} 值虽然落在近紫外区之外,但已接近一般仪器可能测量的范围,具有"末端吸收",所以也可以视为发色基团。不同的分子内孤立地存在相同的这类生色基因时,它们的吸收峰将有相近的 λ_{max} 和相近的 ε_{max}。如果化合物中有几个发色基团互相共轭,则各个发色基团所产生的吸收带将消失,出现新的共轭吸收带,其波长将比单个发色基团的吸收波长长,吸收强度也将显著增强。

助色基团是指它们孤立地存在于分子中时,在紫外-可见光区内不一定产生吸收。但当它与发色基团相连时能使发色基团的吸收谱带明显地发生改变。助色基团通常都含有 n 电子。当助色基团与发色基团相连时,由于 n 电子与 π 电子的 p-π 共轭效应导致 $\pi \rightarrow \pi^*$ 跃迁能量降低,发色基团的吸收波长发生较大的变化。常见的助色基团有—OH,—Cl,—NH,—NO₂,—SH 等。

由于取代基作用或溶剂效应导致发色基团的吸收峰向长波长移动的现象称为红移。与此相反,由于取代基作用或溶剂效应等原因导致发色基团的吸收峰向短波长方向的移动称为向紫移动或蓝移。与吸收带波长红移及蓝移相似,由于取代基作用或溶剂效应等原因的影响,使吸收带的强度即摩尔吸光系数增大(或减小)的现象称为增色效应或减色效应。

10.3.2 有机化合物、无机化合物的紫外-可见吸收光谱

10.3.2.1 有机化合物的紫外-可见吸收光谱

分子的吸收光谱有转动、振动和电子光谱。纯粹的转动光谱只涉及分子转动能级的改变,发

生在远红外和微波区。振动光谱反映了分子振动和转动能级的改变,主要在 $1 \sim 30~\mu m$ 的波长区。分子吸收光子后使电子跃迁,发生电子能级的改变,即产生电子光谱,常研究的电子光谱在 $200 \sim 750~nm$ 波长范围内。

电子光谱源于电子跃迁,但电子跃迁时必然伴随着振动和转动能级的跃迁。与电子能级相比,振动和转动能量间隔很小,加上环境对电子跃迁影响较大,所以一般观察到的电子吸收光谱不是由一系列靠得很近的吸收线组成,而是呈现为一平滑曲线,即带状吸收光谱。电子光谱的波长主要位于紫外可见波长区。电子光谱常叫作紫外-可见吸收光谱。紫外-可见吸收光谱常用图来表示。图的横坐标可用波长、波数或频率,而纵坐标可用摩尔吸收系数、吸光度、透光率,但在与分析化学有关的书和文献中,紫外-可见吸收光谱的横坐标常用波长,而纵坐标常用摩尔吸收系数或吸光度。描述紫外-可见吸收光谱常用最大吸收波长 λ_{max} 和在最大吸收波长处的摩尔吸收系数 κ_{max} 两个参数。当然,形状也是一个描述紫外-可见吸收光谱的参数,但形状很难用一个或几个具体数字来描述,一般也不像原子光谱那样用半峰宽来描述。

(1)有机物电子跃迁类型

基态有机化合物的价电子包括成键的 σ 电子和 π 电子以及非键的 n 电子,这些电子占据相应的分子轨道,也称为 σ、π 和 n 轨道。分子的空轨道包括反键 σ^* 轨道和反键 π^* 轨道,这些轨道的能量高低顺序为:

$$\sigma^* > \pi^* > n > \pi > \sigma$$

吸收光子后,价电子可由低能级跃迁至高能级,即由成键或非键轨道跃迁至反键空轨道,电子跃迁的类型前面已经介绍。可能的电子跃迁有 6 种,即 $\sigma \rightarrow \sigma^*$、$\sigma \rightarrow \pi^*$、$\pi \rightarrow \pi^*$、$\pi \rightarrow \sigma^*$、$n \rightarrow \sigma^*$、$n \rightarrow \pi^*$,但其中 $\sigma \rightarrow \pi^*$,$\pi \rightarrow \sigma^*$ 跃迁的 K 太小,一般都不考虑。

①$\sigma \rightarrow \sigma^*$ 跃迁。电子由 σ 轨道跃迁至 σ^* 轨道时,由于能级间隔大,需要吸收能量高、波长短的远紫外光,超出了一般紫外分光光度计的测量范围。

②$n \rightarrow \sigma^*$ 跃迁。电子由 n 轨道向 σ^* 轨道跃迁属于禁阻跃迁,其 κ_{max} 一般不高,λ_{max} 一般在 160 $\sim 260~nm$ 之间。

③$\pi \rightarrow \pi^*$ 跃迁。电子由 π 轨道向 π^* 轨道跃迁属于允许跃迁,在共轭体系中由 $\pi \rightarrow \pi^*$ 跃迁产生的吸收常称为 K 吸收带,其 κ_{max} 较高,一般大于 10^4 L/(mol · cm),而 λ_{max} 一般在 $200 \sim 500$ nm 之间。

④$n \rightarrow \pi^*$ 跃迁。$n \rightarrow \pi^*$ 跃迁属于禁阻跃迁,由 $n \rightarrow \pi^*$ 跃迁产生的吸收带也称为 R 吸收带。其 κ_{max} 较小,一般在 $10 \sim 10^2$ L/(mol · cm)之间,因为与其他跃迁比,电子由 n 轨道向 π^* 轨道的跃迁所需能量最低,所以吸收光的波长较长,一般在 $250 \sim 600$ nm 之间。所以 $n \rightarrow \pi^*$ 跃迁也是紫外-可见吸收光谱常研究的对象。

(2)饱和化合物

饱和烃类分子中只含有 σ 键,因此只有 $\sigma \rightarrow \sigma^*$ 跃迁。饱和烃化合物吸收峰的 λ_{max} 一般小于 150 nm,如 CH_4 的 λ_{max} 为 125 nm;而 C_6H_6 的 λ_{max} 为 135 nm。含杂原子的饱和化合物由于有孤对电子,所以这类化合物既可发生 $\sigma \rightarrow \sigma^*$ 跃迁,也可发生 $n \rightarrow \sigma^*$ 跃迁。$n \rightarrow \sigma^*$ 跃迁吸收的能量较 $\sigma \rightarrow \sigma^*$ 跃迁吸收的能量低,因此与 $n \rightarrow \sigma^*$ 跃迁所对应的吸收峰的 λ_{max} 也更长一些。

(3)烯烃和炔烃

在不饱和的烃类分子中,如烯烃类分子,除含 σ 键外,还含有 π 键,可以产生 $\sigma \rightarrow \sigma^*$ 和 $\pi \rightarrow \pi^*$ 两种跃迁。如乙烯的 λ_{max} 为 165 nm,κ_{max} 为 15 000 L/(mol · cm),但当两个或多个 π 键组成共

轭体系时,吸收峰的 λ_{max} 向长波方向移动,而 κ_{max} 也增加。

例如,丁二烯的 λ_{max} 为 217 nm,而 κ_{max} 为 21 000 L/(mol·cm)。随着多烯分子中共轭双键数目的增加,吸收光谱的 λ_{max} 逐渐移向更长波长,κ_{max} 值也逐渐增大。由图 10-16 可知,由于共轭后,产生两个成键轨道 π_1、π_2 和两个反键轨道 π_3^*、π_4^*。其中 π_2 比共轭前 π 轨道能级高,而 π_3^* 比共轭前 π^* 轨道的能级低,所以使 $\pi \rightarrow \pi^*$ 跃迁所涉及轨道间能量降低了,相应的波长红移,κ_{max} 也增大了。

乙炔在 173 nm 有一个弱的 $\pi \rightarrow \pi^*$ 跃迁吸收带,共轭后,λ_{max} 红移,κ_{max} 增大。共轭多炔有两组主要吸收带,每组吸收带由几个亚带组成。如图 10-17 所示,短波处的吸收带较强,长波处的吸收带较弱。

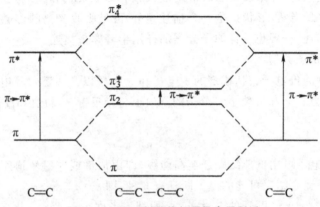

图 10-16　丁二烯的能级图及电子跃迁

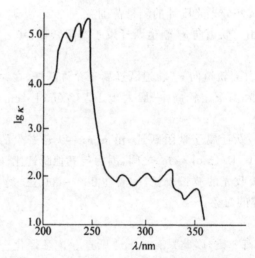

图 10-17　$CH_3\text{-}(C\equiv C)_4\text{-}CH_3$ 的紫外吸收光谱

(4)羰基化合物

①醛和酮。饱和醛和酮中含有 σ 电子、π 电子和 n 电子。可能产生四种跃迁,即 $\sigma \rightarrow \sigma^*$、$n \rightarrow \sigma^*$、$n \rightarrow \pi^*$ 和 $\pi \rightarrow \pi^*$ 跃迁,不考虑 $\sigma \rightarrow \sigma^*$ 跃迁,其余三种跃迁所对应的吸收带的 λ_{max} 大约值见表 10-1。

表 10-1　饱和羰基化合物的跃迁

跃迁	λ_{max}/nm
$\pi \rightarrow \pi^*$	160
$n \rightarrow \sigma^*$	190
$n \rightarrow \pi^*$	270~300

显然,电子 $n \rightarrow \pi^*$ 跃迁所产生的吸收带的 λ_{max} 在紫外-可见区,乙醛和丙酮的吸收特性见表 10-2。

表 10-2　乙醛和丙酮的吸收特性

化合物	跃迁	λ_{max}/nm	$\kappa_{max}/[L/(mol \cdot cm)]$
丙酮	$n \rightarrow \pi^*$	279	13
乙醛	$n \rightarrow \pi^*$	290	17

α,β-不饱和醛、酮类化合物中均含有与羰基共轭的烯键,与上述共轭烯烃相同,对于 π-π 共轭,$\pi \rightarrow \pi^*$ 的跃迁能量下降,λ_{max} 向长波移动;羰基的 n 电子能级基本保持不变,而 π_3^* 的能量下降,使 $n \rightarrow \pi^*$ 的跃迁能量降低,λ_{max} 也向长波移动,如图 10-18 所示。

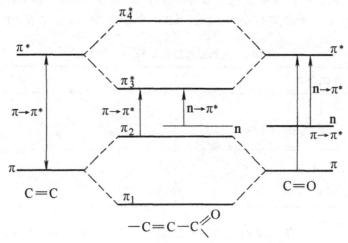

图 10-18　不饱和醛、酮共轭后轨道能级和电子跃迁

如巴豆醛,其 $\pi \rightarrow \pi^*$,$n \rightarrow \pi^*$ 跃迁所涉及的 λ_{max} 向长波移动。其中 $\pi \rightarrow \pi^*$ 跃迁所引起吸收的 λ_{max} 为 217 nm,而由 $n \rightarrow \pi^*$ 跃迁所引起吸收的 λ_{max} 为 321 nm,与表 10-2 所列 $\pi \rightarrow \pi^*$ 和 $n \rightarrow \pi^*$ 跃迁对应的 λ_{max} 相比,显然红移了许多。

②酸和酯。当羟基和烷氧基在羰基碳上取代分别生成羧酸和酯时,由于取代基中—OH和—OR 的孤对电子与羰基 π 轨道产生 n-π 共轭,产生两个成键 π 轨道 π_1 和 π_2 以及一个反键轨道 π_3^*,如图 10-19 所示。其中 π_2 比共轭前孤立羰基 π 轨道的能级高,π_3^* 比孤立羰基 π^* 轨道能级也高,但升高的程度后者大于前者,所以使 $\pi \rightarrow \pi^*$ 的跃迁能量上升,λ_{max} 蓝移。由于共轭后,原来羰基的 n 轨道能级略有下降,所以使 $n \rightarrow \pi^*$ 的跃迁能量增加,λ_{max} 蓝移。类似地,α,β-不饱和羧

酸及脂的 $\pi \rightarrow \pi^*$ 和 $n \rightarrow \pi^*$ 跃迁能量增加,而由这些跃迁产生的吸收峰 λ_{max} 与相应的 α, β-不饱和醛、酮相比也发生蓝移。

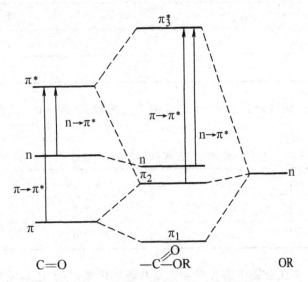

图 10-19 n-π 共轭后轨道能级和电子跃迁

由图 10-19 可知,C═O 上的 n 电子参与共轭,产生 $n \rightarrow \pi^*$ 跃迁。而 OR 上的 n 电子参与共轭,不产生 $n \rightarrow \pi^*$ 跃迁。酸和酯的 $n \rightarrow \pi^*$ 跃迁所产生的吸收带的 λ_{max} 见表 10-3。

表 10-3   酸和酯对应于 $n \rightarrow \pi^*$ 跃迁的 λ_{max}

化合物	λ_{max}/nm
O‖ R—C—OH	205
O‖ R—C—OR	205

将表 10-3 所列 λ_{max} 与表 10-2 所列丙酮和乙醛相比,可知,由于 n-π 共轭,会使羰基 n 电子的 $n \rightarrow \pi^*$ 跃迁所对应的 λ_{max} 蓝移了。

10.3.2.2   无机化合物的紫外-可见吸收光谱

某些分子同时具有电子给予体和电子接受体,它们在外来辐射激发下会强烈吸收紫外光或可见光,使电子从给予体轨道向接受体轨道跃迁,这样产生的光谱称为电荷转移光谱。这种光谱的摩尔吸收系数一般较大,约 10^4 L/(mol·cm),分为三种类型。

①配体→金属的电荷转移。这一过程配体是电子给予体,而金属是电子接受体,相当于金属离子被还原,例如,

$$Fe^{3+}SCN^- \xrightarrow{h\nu} Fe^{2+}SCN$$

②金属→配体的电荷转移。这一过程金属是电子给予体,相当于金属离子被氧化,而配体是电子接受体,例如,

$$Fe^{2+}(邻菲咯啉)_3 \xrightarrow{h\nu} Fe^{3+}(邻菲咯啉)_3^-$$

③金属→金属的电荷转移。配合物中含有两种不同氧化态的金属时,电子可在两种金属间转移,如普鲁士蓝 $K^+Fe^{3+}[Fe^{2+}(CN)_6]$,在光吸收过程中,分子中电子由 Fe^{2+} 转移到 Fe^{3+}。

如以 M 和 L 分别表示配合物的中心离子和配位体,当一个电子由配位体的轨道跃迁到与中心离子相关的轨道上时,可用下式表示:

$$M^{n+} - L^{b-} \xrightarrow{h\nu} M^{(n-1)+} - L^{(b-1)-}$$

例如,一般来说,在配合物的电荷转移过程中,金属离子是电子接受体,配位体是电子给予体。此外,一些具有 d^{10} 电子结构的过渡元素形成的卤化物及硫化物,如 $AgBr$、PhI_2、HgS 等也是由于这类电荷转移而产生颜色。

电荷转移吸收光谱谱带的最大特点是摩尔吸光系数大,一般 ε_{max} 大于 10^4。因此用这类谱带进行定量分析可获得较高的测定灵敏度。

这种谱带是指过渡金属离子与配位体所形成的配合物在外来辐射作用下,吸收紫外或可见光而得到相应的吸收光谱。元素周期表中第四、第五周期的过渡元素分别含有 3d 和 4d 轨道,镧系和锕系元素分别含有 4f 和 5f 轨道。这些轨道的能量通常是相等的,而当配位体按一定的几何方向配位在金属离子的周围时,使得原来简并的 5 个 d 轨道和 7 个 f 轨道分别分裂成几组能量不等的 d 轨道和 f 轨道。如果轨道是未充满的,当它们的离子吸收光能后,低能态的 d 电子或 f 电子可以分别跃迁到高能态的 d 轨道或 f 轨道上去。这两类跃迁分别称为 d-d 跃迁和 f-f 跃迁。这两类跃迁必须在配位体的配位场作用下才有可能产生,因此又称为配位场跃迁。

由于八面体场中 d 轨道的基态与激发态之间的能量差别不大,这类光谱一般位于可见光区。又由于选择规则的限制,配位场跃迁吸收谱带的摩尔吸光系数较小,一般 ε_{max} 小于 10^2。相对来说,配位体场吸收光谱较少用于定量分析中,但它可用于研究配合物的结构及无机配合物键合理论等方面。

10.4　分析条件的选择

10.4.1　测量条件的选择

10.4.1.1　入射光波长的选择

入射光的波长应根据吸收光谱曲线选择溶液有最大吸收时的波长。这是因为在此波长处摩尔吸光系数值最大,使测定有较高的灵敏度。同时,在此波长处的一个较小范围内,吸光度变化不大,不会造成对比尔定律的偏离,测定准确度较高。

如果最大吸收波长不在仪器可测波长范围内,或干扰物质在此波长处有强烈吸收,可选用非最大吸收处的波长。但应注意尽量选择 ε 值变化不太大区域内的波长。以图 10-20 为例,显色

剂与钴配合物在 420 nm 波长处均有最大吸收峰。如用此波长测定钴,则未反应的显色剂会发生干扰而降低测定的准确度。因此,必须选择 500 nm 波长测定,在此波长下显色剂不发生吸收,而钴络合物则有一吸收平台。用此波长测定,灵敏度虽有所下降,却消除了干扰,提高了测定的准确度和选择性。

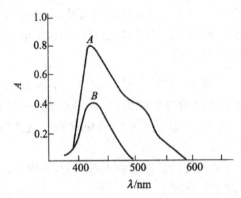

图 10-20　吸收曲线

A—钴配合物的吸收曲线;B—1-亚硝基-2-萘酚-3,6 磺酸显色剂的吸收曲线

10.4.1.2　吸光度测量范围的选择

在不同吸光度范围内读数会引起不同程度的误差,为提高测定的准确度,应选择最适宜的吸光度范围进行测定。

对一个给定的分光光度计来说,透光率读数误差 ΔT 是一个常数,但透光率读数误差不能代表测定结果误差,测定结果误差常用浓度的相对误差 $\Delta c/c$ 表示。

由朗伯-比尔定律可知

$$A = -\lg T = \varepsilon bc$$

由上式微分整理可得

$$\frac{\Delta c}{c} = \frac{0.434}{T \cdot \lg T} \cdot \Delta T$$

要使相对误差 $\Delta c/c$ 最小,求导取极小得出:当 $T = 0.368(A = 0.434)$ 时,$\Delta c/c$ 最小为 1.4%。

实际工作中,可以通过调节被测溶液的浓度,使其在适宜的吸光度范围。为此,可以从下列几方面想办法:

①计算而且控制试样的称出量,含量高时,少取样或稀释试液;含量低时,可多取样或萃取富集;

②如果溶液已显色,则可通过改变吸收池的厚度来调节吸光度的大小。

10.4.1.3　参比溶液的选择

分光光度法首先以参比溶液调节透光率至 100%,然后再测定待测溶液的吸光度,这相当于是以透过参比溶液的光束为入射光。这样,当待测溶液除被测定的吸光物质外,其余成分均与参比溶液完全相同时,就可以消除溶液中其他因素所引起的误差。实际工作中要制备完全符合上述要求的参比溶液往往不可能。但是,应该尽可能地选用合适的参比溶液,以最大限度地消除这类误差。一般选择参比溶液的原则如下:

①如果仅待测物与显色剂的反应产物有吸收,可用纯溶剂作参比溶液。

②如果显色剂或其他试剂略有吸收,应用空白溶液(不加试样溶液)作参比溶液。

③如试样中其他组分有吸收,但不与显色剂反应,则当显色剂无吸收时,可用试样溶液作参比溶液,当显色剂略有吸收时,可在试液中加入适当掩蔽剂将待测组分掩蔽后再加显色剂,以此溶液作参比溶液。

选择参比溶液总的原则是使试液的吸光度真正反映待测物的浓度。

10.4.1.4　狭缝宽度的选择

为了选择合适的狭缝宽度,应以减少狭缝宽度时试样的吸光度不再增加为准。一般来说,狭缝宽度大约是试样吸收峰半宽度的 1/10。

10.4.2　溶剂的选择

溶剂的选择原则为:

①溶剂应能很好地溶解被测试样,溶剂对溶质应该是惰性的,即所成溶液应具有良好的化学和光学稳定性。

②在溶解度允许的范围内,尽量选择极性较小的溶剂。这是因为溶剂对紫外-可见光谱的影响较为复杂。改变溶剂的极性,会引起吸收带形状的变化。

③不与被测组分发生化学反应。

④所选溶剂在测定波长范围内无明显吸收。

⑤被测组分在所选的溶剂中有较好的峰形。

10.4.3　反应条件的选择

在进行可见分光光度分析时,首先要把待测组分转变成有色化合物,然后进行光度测定。将待测组分转变成有色化合物的反应叫显色反应。与待测组分形成有色化合物的试剂叫显色剂。

10.4.3.1　显色反应的类型

常见的显色反应有络合反应、氧化还原反应、取代反应和缩合反应等。其中应用得最广泛的为络合反应。同一种物质常有数种显色反应,其原理和灵敏度各不相同,选择时应考虑以下因素。

(1)选择性好

完全特效的显色剂实际上是不存在的,但是干扰较少或干扰易于除去的显色反应是可以找到的。

（2）灵敏度高

分光光度法一般用于微量组分的测定，因此，需要选择灵敏的显色反应。摩尔吸光系数 ε 的大小是显色反应灵敏度高低的重要标志，因此应当选择生成有色物质的 ε 较大的显色反应。一般来说，当 ε 值为 $10^4 \sim 10^5$ 时，可认为该反应灵敏度较高。

（3）对比度大

有色化合物与显色剂之间的颜色差别通常用对比度表示，它是有色化合物 MR 和显色剂 R 的最大吸收波长差 λ 的绝对值，即

$$\Delta\lambda = \left| \lambda_{max}^{MR} - \lambda_{max}^{R} \right|$$

对比度在一定程度上反映了过量显色剂对测定的影响，M 越大，过量显色剂的影响越小。一般要求 $\Delta\lambda$ 在 60 nm 以上。

（4）有色化合物组成恒定

有色化合物组成不恒定，意味着溶液颜色的色调及深度不同，必将引起很大误差。为此，对于形成不同络合比的有色配合物的络合反应，必须注意控制实验条件。

（5）有色化合物的稳定性好

要求有色化合物至少在测定过程中保持稳定，使吸光度保持不变。为此，要求有色化合物不易受外界环境条件的影响，如日光照射、氧气及二氧化碳的作用等，也不受溶液中其他化学因素的影响。

10.4.3.2 显色条件的选择

分光光度法是测定显色反应达到平衡后溶液的吸光度，因此要能得到准确的结果，必须了解影响显色反应的因素，控制适当的条件，保证显色反应完全和稳定。现对显色的主要条件讨论如下。

（1）显色剂用量

显色反应一般可表示为：

$$\text{M} \quad + \quad \text{R} \quad \rightleftharpoons \quad \text{MR}$$
$$\text{待测组分} \qquad \text{显色剂} \qquad \text{有色配合物}$$

根据溶液平衡原理，有色配合物稳定常数越大，显色剂过量越多，越有利于待测组分形成有色配合物。但是过量显色剂的加入，有时会引起空白增大或副反应发生等对测定不利的因素。

显色剂的适宜用量通常由实验来确定。其方法是将待测组分的浓度及其他条件固定，然后加入不同量的显色剂，测定吸光度，绘制吸光度（A）与浓度（c）的关系曲线，一般可得到如图 10-21 所示三种不同的情况。

图 10-21（a）表明，当显色剂浓度 c_R 在 $0 \sim a$ 范围时，显色剂用量不足，待测离子没有完全转变成有色配合物，随着 c_R 增大，吸光度 A 增大。在 $a \sim b$ 范围内，曲线平直，吸光度出现稳定值，因此可在 $a \sim b$ 间选择合适的显色剂用量。这类反应生成的有色配合物稳定，对显色剂浓度控制要求不太严格，适用于光度分析。图 10-21（b）只有较窄的平坦部分，应选 $a'b'$ 之间所对应的显色剂浓度，显色剂浓度大于 b' 后吸光度下降，说明有副反应发生。例如，利用 $Mo(SCN)_5$ 红色配合物测定钼，过量 SCN^- 会与 $Mo(SCN)_5$ 形成浅红色的 $Mo(SCN)_6$ 配合物。图 10-21（c）曲线表明，随着显色剂浓度增大，吸光度不断增大，例如，SCN^- 与 Fe^{3+} 反应，生成逐级配合物

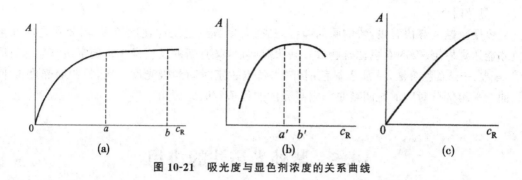

图 10-21　吸光度与显色剂浓度的关系曲线

$Fe(SCN)_n^{3-n}$，$n=1,2,\cdots,6$，随着 SCN^- 浓度增大,生成颜色越来越深的高配位数的配合物。对这种情况,必须十分严格地控制显色剂用量。

（2）酸度

酸度对显色反应的影响极大,它会直接影响金属离子和显色剂的存在形式、有色配合物的组成和稳定性及显色反应进行的完全程度。

大部分高价金属离子,如 Al^{3+}、Fe^{3+}、Th^{4+}、TiO^{2+}、ZrO^{2+} 及 Ta^{5+} 等都容易水解生成碱式盐或氢氧化物沉淀。为防止水解,溶液的酸度不应太小。

大部分有机显色剂为弱酸,且带有酸碱指示剂性质,在溶液中存在下述平衡

$$HR \rightleftharpoons H^+ + R^+ + Me^{n+} \rightleftharpoons MeR_n$$

$$\text{显色剂} \qquad\qquad\qquad\qquad \text{有色化合物}$$

酸度改变,将引起平衡移动,从而使显色剂及有色化合物的浓度变化。溶液酸度大,显色剂主要以分子形式存在,实际参加反应的显色剂有效浓度低,从而影响显色反应的完全程度。酸度影响的大小与显色剂的离解常数 K_a 有关,K_a 大时允许的酸度可大些。

一种金属离子与某种显色剂反应的适宜酸度范围,是通过实验来确定的。确定的方法是固定待测组分及显色剂浓度,改变溶液 pH,测定其吸光度,做出吸光度 A-pH 关系曲线,如图 10-22 所示,选择曲线平坦部分对应的 pH 作为测定条件。

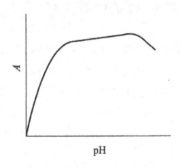

图 10-22　吸光度 A 与 pH 的关系

（3）显色温度

显色反应通常在室温下进行,有的反应必须在较高温度下才能进行或进行得比较快。有的有色物质当温度偏高时又容易分解。为此,对不同的反应,应通过实验找出各自适宜的温度范围。

（4）显色时间

显色反应速度有快有慢，快的瞬间即可完成；大多数显色反应速度较慢，需要一定时间溶液颜色才能达到稳定；有的有色化合物放置一段时间后，又有新的反应发生。确定适宜显色时间的方法：配制一份显色溶液，从加入显色剂开始，每隔一定时间测吸光度一次，绘制吸光度-时间曲线。曲线平坦部分对应的时间就是测定吸光度的最适宜时间。

10.5　紫外光谱法的应用

紫外-可见分光光度分析法从问世以来，在应用方面有了很大的发展，尤其是在相关学科发展的基础上，促使分光光度计仪器的不断创新，功能更加齐全，使得光度法的应用更拓宽了范围。目前，紫外-可见分光光度分析法可用来进行在紫外区范围有吸收峰的物质的鉴定及结构分析，其中主要是有机化合物的分析和鉴定，同分异构体的鉴别，物质结构的测定等。

10.5.1　定性分析

常用的定性分析方法有特征数据、吸光度比值的比较和光谱对照三种方法。

（1）特征数据

比较最大吸收波长 λ_{max} 和吸光系数是用于定性鉴别的主要光谱数据。在不同化合物的吸收光谱中，最大吸收波长 λ_{max} 和摩尔吸光系数 ε 可能很接近，但因相对分子质量不同，百分吸光系数 $E_{1\,cm}^{1\%}$ 数值会有差别，所以在比较 λ_{max} 的同时还应比较它们的 $E_{1\,cm}^{1\%}$。

（2）吸光度比值的比较

有些物质的光谱上有几个吸收峰，可在不同的吸收峰（谷）处测得吸光度的比值作为鉴别的依据。例如，维生素 B_{12} 有三个吸收峰，分别在 278 nm、361 nm、550 nm 波长处，它们的吸光度比值应为：A_{361}/A_{278} 在 1.70～1.88 之间，A_{361}/A_{550} 在 3.15～3.45 之间。

（3）光谱对照

在相同条件下，测定未知物和已知标准物的吸收光谱，并进行图谱对比，如果二者的图谱完全一致，则可初步认为待测物质与标准物是同一种化合物。当没有标准化合物时，可以将未知物的吸收光谱与《中国药典》中收录的该药物的标准谱图进行对照比较。如果二者的图谱有差异，则二者不是同一物质。

10.5.2　定量分析

紫外-可见吸收光谱法是进行定量分析最有用的工具之一。定量分析的依据是比尔定律，即在一定波长处被测定物质的吸光度与它的浓度呈线性关系。因此，通过测定溶液对一定波长入射光的吸光度，即可求出溶液中物质的浓度和含量。该法不仅可以直接测定那些本身在紫外-可见光区有吸收的无机和有机化合物，而且还可以采用适当的试剂与吸收较小或非吸收物质反应生成对紫外和可见光区有强烈吸收的产物，即"显色反应"，从而对它们进行定量测定。例如，金属元素的分析。

10.5.2.1　单组分体系

(1)标准曲线法

先配制一系列已知浓度的标准溶液,在 $\lambda_{\max}$ 处分别测得标准溶液的吸光度,然后,以吸光度为纵坐标,标准溶液的浓度为横坐标作图,得 $A\text{-}c$ 的校正曲线,在相同条件下测出未知试样的吸光度,就可以从标准曲线上查出未知试样的浓度。

(2)比较法

在相同条件下配制样品溶液和标准溶液,在相同条件下分别测定吸光度 A_x 和 A_s,然后进行比较,利用式(10-1),求出样品溶液中待测组分的浓度。

$$c_x = A_x \cdot \frac{c_s}{A_s} \tag{10-1}$$

使用这种方法的要求: c_x 和 c_s 应接近,且符合光吸收定律。因此,比较法只适用于个别样品的测定。

10.5.2.2　多组分体系

对于含有两个以上待测组分的混合物,根据其吸收峰的互相干扰情况分为 3 种,如图 10-23 所示,对于前两种情况,可通过选择适当的入射光波长,按单一组分的方法测定。

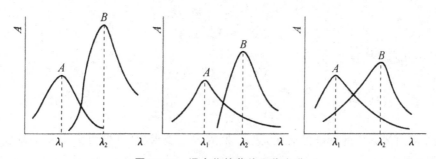

图 10-23　混合物的紫外吸收光谱
(a)不重叠;(b)部分重叠;(c)相互重叠

测定波长时一般要尽量靠近吸收峰,这样可提高灵敏度。对于最后一种情况,由于两组分的吸收曲线相互重叠严重,此时可根据吸光度加合性原理,通过适当的数学处理来进行测定。具体方法是:在 A 和 B 最大吸收波长 λ_1 及 λ_2 处分别测定混合物的总吸光度 $A_{\lambda 1}$ 和 $A_{\lambda 2}$,然后通过解下列二元一次方程组,求得各组分浓度

$$A_{\lambda 1} = \varepsilon_{\lambda 1}^A b c^A + \varepsilon_{\lambda 1}^B b c^B$$
$$A_{\lambda 2} = \varepsilon_{\lambda 2}^A b c^A + \varepsilon_{\lambda 2}^B b c^B$$

上两式中仅 c^A 和 c^B 为未知数,解方程可以求出 c^A 和 c^B。如果有 n 个组分的吸收曲线相互重叠,就必须在 n 个波长处测定其吸光度的加合值,然后解 n 元一次方程组,才能分别求得各组分含量。但是,随着待测组分的增多,实验结果的误差也将增大。

对于吸收光谱相互重叠的多组分混合物,除用上述解联立方程式的方法测定外,还可利用双

波长分光光度法进行定量分析。

在测定组分 a、b 的混合样品时,通常采用双波长法,如图 10-24 所示。

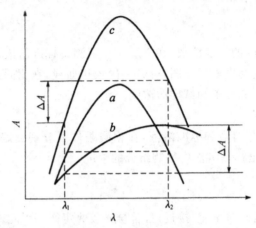

图 10-24　双波长法示意图

如要测定 b 含量,选择它的最大吸收波长 λ_2 为测定波长,而参比波长的选择应考虑能消除干扰物质的吸收,就是使组分 a 在 λ_1 处的吸光度等于它在 λ_2 处的吸光度,即选择 λ_2 为参比波长,$A\dfrac{a}{\lambda_1}=A\dfrac{b}{\lambda_2}$。利用吸光度的加合性,混合物在 λ_1、λ_2 处的吸光度分别为

$$A_{\lambda_1}^{a+b}=A_{\lambda_1}^{a}+A_{\lambda_1}^{b}$$
$$A_{\lambda_2}^{a+b}=A_{\lambda_2}^{a}+A_{\lambda_2}^{b}$$

由双波长分光光度计测得

$$\Delta A=A_{\lambda_1}^{a+b}-A_{\lambda_2}^{a+b}$$

由于 $A_{\lambda_1}^{b}-A_{\lambda_2}^{b}$,所以

$$\Delta A=A_{\lambda_1}^{1}-A_{\lambda_2}^{a}=(\varepsilon_{\lambda_1}^{a}-\varepsilon_{\lambda_2}^{a})bc^{a}$$

式中,$\varepsilon_{\lambda_1}^{a}$、$\varepsilon_{\lambda_2}^{a}$ 可由组分口的标准溶液在 λ_1、λ_2 处的吸光度求得,一次可求出 a 的浓度。同理,也可测得组分 b 的浓度。

双波长分光光度法还可用于测定混浊样品、吸光度相差很小而干扰又多的样品及颜色较深的样品,测定的灵敏度和准确度都很高。

10.5.2.3　差示分光光度法

吸光度 A 在 $0.2\sim0.8$ 范围内误差最小。超出此范围,如高浓度或低浓度溶液,其吸光度测定误差较大。尤其是高浓度溶液,更适合用差示法。一般分光光度法测定选用试剂空白或溶液空白作为参比,差示法则选用一个已知浓度的溶液作参比。该法的实质是相当于透光率标度放大。

差示分光光度法与一般分光光度法区别仅仅在于它采用一个已知浓度与试液浓度相近的标准溶液作参比来测定试液的吸光度,其测定过程与一般分光光度法相同,如图 10-25 所示。然而正是由于使用了这种参比溶液,才大大提高了测定的准确度,使其可用于测定过高或过低含量的组分。

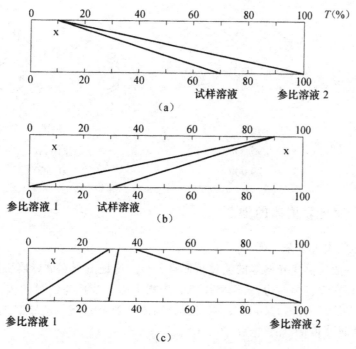

图 10-25　差示分光光度法测量示意图
(a)高吸收法;(b)低吸收法;(c)最精密法

由实验测得的吸光度用式(10-2)计算。

$$\Delta A = A_s - A_x = \varepsilon b \Delta c \tag{10-2}$$

差示分光光度法常用工作曲线法来定量。以标准溶液的浓度为横坐标,以相对吸光度为纵坐标做工作曲线。测试样时,再以 c_s 为参比溶液,测得相对吸光度 ΔA,即可从曲线上找出试样的浓度 c_x。

10.5.3　有机化合物的定性及结构分析

分子中生色团和助色团以及它们的共轭情况,决定了有机化合物紫外光谱的特征。因此紫外光谱可用于推定分子的骨架、判断发色团之间的共轭关系和估计共轭体系中取代基的种类、位置和数目。

10.5.3.1　初步推断基团

一化合物在 220～800 nm 范围内无吸收,它可能是脂肪族饱和碳氢化合物、胺、腈、醇、醚、氰代烃和氟代烃,不含直链或环状共轭体系,没有醛酮等基团。如果在 210～250 nm 有吸收带,可能含有两个双键的共轭体系;在 260～300 nm 有强吸收带,可能含 3～5 个共轭双键;250～300 nm 有弱吸收,表示有羰基存在;在 250～300 nm 有中强吸收带,很可能有苯环存在;如果化合物有颜色,分子中含有共轭生色团一般 5 个以上。

	反式	顺式
λ_{max}^{EtOH}	295.5 nm	280 nm
ε	29 000	10 500

10.5.3.2 顺反异构体的推断

例如,顺式和反式 1,2-苯乙烯。

顺式异构体一般比反式异构体的波长短而且 ε 小。这是由于立体障碍引起的,顺式 1,2-二苯乙烯的两个苯环在双键同一边,由于立体障碍影响了两个苯环与乙烯的碳-碳双键共平面,因此不易发生共轭,吸收波长短,且 ε 小。而反式异构体的两个苯环与乙烯双键共平面性好,形成大的共轭体系,吸收波长长,且 ε 也大。

10.5.3.3 化合物骨架的推断

未知化合物与已知化合物的紫外光谱一致时,可以认为两者具有相同的发色团,这一原理可用于推定未知物的骨架。例如,维生素 K,(A) 有吸收带:λ_{max} 249 nm($lg\varepsilon4.28$),260 nm($lg\varepsilon4.26$),325 nm($lg\varepsilon3.28$)。查阅文献与 1,4-萘醌的吸收带 λ_{max}250 nm($lg\varepsilon4.6$),λ_{max}330 nm($lg\varepsilon3.8$)相似,因此把(A)与几种已知 1,4-萘醌的光谱比较,发现(A)与 2,3-烷基-1,4-萘醌(B)的吸收带很接近,这样就推定了(A)的骨架。

(A)　　　　　　　　　　　　　　　　(B)

第11章 红外分光光度法

11.1 红外分光光度法概述

红外吸收光谱法(IR)又称为分子振动转动光谱,也是一种分子吸收光谱,是指利用物质对红外辐射的吸收所产生的红外吸收光谱,对物质的组成、结构及含量进行分析测定的方法。

红外吸收光谱法是根据物质对红外辐射的选择性吸收特性而建立起来的一种光谱分析方法。分子吸收红外辐射后发生振动和转动能级的跃迁,故红外光谱又称为分子振动-转动光谱。所以,红外光谱实质上是根据分子内部原子间的相对振动和分子转动等信息来鉴别化合物和确定物质分子结构的分析方法。

当样品受到频率连续变化的红外光照射时,分子吸收了某些频率的辐射,并由其振动或转动运动引起偶极矩的净变化,产生分子振动和转动能级从基态到激发态的跃迁,使相应于这些吸收区域的透射光强度减弱。记录红外光的百分透射比与波数或波长关系的曲线,就得到红外光谱。

红外光谱法不仅能进行定性和定量分析,还能够用于测定分子的键长和键角,并由此推测分子的立体构型,但应用最广泛最广泛的还是有机化合物的结构鉴定。目前,红外光谱法主要应用于分子构型和构象研究、化学、化工、物理、能源、材料、天文、气象、遥感、环境、地质、生物、医学、药物、农业、食品、法庭鉴定和工业过程控制等诸多方面。

11.1.1 红外光谱区的划分

红外光谱在可见光和微波区之间,其波长范围约为 $0.75 \sim 1\,000\ \mu m$。根据实验技术和应用的不同,通常将红外光谱划分为三个区域,如表 11-1 所示。其中中红外区是研究最多的区域,一般说的红外光谱就是指中红外区的红外光谱。

表 11-1 红外区的划分

区域	$\lambda/\mu m$	σ/cm^{-1}	能级跃迁类型
近红外区	$0.75 \sim 2.5$	$13\,300 \sim 4\,000$	分子化学键振动的倍频和组合频
中红外区	$2.5 \sim 25$	$4\,000 \sim 400$	化学键振动的基频
远红外区	$25 \sim 1\,000$	$400 \sim 10$	骨架振动、转动

在三个红外光区中,近红外光谱是由分子的倍频、合频产生的,主要用于稀土,过渡金属离子化合物,以及水、醇和某些高分子化合物的分析;远红外区属于分子的转动光谱和某些基团的振动光谱,主要用于异构体的研究,金属有机化合物(包括配合物)、氢键、吸附现象的研究;中红外区是属于分子的基频振动光谱,绝大多数有机物和无机离子的化学键基频吸收都出现在中红外区。同时,由于中红外区光谱仪器最为成熟简单,使用历史悠久,应用广泛,积累的资料也最多,因此它是应用极为广泛的光谱区。

11.1.2 红外吸收光谱法的特点

红外光谱波长长,能量低,物质分子吸收红外光后,只能引起振动和转动能级的跃迁,不会引起电子能级跃迁,所以,红外光谱又称为振动-转动光谱。红外光谱主要研究在振动-转动中伴随有偶极矩变化的化合物,除单原子和同核分子之外,几乎所有的有机化合物在红外光区都有吸收。

红外光谱最突出的特点是具有高度的特征性。因为除光学异构体外,凡是具有结构不同的两个化合物,一定不会有相同的红外光谱。它作为"分子指纹"被广泛地用于分子结构的基础研究和化学组成的分析上。通常,红外吸收带的波长位置与吸收谱带的强度和形状,反映了分子结构上的特点,可以用来鉴定未知物的结构或确定化学基团以及求算化学键的力常数,键长和键角等;而吸收谱带的吸收强度与分子组成或其化学基团的含量有关,可用于进行定量分析和纯度鉴定。

红外吸收光谱分析对气体、液体、固体试样都适用,具有用量少、分析速度快、不破坏试样等特点。红外光谱法与紫外吸收光谱分析法、质谱法和核磁共振波谱法一起,被称为四大谱学方法,已成为有机化合物结构分析的重要手段。

11.1.3 红外吸收光谱的发展概况

19 世纪初,人们通过实验证实了红外光的存在。20 世纪初,人们进一步系统地了解了不同官能团具有不同红外吸收频率这一事实。1947 年以后出现了自动记录式红外吸收光谱仪。1960 年出现了光栅代替棱镜作色散元件的第二代红外吸收光谱仪,但它仍是色散型的仪器,分辨率、灵敏度还不够高,扫描速度慢。

随着计算机科学的进步,1970 年以后出现了傅里叶变换红外吸收光谱仪。基于光相干性原理而设计的干涉型傅里叶变换红外吸收光谱仪,解决了光栅型仪器固有的弱点,使仪器的性能得到了极大地提高。近年来,用可调激光作为红外光源代替单色器,成功研制了激光红外吸收光谱仪,扩大了应用范围,它具有更高的分辨率、更高的灵敏度,这是第四代仪器。现在红外吸收光谱仪还与其他仪器(如气相色谱、高效液相色谱)联用,更加扩大了应用范围。利用计算机存储及检索光谱,分析更为方便、快捷。因此,红外光谱已成为现代分析化学和结构化学不可缺少的重要工具。

11.1.4 典型物质的红外光谱

11.1.4.1 烷烃类

烷烃中甲基不对称伸缩振动 $\nu_{as(CH_3)}$ 和对称伸缩振动 $\nu_{s(CH_3)}$ 分别在 2 962 cm^{-1} 和 2 872 cm^{-1} 附近产生强吸收峰;亚甲基不对称伸缩振动 $\nu_{as(CH_3)}$ 和对称伸缩振动 $\nu_{s(CH_3)}$ 分别在 2 926 cm^{-1} 和 2 853 cm^{-1} 附近产生强吸收峰。甲基不对称变形振动占 $\nu_{as(CH_3)}$ 和对称变形振动 $\nu_{s(CH_3)}$ 分别在 1 460 cm^{-1} 和 1 380 cm^{-1} 附近产生吸收峰;亚甲基的面内变形振动(剪式振动)δ_{CH_2} 在 1 460 cm^{-1} 附近产生吸收峰;当有 4 个以上亚甲基相连—(CH$_2$)$_n$—($n \geqslant 4$)时,其水平摇摆振动 γ_{CH_2} 在720 cm^{-1} 附近产生吸收峰。异构烷烃可以从甲基对称变形振动 180 cm^{-1} 附近的吸收峰裂分峰的相对强度比来推断,若裂分峰强度相等为异丙基,若强度比为 5:4 则为偕二甲基,若强度比为 1:2 则为叔丁基。但有时异丙基和偕二甲基的裂分峰强度比不好区分,可参见骨架振动 ν_{C-C} 或用核磁共振波谱及质谱等方法证实。烷烃的骨架振动 ν_{C-C} 出现在 1 000～1 200 cm^{-1},但由于振动的偶合作用且强度较弱,这些吸收带的位置随分子结构而变化,在结构鉴定上意义不大。图 11-1 所示是正庚烷的红外光谱图。

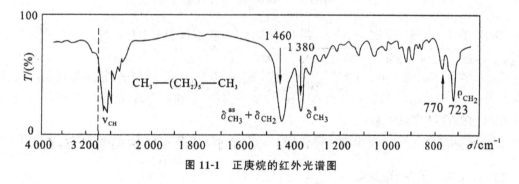

图 11-1 正庚烷的红外光谱图

11.1.4.2 烯烃与炔烃

烯烃的主要特征峰有 $\nu_{=CH}$、$\nu_{C=C}$ 及 $\gamma_{=CH}$,如图 11-2 所示。

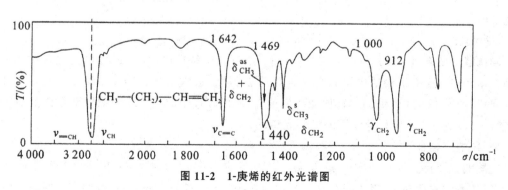

图 11-2 1-庚烯的红外光谱图

①凡是未全部取代的双键在 3 100~3 000 cm^{-1} 处应有═C—H 键的伸缩振动吸收峰 $\nu_{=CH}$(m)。

②$\nu_{C=C}$ 大多在 1 650 cm^{-1} 附近,一般强度较弱。若有共轭效应,则其 C═C 伸缩振动频率降低 10~30 cm^{-1}。若取代基完全对称,则吸收峰消失。

③$\gamma_{=CH}$ 在 1 010~650 cm^{-1},受其他基团影响较小,峰较强,具有高度特征性,可用于确定烯烃化合物的取代模式,如 RCH═CH$_2$ 型在(990±5) cm(s)和(910±5) cm^{-1}(s),顺式在(730~650) cm^{-1}(s),反式在(970±10) cm^{-1}(s)。

炔烃的主要特征峰有 $\nu_{=CH}$、$\nu_{C=C}$ 及 $\gamma_{=CH}$,图 11-3 所示是 1-己炔的红外光谱图。

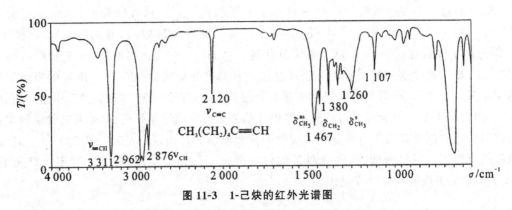

图 11-3 1-己炔的红外光谱图

①$\nu_{=CH}$ 在 330 cm^{-1} 附近,强度大,形状尖锐,但如果结构中有—OH 或—NH,则 $\nu_{=CH}$ 会受干扰。

②$\nu_{C=C}$ 在 2 270~2 100 cm^{-1} 区间,在单取代乙炔(R—C≡C—H)中,吸收峰较强,吸收频率偏低(2 140~2 100 cm^{-1});在双取代乙炔中,吸收带变弱,振动频率升高至 2 260~2 190 cm^{-1};在对称结构中,不产生吸收峰。

③$\gamma_{=CH}$ 在 665~625 cm^{-1} 区间,偶尔在 1 250 cm^{-1} 附近出现二倍峰(b)。

11.1.4.3 羰基化合物

(1)酮类

酮的红外光谱只有一个特征吸收峰,即酮羰基 $\nu_{C=O}$ 位于 1 710~1 713 cm^{-1} 附近。羰基如果和烯烃 C═C 共轭,羰基 $\nu_{C=O}$ 将移向低频 1 660~1 680 cm^{-1} 附近。图 11-4 所示是戊酮-2 的红外光谱图。

(2)醛类

确认醛基的存在,除了 $\nu_{C=O}$ 在 1 725 cm^{-1} 附近产生特征吸收峰,还可以由醛基中的 C—H 伸缩振动和 C—H 变形振动倍频的偶合峰来加以证明。通常在 2 820 cm^{-1} 和 2 720 cm^{-1} 附近有弱的双峰,通常 C—H 伸缩振动都比此频率值高,所以醛基中的 C—H 伸缩振动在此范围的吸收峰较特征。图 11-5 所示是异戊醛的红外光谱图。

(3)羧酸类化合物

羧酸的主要特征峰有 ν_oH、$\nu_{C=O}$ 及 ν_{C-O}。ν_oH 在 3 600~2 500 cm^{-1},在气态和非极性稀溶液中,以游离方式存在,其吸收峰为 3 560~3 500 cm^{-1}(s),峰形尖锐;液态或固态的脂肪酸由于氢键缔合,使羟基伸缩峰变宽,通常呈现以 3 000 cm^{-1} 为中心的特征的强宽吸收峰(图 11-6),饱和

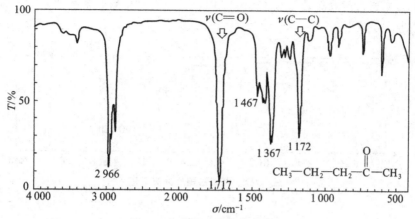

图 11-4　戊酮-2 的红外光谱图

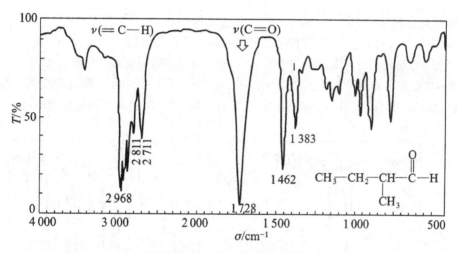

图 11-5　异戊醛的红外光谱图

C—H 伸缩振动吸收峰常被它淹没,芳香酸则常为不规则的宽强多重峰;$\nu_{C=O}$ 在 1 740～1 680 cm^{-1},比酮、醛、酯的羰基峰钝,是较明显的特征;$\nu_{O}H$ 峰较强,出现在 1 320～1 200 cm^{-1} 区间。

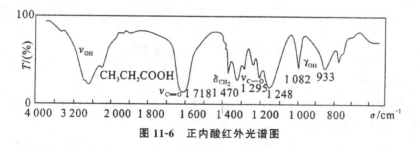

图 11-6　正内酸红外光谱图

(4)酯类化合物

酯的主要特征峰有 $\nu_{C=O}$ 及 ν_{C-O}。$\nu_{C=O}$ 在 1 735 cm^{-1}(s)附近,α,β-不饱和酸酯或苯甲酸酯的 n-π 共轭使向 $\nu_{C=O}$ 低频方向移动,不饱和酯或苯酯 n-π 共轭,使共轭分散,以诱导为主,使 $\nu_{C=O}$ 向高频方向移动。ν_{C-O} 在 1 300～1 050 cm^{-1},有 2～3 个吸收峰,对应于 $\nu_{asC-O-C}$ 和 ν_{sC-O-C},均为强

吸收峰(图 11-7),通常两峰波数差在 130～170 cm^{-1}。不饱和酯或苯酯的 ν_{sC-O-C} 向高频方向移动,使两峰靠近,$\Delta\sigma$ 减小。

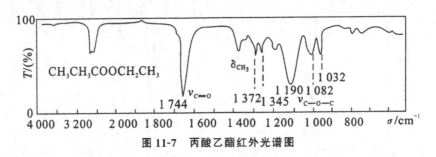

图 11-7 丙酸乙酯红外光谱图

11.1.4.4 含氮化合物

(1)硝基化合物

脂肪族硝基化合物 ν_{-NO_2} 不对称伸缩振动和对称伸缩振动分别在 1 550 cm^{-1} 和 1 370 cm^{-1} 附近产生两个强峰,对硝基烷烃而言此谱带很稳定,但不对称伸缩振动谱带更强。芳香族硝基化合物 ν_{-NO_2} 不对称伸缩振动和对称伸缩振动分别在 1 540 cm^{-1} 和 1 350 cm^{-1} 附近产生两个强峰,但两者的强度与脂肪族相反,是对称伸缩振动强度更强。图 11-8 所示是硝基化合物的红外光谱图。

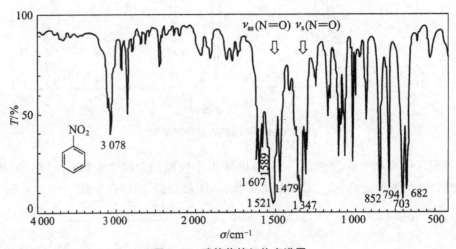

图 11-8 硝基苯的红外光谱图

(2)胺类化合物

胺的主要特征峰为 ν_{NH}(3 500～3 300 cm^{-1})和 β_{NH}、ν_{C-N}(1 340～1 020 cm^{-1})及 γ_{NH}(900～650 cm^{-1})峰。胺类化合物在 1 700 cm^{-1} 附近无羰基峰。

对于 ν_{NH},伯胺(—NH$_2$)为双峰(强度大致相等),仲胺(—NRH)为单峰,叔胺(—NR$_2$)无此峰。如图 11-9 所示。游离或缔合的 N—H 伸缩振动的峰都比相应氢键缔合的 O—H 伸缩振动峰弱而尖锐。如图 11-10 所示是 O—H 和 N—H 伸缩振动吸收峰的比较。

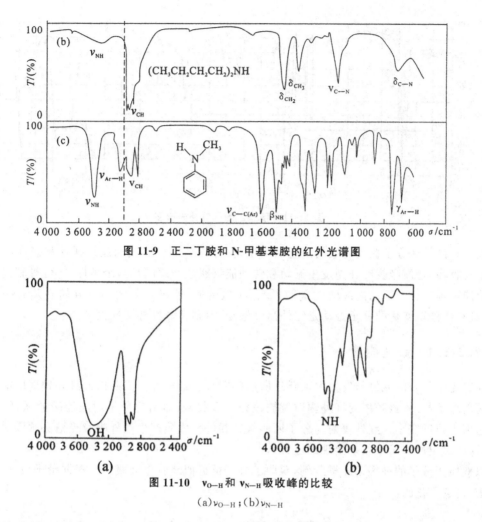

图 11-9　正二丁胺和 N-甲基苯胺的红外光谱图

图 11-10　ν_{O-H} 和 ν_{N-H} 吸收峰的比较

(a)ν_{O-H};(b)ν_{N-H}

脂肪胺的吸收峰在 ν_{C-N} 1 235～1 065 cm^{-1} 区域,峰较弱,不易辨别。芳香胺的 ν_{C-N} 吸收峰在 1 360～1 250 cm^{-1} 区域,其强度比脂肪胺大,较易辨别。

11.2　红外分光光度法的基本原理

11.2.1　红外光谱的产生

当分子受到频率连续变化的红外光照射时,分子吸收某些频率的辐射,引起振动和转动能级的跃迁,使相应于这些吸收区域的透射光强度减弱,将分子吸收红外辐射的情况记录下来,便得到红外光谱图。红外光谱图多以波长 λ 或波数 σ 为横坐标,表示吸收峰的位置;以透光率 T 为纵坐标,表示吸收强度。图 11-11 所示是聚苯乙烯的红外吸收光谱图。

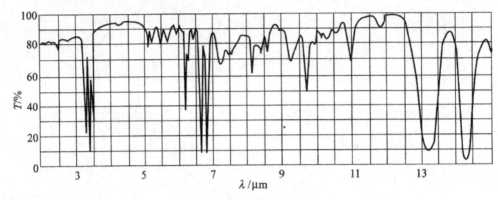

图 11-11　聚苯乙烯的红外光谱图

红外光谱是由分子振动能级的跃迁而产生,但并不是所有的振动能级跃迁都能在红外光谱中产生吸收峰,物质吸收红外光发生振动和转动能级跃迁必须满足两个条件:①红外辐射光量子具有的能量等于分子振动能级的能量差;②分子振动时,偶极矩的大小或方向必须有一定的变化,即具有偶极矩变化的分子振动是红外活性振动,否则是非红外活性振动。

11.2.1.1　跃迁能量

辐射光子具有的能量与发生振动跃迁所需的跃迁能量相等。当照射的红外辐射的能量与分子的两能级差相等,该频率的红外辐射就被该分子吸收,从而引起分子对应能级的跃迁,宏观表现为透射光强度变小。红外辐射与分子两能级差相等为物质产生红外吸收光谱必须满足的条件之一,这同时也决定了吸收峰出现的位置。

以双原子分子的纯振动光谱为例,双原子分子可近似地看作谐振子。根据量子力学,其振动能量 E_v 是量子化的:

$$E_v = \left(v + \frac{1}{2} \right) h\nu \quad (v = 0, 1, 2, \cdots)$$

式中,ν 为分子振动频率;h 为 Planck 常数;v 为振动量子数,$v = 0, 1, 2, 3, \cdots$。分子中不同振动能级的能量差 $\Delta E_v = \Delta v \cdot h\nu$。吸收光子的能量 $h\nu_a$ 必须恰等于该能量差,因此

$$\nu_a = \Delta v \nu$$

此式表明,只有当红外辐射频率等于振动量子数的差值与分子振动频率的乘积时,分子才能吸收红外辐射,产生红外吸收光谱。

在常温下绝大多数分子处于基态($v = 0$),由基态跃迁到第一振动激发态($v = 1$),所产生的吸收谱带称为基频峰。因为 $\Delta v = 1$,$\nu_a = \nu$,所以基频峰的峰位(ν_a)等于分子的振动频率。

11.2.1.2　偶合作用

辐射与物质之间有耦合作用。为了满足这个条件,分子振动时其偶极矩(μ)必须发生变化,即 $\Delta \mu \neq 0$。

红外吸收光谱产生的第二个条件,实质上是保证外界辐射的能量能传递给分子。这种能量的传递是通过分子振动偶极矩的变化来实现的。红外跃迁是偶极矩诱导的,即能量转移的

机制是通过振动过程所导致的偶极矩的变化和交变的电磁场(这里是红外光)相互作用而发生的。分子由于构成它的各原子的电负性的不同,也显示不同的极性,称为偶极子。通常用分子的偶极矩(μ)来描述分子极性的大小。当偶极子处在电磁辐射的电场中时,该电场做周期性反转,偶极子将经受交替的作用力而使偶极矩增加或减少。由于偶极子具有一定的原有振动频率,只有当辐射频率与偶极子频率相匹配时,分子才与辐射相互作用(振动偶合)而增加它的振动能,使振动振幅增大,即分子由原来的基态振动跃迁到较高的振动能级。因此,并非所有的振动都会产生红外吸收,只有发生偶极矩变化($\Delta\mu\neq0$)的振动才能引起可观测的红外吸收光谱,我们称该分子为红外活性的。反之,$\Delta\mu=0$ 的分子振动不能产生红外振动吸收,称为非红外活性的。

由此可知,当一定频率的红外辐射照射分子时,如果分子某个基团的振动频率和它一致,两者就产生共振,此时的光子能量通过分子偶极矩的变化而传递给分子,被其基团吸收而产生振动跃迁;如果红外辐射频率与分子基团振动频率不一致,则该部分的红外辐射就不会被吸收。因此,若用连续改变频率的红外辐射照射某试样,由于试样对不同频率的红外辐射吸收的程度不同,使通过试样后的红外辐射在一些波数范围内减弱,在另一些波数范围内则仍然较强。

11.2.2　分子振动频率的计算公式

分子是由各种原子以化学键相互联结而成。如果用不同质量的小球代表原子,以不同硬度的弹簧代表各种化学键,它们以一定的次序相互联结,就成为分子的近似机械模型,这样就可以根据力学定理来处理分子的振动。

由经典力学或量子力学均可推出双原子分子振动频率的计算公式为:

$$v=\frac{1}{2\pi}\sqrt{\frac{k}{\mu}}$$

用波数作单位时

$$\sigma=\frac{1}{2\pi c}\sqrt{\frac{k}{\mu}}\,(\mathrm{cm}^{-1})$$

式中,k 为键的力常数,N/m;μ 为折合质量,kg,$\mu=\dfrac{m_1m_2}{m_1+m_2}$,其中 m_1、m_2 分别为两个原子的质量;c 为光速,3×10^8 m/s。

若力常数 k 单位用 N/cm,折合质量 μ 以相对原子质量 M 代替原子质量 m,则有

$$\sigma=1307\sqrt{k\left(\frac{1}{M_1}+\frac{1}{M_2}\right)}\,(\mathrm{cm}^{-1})$$

根据此式可以计算出基频吸收峰的位置。

由此式可见,影响基本振动频率的直接因素是原子质量和化学键的力常数。由于各种有机化合物的结构不同,它们的原子质量和化学键的力常数各不相同,就会出现不同的吸收频率,因此各有其特征的红外吸收光谱。

11.2.3　多原子分子振动

11.2.3.1　振动类型

双原子分子的振动只有伸缩振动一种类型,而对于多原子分子,其振动类型有伸缩振动和变形振动两类。伸缩振动是指原子沿键轴方向来回运动,键长变化而键角不变的振动,用符号 v 表示。伸缩振动有对称伸缩振动(v_s)和不对称伸缩振动(v_{as})两种形式。变形振动又称为弯曲振动,是指原了垂直于价键方向的振动,键长不变而键角变化的振动,用符号 δ 表示。变形振动有面内变形振动和面外变形振动。分子振动的各种形式可以亚甲基为例说明,如图 11-12 所示。

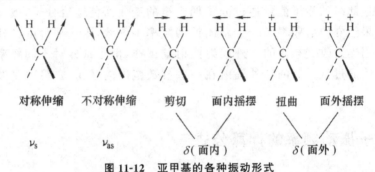

图 11-12　亚甲基的各种振动形式

注:"+":运动方向垂直纸面向内;"—":运动方向垂直纸面向外。

11.2.3.2　振动数目

振动数目称为振动自由度,每个振动自由度相应于红外光谱的一个基频吸收峰。一个原子在空间的位置需要 3 个坐标或自由度(x,y,z)来确定,对于含有 N 个原子的分子,则需要 $3N$ 个坐标或自由度。这 $3N$ 个自由度包括整个分子分别沿 x、y、z 轴方向的 3 个平动自由度和整个分子绕 x、y、z 轴方向的转动自由度,平动自由度和转动自由度都不是分子的振动自由度,因此

$$振动自由度=3N-平动自由度-转动自由度$$

对于线性分子和非线性分子的转动如图 11-13 所示。可以看出,线性分子绕 y 和 z 轴的转动,引起原子的位置改变,但是其绕 x 轴的转动,原子的位置并没有改变,不能形成转动自由度。所以,线性分子的振动自由度为 $3N-3-2=3N-5$。非线性分子绕三个坐标轴的转动都使原子的位置发生了改变,其振动自由度为 $3N-3-3=3N-6$。

从理论上讲,计算得到的一个振动自由度应对应一个红外基频吸收峰。但是,在实际上,常出现红外图谱的基频吸收峰的数目小于理论计算的分子自由度的情况。

分子吸收红外辐射由基态振动能级($v=0$)向第一振动激发态($v=1$)跃迁产生的基频吸收峰,其数目等于计算得到的振动自由度。但是有时测得的红外光谱峰的数目比振动自由度多,这是由于红外光谱吸收峰除了基频峰外,还有泛频峰存在,泛频峰是倍频峰、和频峰和差频峰的总称。

(1)倍频峰

由基态振动能级($v=0$)跃迁到第二振动激发态($v=2$)产生的二倍频峰和由基态振动能级($v=0$)跃迁到第三振动激发态($v=3$)产生的三倍频峰。三倍频峰以上,因跃迁概率很小,一般

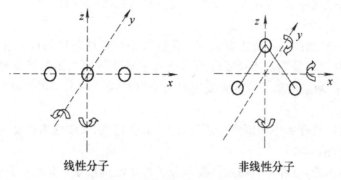

线性分子　　　　　　　　　非线性分子

图 11-13　分子绕坐标轴的转动

都很弱,常常观测不到。

（2）和频峰

红外光谱中,由于多原子分子中各种振动形式的能级之间存在可能的相互作用,若吸收的红外辐射频率为两个相互作用基频之和,就会产生和频峰。

（3）差频峰

若吸收的红外辐射频率为两个相互作用基频之差,就会产生差频峰。

实际测得的基频吸收峰的数目比计算的振动自由度少的原因一般有:

①具有相同波数的振动所对应的吸收峰发生了简并。

②振动过程中分子的瞬间偶极矩不发生变化,无红外活性。

③仪器的分辨率和灵敏度不够高,对一些波数接近或强度很弱的吸收峰,仪器无法将之分开或检出。

④仪器波长范围不够,有些吸收峰超出了仪器的测量范围。

11.2.4　红外吸收峰强度

红外吸收峰的强度一般按摩尔吸收系数 κ 的大小划分为很强(vs)、强(s)、中(m)、弱(w)、很弱(vw)等,具体如表 11-2 所示。由表 11-2 可知,红外吸收光谱的 ε 要远远低于紫外可见吸收光谱的 κ,说明与紫外可见光谱法相比,红外吸收光谱法的灵敏度较低。

表 11-2　吸收峰强度

峰强度	vs	s	m	w	ws
$\kappa/[\mathrm{L}/(\mathrm{mol}\cdot\mathrm{cm})]$	>200	200~75	75~25	25~5	<5

红外吸收峰的强度主要取决于振动能级跃迁的概率和振动过程中偶极矩变化的大小,影响红外吸收峰强度的因素主要有跃迁的类型、基团的极性、被测物的浓度等。

（1）跃迁的类型

振动能级跃迁的概率与振动能级跃迁的类型有关。因此,振动能级跃迁的类型影响红外吸收峰的强度。一般规律是:由 $v=0\rightarrow v=1$ 产生的基频峰较强,而由 $v=0\rightarrow v=2$ 或 $v=0\rightarrow v=3$ 产生的倍频峰较弱;不对称伸缩振动对应的吸收峰的强度大于对称伸缩振动对应的吸收峰的强度;伸缩振动对应的吸收峰的强度大于变形振动所对应的吸收峰的强度。

(2)基团的极性

一般来说,振动能级跃迁过程中偶极矩变化的大小与跃迁基团的极性有关,基团极性大,偶极矩变化就大,因此极性较强基团吸收峰的强度大于极性较弱基团的吸收峰的强度,如 $C=O$ 和 $C=C$,与 $C=O$ 对应的吸收峰的强度明显大于与 $C=C$ 对应的吸收峰的强度。

(3)浓度

吸收峰的强度还与样品中被测物的浓度有关,浓度越大,吸收峰的强度越大。

(4)分子振动时的偶极矩

根据量子力学理论,红外吸收峰的强度与分子振动时偶极矩变化的平方成正比。因此,振动偶极矩变化越大,吸收强度越强。例如,同是不饱和双键的 $C=O$ 基和 $C=C$ 基。前者吸收是非常强的,常常是红外光谱中最强的吸收带,而后者的吸收则较弱,甚至在红外光谱中时而出现,时而不出现。这是因为 $C=O$ 基中氧的电负性大,在伸缩振动时偶极矩变化很大,因而使 $C=O$ 基跃迁概率大;而 $C=C$ 双键在伸缩振动时,偶极矩变化很小。一般极性较强的分子或基团吸收强度都比较大;反之,则弱。例如,$C=C$,$C\equiv N$,$C-C$,$C-H$ 等化学键的振动吸收强度都较弱;而 $C=O$,$Si-O$,$C-Cl$,$C-F$ 等的振动,其吸收强度就很强。

值得指出的是,即使强极性基团的红外振动吸收带,其强度也要比紫外-可见光区最强的电子跃迁小 $2\sim3$ 个数量级。

11.2.5 特征基团吸收频率的分区

11.2.5.1 特征基团吸收频率

在研究了大量的化合物的红外吸收光谱后,可以发现具有相同化学键或官能团的一系列化合物的红外吸收谱带均出现在一定的波数范围内,因而具有一定的特征性。例如,羰基($C=O$)的吸收谱带均出现在 $1\,650\sim1\,870\ \mathrm{cm}^{-1}$ 范围内;含有腈基($C\equiv N$)的化合物的吸收谱带出现在 $2\,225\sim2\,260\ \mathrm{cm}^{-1}$ 范围内。这样的吸收谱带称为特征吸收谱带,吸收谱带极大值的频率称为化学键或官能团的特征频率。这个由大量事实总结的经验规律已成为一些化合物结构分析的基础,而事实证明这是一种很有效的方法。

分子振动是一个整体振动,当分子以某一简正振动形式振动时,分子中所有的键和原子都参与了分子的简正振动,这与特征振动这个经验规律是否矛盾呢?事实上,有时在一定的简正振动中只是优先地改变一个特定的键或官能团,其余的键在振动中并不改变,这时简正振动频率就近似地表现为特征基团吸收频率。例如,对于分子中的 X—H 键(X$=$C,O 或 S 等),处于分子端点的氢原子由于质量轻,因而振幅大,分子的某种简正振动可以近似地看作氢原子相对于分子其余部分的振动,当不考虑分子中其他键的相互作用时,该 X—H 键的振动频率就可以像双原子分子振动那样处理,它决定于 X—H 键的力常数 k,这就表现为特征振动吸收频率。在质量相近的原子所组成的结构中,如—C—C$=$O、—C—C$\equiv$N 等,其中 C—C、C$=$O 及 C$\equiv$N 等各个键的力常数 k 相差较大,以致它们的相互作用很小,因而在光谱中也表现出其特征频率。由此可知,键或官能团的特征吸收频率实质上是在特定的条件下,对于特定系列的化合物整个简正振动频率的近似表示。当各键之间或原子之间的相互作用较强时,特征吸收频率就要发生较大变化,甚至失去它们的"特征"意义。

11.2.5.2　特征基团吸收频率的分区

在红外范围内把基团的特征频率粗略分为四个区对于记忆和对谱图进行初步分析是有好处的,见图 11-14,由图 11-14 可知:X—H 伸缩振动区,大约在 3 600～2 300 cm^{-1};双键伸缩振动区在 1 900～1 500 cm^{-1};三键和累积双键的伸缩振动区在 2 300～2 000 cm^{-1};其他单键伸缩振动和 X—H 变形振动区在 1 600～400 cm^{-1}。

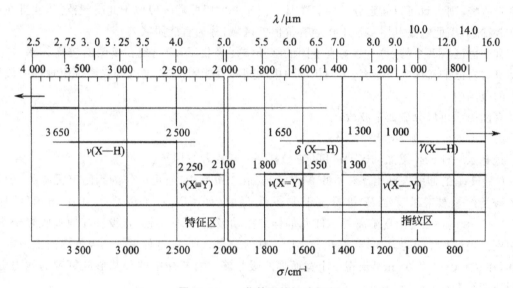

图 11-14　一些基团的振动频率
X—C、N、0,ν＝伸缩,δ＝面内弯曲,γ＝面外弯曲

4 000～1 330 cm^{-1} 区域的谱带有比较明确的基团和频率的对应关系,故称该区为基团判别区或官能团区,也常称为特征区。由于有机化合物分子的骨架都是由 C—C 单键构成,在 1 330～667 cm^{-1} 范围内振动谱带十分复杂,由 C—C、C—O、C—N 的伸缩振动和 X—H 变形振动所产生,吸收带的位置和强度因化合物而异,每一个化合物都有它自己的特点,因此称为指纹区。分子结构上的微小变化,都会引起指纹区光谱的明显改变,因此,在确定有机化合物结构时用途也很大。

11.2.6　官能团区和指纹区

通过比对大量有机化合物的红外吸收光谱,从中总结出各种基团的吸收规律。实验结果表明,组成分子的各种基团如 O—H、C—H、C＝C、C＝O、C≡C 等,都有自己特定的红外吸收区域,分子中的其他部分对其吸收位置影响较小。也就是说红外光谱是物质分子结构的反映,谱图中的吸收峰与分子中各基团的振动形式相对应。红外光谱的最大特点是有特征性,这种特征性与化合物的化学键即基团结构有关,吸收峰的位置、强度取决于分子中各基团的振动形式和所处的化学环境。通常把这种能代表某基团的存在,并有较高强度的吸收峰称为特征吸收峰,其所在的频率位置称为特征吸收频率或基团频率。

为方便研究,通常按照红外光谱与分子结构的特征,把红外谱图按波数大小分成官能团区(4 000~1 300 cm^{-1})和指纹区(1 300cm^{-1}~600 cm^{-1})两个区域。

11.2.6.1 官能团区

官能团区是指波数为 4 000~1 300 cm^{-1} 的区域,此区域中的吸收峰由伸缩振动产生,是化学键和基团的特征吸收峰,鉴定基团存在的主要区域,如炔基,不论是何种类型的化合物中,其伸缩振动总是在 2 140 cm^{-1} 左右出现一个中等强度吸收峰,如谱图中 2 140cm^{-1} 左右有一个中等强度吸收峰,则大致可以断定分子中有羰基。由于基团吸收峰一般位于此高频范围,并且在该区内峰较稀疏,因此它是基团鉴定工作最有价值的区域,称为官能团区。

官能团区有两个特点,一是各官能团的红外特征吸收峰,均出现在谱图的较高频率;二是官能团具有自己的特征吸收频率,不同化合物中的同一官能团,它们的红外光谱都出现在一段比较狭窄的范围内。

官能团区可以分成四个波段。

(1)4 000~1 300 cm^{-1}

这是 X—H 的伸缩振动区,X 可以是 O、H、C、N 或者 S 原子。

O—H 基的伸缩振动出现在 3 650~3 200 cm^{-1} 范围内,它可以作为判断有无醇类、酚类和有机酸类的重要依据。当醇和酚溶于非极性溶剂(如 CCl$_4$),浓度小于 0.01 mol/L 时,在 3 650~3 580 cm^{-1} 处出现游离 O—H 基的伸缩振动吸收,峰形尖锐,且没有其他吸收峰干扰,易于识别。当试样浓度增加时,羟基化合物产生缔合现象,O—H 基伸缩振动吸收峰向低波数方向位移,在 3 400~3 200 cm^{-1} 出现一个宽而强的吸收峰。有机酸中的羟基形成氢键的能力更强,常形成两缔合体。

N—H 伸缩振动区为 3 500~3 100 cm^{-1}。当 N 原子上只有一个 H 原子时,N—H 伸缩振动在 3 300 cm^{-1} 有一个中等强度的吸收峰;当 N 原子上有两个 H 原子时,具有对称和反对称伸缩振动,所以会有两个吸收峰,即 3 300 cm^{-1} 的吸收峰分裂成高度相近的两个中等强度的吸收峰,波数分别为 3 200 cm^{-1} 和 3 400 cm^{-1}。胺和酰胺的 N—H 伸缩振动也出现在 3 500~3 100 cm^{-1},因此可能会对 O—H 伸缩振动有干扰。

C—H 伸缩振动较复杂,需以波数为 3 000 cm^{-1} 为界限,可分为饱和的与不饱和的两种。饱和的 C—H 伸缩振动出现在 3 000 cm^{-1} 以下,约 3 000~2 800 cm^{-1} 处有一系列吸收峰,取代基对其位置的影响很小,位置变化在 10 cm^{-1} 以内。CH$_3$ 的对称伸缩和反对称伸缩吸收峰的波数分别在 2 876 cm^{-1} 和 2 976 cm^{-1} 附近;CH$_2$ 的对称伸缩和反对称伸缩吸收峰的波数分别在 2 850 cm^{-1} 和 2 930 cm^{-1} 附近;—CH 的对称伸缩和反对称伸缩吸收峰的波数分别在 2 890cm^{-1} 附近,而且强度较弱。不饱和的 C—H 伸缩振动出现在 3 000 cm^{-1} 以上,以此来判别化合物中是否含有不饱和的 C—H 键。苯环的 C—H 伸缩振动出现在 3 030cm^{-1},它的特征是强度比饱和的 C—H 键稍弱,但谱带比较尖锐。不饱和的双键═CH 的吸收峰出现在 3 010~3 040 cm^{-1} 范围内,末端═CH$_2$ 的吸收峰出现在 3 085 cm^{-1} 附近,而三键≡CH 上的 C—H 伸缩振动出现在更高的区域(3 300 cm^{-1})附近。

醛类中与羰基的碳原子直接相连的氢原子组成在 2 740 cm^{-1} 和 2 855cm^{-1} 的 ν_{C-H} 双重峰,很有特色,虽然强度不太大,但很有鉴定价值。

(2)2 500～2 000 cm^{-1}

为三键和累积双键的伸缩振动区,这一区域出现的吸收,主要包括 C≡C、C≡N 等三键的伸缩振动,以及 C＝C＝C,C＝C＝O 等累积双键的不对称伸缩振动。对于炔类化合物,可以分成 R—C≡CH 和 R′—C≡C—R 两种类型,前者的伸缩振动出现在 2 100～2 140 附近,后者出现在 2 190～2 260 cm^{-1}附近。如果 R′＝R,因为分子是对称的,则是非红外活性的。—C≡N 基的伸缩振动在非共轭的情况下出现在 2 240～2 260 cm^{-1}附近。当与不饱和键或芳香核共轭时,该峰位移到 2 220～2 230 cm^{-1}附近。若分子中含有 C、H、N 原子,C≡N 基吸收比较强而尖锐。若分子中含有 O 原子,而且 O 原子的位置离 C≡N 基越近,C≡N 基的吸收越弱,有时可能会观察不到。O＝C＝O 的伸缩振动在波数 2 350 cm^{-1}处有一个中等强度的吸收峰,可能会干扰对 C≡N 的判断。

另外 S—H、Si—H、P—H 和 B—H 的伸缩振动在此区域内也有吸收峰出现。

(3)2 000～1 500 cm^{-1}

为双键的伸缩振动区域。

C＝O 的伸缩振动出现在 1 900～1 650 cm^{-1},是红外光谱中很有特征的且往往是最强的吸收,以此很容易判断酮类、醛类、酸类、酯类以及酸酐等有机化合物。在波数 1 740 cm^{-1}处有一个强吸收峰,酰卤、酸酐、酯、醛和酮、酸、酰胺都含有 C＝O。C＝O 在上述几种化合物中的波数大小顺序是酰卤、酸酐、酯、醛和酮、酸、酰胺,该吸收峰强度较高,特征明显,是判断上述几种化合物的重要标志。此外,酸酐的 C＝O 吸收由于振动偶合会出现双峰。

C＝C 伸缩振动。烯烃的 $\nu_{C＝C}$ 为 1 680～1 620 cm^{-1},一般较弱。单核芳烃的 C＝C 伸缩振动出现在 1 600 cm^{-1}和 1 500 cm^{-1}附近,有 2～4 个峰,这是芳环的骨架振动,用于确认有无芳核的存在。

苯的衍生物的泛频谱带出现在 2 000～1 650 cm^{-1}范围,是 C—H 面外和 C＝C 面内变形振动的泛频吸收,虽然强度很弱,但它们的吸收面貌在表征芳核取代类型上是很有用的。

(4)1 500～1 300 cm^{-1}

为 C—H 的弯曲振动区。

亚甲基上的 C—H 的剪式弯曲振动在波数 1 460 cm^{-1}处一个中等强度的吸收峰,这一吸收峰是鉴定亚甲基存在的重要标志。

甲基上的 C—H 的对称弯曲振动和反对称弯曲振动分别在波数 1 380 cm^{-1}和 1 460 cm^{-1}处有两个中等强度的吸收峰,但是 1 460 cm^{-1}处的吸收峰与亚甲基上的 C—H 的剪式弯曲振动重合,不能作为甲基存在的证据,而 1 380 cm^{-1}处的吸收峰位置不受周围化学环境的影响,这一吸收峰是鉴定甲基存在的重要标志。

异丙基上的 C—H 的弯曲振动在波数 1 380 cm^{-1}处有两个中等强度,高度相近的吸收峰,这两个吸收峰因为两个甲基振动偶合,由 1 380 cm^{-1}处的吸收峰分裂而来。

叔丁基上的 C—H 的弯曲振动在波数 1 380 cm^{-1}处有两个中等强度,一高一低的吸收峰。这两个吸收峰也是因为两个甲基振动偶合,由 1 380 cm^{-1}处的吸收峰分裂而来。

11.2.6.2　指纹区

1 300～600 cm^{-1}区域称为指纹区,该区的能量比官能团区低,各种单键的伸缩振动,以及多数基团的变形振动均在此区出现。该区的吸收光谱较为复杂,并对分子结构的细微变化有高度的敏感性,当分子结构稍有不同时,该区的吸收就有细微差异,这个情况就像每个人都有不同的指纹一样,因此称为指纹区。指纹区对于区别结构类似的化合物很有帮助。

指纹区可以分成以下两个区域。

(1)1 300~910 cm^{-1}

部分单键的伸缩振动和分子骨架振动都在这个区域。部分含氢基团的一些变形振动和一些含重原子的双键的伸缩振动也在这个区域。这些单键是 C—O、C—N、C—F、C—P、C—S、P—O、Si—O 等单键的伸缩振动和 C=S,S=O,P=O 等双键的伸缩振动吸收。其中≈1 375 cm^{-1} 的谱带为甲基的 δ_{C-H} 对称弯曲振动,对判断甲基十分有用。但是上述基团在此区域内的特征性较差,C—O—C 的伸缩振动在波数 1 300~1 000 cm^{-1},是该区域最强的峰,也较易识别。

(2)910~650 cm^{-1}

此区域内的某些吸收峰可用来确认化合物的顺反构型。利用芳烃的 C—H 面外弯曲振动吸收峰来确认苯环的取代类型。苯环取代而产生的吸收是这个区域重要内容,这是利用红外光谱推断苯环取代位置的主要依据。烯的碳氢变形振动频率处于本区和上一个区。

多数情况下,一个官能团有数种振动形式,因而有若干相互依存而又相互佐证的吸收谱带,称为相关吸收峰,简称相关峰。例如,醇羟基,除了 O—H 键伸缩振动强吸收谱带外,还有弯曲、C—O 伸缩振动和面外弯曲等谱带。用一组相关峰确认一个基团的存在,是红外光谱解析的一条重要原则。

从上述可见,指纹区和官能团区的不同功能对红外吸收光谱图的解析是很理想的。从官能团区可以找出该化合物存在的官能团,指纹区的吸收则宜于用来同标准谱图(或已知物谱图)进行比较,得出未知物与已知物结构相同或不同的确切结论。官能团区和指纹区的功能正好互相补充。

11.2.7 影响特征基团吸收频率的因素

分子中化学键的振动并不是孤立的,还要受分子内的其余部分,特别是相邻基团的影响,有时还会受到溶剂、测定条件等外部因素的影响。因此相同的基团或键在不同分子中的特征吸收谱带的频率,并不出现在同一位置,而是出现在一段区间内。所以在分析中不仅要知道红外特征谱带的位置和强度,而且还应了解它们的因素,这样就可以根据基团频率的位移和强度的改变,推断发生这种影响的结构因素,从而进行结构分析。

基团频率主要是由基团中原子的质量及原子间的化学键力常数决定。然而分子的内部结构和外部环境的改变对它都有影响,因而同样的基团在不同的分子和不同的外界环境中,基团频率可能会有一个较大的范围。因此了解影响基团频率的因素,对解析红外吸收光谱和推断分子结构是十分有用的。

影响基团频率位移的因素大致可分为内部因素和外部因素。但有的情况就不能归结为某一种单一的因素,而可能是几种因素的综合效应。

11.2.7.1 内部因素

主要是分子内部结构因素,如邻近基团的影响及空间效应等都会使吸收峰发生移动。

(1)电子效应

由化学键的电子分布不均匀引起。包括诱导效应、共轭效应和中介效应。

①诱导效应。吸电子基团的诱导效应，由于取代基具有不同的电负性，通过静电诱导作用，引起分子中电子分布的变化，从而改变了键力常数，使基团的特征频率发生位移，常使吸收峰向高波数方向移动。例如，一般电负性大的基团(或原子)吸电子能力强，与烷基酮羰基上的碳原子相连时，由于诱导效应就会发生电子云由氧原子转向双键的中间，增加了 C═O 键的力常数，使 C═O 的振动频率升高，吸收峰向高波数移动。随着取代原子电负性的增大或取代数目的增加，诱导效应越强，吸收峰向高波数移动的程度越显著。

②共轭效应。分子中形成大 π 键所引起的效应叫共轭效应，共轭效应的结果使共轭体系中的电子云密度平均化，使原来的双键略有伸长，力常数减小，吸收峰向低波数移动，如

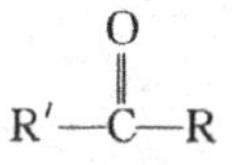
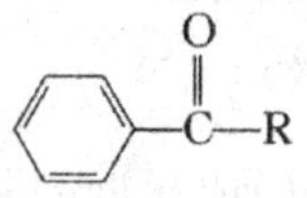
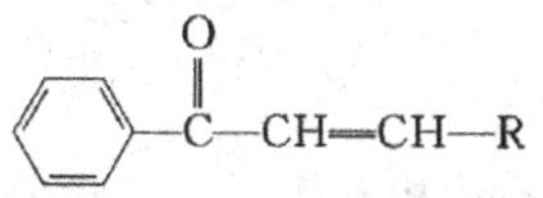

$\nu_{C=O}$ 1 710～1 725 cm^{-1}　　1 680～1 695 cm^{-1}　　1 653～1 667 cm^{-1}

在一个化合物中，如果诱导效应和共轭效应同时存在时，吸收峰的位移则视哪一种效应占优势而定。

③中介效应。当含有孤对电子的原子 O、N、S 等与具有多重键的原子相连时，也可起类似的共轭作用，称为中介效应。

其中的 C═O 因氮原子的共轭作用，使 C═O 上的电子云更移向氧原子，C═O 双键的电子云密度平均化，造成 C═O 键的力常数下降，使吸收频率向低波数位移(1 650 cm^{-1}左右)。

(2)振动的耦合

当两个频率相同或相近的基团联结在一起时，会发生相互作用而使谱峰分成两个。一个频率比原来的谱带高一点，另一个低一点。这种两个振动基团间的相互作用，称为振动的耦合。振动的耦合常出现在一些二羰基化合物中。

其中两个羰基的振动耦合，使 $\nu_{C=O}$吸收峰分裂成两个峰，波数分别为≈1 820 cm^{-1}(反对称耦合)和≈760 cm^{-1}(对称耦合)。

(3)空间效应

空间效应主要包括空间位阻效应、环状化合物的环张力等。取代基的空间位阻效应将使 C═O 与双键的共轭受到限制，使 C═O 的双键性增强，波数升高，如

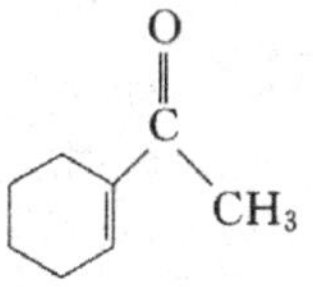
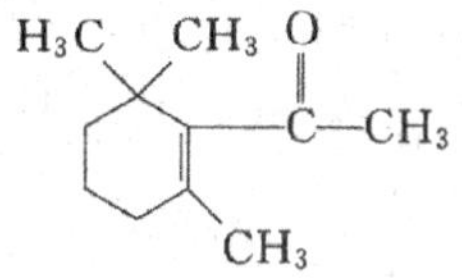

$\nu_{C=O}$ 1 663 cm^{-1}　　1 693 cm^{-1}

对环状化合物，环外双键随环张力的增加，其波数也相应增加，如

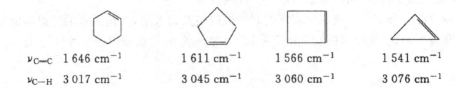

$\nu_{C=O}$ 1 716 cm^{-1}　　　　1 745 cm^{-1}　　　　1 775 cm^{-1}

环内双键随环张力的增加,其伸缩振动峰向低波数方向移动,而 C—H 伸缩振动峰却向高波数方向移动,如

$\nu_{C=C}$ 1 646 cm^{-1}　　　　1 611 cm^{-1}　　　　1 566 cm^{-1}　　　　1 541 cm^{-1}

ν_{C-H} 3 017 cm^{-1}　　　　3 045 cm^{-1}　　　　3 060 cm^{-1}　　　　3 076 cm^{-1}

振动的相互作用。当两个振动频率相同或相近的基团连接在一起时,或当一振动的泛频与另一振动的基频接近时,它们之间可能产生强烈的相互作用,其结果使振动频率发生变化。例如,羧酸酐

由于两个羰基的振动耦合,使 $\nu_{C=O}$ 吸收峰分裂成两个峰,波数分别约为 1 820 cm^{-1}(反对称耦合)和 1 760 cm^{-1}(对称耦合)。

对同一基团来说,若诱导效应和中介效应同时存在,则振动频率最后位移的方向和程度,取决于这两种效应的净结果。当诱导效应大于中介效应时,振动频率向高波数移动;反之,振动频率向低波数移动。例如,饱和酯的 C=O 伸缩振动频率为 1 735 cm^{-1},比酮(1 715 cm^{-1})高,这是因为—OR 基的诱导效应比中介效应大。而—SR 基的诱导效应比中介效应小,因此硫酯的 C=O 振动频率移向低波数。

(4)Fermi(费米)共振

Fermi 共振是由频率相近的泛频峰与基频峰的相互作用而产生的,结果使泛频峰的强度增加或发生分裂,这种现象叫作 Feimi 共振。例如,苯甲醛的 $\nu_{CH(O)}$ 2 850 cm^{-1} 和 2 750 cm^{-1} 两个吸收峰是由醛基的 ν_{C-H}(2 800 cm^{-1})峰与 δ_{C-H}(1 390 cm^{-1})的倍频峰(2780)之间发生 Feimi 共振而引起的。

(5)氢键

氢键的形成使伸缩振动频率降低,吸收强度增强,峰变宽。分子内氢键对谱带位置有极明显的影响,但它不受浓度影响。羰基和羟基间容易形成氢键,使羰基的双键特性降低,吸收峰向低波数方向移动。例如,当测定气态羧酸或非极性溶剂的稀溶液时,可在 1 760 cm^{-1} 处看到游离分子的 C=O 伸缩振动吸收;但在测定液体和固态羧酸时,则在 1 710 cm^{-1} 处出现一个强吸收峰。由于此时羧酸以二聚体形式存在,由于氢键的形成,使电子云密度平均化,使 C=O 振动频率下降。

11.2.7.2　外部因素

（1）物态效应

同一化合物在不同的聚集状态下，其吸收频率和强度都会发生变化。例如，正己酸在液态和气态的红外吸收光谱有明显的不同（图11-15）。低压下的气体，由于分子间的作用力极小，可得到孤立分子的窄吸收峰。增大气体压力，分子间的作用力增大，吸收峰变宽。液态红外光谱分子间作用力显著增大，吸收频率降低、峰变宽。如果液态分子间出现缔合或分子内氢键时，其吸收峰的频率、数目和强度都可能发生重大变化。固态红外光谱的吸收峰比液态的尖锐而且多，测定固态红外吸收光谱用于鉴定是最可靠的。如果化合物有几种晶型存在，它们的各种晶型的红外光谱也不相同。

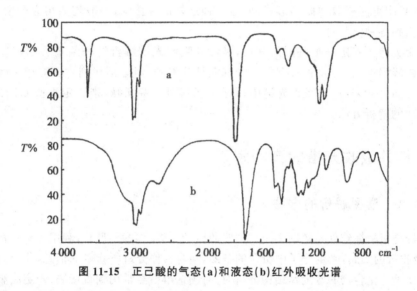

图 11-15　正己酸的气态(a)和液态(b)红外吸收光谱

（2）溶剂效应

红外光谱分析中，若样品为溶液，由于溶剂的种类、浓度和测定时的温度不同，同一种物质所测得的光谱也不同。当物质还有极性基团时，极性溶剂会与极性基团之间产生氢键或者偶极-偶极相互作用，使得基团的伸缩振动频率降低，谱带变宽。在红外光谱测定中，应尽量采用非极性的溶剂，红外吸收光谱测定过程中常用的溶剂有四氯化碳、二硫化碳和三氯甲烷等。

试样的状态、溶剂的极性及测定条件的影响等外部因素都会引起频率位移。一般气态时 $C=O$ 伸缩振动频率最高，非极性溶剂的稀溶液次之，而液态或固态的振动频率最低。因此，在红外光谱测定时，尽量选用非极性溶剂，在查阅标准图谱时要注意试样的状态及制备方法。

11.2.8　特征峰和相关峰

在红外光谱中，每种红外活性振动都相应产生一个吸收峰，所以情况十分复杂。用红外光谱来确定化合物是否存在某种官能团时，首先应该注意在官能团区的特征峰是否存在，同时也应找到它们的相关峰作旁证。

11.2.8.1 特征峰

物质的红外光谱是其分子结构的客观体现,红外吸收谱图中的吸收峰对应于分子中各基团的振动形式。同一基团的振动频率总是出现在一定区域。例如,分子中含有 C＝O 基,则在 $1\ 870\sim1\ 540\ cm^{-1}$ 出现 $\nu_{C=O}$ 吸收峰。因此特征吸收峰是能用于鉴别基团存在的吸收峰,简称特征峰或特征频率。即在 $1\ 870\sim1\ 540\ cm^{-1}$ 区间出现的强大的吸收峰,一般就是羰基伸缩振动 ($\nu_{C=O}$) 峰,由于它的存在,可以鉴定化合物的结构中存在羰基,我们把 $\nu_{C=O}$ 峰称为特征峰。

11.2.8.2 相关峰

相关吸收峰是由一个基团产生的一组相互具有依存关系的吸收峰,简称相关峰。在多原子分子中,一个基团可能有数种振动形式,而每一种红外活性振动,一般均能相应产生一个吸收峰,有时还能观测到各种泛频峰。

用一组相关峰来确定一个基团的存在,是红外吸收光谱解析的一条重要原则。有时由于峰与峰的重叠或峰强度太弱,并非所有相关峰都能被观测到,但必须找到主要的相关峰才能认定该基团的存在。而一般来说,用吸收光谱中不存在某基团的特征峰,来否定某些基团的存在,也是一个比较实际的解析方法。

11.2.9 红外吸收光谱的谱图解析

11.2.9.1 谱图解析的方法

谱图解析是指根据红外光谱图上出现的吸收带的位置、强度和形状,利用各种基团特征吸收的知识,确定吸收带的归属,确定分子中所含的基团,结合其他分析所获得的信息,作定性鉴定和推测分子结构。在进行化合物的鉴定及结构分析时,对图谱解析经常用到直接法、否定法和肯定法。

(1)直接法

用已知物的标准品与被测样品在相同条件下测定 IR 光谱,并进行对照。完全相同时则可定为同一化合物。无标准品对照,但有标准图谱时,则可按名称、分子式查找核对,必须注意测定条件与标准图谱一致。如果只是样品浓度不同,则峰的强度会改变,但是每个峰的强弱顺序通常应该是一致的。

(2)肯定法

借助于红外光谱中的特征吸收峰,以确定某种特征基团存在的方法叫作肯定法。例如,谱图中约 $1\ 740\ cm^{-1}$ 处有吸收峰,且在 $1\ 260\sim1\ 050\ cm^{-1}$ 区域内出现两个强吸收峰,就可以判定分子中含有酯基。

(3)否定法

当谱图中不出现某种吸收峰时,就可否定某种基团的存在。例如,在 IR 光谱中 $1\ 900\sim1\ 600\ cm^{-1}$ 附近无强吸收,就表示不存在 C＝O 基。

11.2.9.2 谱图解析的步骤

谱图解析并无严格的程序和规则,在前面我们对各基团的 IR 光谱进行了简单的讨论,并将中红外区分成区域。但是应当指出,这样的划分仅仅是将谱图稍加系统化以利于解释而已。解析谱图时,可先从各区域的特征频率入手,发现某基团后,再根据指纹区进一步核证。在解析过程中单凭一个特征峰就下结论是不够的,要尽可能把一个基团的每个相关峰都找到。也就是既有主证,还得有佐证才能确定,这是应用 IR 光谱进行定性分析的一个原则。

有这样一个经验叫作"四先、四后、一抓",即先特征,后指纹;先最强峰,后次强峰,再中强峰;先粗查,后细查;先肯定,后否定;一抓一组相关峰。

谱图解析的步骤有:

①检查光谱图是否符合要求。基线的透过率在 90% 左右,最大的吸收峰不应成平头峰。没有因样品量不合适或者压片时粒子未研细而引起图谱不正常的情况。

②了解样品特点和性质。合成的产品由反应物及反应条件来预测反应产物,对于解谱会有很大用处。样品纯度不够,一般不能用来作定性鉴定及结构分析,因为杂质会干扰谱图解析,应该先做纯化处理。一些不太稳定的样品要注意其结构变化而引起谱图的变化。

③排除"假谱带"。常见的有水的吸收峰,在 3 400 cm^{-1}、1 640 cm^{-1} 和 650 cm^{-1} 波数位置处。CO_2 的吸收在 2 350 cm^{-1} 和 667 cm^{-1} 波数位置处。还有处理样品时重结晶的溶剂,合成产品中未反应完的反应物或副产物等都可能会带入样品而引起干扰。

④算出分子的不饱和度 U。计算化合物的不饱和度,对于推断未知物的结构是非常有帮助的。不饱和度是有机分子中碳原子不饱和的程度。计算不饱和度的经验公式为:

$$U = 1 + n_4 + \frac{(4n_6 + 3n_5 + n_3 - n_1)}{2}$$

式中,n_6、n_5、n_4、n_3、n_1 分别代表六价、五价、四价、三价、一价原子的数目。通常规定,双键和饱和环状化合物的不饱和度为 1,三键的不饱和度为 2,苯环不饱和度为 4。因此,根据分子式计算不饱和度就可初步判断有机化合物的类别。

⑤确定分子所含基团及化学键的类型。可以由特征谱带的位置、强度、形状确定所含基团或化学键的类型。4 000~1 333 cm^{-1} 范围的特征频率区可以判断官能团的类型。1 333~650 cm^{-1} 范围的"指纹区"能反映整个分子结构的特点。如苯环的存在可以由 3 100~3 000 cm^{-1}、~1 600 cm^{-1}、~1 580 cm^{-1}、~1 500 cm^{-1}、~1 450 cm^{-1} 的吸收带判断,而苯环上取代类型要用 900~650 cm^{-1} 区域的吸收带判断。羟基的存在可以由 3 650~3 200 cm^{-1} 区域的吸收带判断,但是区别伯、仲、叔醇要用"指纹区"的 1 410~1 000 cm^{-1} 的吸收带。如羧基可能在 3 600~2 500 cm^{-1},1 760~1 685 cm^{-1},995~915 cm^{-1},1 440~1 210 cm^{-1} 附近出现多个吸收带,而且有一定的强度和形状。从这多个峰的出现可以确定羧基的存在。当然由于具体的分子结构和测试条件的差别,基团的特征吸收带会在一定范围内位移。所以还要考虑各种因素对谱带的影响,相关峰也不一定会全出现。总之,要综合考虑谱带位置、谱带强度、谱带形状和相关峰的个数,再确定基团的存在。

⑥结合其他分析数据和结构单元,提出可能的结构式。

⑦根据提出的化合物结构式,查找该化合物的标准图谱,若测试条件一样,则样品图谱应该与标准图谱一致。

对于新化合物,一般情况下只靠红外光谱是难以确定结构的。应该综合应用质谱、核磁共振、紫外光谱、元素分析等手段进行综合结构分析。

11.3　红外分光光度计

红外光谱仪分为色散型红外光谱仪与傅里叶变换红外光谱仪两种。

11.3.1　色散型红外光谱仪

色散型红外吸收光谱仪工作原理如图 11-16 所示,光源辐射被分成等强度的两束:一束通过样品池,另一束通过参比池。通过参比池的光束经衰减器(也称为光梳或光楔)与通过样品池的光束汇合于切光器处。切光器使两光束再经半圆扇形镜调制后进入单色器,交替落到检测器上。若试样在某一波数对红外光有吸收,两光束的强度就不平衡,因此检测器产生一个交变信号。该信号经放大、整流后,会使光梳遮挡参比光束,直至两光束强度相等。光梳的移动联动着记录笔,画出一个吸收峰。因此分光元件转动的全过程就得到一张红外吸收光谱图。

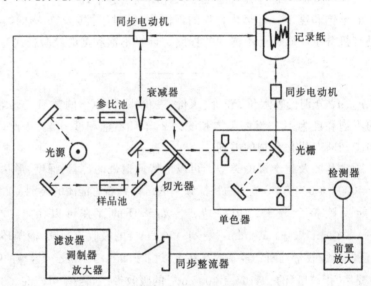

图 11-16　色散型红外吸收光谱仪工作原理

11.3.1.1　光源

红外辐射光源是能够发射高强度连续红外光的炽热物体,常见的有硅碳棒和能斯特灯。

(1)硅碳棒

硅碳棒是由碳化硅组成,一般制成两端粗中间细的实心棒,中间为发光部分,两端粗是能使两端的电阻降低,使其在工作时成冷态。一般长几十毫米,直径几毫米,工作温度为 1 200～1 500℃,适用的波长范围为 1～40 μm。优点是寿命长、便宜、发光面积大,较适合长波区。但工作时需冷却。

（2）能斯特灯

能斯特灯由 ZrO、ThO 等稀土氧化物混合烧结制成，一般为长几十毫米、直径几毫米的中空或实心棒，工作温度为 $1\,300\sim1\,700℃$，适用的波长范围为 $0.4\sim20\,\mu m$。在室温下它不导电，在工作之前必须有辅助加热器预热，可用 Pt 丝电加热至 $800℃$，就可使之导电，从而发出红外光。该光源的特点是脆弱、易坏，在高波数区光强度较硅碳棒高，使用比硅碳棒有利，使用寿命约一年。

11.3.1.2　分光系统

分光系统位于吸收池和检测器之间，可用棱镜或光栅作为分光元件。现在大多数用傅里叶变换来进行波长选择。棱镜主要用于早期生产的仪器中，制作棱镜的材料和吸收池一样，应该能透过红外辐射。棱镜易吸水蒸气而使表面透光性变差，其折射率会随温度变化而变化，近年已被光栅取代。

11.3.1.3　检测系统

（1）热电偶

如图 11-17 所示，热电偶是将两种不同的金属丝 M_1、M_2 焊接成两个接点，接收红外辐射的一端多焊接在涂黑的金箔上，作为热接点；另一端作为冷接点（通常为室温）。在金属 M_1 和 M_2 之间产生电位，即热点和冷点处的电位分别为 φ_1 和 φ_2，此电位是温度的函数，即随温度而变化。没有红外光照射时，冷点与热点温度相同，所以 $\varphi_1=\varphi_2$，回路中没有电流通过，而当用红外光照射后，热点升温，冷点仍保持原来温度，φ_1 与 φ_2 不相等，回路中有电流通过放大后得到信号，信号强度与照射的红外光强度成正比。为不使热量散失，热电偶置于高真空的容器中。

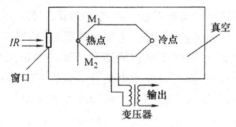

图 11-17　热电偶工作原理

M_1-M_2 的材料有镍-铬镍铝、铜-康铜（Ni：$39\%\sim41\%$，Mn：$19\%\sim2\%$，其余为 Cu）、铁-康铜、铂铑-铂等。热电偶的缺点是反应较迟钝，信号输入与输出的时间达几十毫秒，不适于傅里叶变换，用于普通光栅仪器等。

（2）汞镉碲检测器

汞镉碲检测器（简称 MCT），它是由半导体碲化镉和碲化汞混合制成。此种检测器分为光电导型和光电伏型，前者是利用其吸收辐射后非导电性的价电子跃迁至高能量的导电带，从而降低了半导体的电阻，产生信号；后者是利用不均匀半导体受红外光照射后，产生电位差的光电伏效应而实现检测。MCT 检测器固定于不导电的玻璃表面，置于真空舱内，需在液氮温度下工作，其灵敏度比 TGS 检测器高约 10 倍。

（3）热释电器件

热释电器件响应速度快（μs），适用于傅里叶变换红外光谱仪，其结构如图 11-18 所示。它是以热释电材料硫酸三甘肽（TGS）为晶体薄片，在它的正面真空镀铬（半透明，可透红外光），背面镀金。TGS 为非中心对称结构的极性晶体，即使在无外电场和应力的情况下，本身也会电极化，此自发电极化强度是温度的函数，随温度上升，极化强度下降，与 P_S 方向垂直的薄片两个表面有电荷存在，且表面电荷密度 $\sigma_S = P_S$。当正面吸收红外辐射时，薄片的温度升高，极化度降低，晶体的表面电荷减少，相当于"释放"了一部分电荷，释放的电荷经过外电路时被检测。电荷密度 σ_S 与温度 T 有关。当红外光强增大，其温度变化率也大，电荷密度变化增加，输出的电流也增加。

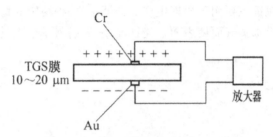

图 11-18　TGS 热释电器件的工作原理

11.3.2　傅里叶变换红外光谱仪

由于以棱镜、光栅为色散元件的第一代、第二代红外光谱仪的扫描速度慢，不适用于动态反应过程的研究，且灵敏度、分辨率和准确度较低，使得其在许多方面的应用都受到了限制。20 世纪 70 年代，第三代红外光谱仪——傅里叶变换红外光谱仪（FTIR）问世了。

傅里叶变换红外光谱仪不使用色散元件，主要由光源（硅碳棒、高压汞灯）、迈克尔逊干涉仪、样品室、检测器（热释电检测器、汞镉碲光电检测器）、计算机和记录仪等组成。它的核心部分是迈克尔逊干涉仪，由光源而来的干涉信号变为电信号，然后以干涉图的形式送达计算机，计算机进行快速傅里叶变换数学处理后，将干涉图变换成为红外光谱图。

如图 11-19 所示，迈克尔逊干涉仪由定镜 M_1、动镜 M_2 和光束分裂器 BS（与 M_1 和 M_2 分别成 45°角）组成。M_1 固定不动，M_2 可沿与入射光平行的方向移动，BS 可让入射红外光一半透过，另一半被反射。当入射光进入干涉仪后，透过光 I 穿过 BS 被 M_2 反射，沿原路返回到 BS（图中绘制成不重合的双线是为了便于理解），反射光 II 被 M_1 反射也回到 BS，这两束光通过 BS 经样品室后，经过一反射镜被反射到达检测器 D。光束 I、II 到达 D 时，这两束光的光程差随 M_2 的往复运动作周期性变化，形成干涉光。若入射光为 λ，光程差 $= \pm K\lambda (K = 0, 1, 2, \cdots)$ 时，就发生相长干涉，干涉光强度最大；光程差 $= \pm \left(K + \dfrac{1}{2} \right) \lambda$ 时，就产生相消干涉，干涉光强度最小；而部分相消干涉发生在上述两种位移之间。

测定时，当复色光通过样品室时，样品对不同波长的光具有选择性吸收，所以得到如图 11-20（a）所示的干涉图，其横坐标是 M_2 的位移，纵坐标是干涉光强度。从干涉图中很难识别不同波数下光的吸收信号，因此将这种干涉图经计算机的快速傅里叶变换后，就可以获得如

图 11-20(b)所示的透光率 T 随波数 σ 变化的红外光谱图。

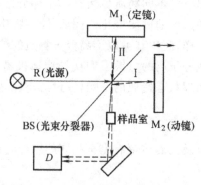

图 11-19　迈克尔逊干涉仪工作原理

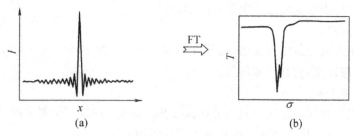

图 11-20　复色光的干涉图和红外光谱图

　　傅里叶变换红外光谱仪还可与气相色谱、高效液相色谱、超临界流体色谱等分析仪器实现联用,为化合物的结构分析与测定提供更有效的手段。

11.4　红外吸收光谱法的应用

　　红外吸收光谱作为有机化学中物质结构鉴定的四大谱图之一,广泛应用于有机化合物的定性鉴定和结构分析方面,也用在定量分析方面。

11.4.1　定性分析

11.4.1.1　定性范围

　　将样品的红外光谱与标准谱图或与已知结构的化合物的光谱进行比较,鉴定化合物;或者根据各种实验数据,结合红外光谱进行结构测定,红外光谱定性分析的应用范围如下。

　　(1)基团与特征吸收谱带的对应关系

　　分子中所含各种官能团都可由观察其红外光谱鉴别。

(2)相同化合物有完全相同的光谱

相同化合物有完全相同的光谱,不同物质虽然有一小部分结构或构型的差异必显示出不同的光谱,但要注意物理状态不同造成的谱图变化。例如,同一物质其晶型不同,分子排布不同,对光折射有差别,吸收情况就不一样,利用其可以测高分子物质的结晶度。比较一物质在不同浓度溶液中的光谱,可辨别分子间或分子内的氢键。顺反异构体极易用红外光谱来区别。在鉴定物质是否为同一物质时,为消除物理状态造成的影响,宜设法将样品制成溶液或熔融形式测定红外光谱。

(3)旋光性物质

旋光性物质的左旋、右旋以及消旋体都有完全相同的红外光谱。

(4)物质纯度检查

物质结构测定一般要求物质的纯度在98%以上,因为杂质也有其吸收谱带,可在光谱上出现。不纯物质的红外光谱吸收带较纯品多,或若干吸收线相互重叠,不能分清,可用比较提纯前后的红外光谱来了解物质提纯过程中杂质的消除情况。

(5)观察反应过程

在反应过程中不断测定红外光谱,据反应物的基本特征频率消失或产物吸收带的出现,观察反应过程,测定反应速度,研究反应机理。

(6)在分离提纯方面

在将一复杂混合物用蒸馏法或色谱分离法分离提纯过程中,常用测定红外光谱来追踪提纯的程度,了解分离开的各物质存在何处及其浓度大致如何。

11.4.1.2 定性分析的具体应用

(1)已知物的鉴定

对于结构简单的化合物可将试样的谱图与标准的谱图进行对照,或者与文献上的谱图进行对照。如果两张谱图各吸收峰的位置和形状完全相同,峰的相对强度一样,就可以认为样品与该种标准物为同一化合物。如果两张谱图不一样,或峰位不一致,则说明两者不是同一种化合物,或样品中可能含有杂质。在操作过程中需注意,试样与标准物要在相同的条件下完成测定,如处理方式、测定所用的仪器试剂以及测定的条件等。如果测定的条件不同,测定结果也可能会大打折扣。如果采用计算机谱图检索,则采用相似度来判别。使用文献上的谱图时应当注意试样的物态、结晶状态、溶剂、测定条件以及所用仪器类型均应与标准谱图相同。

(2)未知物的结构鉴定

红外吸收光谱是确定未知物结构的重要手段。在定性分析过程中,首先要获得清晰可靠的图谱,然后就是对谱图做出正确的解析。所谓谱图的解析就是根据实验所测绘的红外光谱图的吸收峰位置、强度和形状,利用基团振动频率与分子结构的关系来确定吸收带的归属,确认分子中所含的基团或化学键,进而推定分子的结构。简单地说,就是根据红外光谱所提供的信息,正确地把化合物的结构"翻译"出来。图谱解析通常经过以下几个步骤。

①收集、了解样品的有关数据及资料。

如对样品的来源、制备过程、外观、纯度、经元素分析后确定的化学式以及诸如熔点、沸点、溶解性质、折射率等物理性质做较为全面透彻地了解,以便对样品有个初步的认识或判断,有助于缩小化合物的范围。

②计算未知物的不饱和度。

由元素分析结果或质谱分析数据可确定分子式,并求出不饱和度 U。

$$U = 1 + n_4 + \frac{n_3 - n_1}{2}$$

式中,n_4、n_3 和 n_1 分别为四价(如 C、Si)、三价(如 N、P)和一价(如 H、F、Cl、Br、I)原子的数目。二价原子如 S、O 等不参加计算。如果计算 $U=0$,表示分子是饱和的,应为链状烃及不含双键的衍生物;$U=1$,可能有一个双键或一个脂环;$U=2$,可能有两个双键或两个脂环,也可能有一个三键;$U=4$,可能有一个苯环或一个吡啶环,以此类推。

③谱图的解析。

获得红外光谱图以后,即进行谱图的解析。通常先观察官能团区(4 000～1 300 cm^{-1}),可借助于手册或书籍中的基团频率表,对照谱图中基团频率区内的主要吸收带,找到各主要吸收带的基团归属,初步判断化合物中可能含有的基团和不可能含有的基团及分子的类型。然后再查看指纹区(1 300～600 cm^{-1}),进一步确定基团的存在及其连接情况和基团间的相互作用。任一基团由于都存在着伸缩振动和弯曲振动,因此会在不同的光谱区域中显示出几个相关峰,通过观察相关峰,可以更准确地判断基团的存在情况。

红外光谱的三要素是吸收峰的位置、强度和形状。无疑三要素中吸收峰位置(即吸收峰的波数)是最为重要的特征,一般用于判断特征基团,但也需要其他两个要素辅以综合分析,才能得出正确的结论。例如,C—O,其特征是在 1 780～1 680 cm^{-1} 范围内有很强的吸收峰,这个位置是最重要的,若有一样品在此位置上有一吸收峰,但吸收强度弱,就不能判定此化合物含有 C—O,而只能说此样品中可能含有少量羰基化合物,它以杂质峰出现,或者可能其他基团的相近吸收峰而非 C—O 吸收峰。另外,还要注意每类化合物的相关吸收峰,例如,判断出 C—O 的特征吸收峰之后,还不能断定它是属于醛、酮、酯或是酸酐等的哪一类,这时就要根据其他相关峰来做确定。

当初步推断出试样的结构式之后,还要结合其他的相关资料,综合判断分析结果,提出最可能的结构式,然后查找标准谱图进行对照核实。更为准确的方法是同时结合紫外、质谱、核磁共振谱图等数据综合分析。

例 11.1　已知某化合物的元素组成为 C$_7$H$_8$O,测得其红外谱图如图 11-21 所示,试判断其结构式。

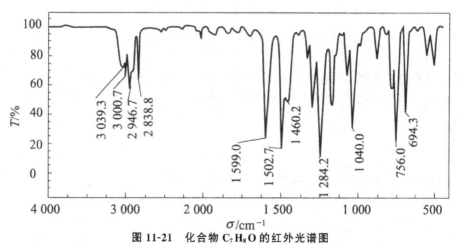

图 11-21　化合物 C$_7$H$_8$O 的红外光谱图

解:①计算其不饱和度

$$U = 1 + n_4 + \frac{n_3 - n_1}{2} = 1 + 7 + \frac{0 - 8}{2} = 4$$

②图谱解析。3 039 cm^{-1},3 001 cm^{-1}是不饱和 C—H 伸缩振动,说明化合物中有不饱和双键;2 947 cm^{-1}是饱和 C—H 伸缩振动,说明化合物中有饱和 C—H 键;1 599 cm^{-1},1 503 cm^{-1}是芳环骨架振动,说明化合物中有芳环;芳环不饱和度为 4,这说明该化合物除芳环以外的结构是饱和的;1 248 cm^{-1}、1 040 cm^{-1}是醚氧键 C—O—C 的伸缩振动,说明化合物中有醚氧键;756 cm^{-1},694 cm^{-1}是芳环单取代 C—H 变形振动,说明化合物为单取代苯环化合物。综合以上推测,该化合物分子结构为 （苯环带 OCH$_3$）。

2 839 cm^{-1}进一步证明了化合物中—CH$_3$的存在,它是—CH$_3$的 C—H 伸缩振动;1 460 cm^{-1}是—CH$_3$的 C—H 变形振动。

11.4.2 定量分析

11.4.2.1 红外光谱定量分析原理

(1)吸收定律

$$A = \lg \frac{1}{T} = \lg \frac{I_0}{I} = abc$$

必须注意,透光率 T 和浓度 c 没有正比关系,当用 T 记录的光谱进行定量时,必须将 T 转换为吸光度 A 后进行计算。

(2)基线法

用基线来表示该分析物不存在时的背景吸收,并用它来代替记录纸上的 100%（透光率）坐标。具体做法是:在吸收峰两侧选透射率最高处 a 与 b 两点作基点,过这两点的切线称为基线,通过峰顶 c 作横坐标的垂线,和 0% 线交点为 e,和切线交点为 d（图 11-22）,则

$$A = \lg \frac{I_0}{I} = \lg \frac{de}{ce}$$

基线还有其他画法,但确定一种画法后,在以后的测量中就不应该改变。

(3)积分吸光度法

用基线法测定吸光度受仪器操作条件的影响,从一种型号仪器获得的数据不能运用到另一种型号的仪器上,它也不能反映出宽的和窄的谱带之间的吸收差异。对更精确的测定,可采用积分吸光度法:

$$A = \int \lg \frac{I_0}{I} \, dv$$

即吸光度为线性波数条件下记录的吸收曲线所包含的面积。

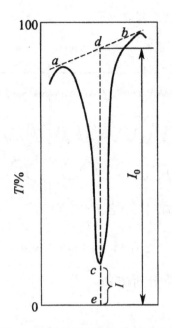

图 11-22　用基线法测量谱带吸光度

11.4.2.2　定量分析测量和操作条件的选择

(1)定量谱带的选择

理想的定量谱带应是孤立的,吸收强度大,遵守吸收定律,不受溶剂和样品其他组分干扰,尽量避免在水蒸气和 CO_2 的吸收峰位置测量。当对应不同定量组分而选择两条以上定量谱带时,谱带强度应尽量保持在相同数量级,对于固体样品,由于散射强度和波长有关,所以选择的谱带最好在较窄的波数范围内。

(2)溶剂的选择

所选溶剂应能很好溶解样品,与样品不发生反应,在测量范围内不产生吸收。为消除溶剂吸收带影响,可采用计算机差谱技术。

(3)选择合适的透光率区域

透光率应控制在 $20\%\sim65\%$ 范围之内。

(4)测量条件的选择

定量分析要求 FTIR 仪器的室温恒定,每次开机后均应检查仪器的光通量,保持相对恒定。定量分析前要对仪器的 100% 线、分辨率、波数精度等各项性能指标进行检查,先测参比(背景)光谱可减少 CO_2 和水的干扰。用 FTIR 仪进行定量分析,其光谱是把多次扫描的干涉图进行累加平均得到的,信噪比与累加次数的平方根成正比。

(5)吸收池厚度的测定

采用干涉条纹法测定吸收池厚度的具体做法是,将空液槽放于测量光路中,在一定的波数范围内进行扫描,得到干涉条纹,见图 11-23,利用下式计算液槽厚度 L

$$L = \frac{n}{2(\sigma_2 - \sigma_1)}$$

式中,n 是干涉条纹个数;$(\sigma_2 - \sigma_1)$ 是波数范围。

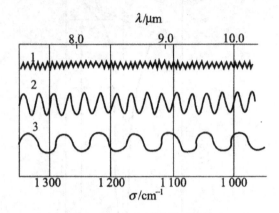

图 11-23　三个池的干涉波纹

11.4.2.3　红外光谱定量分析方法

(1)标准曲线法

在固定液层厚度及入射光的波长和强度的情况下,测定一系列不同浓度标准溶液的吸光度,以对应分析谱带的吸光度为纵坐标,标准溶液浓度为横坐标作图,得到一条通过原点的直线,该直线为标准曲线。在相同条件下测得试液的吸光度,从标准曲线上可查得试液的浓度。

(2)比例法

标准曲线法的样品和标准溶液都使用相同厚度的液体吸收池,且其厚度可准确测定。当其厚度不定或不易准确测定时,可采用比例法。它的优点在于不必考虑样品厚度对测量的影响,这在高分子物质的定量分析上应用较普遍。

比例法主要用于分析二元混合物中两个组分的相对含量。对于二元体系,若两组分定量谱带不重叠,则

$$R = \frac{A_1}{A_2} = \frac{a_1 b c_1}{a_2 b c_2} = \frac{a_1 c_1}{a_2 c_2} = K \frac{c_1}{c_2}$$

因 $c_1 + c_2 = 1$,故

$$c_1 = \frac{R}{K + R}, c_2 = \frac{K}{K + R}$$

式中,$K = a_1 / a_2$,是两组分在各自分析波数处的吸收系数之比,可由标准样品测得;R 是被测样品两组分定量谱带峰值吸光度的比值,由此可计算出两组分的相对含量 c_1 和 c_2。

(3)差示法

该法可用于测量样品中的微量杂质,例如,有两组分 A 和 B 的混合物,微量组分 A 的谱带被主要组分 B 的谱带严重干扰或完全掩蔽,可用差示法来测量微量组分 A。很多红外光谱仪中都配有能进行差谱的计算机软件功能,对差谱前的光谱采用累加平均处理技术,对计算机差谱后所得的差谱图采用平滑处理和纵坐标扩展,可以得到十分优良的差谱图。

(4)解联立方程法

在处理二元或三元混合体系时,由于吸收谱带之间相互重叠,特别是在使用极性溶剂时所产生的溶剂效应,使选择孤立的吸收谱带有困难,此时可采用解联立方程的方法求出各个组分的浓度。

第12章 分析化学中的分离和富集方法

12.1 概述

通过前面内容可知,定量分析测试工作的步骤包括:试样的采集、制备、分解、中间处理、分析方法的选择、定量测定、数据处理及分析结果的评价等。其中中间处理步骤,主要是对样品进行预处理,包括干扰组分的分离(或掩蔽)、微量或痕量待测组分的富集以及预测定,它是整个定量分析测试工作程序中十分重要且不可缺少的环节。

在实际的分析测试工作中,若面对的试样较单纯,所选用的方法和仪器的灵敏度也能达到测试的要求,那么,试样经过一般处理即可进行测定。但实际工作中往往面对的都是比较复杂的试样。例如,试样中有其他组分与待测组分共存,而且干扰待测组分的正常测定。此时可以采取控制测定条件或加入掩蔽剂等方法消除干扰。当上述措施不能奏效时,就需要事先将被测组分与干扰组分分离。若试样中待测组分含量太低,则必须在进行分离时同步进行富集,以提高待测组分的浓度。总之,经过这一步骤,一是可将被测组分从复杂体系中分离出来;二是将对测定有干扰的组分分离除去;三是将微量或痕量待测组分通过分离达到富集的目的。

因此,面对种类繁多、千变万化的实际样品,必须根据最后所选用的分析测量方法、样品的性质和数量、被测组分的含量、分析时间的要求以及对分析结果准确度的要求等,对试样进行预处理。

对分离的要求及分离效果的表示如下。

对分离的要求:①分离要完全,即共存杂质不干扰待测组分的测定;②被测组分损失小至可忽略;③分离方法简便,易操作;④分离效果好。特别需要注意的是,在分离操作过程中,不允许或必须避免目标组分的丢失、引入与目标组分相似的物质和干扰目标组分测定的组分。

分离效果的表示:分离的效果通常称为分离效率,即目标组分的回收率,必须要符合一定的要求。表 12-1 列出了不同目标组分含量对回收率的要求。

表 12-1 目标组分含量对回收率的要求

目标组分含量/%	>1	0.01~1	<0.01(痕量组分)
回收率要求/%	>99.9%	>99%	90~95

12.1.1 分离的类型

分离方法的分类有多种方式,但是有些分类方式并不十分严格。这是由于有些分离方法涉及两种或两种以上的机理;对有些分离方法的原理,至今尚不十分明了,因此仅供学习时参考。主要分类方式列于表 12-2 和表 12-3 中。

表 12-2　按过程类型分类

机械	物理	化学
筛分和大小	分配	状态变化
渗析	气-液色谱	沉淀
尺寸排阻色谱	液-液色谱	
包含化合物	气-固色谱	电沉积
过滤和超滤	液-固色谱	掩蔽
离心和超离心	液-液萃取	
	电泳	离子交换
	泡沫分离	
	状态变化	
	蒸馏	
	升华	
	结晶	
	区域熔融	

表 12-3　按分离机理分类

分离机理	分离方法
分子大小与几何形状	尺寸排阻色谱、渗析、包含化合物、过滤和超滤、离心和超离心
挥发性	升华、蒸馏
溶解度	沉淀、结晶、区域熔融
分配平衡	液-液萃取、液-液色谱、气-液色谱
表面活性	气-固色谱、液-固色谱、泡沫分离
离子交换平衡	离子交换
离子性质	电沉积、掩蔽

12.1.2　分离的模式

每一种分离方式都经历了以下三个过程的单独、同时或依次进行的过程：化学转换；两相中的分配；相的物理分离。按照分配和相分离之间的关系来研究分离方法，就产生了多种分离模式。

12.1.2.1　连续分离

这是一种极重要的分离技术，它包括了所有色谱技术。分馏也属一种连续分离技术。色谱技术是分离性质极为相似的物质的强有力手段。对于大多数色谱技术，分离与检测在线进行。

12.1.2.2　间歇分离

这是最简单的分离模式，它只涉及两相之间的单次分配平衡过程．这种模式适合于将被分离的物质浓集到一相之中，例如，预浓集这种分离方式，就是由于平衡常数的不同，被测物完全转移至体积很小的一相中。可以是让两种物质中的一种定量地转移至一相，而另一种物质仍留在原来一相中。间歇分离的例子如单次溶剂萃取、共沉淀、沉淀和电沉积等。它们的分离效率的高低主要决定于通过初步的化学转换，以生成具有实现分离所需要性质的衍生物。

12.1.2.3　捕集技术

这种技术十分类似于色谱技术，只是被分离物质最初被捕集于固定相。为此，样品本身常常是"流动相"，对于与固定相具有较大亲和力的组分，就会从体积较大的流动相浓集到小体积的固定相之中。然后，改变条件，使浓集的组分迅速地从固定相释放至小体积流动相中。这实际是痕量组分的预浓集过程。

12.2　挥发和蒸馏分离法

12.2.1　挥发分离法

挥发分离法是指利用物质的挥发性来分离共存组分的常用分离方法主要包括蒸馏法、挥发法、升华法。

在通常条件下，有机化合物是分子晶体，在不高的温度下也能变成气相，因此常用此法。无机物靠离子键、配位键、共价键形成化合物，难变成气相。其中，非金属化合物很容易变成气相，具有非金属性的元素如 As、Sb、Ge、Sn 等比较容易变为气体。

挥发分离法可用于除去干扰组分。使被研究组分定量地被分离出来，再进行测定。此法主要用于非金属元素的少量金属元素的分离，但它是有机化学中的一种主要方法。

12.2.1.1　无机待测物的分离

易挥发的无机物不多,通常要经过一定的反应,使待测物转变为易挥发的物质,再进行分离。因此,挥发分离法的选择性较高。

例如,测定水或食品等试样中的微量砷,在制成一定的试液后,先用还原剂($Zn+ZnSO_4$ 或 $NaBH_4$)将试样中的砷还原为 AsH_3,经挥发和收集后再进行分析,干扰物有 H_2S、SbH_3。

水中的测定,Al^{3+}、Fe^{3+} 将干扰测定,可在水中加入浓硫酸,加热到 180℃,使氟化物以氟化氢的形式挥发出来,然后用水吸收,进行测定。

NH_4^+ 的测定,为了消除干扰,可加入 $NaOH$,加热使 NH_3 挥发出来,然后用酸吸收测定。一些硅酸盐的存在影响测定,可用 $HF-H_2SO_4$ 加热,使形成 SiF_4 挥发除去。挥发过程可以通过加热,加 HF、HCN、NH_3;也可以用惰性气体作为载气带出,如 AsH_3(H_2 作为载气)。

12.2.1.2　有机待测物的分离

在有机物的分析中,也常用挥发和蒸馏分离的方法。如各种有机化合物的分离提纯、有机化合物中 C、H 的测定、有机化合物中 N 的测定——克氏定氮法。

12.2.2　蒸馏的特点、分类及方式

蒸馏有很多种类,一般分为间歇蒸馏和连续蒸馏。精馏是溶组分分离程度较高的一种蒸馏方式,通常连续蒸馏用于大规模工业生产。一般情况下,所得的生物产品呈溶液状态,而产品的储存和运输通常为固态。因此要求将产品进行干燥处理。

12.2.2.1　蒸馏的特点

(1)无须外加组分

蒸馏则无须外加组分,可直接从混合液中获得产品。例如,吸收分离过程需用溶剂,萃取分离过程需用萃取剂等,且因溶剂和萃取剂的介入需增加脱溶剂或萃取剂回收系统。因而,蒸馏操作流程相对简单,操作成本低廉。

(2)适用范围广

蒸馏分离对象包括常温、常压下呈液态或通过改变操作条件可液化的气态或固态的混合物。例如,将空气加压液化后用蒸馏方法可获得液态氧、氮等产品,固态的脂肪酸混合物可在加热熔化后用蒸馏方法分离等。

(3)过程涉及能量传递

在蒸馏操作中,通过对混合液的加热建立气、液两相体系,并要对生成的气相再冷凝液化,这就需要消耗大量的能量。此外,当蒸馏在加压或减压条件下进行时,还需额外消耗为维持系统压力的能量。因此,蒸馏过程的节能将直接影响到操作的成本。

12.2.2.2　蒸馏的分类

工业蒸馏过程有多种分类方法,常根据操作方式、操作压力、被分离物的组分数及操作连续

程度的不同进行分类。

　　按蒸馏方式,可以分为平衡蒸馏、精馏和特殊蒸馏。平衡蒸馏,也称为简单蒸馏,为一般闪蒸过程,混合液体加热后,使部分液体气化,达到初步分离的目的,这种过程称为单级平衡过程,多用于待分离混合物中各组分挥发度相差较大而对分离要求不高的场合,是最简单的蒸馏;精馏适合于待分离的混合物中各组分挥发度相差不大且对分离要求较高的场合,应用最广泛;特殊蒸馏适合于待分离混合物中各组分的挥发度相差很小甚至形成共沸物,普通蒸馏无法达到分离要求的场合,主要有萃取精馏、恒沸精馏、盐熔精馏、反应精馏及水蒸气蒸馏。

　　按操作流程可以分为间歇蒸馏和连续蒸馏。间歇蒸馏又称为分批蒸馏,用于批量生产某种产品。在一个操作过程中,塔的操作参数不断改变,以达到取得所需馏分的目的,属于非稳态操作,主要适用于小规模及某些有特殊要求的场合。连续蒸馏属于稳态操作,是工业生产中最常用的蒸馏方式,在塔中某一板上连续进料,在塔顶或塔釜得到合格产品,适用于大规模生产的场合。

　　按操作压力可以分为加压蒸馏、常压蒸馏和减压蒸馏。加压蒸馏适用于常压下为气态或常压下沸点接近室温的混合物;常压蒸馏适用于常压下沸点在 150℃ 左右的混合物;减压蒸馏也称为真空蒸馏,适用于常压下沸点较高或热敏性物质,可降低其沸点。

　　按待分离混合物的组分数可以分为两组分精馏和多组分精馏。两组分精馏是指被分离物系包含两种组元,该种物系分离计算简单,常以此精馏原理为计算基础,然后引申到多组分精馏计算中。多组分精馏是指被分离物系包含多组分混合物,是在工业上最为常见的精馏操作。

12.2.2.3　蒸馏方式

(1)简单蒸馏

　　简单蒸馏又称为微分蒸馏,是一种单级蒸馏操作,通常以间歇方式进行。由于液体混合物仅进行一次部分气化,因而不能实现组分之间的完全分离,仅适用于沸点差别较大的易分离物系以及分离要求不高的场合,实际生产中通常用作多组分混合液的初步分离。工艺流程如图 12-1 所示。

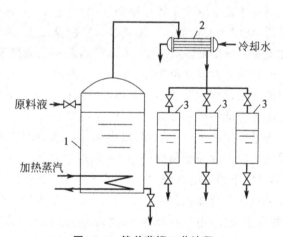

图 12-1　简单蒸馏工艺流程
1—蒸馏釜;2—冷凝釜;3—接收器

在蒸馏的操作过程中,将原料液直接加入蒸馏釜中,在恒压下加热至液体沸腾,气化所产生的蒸气经塔顶流出,进入冷凝器中冷凝,冷凝液作为馏出液产品不断流入接收器中。蒸馏过程中,任意时刻产生的平衡蒸气中易挥发组分的含量均高于液体中易挥发组分的含量。随着蒸馏过程的进行,釜内原料液中易挥发组分的含量不断下降,釜内液体的沸点逐渐升高。操作中按不同组成范围分批收集,以得到不同纯度的产品,当馏出液的平均组成或釜残液的组成降至某规定要求后停止蒸馏操作,然后将釜残液一次性排出。

(2)单级平衡分离

单级分离过程可分为闪蒸过程和部分冷凝过程,可进行连续操作,因而是一种稳态过程。

闪蒸又称为平衡蒸馏,原料液经预先加热,使液体温度高于分离器压强下液体的沸点,然后通过减压设施使其降压后进入分离器中。此时,过热的原料液被部分气化,气液两相迅速分离,得到含易挥发组分较多的蒸气。

部分冷凝工艺流程,原料液经预加热至部分气化,然后通过冷凝器部分冷凝后进入分离器中,气液两相迅速分离,得到含难挥发组分较多的液体。

在上述过程中,如气液两相有足够的时间接触而达到平衡状态,则这种方式被称为平衡气化或平衡冷凝。但实际生产过程中,由于接触时间和接触面积总是有限的,故只能在一定程度上趋于平衡。平衡气化和平衡冷凝可以使相对挥发度相差较大的混合物得到一定程度的分离,产品纯度不高,因而只适应于对分离纯度要求不高的场合。

(3)分子蒸馏

分子蒸馏又称为短程蒸馏,是在高真空下进行的一种蒸馏过程,适用于高沸点、热敏性及易氧化物的分离,其应用面已扩展到医药、食品、香料与农药、石油化工等工业领域,特别是近年来在天然物质提取中的应用尤为突出。

分子蒸馏为非平衡蒸馏,其蒸发面与冷凝面的间距小于或等于被分离物蒸气分子的平均自由程。在高真空下,物质分子间的引力很小,自由飞驰的距离较大,蒸发面逸出的分子可以无阻拦地传递扩散到冷凝面上冷凝,从而实现分离。

蒸馏釜内液体维持在一定温度下,蒸馏釜上方空间压强逐渐降低,蒸气分子借扩散或对流作用传递至冷凝器内,液体蒸发的速率取决于传递速率。当蒸馏釜上方压强继续降低至蒸发面的饱和蒸气压,液体开始沸腾,此时蒸气依靠压差推动进入冷凝器,此时蒸发速率取决于加热速率。对于油类高沸点物质,在安全加热的最高温度下,蒸馏釜内总压强降低至蒸气压以下,且不存在确定沸点,但存在 $-50℃$ 左右的蒸发温度范围,此即分子蒸馏温度范围。此时蒸发速率取决于绝对蒸发速率,即分子蒸发面逸出速率。对于不含杂质的空间内的饱和蒸气压,低压下视为理想气体,则分子蒸发面逸出速率符合朗格缪尔方程。

在进行分子蒸馏前,需对原溶液进行预处理,以去除原溶液中的气体、水及易挥发液体。为保证馏出物完全冷凝,蒸发面与冷凝面间须保持约 $100℃$ 的温差。

分子蒸馏由于是在高真空下进行的,因此与普通常压蒸馏、减压精馏相比,具有其独特的优点。主要表现在:分子蒸馏过程可以在任何温度下进行,只要与冷凝面存在足够的温差即可;分子蒸馏是在液层表面上的自由蒸发,不存在鼓泡、沸腾现象,是不沸腾状态下的蒸馏,蒸发和冷凝都是不可逆的过程;分子蒸馏的分离因子与组分蒸气压和分子量之比有关,分子程度高;分子蒸馏的蒸馏温度低、受热时间短、相对挥发度大、分解聚合现象少、热损失少、无共沸混合物,特别适合热敏性、易氧化的活化物质,或高分子量、高沸点、高黏度物料的分离、浓缩和纯化。

但分子蒸馏也存在一些缺点,如需真空排气装置、整体机组需要高真空、设备费用高、单位生产量的维修费用高、一般精馏能力只能采取单级进行等。

（4）水蒸气蒸馏

水蒸气蒸馏是利用水蒸气来加热混合液体,使具有一定挥发度的被测组分与水蒸气成比例地自溶液中一起蒸馏出来的一种特殊蒸馏方式。其突出特点是体系的沸腾温度低于各组分单独存在的沸点温度,不易使物料受热局部炭化或发生分解变性,因此是中药生产中提取和纯化挥发油的主要方法。

水蒸气蒸馏是基于不互溶液体的独立蒸气压原理,原料浸入水中或水蒸气通过原料表面,使原料表层中被提取物与水或蒸气直接接触并发生作用,同时向原料组织内部渗透、扩散,从而使原料组织内部组分以水为载体不断扩散到原料表面,此时原料表面形成被提取物和水两个蒸气分压,当物系中各组分的蒸气分压与水蒸气的分压之和等于体系的总压时,体系便开始沸腾。混合蒸气进入冷凝器冷凝,然后由分离器分离,得到被提取物。

水蒸气中存在水散作用,水散是指水向原料组织进行渗透,并以它作载体,将提取物逐步扩散到组织表面的现象。只有提取物传递到组织表面,才能形成被提取物和水两个蒸气分压,实现水蒸气蒸馏。因此水散在水蒸气蒸馏过程中具有十分重要的作用。

（5）恒沸精馏

在原有组分中加入新组分,使之与被分离物系中一个或几个组分形成最低沸点的恒沸物,新组分在精馏过程中以恒沸物的形成从塔顶蒸出,这种分离操作称为恒沸精馏。这种新加入的组分称为恒沸剂或挟带剂。

恒沸精馏中恒沸剂的选择通常需要满足:①恒沸剂应能与被分离组分间形成新的恒沸液,其恒沸点要比纯组分的沸点低,一般两者沸点差不应小于 10℃;②新恒沸液所含恒沸剂的量越少越好,以便减少恒沸剂用量以及对恒沸剂的回收时所需的能量;③新恒沸液最好为非均相混合物,便于用分层法进行分离;④恒沸剂应具有一定的稳定性、无腐蚀、无毒,保证工艺及技术的可行性,而且要求来源丰富,价格低廉。

（6）萃取精馏

萃取精馏向原料液中所加入的新组分和物系中任一组分不形成恒沸物,并且其沸点比物系中任一组分的沸点高,最后将随釜液从塔底排出,这样的分离操作称为萃取精馏,所加入的新组分称为萃取剂或溶剂,处理后溶剂可循环使用。通常萃取精馏常用于分离各组分的挥发度差别很小的溶液。以苯和环己烷混合液的萃取精馏过程为例。

萃取精馏的主要设备是萃取精馏塔,由三段组成,即提馏段、精馏段和塔顶的萃取剂再生段。提馏段主要是提馏出易挥发组分,而沸点高于原料液中各组分沸点的萃取剂,将从塔釜排出;在精馏段中易挥发组分被提浓,气相中难挥发组分进入溶剂中,称为吸收区;在再生段中,易挥发组分与萃取剂分离,使馏出物从塔顶引出之前将其中的萃取剂浓度降低到很低的程度,也使萃取剂得到再生,其塔板数取决于萃取剂的沸点。萃取剂与难挥发组分一起自萃取精馏塔底部引出,送入萃取剂回收塔,将难挥发组分从萃取剂中蒸出,萃取剂自塔底引出,重新返回萃取精馏主塔循环使用,而难挥发组分产品将在回收塔塔顶得到。

工业生产中选择萃取剂需注意:①具有可能性大的选择性,可改变原有组分的相对挥发度;②与原有组分有较大的相互溶解度;③热稳定性与化学稳定性要好,在操作温度下不分解,不形成恒沸物,不起化学反应,并且与原组分有一定的沸点差,易分离再生;④无毒性、无腐蚀性、价格低廉、来源广泛。

(7)溶盐精馏

在两相平衡物系中,加入的新组分是不挥发的盐类,使原物系中的平衡点发生迁移,此过程称为溶盐精馏或盐析精馏,所加入的固体盐称为分离剂。盐通过化学亲和力、氢键力以及离子的静电力等作用,与溶液中组分的分子发生选择性溶剂化反应,和某种组分形成难挥发性缔合物,从而破坏组分间的气液平衡,减少气相中该组分的分子数。在有些物系中较低的盐浓度即可使相对挥发度提高好几倍。

目前,溶盐精馏采用的方法主要包括三种:①向回流液中直接加固体盐,由塔顶得到纯产品,塔底得到盐溶液,盐可回收再利用;②将盐溶液和回流液混合,但在塔顶得不到高纯产品;③将盐加到再沸器中,破坏恒沸液体系,再用普通蒸馏进行分离。但受到回收难度大、输送费用高、易堵塞、腐蚀等问题影响,使溶盐精馏在工业应用上受到一定限制。

12.2.3　蒸馏的应用

12.2.3.1　酒精的生产

酒精是我国主要发酵产品之一,广泛应用于食品、化工、医药和国防等工业。我国酒精的生产是以淀粉质原料发酵为主要方式的,其发酵醪中除酒精之外还含有几十种不同挥发度的杂质、固形物和水分。目前从发酵醪中回收酒精,蒸馏是唯一的方法。早期酒精生产工艺中,回收酒精主要采用典型的酒精蒸馏过程,随着能耗问题为人们日益关注,各种类型的节能蒸馏流程不断出现。

12.2.3.2　溶剂的回收

溶媒回收是抗生素生产工艺中的一项重要工序,在抗生素提取、精制过程中使用的萃取剂、洗涤剂、反应剂等有机溶媒经过回收环节的处理,可以重复使用,对回收溶媒的主要要求是水分和色级。通常的溶媒回收方式包括间歇精馏法和连续精馏法两种。其中单塔式间歇精馏法通过重蒸得到成品,直到塔顶二元物不再分层停止蒸馏。抗生素生产中所用的连续精馏法分为两种工艺过程,即"先脱水,后脱色"和"先脱色,后脱水"。在先脱水后脱色工艺流程中,废溶媒自塔顶进料,塔顶馏出物冷凝后重相采出,轻相回流,塔底产品进入脱色塔,难挥发杂质、色素等留于蒸发釜内,成品在塔顶冷凝后采出。在先脱色,后脱水的工艺流程中,废溶媒首先在脱色塔内蒸发脱去色素、杂质,改善了后续蒸馏工序的进料状况,然后再经精馏脱去水分。

12.2.3.3　天然药物的分离与纯化

天然药物的药效成分广泛存在于动植物、海洋生物和微生物中,具有一定的生物活性。通常从天然药物中提取出的药效成分复杂,需要通过分离、精制等工序以达到纯化的目的。药效成分主要为醛、酮、醇、酚等类物质,具有热敏性,易发生氧化、分解、聚合等反应而失去生物活性。通常采用普通蒸馏方法进行分离,由于精制时极易造成药效成分的破坏,因而天然药物药效成分的精制过程通常选用对活性成分具有有效分离和保护优势的蒸馏技术。在天然药物分离与纯化中,蒸馏技术常用于维生素、玫瑰精油、中草药药效成分等的提纯与精制。

12.3　沉淀分离法

沉淀分离法是根据溶度积原理,利用某种沉淀剂有选择性地沉淀一些离子,而另外一些离子不形成沉淀而留在溶液中,达到分离的目的。沉淀分离是一种经典的分离方法,按所使用沉淀剂类型,又分为无机沉淀剂沉淀法、有机沉淀剂沉淀法。痕量组分的分离富集可以采用共沉淀分离法。

12.3.1　沉淀分离的原理

沉淀分离法包括常规沉淀分离法、均相沉淀分离法和共沉淀分离法,前两项主要应用于常量和微量组分的分离,后者则常用于痕量组分的分离富集。

沉淀是溶液中的溶质由液相变为固相析出的过程。当向试样溶液中加入沉淀剂时,溶液中形成沉淀的组分的浓度达到一定数值时,溶液中的构晶离子首先聚集起来生成微小的晶核,晶核周围其余的构晶离子便在晶核上不断地析出,使晶核长大成沉淀微粒。在这过程中由聚集速率和定向速率决定沉淀颗粒的结构和大小。聚集速率是指离子聚集成晶核的速率,定向速率是指形成沉淀的离子排列于晶格上的速率。

在溶液中形成沉淀时若聚集速率远远大于定向速率时,超过一定浓度的离子极迅速地聚集成许多微小的晶核,却来不及排列于晶格上,这时便会得到无定形沉淀,也称为非晶型沉淀。如果聚集速率小而定向速率很大时,溶液中的离子较为缓慢地聚集成少数的晶核,有充分的时间在已生成的晶核上排列,晶核不断长大,此时得到的就是晶型沉淀。

聚集速率主要取决于溶液中沉淀物质的过饱和程度,过饱和程度越大,则聚集速率越大。沉淀物质的过饱和程度由沉淀条件所决定。定向速率主要与物质的本质有关,极性较强的盐类,$BaSO_4$、$MgNH_4PO_4$ 等一般具有较大的定向速率,静电引力使离子按照一定的顺序排列,因此形成晶型沉淀;而氢氧化物常常具有较小的定向速率,尤其是氢氧根离子数目越多,离子定向越困难,所以氢氧化物沉淀一般是非晶型沉淀。若改变沉淀条件,减小其饱和程度,Ca^{2+}、Zn^{2+} 等二价离子的氢氧化物可形成晶型沉淀,而 $Fe(OH)_3$ 要获得晶型沉淀是很困难的。

晶型沉淀颗粒较大,较容易过滤。由于其表面积较小,吸附杂质的机会较小,故易于洗涤,沉淀也比较纯净。而非晶型沉淀由于聚集速率极大,本身的水化离子所含的水分未来得及脱掉,便使生成的沉淀中含大量水,于是体积就十分庞大疏松,导致过滤困难;并且由于表面积很大,吸附杂质的机会也较大,因而导致沉淀的洗涤比较困难,使沉淀的纯净度不高。为了得到颗粒粗大的晶体,在制备晶型沉淀时,在沉淀作用开始时溶液中沉淀物质的过饱和程度不应该太大,应该在适当稀的溶液中进行沉淀作用,并且加入的沉淀剂也是稀溶液;在沉淀作用开始后,为了保持较小的过饱和度,沉淀剂应该在不断搅拌下缓慢地加入并且沉淀作用应该在热溶液中进行;沉淀作用完毕后还应该经过陈化,陈化能使晶体更加纯净,晶粒更加完整粗大。

对于非晶型沉淀而言,为了能得到结构较为紧密的沉淀,一般要求在较浓的热溶液中进行沉淀作用,要求迅速加入沉淀剂,这样可以减小水化程度;并且为了防止生成胶体溶液并促使沉淀凝聚,可以加入适量的电解质;沉淀形成后可不必进行陈化。

通常可以采用均相沉淀,以便进一步改善沉淀形成的条件。均相沉淀不是把沉淀剂直接加入溶液中,而是通过在溶液中进行化学反应,使逐渐产生的沉淀剂均匀地分布在整个溶液中,这样便可获得结构紧密、颗粒粗大的沉淀。在沉淀过程中,溶液始终保持着较小的相对过饱和度。而当沉淀从溶液中析出时,其中有些本身并不能单独形成沉淀的杂质,会随同生成的沉淀一起析出,这种现象叫作共沉淀。如用沉淀剂沉淀溶液中的 Ba^{2+},若溶液中有 Fe^{3+},则所得到的 $BaSO_4$ 沉淀中通常会夹杂 $Fe_2(SO_4)_3$。共沉淀现象可以发生在沉淀表面,也可以发生在沉淀内部,可将发生在沉淀表面的情况称为吸附共沉淀,发生在沉淀内部的情况由于杂质包藏在沉淀内部,故称包藏共沉淀。

在生化分离过程中,主要是利用不同物质在溶剂中的溶解度不同而进行分离的,通过沉淀将目的生物大分子转入固相沉淀或留在液相中,与杂质分离。其中,溶解度的大小和溶质及溶剂的化学性质、结构等有关,溶剂组分的改变或加入某些沉淀剂或改变溶液的 pH、离子强度等都会使得溶质的溶解度发生明显的变化。

12.3.2 无机沉淀剂沉淀分离方法

在考虑一特定的沉淀反应能否作为某种分离分析方法的基础时,所关注的主要因素是所生成沉淀的溶解度、化学纯度及稳定性,特别是与溶解度有关的化学和物理因素。基于无机沉淀剂的沉淀分离方法种类繁多,在重量分析中常采用的碳酸盐、草酸盐、硫酸盐、磷酸盐等成盐沉淀反应,及与本节介绍的氢氧化物沉淀分离法和硫化物沉淀分离法均属此类。

12.3.2.1 氢氧化物沉淀分离法

常见的沉淀剂有 $NaOH$、NH_4OH 等。不同的离子能否用该方法进行分离,取决于它们溶解度的相对大小。溶液的酸度对沉淀能否完成影响最大,一些常见金属氢氧化物开始沉淀和沉淀完成时的 pH 见表 12-4。

表 12-4 一些金属氢氧化物开始沉淀和完全沉淀时的 pH

氢氧化物	溶度积 K_{sp}	开始沉淀时的 pH 假定[M]=0.01 mol/L	完全沉淀时的 pH 假定[M]=10^{-4} mol/L
$Sn(OH)_4$	1×10^{-57}	0.5	1.3
$TiO(OH)_2$	1×10^{-29}	0.5	2.0
$Sn(OH)_2$	3×10^{-27}	1.7	3.7
$Fe(OH)_3$	3.5×10^{-38}	2.2	3.5
$Al(OH)_3$	2×10^{-32}	4.1	5.4
$Cr(OH)_3$	5.4×10^{-31}	4.6	5.9
$Zn(OH)_2$	1.2×10^{-37}	6.5	8.5

氢氧化物	溶度积 K_{sp}	开始沉淀时的 pH 假定[M]=0.01 mol/L	完全沉淀时的 pH 假定[M]=10^{-4} mol/L
$Fe(OH)_2$	1×10^{-15}	7.5	9.5
$Ni(OH)_2$	6.5×10^{-18}	6.4	8.4
$Mn(OH)_2$	4.5×10^{-13}	8.8	10.8
$Mg(OH)_2$	1.8×10^{-11}	9.6	11.6

表 12-4 所列的 pH 数值只能供参考,在工作中应根据实际情况,选择适当的沉淀条件并严格控制沉淀反应系统的 pH。

氢氧化物沉淀分离时常用的控制 pH 试剂有:

①氨-氯化铵缓冲溶液,用于控制 pH≈9 的沉淀分离反应,常用来沉淀那些不与 NH_3 形成络合离子的许多金属离子,也可用于两性金属离子的沉淀分离。

②NaOH 溶液,常用于控制 pH>12 的沉淀分离反应,适用于两性金属离子与非两性金属离子的分离。

③其他缓冲溶液,如醋酸-醋酸盐、六次甲基四胺-六次甲基四胺盐酸盐等弱酸(碱)及其共轭碱(酸)所组成的缓冲体系。这些均可在沉淀分离中用来控制所需要的溶液 pH。

12.3.2.2　硫化物沉淀分离法

H_2S 是一种二元弱酸,在溶液中存在下列平衡:

$$H_2S \Longrightarrow HS^- + H^+$$
$$HS^- \Longrightarrow S^{2-} + H^+$$

S^{2-} 是生成金属硫化物沉淀的有效形式,而溶液中的 $[S^{2-}]$ 与溶液的酸度有关,控制沉淀反应的酸度就可控制 $[S^{2-}]$,控制金属硫化物沉淀的生成。目前,能形成硫化物沉淀的金属离子有40 余种,由于硫化物的溶度积相差比较大,通过控制溶液的酸度来控制硫离子浓度,还可使金属离子被分批沉淀出来,实现金属硫化物的分步沉淀分离。

12.3.2.3　其他沉淀分离法

(1)沉淀为硫酸盐

利用碱土金属 Ca、Sr、Ba 和 Ra、Pb 等金属离子的硫酸盐难溶的性质,可以从复杂样品中将上述金属元素分离出来。

(2)沉淀为磷酸盐

像 Ti(Ⅳ)、Zr(Ⅳ)、Hf(Ⅳ)、Nb(V)、Ta(V) 和 Th^{4+}、Sn^{4+}、Bi^{3+} 等这些难溶金属离子在强酸性溶液中能生成磷酸盐沉淀,在 H_2O_2 存在下可防止 Ti(Ⅳ)沉淀。

(3)还原成金属单质沉淀

这种方法可用来将铂族元素与其他元素分离。例如,在盐酸或硫酸溶液中,用锌为还原剂可以将 Pt、Pd、Rh 完全分离,用甲酸或甲酸钠为还原剂,可以防止 Zn 和 Cu、Ni、Fe 的混入。其他还原剂还有羟胺、次亚磷酸盐等。

12.3.3　有机沉淀剂沉淀分离方法

有机试剂与金属离子能发生反应,并形成配合物沉淀。这些试剂与金属离子的反应具有很高的灵敏度和选择性,在分离分析中应用得较为普遍。有机沉淀剂与金属离子形成的沉淀有三种类型:缔合物沉淀、螯合物沉淀和三元配合物沉淀。

四苯基硼化物如 $Na^+B(C_6H_5)_4^-$ 是 K^+ 的一个重要的离子缔合型沉淀剂,其钾盐的溶度积为 2.25×10^{-8}。一种有机缔合型沉淀剂母核上含不同的官能团就能与不同的金属离子选择性地产生沉淀而得到分离。

8-羟基喹啉与 Mg^{2+} 形成六元环结构的螯合物沉淀,在氨缓冲溶液中,利用这一沉淀反应可以把镁与碱金属及碱土金属分离。

形成三元配合物沉淀是泛指被沉淀的组分与两种不同的配体形成三元混配络合物和三元离子缔合物。例如,在 HF 溶液中,硼与 F^- 和二安替比林甲烷及其衍生物所形成的三元离子缔合物就属于这一类。形成的这种三元配合物沉淀不仅选择性好、灵敏度高,而且生成的沉淀组成稳定,相对分子质量大,因而近年来应用发展较快。

一些典型有机沉淀剂的应用见表12-5。

表 12-5　典型有机沉淀剂的应用范围

沉淀剂	沉淀介质	可沉淀的离子
草酸	pH=1～2.5	Th(Ⅳ)、稀土金属离子
	pH=4～5+EDTA	Ca^{2+}、St^{2+}、Ba^{2+}
铜试剂 (二乙基胺二硫代甲酸钠)	pH=5～6	Ag^+、Pb^{2+}、Cu^{2+}、Cd^{2+}、Bi^{3+}、Fe^{3+}、Co^{2+}、Ni^{2+}、Zn^{2+}、$Sn(Ⅳ)$、$Sb(Ⅲ)$、$Tl(Ⅲ)$
	pH=5～6+EDTA	Ag^+、Pb^{2+}、Cu^{2+}、Cd^{2+}、Bi^{3+}、$Sb(Ⅲ)$、$Tl(Ⅲ)$
铜铁试剂 (N-亚硝基苯胲铵盐)	3 mol/L H_2SO_4	Cu^{2+}、Fe^{3+}、$Ti(Ⅳ)$、$Nb(Ⅳ)$、$Ta(Iv)$、Ce^{4+}、$Sn(Ⅳ)$、$Zr(Ⅳ)$、$V(V)$

12.3.4　共沉淀分离与富集

由于沉淀的表面吸附作用、混晶或固溶胶的形成、吸留或包藏等原因引起共沉淀现象。在"重量分析法"中讨论共沉淀现象,往往着重讨论它的消极方面。但是在微量或痕量组分测定中,却利用共沉淀现象来分离和富集那些含量极微的、不能用常规沉淀方法分离出来的组分。例如,自来水中微量铅的测定,因铅含量甚微,测定前需要富集。若采用浓缩的方法会使干扰离子的浓度同样提高,但采用共沉淀分离富集的方法则较合适。为此,向自来水中加入 Na_2CO_3,使水中的 Ca^{2+} 转化为 $CaCO_3$ 沉淀或有意向自来水中加入 $CaCO_3$ 并剧烈摇动,水中的 Pb^{2+} 就会被 $CaCO_3$ 沉淀载带下来。然后可将所得沉淀用少量酸溶解,再选适当方法测定铅。

利用共沉淀富集分离时,对载体或共沉淀剂的选择应注意以下三点:①能够将微量元素定量地共沉淀下来;②载体元素应该不干扰微量元素的测定;③所得到的沉淀易溶于酸或其他溶剂。

通常使用的共沉淀剂有无机共沉淀剂和有机共沉淀剂两类。

12.3.4.1　无机共沉淀剂

无机共沉淀剂对微量组分的共沉淀作用主要是通过表面吸附或形成混晶等方式,多数是某些金属的氢氧化物和硫化物。无机共沉淀剂一般选择性不高,并且自身往往还会影响下一步微量元素的测定,因此应用受到限制。采用无机共沉淀剂进行沉淀分离主要有以下两种情况:

(1)利用吸附作用进行共沉淀分离

例如,微量稀土离子,用草酸难以使它沉淀完全。若预先加入 Ca^{2+} ,再用草酸作沉淀剂,则利用生成的 CaC_2O_4 作载体,将稀土离子的草酸盐吸附而共沉淀下来。又如,铜中的微量铝,氨水不能使铝沉淀分离。若加入适量的 Fe^{3+} ,则在加入氨水后,利用生成的 $Fe(OH)_3$ 作载体,可使微量的 $Al(OH)_3$ 共沉淀而分离。

(2)利用生成混晶进行共沉淀分离

两种金属离子生成沉淀时,如果它们的晶格相同,就可能生成混晶而共同析出。例如,痕量的 Ra^{2+} ,可用 $BaSO_4$ 作载体,生成 $RaSO_4 \cdot BaSO_4$ 的混晶共沉淀而得以富集。

12.3.4.2　有机共沉淀剂

有机共沉淀剂对微量组分的共沉淀作用不是靠表面吸附或形成混晶,而是首先把无机离子转化为疏水化合物,然后用与其结构相似的有机共沉淀剂将其载带下来。因此有机共沉淀剂具有选择性高、分离效果好等优点。有机共沉淀剂还有一个优点是沾污少,它自身一般可通过灼烧等方法除去,不干扰对所富集的微量组分的测定。因此,有机共沉淀剂应用较广泛。有机共沉淀剂一般以下列三种方式进行共沉淀分离。

(1)利用胶体的凝聚作用进行共沉淀分离

钨、铌、钽、硅等的含氧酸常沉淀不完全,有少量的含氧酸以带负电荷的胶微粒留与溶液中,形成胶体溶液。可采用辛可宁、单宁、动物胶等将它们共沉淀下来。由于辛可宁在酸性溶液中带有正电荷,如果在钨酸的胶体溶液中,加入辛可宁就能与带负电荷的钨酸胶体凝聚而沉淀下来。此外,单宁可以凝聚铌、钽的含氧酸,而动物胶则可以凝聚硅酸。

(2)利用形成离子缔合物进行共沉淀分离

甲基紫、孔雀绿、品红及亚甲基蓝等一些摩尔质量较大的有机化合物,在酸性溶液中带正电荷,它们可以与以配阴离子形式存在的金属配离子,生成微溶性的离子缔合物而被共沉淀出来。在这种共沉淀体系中,作为金属配阴离子的配位体有 Cl^- 、Br^- 、I^- 、SCN^- 等;可被共沉淀的有 Zn^{2+} 、$In(Ⅲ)$ 、Cd^{2+} 、Hg^{2+} 、Bi^{3+} 、$Au(Ⅲ)$ 、$Sb(Ⅲ)$ 等金属离子。

(3)利用"固体萃取剂"进行共沉淀分离

这种方式又称为利用"惰性共沉淀剂"进行共沉淀。例如,Ni^{2+} 与丁二酮肟可以生成螯合物的沉淀,但当 Ni^{2+} 含量很低时,丁二酮肟不能将 Ni^{2+} 沉淀出来。但是,若再加入丁二酮肟二烷酯的乙醇溶液时,由于丁二酮肟二烷酯难溶于水,则在水溶液中析出,同时将微量 Ni^{2+} 与丁二酮肟生成的螯合物也共沉淀下来。丁二酮肟二烷酯与 Ni^{2+} 及螯合物都不发生反应,故被称为"惰性共沉淀剂"。

12.3.5　其他沉淀法

12.3.5.1　等电点沉淀法

等电点沉淀法是利用两性电解质分子在电中性时溶解度最低、不同的两性电解质分子具有不同的等电点而进行分离的方法。氨基酸、核苷酸和许多同时具有酸性和碱性基团的生物小分子以及蛋白质、核酸等生物大分子都是一些两性电解质,在处于等电点时的 pH 再加上其他沉淀因素,这些生物大分子很容易沉淀析出。但分离许多等电点十分接近的蛋白质时,单独运用盐析法分离的选择性较差。因此,等电点沉淀法常与盐析法、有机沉淀剂沉淀法和其他沉淀剂沉淀法一起使用,以提高其选择性分离的能力。

12.3.5.2　盐析法

在溶液中加入中性盐使固体溶质生成沉淀而析出的过程称为盐析。特别是在生物物质的制备分离中,许多物质都可以用盐析法进行沉淀分离,如蛋白质、多肽、多糖、核酸等,但盐析法应用得最广的还是在蛋白质领域中。盐析法由于共沉淀的影响,并不是一种高分辨率的方法,但其具有成本低、操作简单安全、对许多生物活性物质有稳定作用的优点,因而在生化分离技术高度发展的今天仍然是一种十分常用的分离纯化方法。用于盐析的中性盐有硫酸盐、磷酸盐、氯化物等多种,但以硫酸铵、硫酸钠应用得最多,尤其适用于蛋白质的盐析。

盐析条件的选择途径有两条,一是固定 pH 和温度,改变离子强度(盐的浓度);二是固定离子强度,改变 pH 和温度。

12.4　萃取分离法

溶剂萃取是一种非常有用的分离技术.萃取体系由两个互不相溶的液相组成,一是水相,另一相是与水不相混溶的有机相等,利用被分离物质在两相中的溶解度不同而实现相转移。如果要将水相的金属离子萃取至有机相,首先应使金属离子与合适的试剂转变成疏水化合物,然后被有机溶液剂萃取。例如,在氨性溶液中萃取 Ni^{2+},首先加入丁二酮肟,Ni^{2+} 就转变成疏水的螯合物。

这种螯合物含有庞大的疏水基团,在与有机溶剂一起振荡时,极易进入有机溶剂中,从而达到分离和浓集的目的。

12.4.1　萃取分离的基本原理

12.4.1.1　萃取过程的本质

物质对水的亲疏性是有一定规律的。一般无机盐类都是离子型化合物,溶于水中形成水合离子,难溶于有机溶剂,这种易溶于水而难溶于有机溶剂的性质称为亲水性。相反,许多有机化合物具有难溶于水而易溶于有机溶剂的性质称为疏水性或亲油性。离子都具有亲水性,物质含亲水基团越多,其亲水性越强。常见的亲水基团有—OH、—SO$_3$H、—NH$_2$ 等;物质含疏水基团越多,相对分子质量越大,其疏水性越强。常见的疏水基团有烷基(如—CH$_3$、—C$_2$H$_5$)、卤代烷基、芳香基(如苯基、萘基)等。可见,萃取分离实质上是从水相中将无机离子萃取到有机相中以达到分离的目的。因此,萃取过程的本质就是将物质由亲水性转化为疏水性的过程。

有时需要将有机相的物质再转入水相,这个过程称为反萃取。萃取和反萃取配合使用,能提高萃取分离的选择性。

12.4.1.2　分配定律

被分离的物质由一液相转入互不相溶的另一液相的过程称为萃取。萃取时选用的溶剂必须是与被抽提的溶液互不相溶的,且对被抽提分离的溶质有更大的溶解能力。萃取的过程是溶质在两相中经充分振摇平衡后按一定比例分配的过程。

平衡时,溶质在两相中的浓度比值是一个常数,称为分配系数 K_d。在恒温、恒压及比较稀的浓度下,K_d 可表示为:

$$K_d = \frac{[A]_{有}}{[A]_{水}}$$

不同溶质在不同溶剂中有不同的 K_d 值。K_d 越小,表示该溶质水相中的溶解度越大;K_d 越大,表示该溶质 A 在有机相中的溶解度越大;当混合物中各组分的 K_d 很接近时,须通过不断更新溶剂进行多次抽提才能分离完全。

12.4.1.3　分配比

实际上萃取是个复杂的体系,它也可能伴随着一些化学反应,如配合、聚合、水解等,此时化合物 A 在两相中可能存在多种形式,分配定律已不再适用。因此,在研究溶质 A 的分配情况时,定义它在两相中各形态浓度和之比为分配比以 D 表示。

$$D = \frac{\sum [A]_{有}}{\sum [A]_{水}}$$

分配比并不是一个常数,而是随体系条件,如被萃取物浓度、萃取剂浓度、溶液酸度等因素而变化。只有在最简单的体系中,即两相中的被萃取物的化学形式只有一种而且彼此相同时,分配比才等于分配常数。

12.4.1.4　萃取效率

分配比 D 可以用来衡量在一定条件下萃取剂的萃取能力,但还不能表明物质被萃取的量有多大。萃取效率以 E 表示,它的定义是物质 M 萃入有机相的总量和原始溶液中物质 M 的总量的百分比。

$$E = \frac{[M]_{有} V_{有}}{[M]_{有} V_{有} + [M]_{水} V_{水}} \times 100\% = \frac{[M]_{有}/[M]_{水}}{[M]_{有}/[M]_{水} + V_{水}/V_{有}} \times 100\% = \frac{D}{D + V_{水}/V_{有}} \times 100\%$$

由上式不难看出,萃取的分配效率由 $V_{水}/V_{有}$ 的值来决定。

12.4.1.5　分配系数

为了达到分离的目的,不但萃取效率要高,而且还需要考虑共存组分之间要有很好的分离效果。一般用分离系数 β 来表示同一萃取体系中相同萃取条件下两种组分分配比比值。即

$$\beta = \frac{D_A}{D_B}$$

β 表征了两种物质的萃取分离效率。β 值越大或越小,两种元素分离的可能性也越大,分离效果也越好;β 值接近 1,则表示该两种元素不能或难以萃取分离。

12.4.2　萃取体系的类型

溶剂萃取体系可以根据反应机理、萃取剂种类以及生成的萃取物性质等不同方式进行分类。

12.4.2.1　螯合物萃取体系

以萃取用螯合剂作为萃取剂,与金属离子形成难溶于水而易溶于有机溶剂的中性分子。

螯合物是一种金属离子与多基配位体形成的具有环状结构的不带电荷的中性配合物,难溶于水而易溶于有机溶剂。螯合物萃取体系广泛应用于金属阳离子的萃取。由于不同的金属离子所生成的螯合物的稳定性不同,在两相中的分配系数不同,因而选择合适的萃取条件,就可以使不同的金属离子得以萃取分离。例如,在 pH＝9.0 的氨性溶液中,Cu^{2+} 与铜试剂(DDTC)形成疏水性螯合物,可被萃入 $CHCl_3$ 中而与其他元素分离。

12.4.2.2　离子缔合物萃取体系

离子缔合物萃取体系指被萃取金属离子的某种合适形式,与体积庞大的有机离子形成离子缔合物而被有机溶剂萃取的体系。例如,对于以下离子缔合物的形成:

$$(C_6H_5)_4P^+ + ReO_4^- \rightleftharpoons (C_6H_5)_4P^+ ReO_4^-$$

$$(C_6H_5)_4B^- + Cs^+ \rightleftharpoons (C_6H_5)_4B^-Cs^+$$

金属离子以及有机离子可以阳离子或以阴离子形式存在,靠弱的静电力缔合在一起,但它们在有机相中的稳定性要比在水相中高得多,因而极易萃取进入有机相。离子缔合物的萃取常常在强酸性介质中进行,这对高价过渡金属离子更为有效,因为在萃取中性螯合物时的 pH 下,这些金属离子往往水解而生成氢氧化物。这种体系可萃取碱金属离子,因为可以选用有机阴离子来形成缔合物,而不必设法让阳离子生成配离子。中性螯合物萃取通常只在低浓度时有效,但离子缔合物萃取体系适用的浓度范围广。

(1)酸性磷类萃取

酸性磷类萃取剂是一类含有酸性基团的有机磷化合物,种类较多,用作萃取剂的主要有单烷基磷酸、二烷基磷酸、烷基膦酸、单烷基酯及双膦酸等。酸性有机磷化合物的萃取性能与萃取剂结构、浓度、酸度以及稀释剂种类有关。例如,对三价的镧系和锕系元素而言,酸性有机磷化合物的萃取能力按以下顺序减少:二烷基磷酸>烷基膦酸>单烷基酯>二烷基次磷酸。

(2)溶剂化合物萃取体系

一些中性萃取剂通过其配位原子与金属离子键合,形成可溶于有机溶剂的溶剂化合物。以这种形式进行萃取的体系称为溶剂化合物萃取体系。例如,用磷酸三丁酯萃取 $FeCl_3$ 或 $HFeCl_4$。杂多酸的萃取体系一般也属于溶剂化合物萃取体系。

(3)简单分子萃取体系

有些稳定的共价化合物,如 I_2、Cl_2、Br_2、$GeCl_4$、AsI_3、SnI_4 和 OsO_4 等,它们在水溶液中主要以分子形式存在,不带电荷。利用 CCl_4、$CHCl_3$ 和苯等惰性溶剂,可将它们萃取出来。这类萃取属于物理分配过程,被萃取物质与有机萃取剂之间不发生明显的化学反应。

12.4.3　萃取条件的选择

由于不同的萃取体系,对萃取条件的要求不一样,提高选择性的方法也不尽相同。

下面以螯合物的萃取体系为例,讨论选择萃取条件的原则。

影响金属螯合物萃取的因素很多,从螯合物的萃取平衡可以看出。设金属离子 M^{n+} 与螯合剂 HR 作用生成螯合物 MR_n。如果 HR 易溶于有机相而难溶于水相,则萃取反应可用下式表示:

$$(M^{n+})_w + n(HR)_o \rightleftharpoons (MR_n)_o + n(H^+)_w$$

反应的平衡常数叫作平衡常数,即

$$K_{ex} = \frac{[(MR_n)_o][(H^+)_w]^n}{[(M^{n+})_w][(HR)_o]^n}$$

在一定条件下,萃取平衡常数反应金属离子在两相间的分配比,常被用来衡量萃取能力的大小。这是因为已知 K_{ex},就可计算在一定 pH 及螯合剂浓度条件下的分配比。

当金属离子不与螯合剂生成中间配合物,且水相中不存在能与金属离子反应的其他试剂,且金属螯合物在水相中的浓度 $[(MR_n)_w]$ 很小时,该类萃取体系的分配比为:

$$D = \frac{[(MR_n)_o]}{[(M^{n+})_w]} = \frac{K_{ex} \times [(HR)_o]^n}{[(H^+)_w]^n}$$

由上式可见,金属离子的分配比决定于 K_{ex}、螯合剂浓度及溶液的酸度。实际工作中选择萃取条件时,主要从以下几个方面考虑。

（1）溶液的酸度

溶液的酸度越低,则 D 值越大,就越有利于萃取;但是,当溶液的酸度太低时,金属离子可能发生水解,或引起其他干扰反应,对萃取反而不利。因此,必须控制萃取时溶液的酸度。

（2）螯合剂的选择

所选用的螯合剂与被萃取的金属离子生成的螯合物越稳定,K_{ex} 就越大,则萃取效率越高。除此之外,螯合剂必须具有一定的亲水基团,易溶于水,才能与金属离子生成螯合物;如果亲水基团过多了,生成的螯合物反而不易被萃取到有机相中。因此要求螯合剂的亲水基团要少,疏水基团要多。例如,EDTA 虽然能与许多种金属离子生成螯合物,但这些螯合物多带有电荷,不易被有机溶剂所萃取,故不能用作萃取螯合剂。

（3）螯合剂的浓度

在一定酸度和溶剂条件下,[HR]越高,分配比 D 越大。但[HR]增大会改变溶液的酸度。从理论上计算,[HR]增大 10 倍,pH 改变 1 个单位。这对易水解金属离子的萃取是有利的。但是,螯合剂在有机溶剂中的溶解度有限而且浓度过大又会产生副反应。因此,实际萃取中螯合剂的浓度要适当,不宜使用浓度过高的螯合剂。

（4）干扰离子的消除

当两种或多种金属离子均可以与螯合剂形成能被萃取的螯合物时,加入掩蔽剂使其中的一种或多种金属离子形成易溶于水的配合物而相互分离,这是为了提高溶剂的萃取选择性。如果在一定的掩蔽剂存在下,通过改变萃取剂浓度及溶液 pH 的方法,可以进一步提高萃取选择性。而对于一些复杂的金属离子体系,如果单一掩蔽剂难以完全抑制干扰金属离子的影响,还可采用多种掩蔽剂进行联合掩蔽。

常用的掩蔽剂有 EDTA、酒石酸盐、柠檬酸盐、草酸盐及焦磷酸盐等。但是,在某些情况下,掩蔽剂会影响 D 或 E 值,甚至会改变定量萃取的 pH 范围。例如,8-羟基喹啉-氯仿萃取铜时,掩蔽剂氢氰酸、氨三乙酸、草酸或 EDTA 的使用,均使萃取曲线向高 pH 方向移动。

（5）萃取溶剂的选择

①根据螯合物的结构,选择结构相似的溶剂。因为螯合剂在有机溶剂中的溶解度越高,其分配常数也越大。

②萃取溶剂的密度与水溶液的密度差别要大,黏度要小,这样有利于分层。

③萃取溶剂最好无毒、无特殊气味、挥发性小。

12.4.4 实验室萃取分离方法

实验室的萃取分离主要有单级萃取、连续萃取和多级萃取三种方法。连续萃取是使溶剂得到循环使用,用于待分离组分的分配比不高的情况。这种萃取方法常用于植物中有效成分的提取及中药成分的提取分离研究,一般在索式萃取器中进行。多级萃取又称为错流萃取,将水相固定,多次用新鲜的有机相进行萃取。多级萃取适用于水相中只含有一种被萃取的物质。方法简单,得到的产品纯度较高,但每次都用新鲜的有机相,使萃取剂用量成倍增加,以致加重反萃取和溶剂回收时的工作量。

在分析中常用的萃取方法是单级萃取,又称为间歇萃取法,通常在 $60\sim125$ mL 的梨形分液漏斗中进行。取一定体积的含待测组分的试液,加入适当的萃取剂,调节至最佳的萃取分离条件

（如酸度、适当的掩蔽剂等），然后移入分液漏斗中，加入一定体积的有机溶剂，充分振荡至达到平衡为止。静置待两相分层后，轻轻旋转分液漏斗的旋塞，使下层的水相或有机相流入另一容器中，从而使两相得到分离。如果分配比不够大，经一次分离后，可在水相中再加入新鲜的有机相溶剂，进行二次、三次乃至多次萃取。

静置分层时，两相交界处应有一清晰的界面。但有时在交界处会出现一层乳浊液，其原因很多。一般来说，采用增大有机溶剂的用量、加入电解质、改变溶液酸度、振荡不过于激烈等方法，都有可能避免或消除乳浊液的产生。

在萃取过程中，在待测组分进入有机相的同时往往还有少量干扰组分也转入有机相。如果杂质的分配比比较小，可以用洗涤的方法除去。洗涤液的组成应与试液的组成基本相同，但不含被萃取物质，洗涤的方法与萃取操作相同。萃取分离后，如果需要将被萃取的物质转到水相中进行测定，可改变条件进行反萃取。例如，Fe^{3+} 在盐酸介质中形成 $FeCl_3$，可与甲基异丁酮结合成镁盐而被萃取到有机相。如果再用酸度较低的水相对有机相进行反萃取，则 Fe^{3+} 将定量进入水相，即可进行测定。

12.4.5　溶剂萃取分离的应用

液—液萃取分离法在分析化学中有重要的用途，可以将待测组分分离、富集、消除干扰，从而提高分析方法的灵敏度。把萃取技术与仪器分析方法（如吸光光度法、原子吸收光谱法和原子发射光谱法等）结合起来，可以促进微量和痕量分析方法的发展。概括起来，液-液萃取分离法在分析化学中的应用为萃取分离、萃取富集和萃取比色或萃取光度分析。

例如，用异丙醚和磷酸三丁酯（TBP）从碲铋矿盐酸浸出液中分步萃取分离铁（Ⅲ）与碲（Ⅳ）。首先，用异丙醚萃取分离铁。萃取条件为控制 HCl 浓度为 7.2 mol/L，水相和有机相体积比为 3/4，萃取 1.5 min；然后用蒸馏水反萃取 1.0 min。铁萃取率可达 99.92%，碲萃取率仅为 1.60%，铁与碲达到很好的分离效果。接着在萃余液中用 30% TBP-70% 磺化煤油溶液萃取碲，萃余液中 HCl 浓度为 6 mol/L，两相体积比为 1/2，萃取 2 min；再用蒸馏水反萃取 10 min，碲反萃取率接近 100%。

双硫腙法测定工业废水中的有害元素 Hg 时，控制萃取时的硫酸酸度为 0.5 mol/L，再用含有 EDTA 的碱性溶液洗涤萃取液，1 mg 的铜、0.02 mg 的银、0.01 mg 的金和 0.005 mg 的铂对测定不干扰。

12.5　离子交换分离法

离子交换分离法是利用离子交换剂与溶液中的离子发生交换作用而使离子分离的方法。

早期的离子交换剂是硅铝酸盐沸石，现在最常用的是聚苯乙烯树脂的离子交换剂，这种离子交换剂呈球形小颗粒，强度大，很稳定，酸碱和氧化剂对它不起作用，具有较大的交换容量。离子交换方法广泛地应用于无机物质和有机物质的分析中，成为分析化学中常用的重要分离手段。

12.5.1　离子交换平衡及分离

离子交换技术是根据某些溶质能解离为阳离子或阴离子的特性,利用离子交换剂与不同离子结合力强弱的差异,将溶质暂时交换到离子交换剂上,然后用合适的洗脱或再生剂将溶质离子交换下来,使溶质得到分离、浓缩或提纯的操作技术。

离子交换操作属于液固非均相扩散传质过程,所处理的溶液一般为水溶液,多相操作使分离变得容易。离子交换可看作是溶液中的被分离组分与离子交换剂中可交换离子进行离子置换反应的过程。其选择性高,而且离子交换反应是定量进行的,即离子交换树脂吸附和释放的离子的物质的量相等。离子交换剂使用后性能将逐渐消失,需用酸、碱、盐进行再生处理才能恢复使用。离子交换技术具有很高的浓缩倍数,操作方便,效果突出。但生产周期长,成品质量有时较差,其生产过程中的 pH 变化较大,故不适于稳定性较差的物质分离,在选择分离方法时应予考虑。

12.5.1.1　离子交换平衡

离子交换过程是离子交换剂中的活性离子与溶液中的溶质离子进行交换反应的过程,这种离子的交换是按化学计量比进行的可逆化学反应过程。当正、逆反应速度相等时,溶液中各种离子的浓度不再变化而达平衡状态,即称为离子交换平衡。

若以 L、S 分别代表液相和固相,以阳离子交换反应为例,则离子交换反应可写为:

$$A_{(L)}^{n+} + nR^-B_{(S)}^+ \rightleftharpoons R_n^- A_{(S)}^{n+} + nB_{(L)}^+$$

其反应平衡常数可写为:

$$K_{AB} = \frac{[R_A][B]^n}{[R_B]^n[A]}$$

式中,$[A]$、$[B]$ 分别为液相离子 A^{n+}、B^+ 的活度,稀溶液中可近似用浓度代替,mmol/mL;$[R_A]$、$[R_B]$ 分别为离子交换树脂相的离子 A^{n+}、B^+ 的活度,在稀溶液中可近似用浓度代替,mmol/g 干树脂;K_{AB} 为反应平衡常数,又称为离子交换常数。

12.5.1.2　分离机理

用离子交换树脂分离纯化物质主要是通过选择性吸附和分步洗脱来实现的。进行选择性吸附时,需要使目的物粒子具有较强的结合力,而其他杂质粒子没有结合力或结合力较弱。要求使目的物粒子带上相当数量的与活性离子相同的电荷,然后通过离子交换被离子交换树脂吸附,使主要杂质粒子带上与活性离子相反的或较少的相同电荷,从而不被离子交换树脂吸附或吸附力较弱。

从树脂上洗脱目的物时,需要调节洗脱液的 pH,使目的产物的粒子在此 pH 下失去电荷,甚至带相反电荷,从而丧失与原离子交换树脂的结合力而被洗脱下来。另外,还需要用高浓度的同性离子根据质量作用定律将目的物离子取代下来。对阳离子交换树脂而言,目的物的pK 越大,将其洗脱下来所需溶液的 pH 也越高。对阴离子交换树脂而言,目的物的 pK 越小,洗脱液的 pH 也越低。

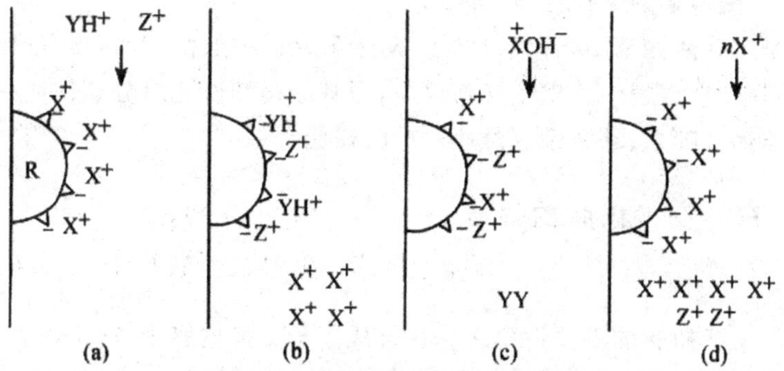

图 12-2　离子交换吸附、洗脱示意图

(a)X$^+$ 为平衡离子,YH$^+$ 和 Z$^+$ 为待分离离子;(b)YH$^+$ 和 Z$^+$ 取代 X$^+$ 而被吸附;
(c)加减后 YH$^+$ 失去正电荷,被洗脱;(d)提高 X$^+$ 的浓度取代出 Z$^+$

图 12-2 显示了离子交换吸附和洗脱的基本原理。以氨基酸的分离纯化为例。氨基酸分子上的静电荷取决于氨基酸的等电点和溶液的 pH,那么在溶液低 pH 时,氨基酸分子带正电荷,它将结合到强酸性的阳离子交换树脂上。若增加树脂缓冲溶液的 pH,则氨基酸将逐渐失去正电荷,且其结合力减弱,最后被洗脱下来。由于不同的氨基酸等电点不同,这些氨基酸将依次被洗脱。首先被洗脱的是酸性氨基酸,随后是中性氨基酸。碱性氨基酸,如精氨酸和赖氨酸,在 pH 很高的缓冲液中仍然带正电荷,因此这些氨基酸将在 pH 为 10～11 的缓冲液中才最后出现。

另外,高价离子容易结合而不容易洗脱,对于典型的强酸性阳离子交换树脂来说,洗脱顺序为:H$^+$＜Na$^+$＜Mg^{2+}＜Al^{3+}＜Th^{4+},所以在用一种高价离子取代结合离子时使用稀溶液即可,如果要导入一种低价离子时则需用浓溶液。

12.5.2　离子交换树脂的结构、性质与分类

12.5.2.1　离子交换树脂的结构

离子交换树脂是一种具有网状结构的高分子聚合物,主要由两部分组成,一部分是惰性的网状结构骨架,常用的离子交换树脂是由苯乙烯和二乙烯苯聚合得到树脂的骨架,如图 12-3 所示。

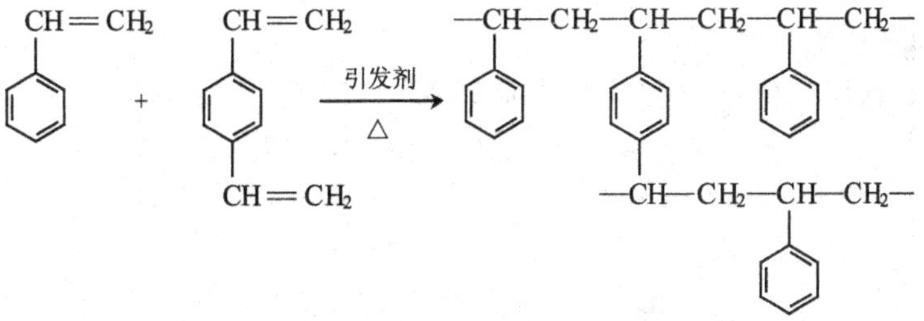

图 12-3　苯乙烯和二乙烯苯聚合得到树脂的骨架

另一部分是连接在骨架上可被交换的活性基团(交换基),可与溶液中的离子进行离子交换

反应,它决定着离子交换剂的交换性质。

骨架的作用是负载活性基团,骨架很稳定,对于酸、碱、一般溶剂(包括有机溶剂)和较弱的氧化剂都不起作用,在交换过程中不发生交换反应,但其结构和性能对分离性能有较大的影响。作树脂骨架的还有乙烯吡啶系、环氧系、脲醛系、酚醛树脂等。

12.5.2.2 离子交换树脂的性质

(1)交联度

交联度是离子交换树脂的重要性质之一。合成离子交换树脂中,起交联作用的是二乙烯苯,它把各长链状的聚苯乙烯分子交联起来,使之形成立体网状结构。交联的程度称为交联度,以二乙烯苯在反应物中所占的质量分数来表示,即

$$交联度 = \frac{二乙烯苯的质量}{反应混合物的总质量} \times 100\%$$

交联度的大小直接影响树脂骨架网状结构的紧密程度和孔径大小,它与交换反应速度和选择性有密切关系,一般来说,交联度大则结构紧密、孔径小、溶胀性小、交换反应速度快和选择性好;相反,交联度小,表明树脂的结构不紧密,机械强度差,网眼大,各种体积大小的离子都容易进入树脂内部,交换反应速度快,但是交换的选择性差。一般树脂的交联度为 $4\% \sim 12\%$。在实际工作中,需根据分析对象选择适当交联度的树脂。分析化学中常用交联度 8% 左右的树脂。在不影响分离效果的前提下,选用交联度较大的树脂为好。

(2)交换容量

交换容量表示树脂进行离子交换能力的大小,它取决于树脂可交换基团的含量,含量多则交换容量大。交换容量是指每克干树脂所能交换离子的物质的量,可用 mmol/g 表示,即

$$交换容量 = \frac{被交换离子的物质的量(mmol)}{干树脂(g)}$$

一般常用树脂的交换容量为 $3 \sim 6$ mmol/g。在进行较大量物质的分离时,交换容量是树脂的一个重要指标。交换容量可用酸碱滴定法测定。

12.5.2.3 离子交换树脂的分类

聚苯乙烯树脂引入活性基团后才成为离子交换树脂,可以制成阳离子交换树脂和阴离子交换树脂。

(1)阳离子交换树脂

聚苯乙烯树脂被磺化后,在苯环上导入磺酸基即成阳离子交换树脂,即

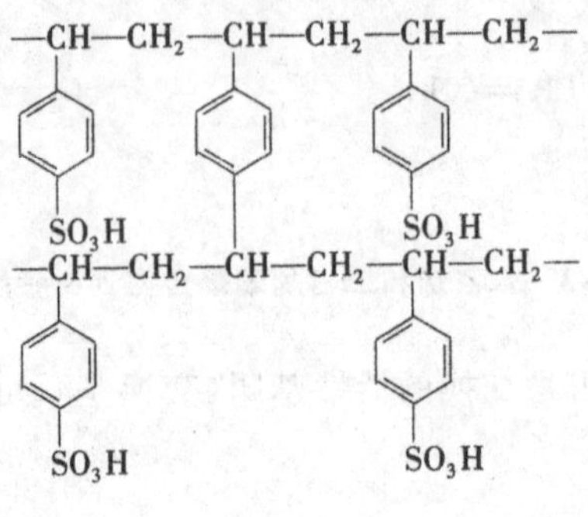

（2）阴离子交换树脂

阴离子交换树脂是在聚苯乙烯树脂的苯环上先进行氯甲基化，然后与三甲胺作用得到季铵盐树脂。结构式如下

$$-CH-CH_2-CH-CH_2-CH-CH_2-$$

$$CH_2N(CH_3)_3Cl \qquad CH_2N(CH_3)_3Cl$$

$$-CH-CH_2-CH-CH_2-CH-CH_2-$$

$$CH_2N(CH_3)_3Cl \qquad CH_2N(CH_3)_3Cl$$

这样的树脂再用碱处理，则转变成季铵碱树脂。

根据树脂中可交换的活性基团不同，在分析化学中常用的离子交换树脂有四种。

①强酸性阳离子交换树脂——磺酸型，含有—SO_3H 基。

②弱酸性阳离子交换树脂——羧酸型，含有—$COOH$ 基。

③强碱性阴离子交换树脂——季铵型，含有—$N(CH_3)_3OH$ 基。

④弱碱性阴离子交换树脂——叔胺型和仲胺型，含有—$NH(CH_3)_2OH$ 和—$NH_2(CH_3)OH$ 基。

12.5.3　离子交换色谱法

离子交换色谱法是通过试样离子在离子交换剂（固相）和淋洗液（液相）之间的分配系数不同，从而使欲测组分与干扰组分达到分离的一种固-液分离法。该色谱法实际是离子交换原理和液相柱色谱技术的有机结合，现已广泛应用于无机离子或有机离子混合物的分离，因此应用范围广泛。

以用强酸性阳离子交换树脂分离 K^+ 和 Na^+ 的混合溶液为例，当该溶液加入到离子交换柱上方时，水相中的 K^+ 和 Na^+ 就会和树脂上的活性基团中的 H^+ 发生交换反应，从而进入树脂相。

$$R—H^+ + K^+ \rightleftharpoons R—K^+ + H^+$$
$$R—H^+ + Na^+ \rightleftharpoons R—Na^+ + H^+$$

由于树脂对 K^+ 的亲和力大于对 Na^+ 的亲和力，K^+ 首先被交换到树脂上，然后 Na^+ 才被交换上去。故在交换柱中，K^+ 层在上，Na^+ 层在下，见图 12-4（a）。但由于树脂对两种离子的亲和力差别不大，故 K^+ 层与 Na^+ 层仍有相当部分互相重叠。

此时，再向离子交换柱上方加入稀 HCl 溶液，使得树脂相上的 K^+ 和 Na^+ 又与溶液中的 H^+ 发生交换反应，重新进入溶液。这一过程称为洗脱，是交换的逆过程。这里稀 HCl 溶液为洗脱液或淋洗液。

$$R—Na^+ + H^+ \rightleftharpoons R—H^+ + Na^+$$
$$R—K^+ + H^+ \rightleftharpoons R—H^+ + K^+$$

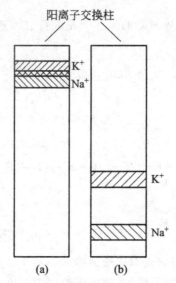

图 12-4　离子交换色谱法分离 K^+ 和 Na^+ 的示意图

随着洗脱液自上而下地流经交换柱中未被交换的树脂时，K^+ 和 Na^+ 又会被再次交换上去，而当新的洗脱液流过时它们又会再次被洗脱而进入水相。显然，随着 HCl 洗脱液不断从柱上方加入，K^+ 和 Na^+ 将在树脂相和水相之间不断地反复发生交换和洗脱这两个方向相反的过程。经过相当长的时间后，它们就会被 HCl 溶液从离子交换柱的上方带到下方，见图 12-4(b)。

由于树脂对 K^+ 的亲和力大于对 Na^+ 的亲和力，所以 K^+ 比 Na^+ 更容易从水相被交换到树脂相，而难以从树脂相被洗脱进入水相。因此，K^+ 向下移动的速度比较慢，经过相同的时间，K^+ 移动的距离较短，在交换柱上的位置就会比 Na^+ 高。于是本来混在一起的 K^+ 和 Na^+ 就会在离子交换柱上分为明显的两层，见图 12-4(b)。在洗脱过程中，若每收集 10 mL 流出液就分析一次 Na^+ 和 K^+ 的浓度，可得到如图 12-5 的洗脱曲线。

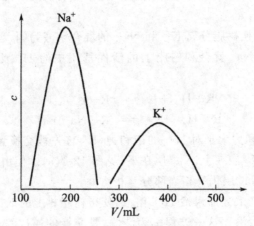

图 12-5　K^+ 和 Na^+ 的洗脱曲线

可见，离子交换色谱法的实质是使待分离的离子本来很微小的离子交换亲和力的差别在反复进行的交换—洗脱的过程中得到放大，从而造成它们在离子交换柱中迁移速率的差别，使它们得到分离。故离子交换分离法常用来分离性质相似而用一般方法难以分离的离子,如 K^+ 和 Na^+、各种稀土元素离子等。

为了克服离子交换树脂的溶胀和收缩,以及不耐高压等缺点,离子交换色谱法还采用子交换键合相作为交换柱固定相。离子交换键合相是以薄壳型或全多孔微粒硅胶为载体,表面经化学反应键合上各种离子交换基团。若交换基团为磺酸基($-SO_3H$)或羧酸($-COOH$)就是阳离子交换剂;若交换基团为季铵基($-R_3N^+X^-$)或伯氨基($-NH_2$)就是阴离子交换剂。

12.5.4　离子交换分离操作技术

离子交换分离方式可分为静态和动态两类。静态交换是将溶液和离子交换剂共同放入容器,利用振荡、搅拌等方式令它们充分接触。达到平衡后,用倾析、过滤或离心等方法使固液两相分离,然后分别处理。这种操作属于单次平衡,分离效率不高,目前只在测定分配系数等实验研究中能够用到。

动态交换是指溶液与离子交换剂发生相对移动的分离方式。可见,离子交换色谱法就属于这种分离方式。动态交换属于多次平衡,分离效率高,可连续化操作,应用较广。因此,下面就重点介绍动态交换的操作步骤。

(1)树脂的选择和处理

在分离和富集前应首先根据分离的对象和要求选择适当类型和粒度的树脂。市售的树脂颗粒大小往往不够均匀,故使用前应当先筛以除去太大和太小的颗粒,也可以用水溶胀后用筛在水中选取大小一定的颗粒备用。一般商品树脂都含有一定量的杂质,故在使用前还必须进行净化处理。对强酸性阳离子交换树脂和强碱性阴离子交换树脂,通常用 4 mol/L HCl 溶液浸泡 $1\sim2$ 天,以溶解各种杂质,然后用蒸馏水洗涤至中性,浸入水中备用。这样就得到在活性基团上含有可被交换的 H^+ 的氢型阳离子交换树脂或可被交换的 Cl^- 的氯型阴离子交换树脂。

(2)装柱

进行离子交换通常在离子交换柱中进行。离子交换柱一般用玻璃制成,装柱时,在交换柱充满水的情况下,把经预备处理的树脂装入柱中,可轻敲柱子使其装实,并防止树脂中夹有气泡。始终保持液面高于树脂层,防止树脂干裂。如图 12-6 所示,可保证树脂一直泡在液面下,不会进入气泡,但流速慢,还会使色谱峰稍有增宽。

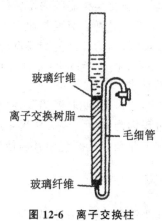

玻璃纤维

离子交换树脂

毛细管

玻璃纤维

图 12-6　离子交换柱

而图 12-7 的装置简单,但应注意勿使树脂层干涸而混入气泡。

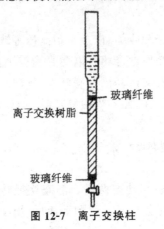

玻璃纤维
离子交换树脂
玻璃纤维

图 12-7　离子交换柱

(3)柱上分离

将欲分离的试样溶液缓慢注入柱内,从上到下流经交换柱进行交换作用。若试液中有几种离子同时存在,则亲和力大的离子先被交换到柱上,亲和力小的离子后被交换。交换完成后,用蒸馏水或不含试样的空白溶液洗去残留的试液以及交换出来的离子。

(4)洗脱

将适当的洗脱液加到交换柱上以一定的流速进行洗脱。若试液中有几种离子同时存在,则亲和力小的离子先被洗脱下来,亲和力大的离子后被洗脱下来。对于阳离子交换树脂常采用 HCl 溶液作为洗脱液,经过洗脱后树脂转化成氢型;对于阴离子交换树脂常采用 NaCl 或 NaOH 溶液作为洗脱液,经过洗脱后树脂转化成氯型或氢氧型。因此洗脱后的树脂已得到再生,用蒸馏水洗涤干净即可再次使用,故洗脱过程往往也是再生过程。

12.5.5　离子交换分离法的应用

12.5.5.1　水的净化

天然水中含有各种电解质,可用离子交换法净化。该法用氢型强酸性阳离子交换树脂除去水中的阳离子,再用氢氧型强碱性阴离子交换树脂除去水中的阴离子。交换出来的 H^+ 和 OH^- 结合生成水。净化水都用复柱法,把阳、阴离子交换柱串联起来,串联的级数增加,水的纯度提高。但仅增加串联级数不能制得超纯水,因为柱上的交换反应多少会发生一些逆反应,因此在串联柱后增加一级“混合柱”(阳、阴离子交换树脂按 1∶2 体积比混合装柱),这样交换出来的 H^+ 及时与 OH^- 结合成水,可以得到超纯水。

离子交换树脂交换饱和后失去净化作用,此时就需要用强酸和强碱分别洗脱阳柱和阴柱上的离子,使树脂恢复交换能力,此过程称为再生。混合柱再生应先利用密度的差别将两种树脂分开,分别再生后混合装柱。目前,在工业和科学研究中普遍使用该方法来净化水。

12.5.5.2　干扰离子的分离

用离子交换法分离阴阳离子相当简单,这种方法常用于分离某些干扰元素。一种是阴阳离子的分离。例如，用重量法测定硫酸根，当有大量 Fe^{3+} 存在时，产生严重的共沉淀现象而影响测定。如将试液的稀酸溶液通过阳离子交换树脂，则 Fe^{3+} 被树脂吸附，HSO_4^- 进入流出液，从而消除 Fe^{3+} 的干扰。

除了上述的阴阳离子分离法外，另一种是同性电荷离子的分离。这可以根据各种离子对树脂的亲和力不同，将它们彼此分离。例如，在强酸性阳离子交换树脂上，碱金属离子的交换亲和力大小的顺序如下：

$$Li^+ < H^+ < Na^+ < K^+ < Rb^+ < Cs^+$$

可将含有 Li^+、Na^+、K^+ 三种被分离离子的中性溶液适量加入强酸性阳离子交换柱上，这三种离子都将被交换并被保留在柱的上端树脂中。接着以 0.1 mol/L 的 HCl 溶液洗脱，于是交换亲和力最弱的 Li^+ 将首先被洗脱下来，接着是 Na^+，最后是 K^+。将洗脱液分段收集，则可把 Li^+、Na^+、K^+ 分离，而后可以分别测定。

12.5.5.3　微(痕)量组分的富集

离子交换树脂是富集微(痕)量组分的有效方法。例如，天然矿石中痕量钍的富集，钍在盐酸溶液中难以形成稳定的配位离子，以阳离子形式存在，共存的稀土元素则形成稳定的配位阴离子。所以将用浓 HCl 溶液处理过的矿石溶液流过阳离子交换柱，则钍被交换到树脂上。然后用稀盐酸溶液将树脂洗净，取出树脂移入瓷坩埚中，在 700℃ 灰化除去树脂，灰分制成溶液，钍的富集倍数可达 10^7。

12.5.5.4　螯合树脂分离富集

螯合树脂及负载螯合树脂以其高选择性和稳定性在痕量分析方面具有独特作用。常用于贵金属的分离富集。大孔聚甲基丙烯酸酯树脂、大孔聚三烯丙氰尿酸酯树脂、酰胺—磷酸酯树脂、含烷基吡啶基聚苯乙烯树脂、大孔咪唑螯合树脂和含聚硫醚主链多乙烯多胺型树脂，对 Au、Ag、Pt、Pd 的吸附性能较强。

12.6　色谱分离法

12.6.1　色谱法基本原理

色谱法是一种重要的分离、分析方法，它是利用不同物质在两相中具有不同的分配系数，当两相做相对运动时，这些物质在两相之间进行多次反复分配，使分配系数只有微小差别的物质实现分离。在色谱技术中，流动相为气体的叫气相色谱，流动相为液体的叫液相色谱。固定相可以装在柱内，也可以做成薄层。前者叫柱色谱，后者叫薄层色谱。根据色谱法原理制成的仪器叫色谱仪，目前，主要有气相色谱仪和液相色谱仪。

图 12-8 所示为气相色谱仪的一般流程示意图。气相气相色谱仪一般由载气源(包括压力调节器、净化器)、进样器(也可称为气化室)、色谱柱与柱温箱、检测器和数据处理系统构成。进样

器、柱温箱和检测器分别具有温控装置,可达到各自的设定温度。最简单的数据处理系统是记录仪,现代数据处理系统都是由既可存储各种色谱数据,计算测定结果,打印图谱及报告,又可控制色谱仪的各种实验条件,如温度、气体流量、程序升温等的工作站处理,一般而言这些工作站由计算机和专用色谱软件组成的。

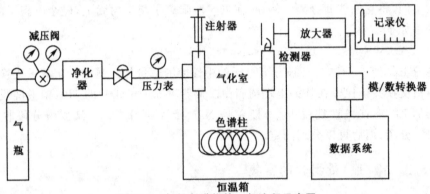

图 12-8　气相色谱仪的一般流程示意图

以液体为流动相,采用高压输液泵、高效固定相和高灵敏度检测器等装置的液相色谱仪称为高效液相色谱仪。现代高效液相色谱仪的种类很多,根据其功能不同,可分为分析型、制备型和专用型。无论高效液相色谱仪在复杂程度以及各种部件的功能上有多大的差别,就其基本原理而言是相同的,一般由 5 部分组成,分别是输液系统、进样系统、分离系统、检测系统以及数据处理系统。图 12-9 所示为高效液相色谱仪的仪器结构图。

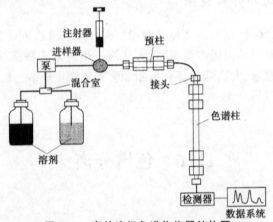

图 12-9　高效液相色谱仪仪器结构图

柱色谱、纸色谱和薄层色谱的分离床是开放的,分离和检测是相对独立的,是实验室常见的简便易行的分离和鉴定方法。

气相色谱和高效液相色谱的色谱柱是封闭的,它们将高效分离和高灵敏检测有机结合起来,实现分离分析一体化,特别适用于混合物和复杂样品分析。

12.6.2　色谱分离法的分类与特点

色谱分离的分类方式有很多种。

按色谱的机理分,色谱分离可分为亲和色谱、吸附色谱、离子交换色谱、凝胶色谱、疏水色谱等几种。按操作形式不同,色谱分离可分为 3 种分别是纸色谱、柱色谱、薄层色谱。色谱法按两相所处的状态可分为液-固色谱、液-液色谱、气-固色谱、气-液色谱。用液体作为流动相,称为"液相色谱";用气体作为流动相,称为"气相色谱"。固定相也有两种状态,以同体吸附剂作为固定相和以附载在固体上的液体作为固定相。不同的色谱分离技术在其分离原理、应用范围、分离效率、操作条件、适用阶段等方面都有一定的差异,具体的选择方案要通过实验、研究最终做出最为合适的选择。

色谱分离是一种物理的分离方法,它是利用多组分混合物中各组分物理化学性质的差别,使各组分以不同的程度分布在两个相中。其中一相是固定相,通常为表面积很大的或多孔性固体;另一相是流动相,是液体或气体。当流动相流过固定相时,由于物质在两相间的分配情况不同,经过多次差别分配而达到分离,或者说,易于分配于固定相中的物质移动速度慢,易于分配于流动相中的物质移动速度快,于是逐步分离。该方法与其他分离纯化方法相比,具有如下基本特点:分离效率高、应用范围广、选择性强、操作简单、方便等优点。与一般的分离技术相比,色谱法也存在着一些缺点如处理量小、操作周期长、不能连续操作,在用色谱法纯化之前一般都需要经过其他方法的初步提取、纯化,因此主要用于实验室,工业生产上应用较少。

12.6.3　离子交换色谱(IEC)

离子交换色谱法是利用离子交换树脂作为固定相,以适宜的溶剂作为移动相,使溶质按它们的离子交换亲和力的不同从而发生分离的方法。如今,离子交换介质得到了很大的发展,尤其为适应工业化大生产及高压液相色谱对压力和流速的要求而开发的刚性好的颗粒介质,使这一技术得到了更加广泛的应用。

离子交换色谱是以离子交换剂为固定相,以含特定离子的溶液为流动相,利用离子交换剂上的可交换离子与溶液中离子发生交换作用,由于不同的溶质离子与离子交换剂上离子化的基团的亲和力和结合条件不同,在经过洗脱液过程后,样品中的离子按结合力的弱强先后洗脱,而将混合物中不同离子进行分离的技术。也可说带电物质因电荷力作用而在固定相与流动相之间分配得以相互分离的技术。其中两性电解质如蛋白质、氨基酸等在不同的溶液当中所带的净电荷的种类和数量是不同的。

当某溶液中的某种两性电解质所带正负电荷数正好相等,即净电荷数为零时,该溶液的 pH 称为此两性电解质的等电点 pI。大部分蛋白质的 pI 值都在 5~9 之间。若溶液 pH 大于高于蛋白质的 pI,则蛋白质带净负电荷;反之则带净正电荷。溶液 pH 和 pI 相差越大,蛋白质等分子所带的净电荷量越大。而由于各种蛋白质的等电点不同,故可以通过改变溶液的 pH 和离子强度来影响其与离子交换树脂的吸附作用,从而将它们相互分离开来。

离子交换剂也称为离子交换介质,为离子交换色谱的固定相。可根据材料的不同,将其划分为:①聚苯乙烯型离子交换树脂。树脂骨架的多孔弹性颗粒;②多糖类骨架的离子交换树脂。如离子交换纤维素、离子交换葡聚糖等。根据根据活性基团的不同可分为:①阳离子交换剂如—SO_3H_2、—PO_3H_2、—$COOH$ 等;②阴离子交换剂如—NH_2、—$NHCH_3$、—$N(CH_3)_2$ 等。

12.6.4　凝胶色谱技术(GPC)

　　凝胶色谱技术又称为空间排阻色谱法(SEC),也称为分子排阻色谱法,是 20 世纪 60 年代初发展起来的一种快速而又简单的分离技术,由于设备简单、操作方便,不需要有机溶剂,在对高分子物质有显著的分离效果。目前已被广泛用于生化学、分子免疫学以及医学等有关领域。

　　凝胶色谱法系指其所用的固定相是称为凝胶的多孔性填料。混合物随流动相经固定相(凝胶)的色谱柱时,混合物中各组分按其分子大小不同而被分离的技术。固定相是一种不带电荷的具有三维空间的多孔网状结构的物质,凝胶的每个颗粒的细微结构就如一个筛子,小分子可进入凝胶网孔,而大分子则排阻于凝胶颗粒之外。整个色谱过程一般不变换洗脱液。其原理如图 12-10 所示。

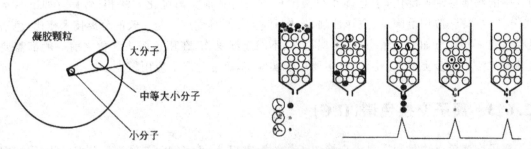

图 12-10　凝胶色谱分离法原理

　　将有一定量的含有不同大小分子的混合原料加在柱上并用流动相洗脱,大分子物质由于直径较大,不易进入凝胶颗粒的微孔,而只能分布于颗粒之间,因此大分子在凝胶床内移动距离较短,在洗脱时向下移动的速度较快。而中等大小的分子物质除了可在凝胶颗粒间隙中扩散外,还可以进入凝胶颗粒的微孔中,但不能深入,凝胶对其阻滞作用不强,将会在大分子之后被洗脱下来。最后小分子物质能够进入凝胶相内,在向下移动的过程中,会由一个凝胶内扩散到颗粒间隙后再进入另一凝胶颗粒,如此不断地进入和扩散,易知小分子物质的下移速度小于前两种物质,最后出柱如图中所示。这样混合样品在经过色谱柱后,各组分基本上按分子大小受到不同阻滞而先后流出色谱柱,从而实现分离的目的。

　　根据流动相的不同,凝胶色谱分离法可分为以有机溶剂为流动相的凝胶渗透色谱法(GFC)和以水或缓冲液为流动相的凝胶过滤色谱法(GPC)。GFC 有如硅胶和玻璃珠等无机填料,琼脂糖凝胶、交联葡聚糖凝胶和聚丙烯酰胺凝胶等,适用于水溶性高分子的分离。GPC 所用填料有聚苯乙烯凝胶、聚乙酸乙烯酯、聚甲基丙烯酸酯凝胶等,主要适合于脂溶性高分子的分离。总的来说凝胶色谱法具有操作方便,不会使物质变性,适用于不稳定的化合物,凝胶无须再生,可反复使用等优点,在生物制药中占有重要的位置。

　　凝胶色谱法中凝胶是其核心,是产生分离的基础。通常用于色谱分离的凝胶需满足以下几点:①具有一定的孔径分布范围;②较高机械强度,允许较高的操作压力;③化学稳定性强,在很宽的 pH 和温度范围内不起化学变化,不分解,使用寿命长;④在分离过程中不与被分离物质发生结合,凝胶骨架在化学上为惰性;⑤本身应是中性物质,不含有或仅含有最少量能解离的基团,不会产生离子交换现象。

12.6.5　亲和色谱(AFC)

亲和色谱是指利用生物活性物质之间的专一亲和吸附作用而进行的色谱方法,专门用于纯化生物大分子的色谱分离技术,它是基于固定相的配基与生物分子间的特殊生物亲和能力来进行相互分离的。

生物体内,许多大分子具有与某些相对应的专一分子可逆结合的特性,如抗原和抗体、酶和底物及辅酶、激素和受体、核糖核酸和其互补的脱氧核糖核酸等。生物分子之间这种特异的可逆性结合能力称为亲和力,利用生物分子之间专一的亲和力进行分离纯化的色谱方法,称为亲和色谱法。亲和色谱中两个进行专一结合的分子互称对方为配基,如抗原和抗体。将一个水溶性配基在不伤害其生物学功能的情况下与水不溶性载体结合称为配基的固相化。

图 12-11 所示为亲和色谱分离原理,把具有特异亲和力的一对分子的任何一方作为配基,在不伤害其生物活性功能的情况下,与不溶性载体结合,使之固定化,装入色谱柱中如图(a)状态,然后把含有目的物质的混合液作为流动相,在有利于固定相配基与目的物质形成配合物的条件下进入色谱柱。这时,混合液中只有能与配基发生结合反应形成配合物的目的物质图目标产物分子被吸附即图(b)状态,不能发生结合反应的杂质分子图中杂蛋白分子会直接流出。经过清洗后,选择适当的洗脱液或改变洗脱条件进行洗脱如图(c)所示,使被分离物质与固定相配基解离,最终将目标产物分离纯化。

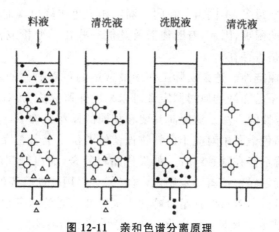

图 12-11　亲和色谱分离原理

(a)进料吸附;(b)清洗;(c)洗脱;(d)再生

●—目标产物;△—杂蛋白

通常需要根据目标产物选择适合的亲和配基来修饰固体粒子,以制备所需的固定相。固体粒子称为配基的载体。亲和色谱的载体物质应具有以下特性。

①不溶性的多孔网状结构及良好的渗透性,以便大分子物质能够自由进入。

②较高的物理化学稳定性、生物惰性及机械强度,最好为粒径均匀的球形粒子,以便能耐受亲和、洗脱等处理并且保证良好的流速,提高分离效果,延长使用寿命。

③亲水性及水不溶性,无非特异性吸附。载体的亲水性常常是保证被吸附生物分子稳定性的重要因素之一。

④含有可活化的反应基团,有利于亲和配基的固定化。

⑤能够抵抗微生物和酶的侵蚀。

常见载体有经济、易得且非特异吸附严重的纤维素,耐酸、碱、有机溶剂及生物侵蚀的多孔玻璃,良好稳定性的葡聚糖凝胶,琼脂糖凝胶和聚丙烯酰胺凝胶等。

12.6.6 气相色谱分离法

12.6.6.1 气相色谱的定性定量分析

色谱法是非常有效的分离与分析方法,分离后的各种成分需要直接进行定性和定量分析。气相色谱的分析对象是在气化室温度下能成为气态的物质,除少数情况外,大多数物质在分析前都需进行预处理。例如,生物样品的预处理是必不可少的,水或空气中的有机污染物的分析需要对样品进行浓缩处理。若样品中含有大量的水、乙醇或能被强烈吸附的物质,一旦进入到色谱柱中将会导致色谱柱柱效变坏;一些非挥发性的物质进入色谱柱后,本身还会逐渐降解,造成严重噪声;像有机酸一类的物质,极性很强,挥发性很低而热稳定性又差,必须先进行化学衍生化处理,使其转变为稳定的、易挥发的物质如三甲基硅烷化衍生物或醚类衍生物后才能进行色谱分析。

(1)定性分析

用气相色谱进行定性分析就是确定待测试样的组成,要确定色谱图上每一个峰的归属。由于能用于色谱分析的物质很多,不同组分在同一固定相上色谱峰出现的时间可能相同,仅凭色谱峰对未知物定性有一定的困难,因此,有时还需要其他一些化学分析或仪器分析方法相配合,才能准确地判断某些组分是否存在。

①用已知纯物质对照定性。这是实际工作中最常用的可靠简便的定性方法,只是当没有纯物质时才用其他方法。用已知纯物质对照定性可以采用保留值法、相对保留值法、加入已知物增加峰高法和双柱、多柱定性的方法。测定时只要在相同的操作条件下,分别测出已知物和未知样品的保留值,在未知样品色谱图中对应于已知物保留值的位置上若有峰出现,则判定样品可能含有此已知物组分,否则就不存在这种组分。如果样品较复杂,流出峰间的距离太近,或操作条件不易控制稳定,要准确确定保留值有一定困难,这时候可以用增加峰高的办法进行定性。将已知物加到未知样品中混合进样,若待定性组分峰比不加已知物时的峰高相对增大了,则表明原样品中可能混有该已知物的成分。有时几种物质在同一色谱柱上恰有相同的保留值,无法定性,则可利用性质差别较大的双柱定性。若在这两个柱子上,该色谱峰峰高都增大了,通常认定是同一物质。

已知物对照法定性非常实用,尤其是对于已知组分的复方药物分析、工厂的定性生产等。

②保留指数法。对于气相色谱,可采用这种方法。保留指数与其他保留数据相比,是一种重现性较好的定性参数。

保留指数是将正构烷烃作为标准物,把一个组分的保留行为换算成相当于含有几个碳的正构烷烃的保留行为来进行描述,这个相对指数称为保留指数,定义公式如下。

$$I_x = 100 \left[Z + n \frac{\lg t'_{R(x)}}{\lg t'_{R(Z+n)}} \right]$$

I_x 为待测组分的保留指数,Z 与 $Z+n$ 为正构烷烃对的碳数。规定正己烷、正庚烷的保留指数为 600、700,其他以此类推即可。

许多手册上都刊载各种化合物的保留指数,只要固定液及柱温相同,在有关文献给定的操作条件下,将选定的标准和待测组分混合后进行色谱实验,由式(4-1)计算则待测组分 X 的保留指数 I_x,再与文献值对照,即可定性。根据保留指数随温度的变化率还可用来判断化合物的类型,因为不同类型化合物的保留指数随温度的变化率不同。保留指数的重复性及准确性均较好(相对误差<1%),是定性的重要方法。

③利用响度保留时间定性。在一定的色谱系统和操作条件下,各种组分都有确定的保留时间,可以通过比较已知纯物质和未知组分的保留时间定性。对于一些组分比较简单的已知范围的混合物、无已知物的情况下,可以采用此方法进行定性。将所得各组分的相对保留时间与色谱手册数据对比定性。如果待测组分的保留值与在相同色谱条件下测得的已知纯物质的保留时间相同,则可以初步认为它们是属同一种物质。为了提高定性分析的可靠性,还可以进一步改变色谱条件(分离柱、流动相、柱温等)或在样品中添加标准物质,如若被测物的保留时间与已知物质相同,则可认为它们属于同一种物质。

④联用技术。气相色谱对于多组分复杂混合物的分离效率很高,定性却十分困难。质谱、红外光谱及核磁共振谱等都是鉴别未知物结构的有力工具,但同时也要求所分析样品成分尽量单一。将色谱与质谱、红外光谱、核磁共振谱等具有定性能力的分析方法联用,复杂的混合物先经气相色谱分离成单一组分后,再利用质谱仪、红外光谱仪或核磁共振谱仪进行定性。即气象色谱仪作为分离手段,把质谱仪、红外分光光度计作为鉴定工具,两者互补,联用技术也称为两谱联用。

(2)定量分析

气相色谱法对于多组分混合物既能分离,又能提供定量数据,迅速方便,定量精密度为 1%~2%。在实验条件恒定时,流入检测器的待测组分 i 的含量 m_i(浓度或质量)与检测器的响应信号(峰面积 A_i 或峰高 h_i)成正比,因此可利用峰面积定量,正常峰也可用峰高定量。

$$m_i = f_{iA} A_i$$

或

$$m_i = f_{ih} h_i$$

式中,f_{iA},f_{ih} 为绝对校正因子。准确地进行定量分析,须准确测量响应信号,确定定量校正因子。

一般正常峰计算峰面积的公式:

$$A = 1.065 \times h \times W_{1/2}$$

式中,A 为峰面积,h 为峰高,在相对计算时,系数 1.065 可以约去。这里的峰高 h 指的是峰顶与基线之间的距离。

①定量校正因子。色谱的定量分析是基于被测物质的量与其峰面积的正比关系。由于同一检测器对同一种物质具有不相同的响应值,用峰面积来计算物质的含量是不行的,要引入校正因子进行计算。

绝对校正因子,指单位峰面积或者峰高对应的组分 i 的浓度和质量。

$$f_{iA} = m_i / A_i$$

$$f_{ih} = m_i / h_i$$

测量绝对校正因子 f_{iA}、f_{ih},需要准确知道进样量,这是比较困难的,在定量分析中常用相对校正因子。

相对校正因子为

$$F_{isA} = f_{iA} / f_{sA} = A_s m_i / A_i m_s$$

$$F_{ish} = f_{ih} / f_{sh} = A_s m_i / A_i m_s$$

式中，F_{isA}、F_{ish} 分别为组分 i 以峰面积和峰高为定量参数时的相对校正因子，f_{sA}、f_{sh} 分别是基准组分 s 以峰面积和峰高为定量参数时的绝对校正因子。m_i、m_s 可用分析天平称量而得。相对校正因子与无关相对校正因子与组分和标准物的性质及检测器类型有关，与操作条件或者色谱条件无关。当无法得到被测的纯组分时，可以使用文献值，文献中的相对校正因子通常使用庚烷（对火焰离子化检测器）或苯（对热导检测器）作标准物。

测定相对校正因子时应注意：标准物纯度和组分应符合色谱分析要求，不应小于 98%。在一定的浓度范围之内，响应值与浓度呈线性关系，组分的浓度应在线性范围内。

②定量方法。色谱法常用的定量方法有：归一化法、外标法、内标法等。

归一化法是将试样中所有组分的含量之和按百分比计算，以它们相应的色谱峰面积为定量参数。若试样中所有组分均能流出色谱柱且在检测器上有响应信号，可用此方法计算各待测组分 X 的含量，公式如下。

$$\omega_i = \frac{A_X f_X}{\sum_{j=1}^{n} A_j f_j}$$

式中，f 为相对校正因子。

归一化法的优点是简便，定量结果与进样量无关，操作的条件变化对结果影响较小。缺点是必须所有组分在一个分析周期都能流出色谱柱，而且检测器对它们都产生信号，否则，结果就会不准确。因此，如若试样中有组分不能出峰，则不适用此法。

外标法是所有定量分析中最通用的定量方法，其优点是操作简便，不必测定校正因子，计算简单。分析结果的准确度主要取决于进样量重复性和色谱操作条件的稳定程度。它又分为两种。标准曲线法：取待测试样的纯物质配成一系列不同浓度的标准溶液，分别取一定体积，进样分析。从色谱图上测出峰面积，以峰面积对含量作图即为标准曲线。在相同的色谱操作条件下分析待测试样，从色谱图上测出试样的峰面积或者峰高，再由上述标准曲线查出待测组分的含量。直接比较法：将未知样品中某一物质的峰面积与该物质的标准品的峰面积直接比较进行定量。通常要求标准品的浓度与被测组分浓度接近，从而减少定量误差。

内标法又称为内标标准曲线法。该方法是将一定量的纯物质作为内标物，加入准确称取的样品中，根据样品与内标物的重量及其在色谱图上相应的峰面积比，求出某组分的含量。内标法的主要优点在于，通过测量内标物和被测组分的峰面积的相对值进行计算，由于操作条件变化而引起的误差，也将反映在内标物和被测组分上而抵消掉，从而能得到比较准确的结果。这种方法在很多仪器分析方法上得到应用。

12.6.6.2 气相色谱法的应用

气相色谱法广泛应用于各种领域，如石油化工、药物、食品、环境保护等。

(1)石油化工

石油化工产品包括各种烃类物质、汽油、柴油、重油与蜡等。早期，有效快速地分离分析时候有产品是气相色谱法的目的之一。图 12-12 所示为 $C_1 \sim C_5$ 烃的色谱图。

(2)药物

许多中西成药在提纯浓缩后可以再衍生化后进行分析，主要有镇定催眠药物、兴奋剂、抗生素等。图 12-13 所示为某镇定药的分析色谱图。

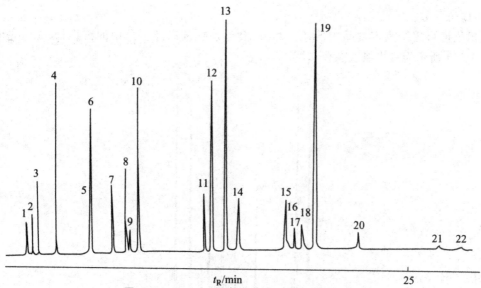

图 12-12　$C_1 \sim C_5$ 烃类物质的分离分析的色谱图

色谱峰:1—甲烷;2—乙烷;3—乙烯;4—丙烷;5—环丙烷;6—丙烯;7—乙炔;8—异丁烷;9—丙二烯;
　　　10—正丁烷;11—反-2-丁烯;12—1-丁烯;13—异丁烯;14—顺-2-丁烯;15—异戊烷;16—1,2-丁二
　　　烯;17—丙炔;18—正戊烷;19—1,3-丁二烯;20—3-甲基-1-丁烯;21—乙烯基乙炔;22—乙基乙炔

色谱柱:Al_2O_3/KCl PLOT 柱

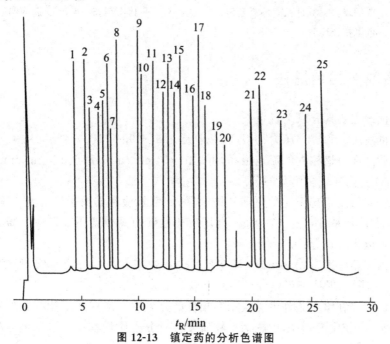

图 12-13　镇定药的分析色谱图

色谱峰:1—巴比妥;2—二丙烯巴比妥;3—阿普巴比妥;4—异戊巴比妥;5—戊巴比妥;6—司可巴比妥;
　　　7—眠尔通;8—导眠能;9—苯巴比妥;10—环巴比妥;11—美道明;12—安眠酮;13—丙咪嗪;14—
　　　异丙嗪;15—丙基解痉素(内标);16—舒宁;17—安定;18—氯丙嗪;19—3-羟基安定;20—三氟
　　　拉嗪;21—氟安定;22—硝基安定;23—利眠宁;24—三唑安定;25—佳静安定

色谱柱:SE-54

（3）食品卫生

气相色谱可用于测定食品中的各种组分、食品添加剂以及食品中的污染物,尤其是农药残留。图 12-14 所示为有机氯农药色谱图。

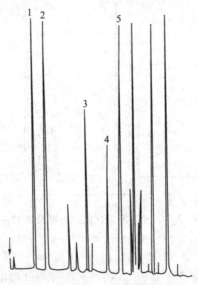

图 12-14　有机氯农药色谱图

色谱峰:1—林丹;2—环氧七氯;3—艾氏剂;4—狄氏剂;5—p′,p′-滴滴涕

色谱柱:SE-52

12.6.7　高效液相色谱法

高效液相色谱主要具有以下特点:

①高压。供液压力和进样压力都很高,一般是 $9.8 \sim 29.4$ MPa,甚至达到 49 MPa 以上。

②高速。载液在色谱柱内的流速很高,可达 $1 \sim 10$ mL/min,甚至 100 mL/min 以上,分离速度快,一般可在 1 h 内完成多组分的分离。

③高灵敏度。采用了基于光学原理的检测器,如紫外检测器灵敏度可达 $5 \sim 10$ mg/L 的数量级;荧光检测器的灵敏度可达 10^{-11} g。高压液相色谱的灵敏度还表现在所需试样很少,微升数量级的样品足以进行全分析。

④高效。由于新型固定相的出现,具有高的分离效率和高的分辨本领,每米柱子柱效可达 5 000 塔板以上,有时一根柱子可以分离 100 个以上组分。

⑤适用范围广。在室温条件下无法用气相色谱分离的高沸点或不能气化的物质,热不稳定或加热后容易裂解、变质的物质,生物活性物质或相对分子质量在 400 以下的有机物质,都可用高效液相色谱法进行分离分析。

12.6.7.1　高效液相色谱法的类型

依据分离原理不同,高效液相色谱法可分为十余种,主要有液-固吸附色谱法、液-液分配色谱法、体积排阻色谱法等。

（1）液-固吸附色谱法

液-固吸附色谱法也称为液固色谱，使用固体吸附剂，被分离组分在色谱柱上的分离原理是根据固定相对组分吸附力大小不同而分离。固定相是吸附剂，流动相是以非极性烃类为主的溶剂。分离过程是一个吸附—解吸附的平衡过程。常用的吸附剂为硅胶或氧化铝，粒度为 $5\sim10~\mu m$。适用于分离分子量为 $200\sim1\,000$ 的组分，大多数用于非离子型化合物。液固吸附色谱传质快，装柱容易，重现性好，不足之处是试样容量小，需配置高灵敏度的检测器。该方法适用于分离极性不同的化合物、异构体以及进行族分离。不适用于含水化合物和离子化合物，离子型化合物易产生拖尾。

（2）液-液分配色谱法

根据被分离的组分在流动相和固定相中溶解度不同而分离。在液液色谱中，固定相是通过化学键合的方式固定在基质上。分离过程是一个分配平衡过程。不同组分的分配系数不同，是液液分配色谱中组分能被分离的根本原因。

液-液分配色谱法按固定相和流动相的相对极性，可分为正相分配色谱法和反相分配色谱法。

①正相分配色谱法：采用极性固定相（如聚乙二醇、氨基与腈基键合相）；流动相为相对非极性的疏水性溶剂（烷烃类如正己烷、环己烷），常加入异丙醇、乙醇、三氯甲烷等以调节组分的保留时间。一般用于分离中等极性和极性较强的化合物（如酚类、胺类、羰基类及氨基酸类等），极性小的组分先洗出，极性大的后流出。

②反相分配色谱法：通常用非极性固定相（如 C18、C81）。流动相为水或缓冲液，常加入甲醇、乙腈、异丙醇、四氢呋喃等与水互溶的有机溶剂以调节保留时间。通常适用分离非极性和极性较弱的化合物，极性大的组分先洗出，极性小的后流出。

（3）体积排阻色谱法

体积排阻色谱法也可称为凝胶过滤色谱。流动相是可以溶解样品的溶剂，固定相是有一定孔径的多孔性填料。小分子量的化合物可以进入孔中，滞留时间长；大分子量的化合物不能进入孔中，直接随流动相流出。它利用分子筛对分子量大小不同的各组分排阻能力的差异而完成分离。体积排阻色谱法广泛地应用于测定高聚物的分子量和分子量分布。该方法有保留时间短、易检测，普峰窄，可采用灵敏度较低的检测器、柱寿命长等优点。缺点是不能分辨分子大小相近的化合物。

（4）亲和色谱法

利用流动相中的生物大分子（氨基酸、肽、蛋白质、核酸、核苷、酶等）和固定相表面偶联的特异性配基发生亲和作用能力的差别，对溶液中的溶质进行有选择地吸附从而达到分离的方法。当含有亲和物的试样流经固定相时，亲和物就与配基结合而与其他组分分离。待其他组分先流出色谱柱后，通过改变流动相的 pH 或组成，以降低亲和物与配基的结合力，将保留在柱上的大分子以纯品形式洗脱下来。

亲和色谱法是一种选择性过滤，具有纯化效率、高选择性强等特点，一步即可获得纯品，是分离和纯化生物大分子的重要手段之一。

12.6.7.2　高效液相色谱的应用

高效液相色谱法更适合于热稳定性差、不易挥发的物质的分离和分析，应用更为广泛。目前已知的有机化合物中 80% 需用高效液相色谱进行分析。高效液相色谱法不仅可以分析组成简单的样品，还能对许多组成复杂、极性差异大的样品进行分析。

在生物化学和药学领域，HPLC 应用极为广泛氨基酸及其衍生物、有机酸、甾体化合物、生物碱、抗生素、糖类、卟啉、核酸及其降解产物、蛋白质、酶和多肽以及脂类等产物的分析。HPLC 在生化医药方面引发了一场革命。如分子生物领域中对基因重整而得到的新基因的分离和纯化，单克隆抗体的纯化等方面；在将基因工程产品工业化生产时，使用 HPLC 能有效地将产品从发酵液中提取出来，得到纯度足够高且对人体无害的蛋白药物和疫苗产品。对于一般手段较难分离的异构体药物及亲脂性很强的药物，采用硅胶柱即可达到分离的目的。HPLC 在对这类药物的质量控制上，也具有重要意义。此外 HPLC 更是大幅缩短了样品的检测分析所需要的时间。

12.6.8 薄层色谱分离法

薄层色谱是一种将柱色谱与纸色谱相结合发展起来的色谱方法，是一种常见的简便快速的分离分析方法。

薄层色谱分离法通常是将固定相(吸附剂)均匀地涂在玻璃板上制成薄层板。将试液点在薄层板的原点处(与纸色谱相同)，然后放入盛有展开剂的容器中，由于薄层固定相颗粒间的毛细管作用，展开剂沿着吸附剂薄层上升，样品组分就沿着薄层在固定相和流动相之间不断地发生溶解、吸附、再溶解、再吸附的分配过程。容易被吸附的物质上升得慢些，较难被吸附的物质上升得快些，经过一段时间后，不同物质上升的距离不一样，而在薄层上形成相互分开的斑点从而达到分离(图 12-15)。

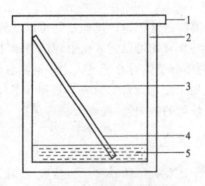

图 12-15 薄层色谱展开槽

1—缸盖；2—层析缸；3—薄层板；4—点样处；5—展开剂

薄层色谱实验方法与纸色谱基本一样。但由于它分离效率高、检出灵敏度高以及分离过程快等优点，应用比纸色谱广泛。

薄层色谱固定相是通过加入一定量的黏合剂或烧结方式使固定相颗粒牢固地吸在薄层(玻璃、塑料或金属)板上而不脱落，硅胶、氧化铝是薄层色谱中使用最多的两种固定相。常用的黏合剂有煅石膏、淀粉、羧甲基纤维素等。常见的商品薄层色谱有：硅胶 G(含石膏)；硅胶 H(不含黏合剂)；硅胶 HF_{254}(含 254 nm 激发的荧光剂)；硅胶 GF_{254}(含石膏和 254 nm 激发的荧光剂）；硅胶 CMC（含羧甲基纤维素）等。此外，目前市场上还有各种规格的高效薄层色谱板商品出售。

薄层色谱展开剂的选择要考虑样品的性质、吸附剂的活性和展开剂的极性。薄层色谱所用的展开剂主要是低沸点的有机溶剂。对极性较大的化合物进行分离应选用极性较大的展开剂，极性较小的化合物应选用极性较小的展开剂。常见溶剂极性大小顺序：石油醚＜环己烷＜四氯化碳＜甲苯＜苯＜二氯甲烷＜氯仿＜乙醚＜乙酸乙酯＜正丙醇＜乙醇＜甲醇＜水。

与纸色谱法一样，薄层色谱可通过 R_f 值进行定性分析。但由于薄层色谱受到许多实验因素的影响，R_f 值重现性比较差。因此，在薄层色谱分离鉴定时，通常用对照品同时进行对照实验。

薄层色谱的定量方法分为直接法和间接法两类。直接法是在同一块板上，在相同的实验条件下测量斑点面积的大小或颜色深浅进行定量。它又分为斑点面积测量法、目视比较法和薄层色谱扫描仪法。间接法是将斑点从硅胶上洗脱下来，再用其他方法定量。

薄层色谱广泛应用于各种有机物和无机物的分离鉴定，如化学工业、临床、药学、生物化学样品的初级分离检验。它也常作为柱色谱分离的初试和检测手段。

①产品中杂质的检验及产品质量的控制。由于薄层色谱属于半定量色谱，用薄层色谱法来控制杂质限量，在一些国家的药典中已有使用。具体方法：取一定量的试样，点样展开后显色，除了主斑点外，不出现其他杂质斑点，或杂质斑点的大小及颜色深度不超过对照用的标准斑即为产品合格。

②反应产物的分离及反应终点的控制。在化学反应进行到一定时间后，取少量反应液点样分析，了解还剩下多少原料未起作用，从而判断和控制反应终点。对难分离的反应产物可采用柱色谱纯化，这时可采用点板分析确定分离程度。

③快速分离检测。某些组分薄层色谱可用于市场上来自化学、工业、临床、药学等化学样品的快速分离检验，以及蔬菜残余农药的快速检验。

12.6.9　纸色谱分离法

纸色谱分离的装置如图 12-16 所示。用毛细管将样品点加入原点处，然后将此滤纸悬挂于支架上，滤纸下端浸没于溶剂流动相中，而样品原点正好露出液面。滤纸及溶剂必须置于密封容器中，使滤纸为溶剂蒸气所饱和。滤纸通常约含 20% 水分，水分就是固定相。由于滤纸的毛细管现象，溶剂向上运动，从而使样品在两相间进行无数次的分配交换过程。对水亲和力大的组分移动得慢，对水亲和力小的组分随溶剂迅速向上移动，从而达到互相分离的目的。样品在两相间反复分配的过程称为展开。由以上所述可知，纸色谱的分离机理属液-液分配色谱机理，但实际情况比较复杂，因为滤纸的毛细孔具有吸附作用。滤纸的化学组成为纤维素，而纤维素分子中存在羧基，羧基中的氢离子与被分离离子之间又会产生离子交换作用。当溶剂前沿快到滤纸顶端时，取出滤纸干燥。若被分离化合物是无色的，则应喷洒合适的显色剂于滤纸上，使化合物斑点出现。

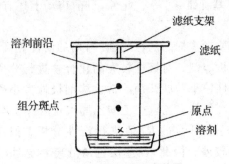

图 12-16　纸色谱分离装置

利用组分的比移值 R_f 进行定量分析。

$$R_f = \frac{组分移动的距离}{溶剂前沿的距离} = \frac{原点至组分中心点的距离}{原点至溶剂前沿的距离}$$

利用 R_f 值作为鉴定化合物的依据是,用已知标准样在相同实验条件下,进行平行对照实验。若两者 R_f 值相同,可断定为同一物质。将不同色斑取下,将它淋洗或溶解下来,然后用合适的手段进行检测。对复杂样品,若按图 12-16 的单向展开方式,其分离结果往往不令人满意。可采用双向色谱,即将方形滤纸先沿一个方向展开,然后将滤纸转 90°角,再沿另一个方向展开,这样使原来的单向展开时重叠的组分,有可能得到良好的分离。

第13章 其他仪器分析法

13.1 荧光分析法

13.1.1 荧光产生的过程

荧光发光过程在激发光停止后的 10^{-8} s 或 0.01 μs 就停止发光。由于不同的发光物质的内部结构和固有的发光特性各异,所以可根据其荧光光谱进行定性或定量分析。

13.1.1.1 光的吸收

分子在紫外-可见光的照射下,吸收能量,电子跃迁到较高能级的激发态,变为高能态的激发分子,在很短的时间内(约 10^{-8} s),它们通过分子碰撞以热的形式损失一部分能量,从所处的激发能级跃迁至第一激发态的最低振动能级;再由最低振动能级跃迁至基态的振动能级。在此过程中,激发分子以光的形式放出它所吸收的能量,这时所发的光称为分子荧光。其发射的波长可以同分子所吸收的波长相同,也可以不同,这一现象称为光致发光,最常见的是荧光和磷光。按荧光产生时物质能级跃迁的情况可分为,分子荧光、原子荧光及 X 射线荧光等。

13.1.1.2 电子自旋的多重性

基态分子吸收光能后,价电子跃迁到高能级的分子轨道上称为电子激发态。分子荧光和磷光通常是基于 $\pi^* \rightarrow \pi$、$\pi^* \rightarrow n$ 形式的电子跃迁,这两类电子跃迁都需要有不饱和官能团存在以便提供 π 轨道。在光致激发和去激发光的过程中,分子中的价电子可以处在不同的自旋状态,常用电子自旋状态的多重性来描述。一个所有电子自旋都配对的分子的电子态称为单重态,用 S 表示;在激发态分子中,两个电子自旋平行的电子态称为三重态,用 T 表示。

电子自旋状态的多重性 $M=2S+1$,其中 S 是电子的总自旋量子数,它是分子中所有价电子自旋量子数的矢量和。当两个价电子的自旋方向相反时,$S=(-1/2)+1/2=0$,多重性 $M=1$,该分子便处于单重态。当两个电子的自旋方向相同时,$S=1$,$M=3$,分子处于三重态。基态为单重态的分子具有最低的电子能,该状态用 S_0 表示。S_0 态的一个电子受激跃迁到与它最近的较高分子轨道上且不改变自旋,即成为单重第一激发态 S_1,当受到能量更高的光激发且不改变自旋,就会形成单重第二电子激发态 S_2。若电子在跃迁过程中使分子具有两个自旋平行的电子,则该分子便处于第一激发三重态 T_1 或第二激发三重态 T_2。

对同一物质,所处的多重态不同其性质明显不同。第一,S 态分子在磁场中不会发生能级的分裂,具有抗磁性,而 T 态有顺磁性。第二,电子在不同多重态间跃迁时需换向,不易发生,因此,S 与 T 态间的跃迁概率总比单重与单重间的跃迁概率小。第三,单重激发态电子相斥比对应的三重激发态强,所以各状态能量高低为:$S_2 > T_2 > S_1 > T_1 > S_0$,$T_1$ 是亚稳态。第四,受激 S 态的平均寿命大约为 10^{-8} s,T_2 态的寿命也很短,而亚稳的 T_1 态的平均寿命在 $10^{-4} \sim 10$ s。第五,$S_0 \rightarrow T_1$ 形式的跃迁是"禁阻"的,不易发生,但某些分子的 S_1 态和 T_1 态间可以互相转换,且 $T_1 \rightarrow S_0$ 形式的跃迁有可能导致磷光光谱的产生。

13.1.1.3　非辐射能量的传递

(1)振动弛豫

在同一电子能级内,激发态分子以热的形式将多余的能量传递给周围的分子,而电子则从高的振动能级回到低的振动能级的现象称为振动弛豫。产生振动弛豫的时间极为短暂,为 $10^{-13} \sim 10^{-11}$ s。由于振动弛豫效率很高,溶液的荧光总是从激发态的最低振动能级开始跃迁,因此荧光光谱和吸收光谱并不一致,荧光光谱的峰值要比吸收光谱的峰值波长大一些,即产生红移,这种红移也叫斯托克斯偏移。

(2)内转换

同一多重态的不同电子能级间可发生内转换。例如,当 S_2 的较低振动能级与 S_1 的较高振动能级的能量相当而发生重叠时,分子有可能从 S_2 的振动能级过渡到 S_1 的振动能级上,这种无辐射去激过程称为内转换。内转换同样会发生在三重态 T_2 和 T_1 之间,内转换发生的时间在 $10^{-11} \sim 10^{-13}$ s。

(3)外转换

激发态分子的退激发过程包含激发分子与溶剂或其他溶质间的相互作用和能量转换时称为外转换。溶剂对荧光强度有明显的影响,凡可使粒子间碰撞减少的条件通常都可导致荧光的增强。

(4)系间窜跃

不同多重态之间的无辐射跃迁称为系间窜跃。发生系间窜跃时电子自旋需换向,因而比内部转换困难,需要 10^{-6} s。系间窜跃易于在 S_1 和 T_1 间进行,发生系间窜跃的根本原因在于各电子能级中振动能级非常靠近,势能面发生重叠交叉,而交叉地方的位能是一样的。当分子处于这一位置时,既可发生内部转换,也可发生系间窜跃,这取决于分子的本性和所处的外部环境条件。

13.1.1.4　荧光发射

当分子处于单重激发态的最低振动能级时,直接发射一个光量子后回到基态,这一过程称为荧光发射。单重激发态的平均寿命在 $10^{-9} \sim 10^{-7}$ s 左右,而荧光的寿命也在同一数量级上,如果没有其他过程同荧光相竞争,那么所有激发态分子都将以发射荧光的方式回到基态。

13.1.1.5　荧光的产生

（1）分子荧光

处于 S_1 或 T_1 态的分子返回 S_0 态时伴随发光现象的过程称为辐射去激,分子从 S_1 态的最低振动能级跃迁至 S_0 态各振动能级时所产生的辐射光称为荧光,它是相同多重态间的允许跃迁,概率大,辐射过程快,因而称为快速荧光或瞬时荧光,简称荧光。

由于分子光致激发时,光能经过各种无辐射去激的消耗,落到 S_1 态的最低振动能级后再发光,因而所发射荧光的波长总比激发光长,能量比激发光小,这种现象称为斯托克斯位移,常用符号"s"表示,它是荧光物质最大激发光波长与最大发射荧光波长之差,但习惯上用波长的倒数即波数之差表示如下:

$$s = 10^7 \left[\frac{1}{\lambda_{ex}} - \frac{1}{\lambda_{em}} \right]$$

式中,λ_{ex}、λ_{em} 分别为最大激发光和最大发射荧光波长,nm。该式物理意义是:荧光未发射之前,在荧光寿命期间能量的损失。斯托克斯位移越大,激发光对荧光测定的干扰越小,当它们相差大于 20 nm 以上时,激发光的干扰很小,能进行荧光测定。

（2）延迟荧光

某些物质的分子跃迁至 T_1 态后,因相互碰撞或通过激活作用又回到 S_1 态,经振动弛豫到达 S_1 态的最低振动能级再发射荧光,这种荧光称为延迟荧光,其寿命与该物质的分子磷光相当。不论何种荧光都是从 S_1 态的最低振动能级跃迁至 S_0 态的各振动能级产生的。所以,同一物质在相同条件下观察到的各种荧光其波长完全相同,只是发光途径和寿命不同。延迟荧光在激发光源熄灭后,可拖后一段时间,但和磷光又有本质区别,同一物质的磷光波长总比发射荧光的波长要长。

13.1.2　分子荧光的性质

13.1.2.1　荧光分子的特征光谱

荧光和磷光均属于光致发光,所以都涉及两种辐射,即激发光和发射光,因而也都具有两种特征光谱,即激发光谱和发射光谱。它们是荧光和磷光定性和定量分析的基本参数及依据。

（1）激发光谱

荧光是一种光致发光现象,由于分子对光的选择性吸收,不同波长的入射光便具有不同的激发效率。如果固定荧光的发射波长而不断改变激发光的波长,并记录相应的荧光强度,那么所得到的荧光强度对激发波长的谱图称为荧光的激发光谱。激发光谱反映了在某一固定的发射波长下所测量的荧光强度与激发光波长之间的关系,为荧光分析选择最佳激发波长提供依据。

（2）发射光谱

发射光谱又称为荧光光谱。通过固定激发波长,扫描发射波长所获得的荧光强度对发射波长的关系曲线为荧光发射光谱。发射光谱反映了在相同的激发条件下,不同波长处分子的相对发射强度。荧光发射光谱可以用于荧光物质的鉴别,并作为荧光测定时选择恰当的测定波长或滤光片。

荧光仪上所测绘荧光的激发光谱和发射光谱均属于表观光谱,当对仪器的光源、单色器和检测器等的光谱特征进行校准后,才能绘得校准的荧光的激发光谱和发射光谱。

（3）同步荧光光谱

荧光物质既具有发射光谱又具有激发光谱,如果采用同步扫描技术,同时记录所获得的谱图,称为同步荧光光谱,如图 13-1 所示。

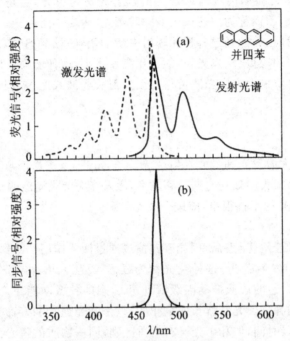

图 13-1　并四苯的特征光谱

(a)激发光谱和发射光谱；(b)同步荧光光谱,$\Delta\lambda = 3$ nm

同步扫描可采取三种方式进行:第一,固定波长差同步扫描法。扫描时保持激发波长和发射波长的波长差固定;第二,固定能量差同步扫描法。扫描时激发波长和发射波长之间保持一个恒定的波数差;第三,可变波长同步扫描法。使两个单色器分别以不同速率进行扫描,即扫描过程中激发波长和发射波长的波长差是不固定的。

同步荧光光谱并不是荧光物质的激发光谱与发射光谱的简单叠加,同步扫描至激发光谱与发射光谱重叠波长处,才同时产生信号,如图 13-1 所示。在固定波长差同步扫描法中,$\Delta\lambda$ 的选择直接影响到所得到的同步光谱的形状、带宽和信号强度。通过控制 $\Delta\lambda$ 值,可为混合物分析提供一种途径。例如,酪氨酸和色氨酸的荧光激发光谱很相似,发射光谱重叠严重,但 $\Delta\lambda < 15$ m 时的同步荧光光谱只显示酪氨酸的光谱特征,$\Delta\lambda > 60$ m 时,只显示色氨酸的光谱特征,从而可实现分别测定。

同步荧光光谱的谱图简单,谱带窄,减小了谱图重叠现象和散射光的影响,提高了分析测定的选择性。同步荧光光谱损失了其他光谱带,提供的信息量减少。

（4）三维荧光光谱

以荧光强度为激发波长和发射波长的函数得到的光谱图为三维荧光光谱,也称为总发光光谱,等高线光谱等。

三维荧光光谱可用两种图形表示,即三维曲线光谱图和平面显示的等强度线光谱图,如图 13-2 所示。从三维荧光光谱可以清楚看到激发波长与发射波长变化时荧光强度的信息。它能提供更完整的光谱信息,可作为光谱指纹技术用于环境检测和法庭试样的判证。

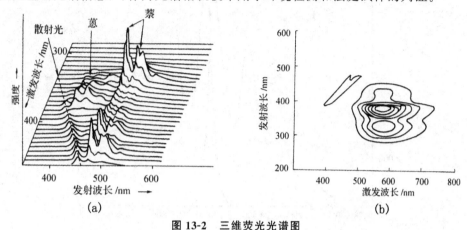

图 13-2　三维荧光光谱图

(a)蒽和萘的三维荧光光谱图;(b)8-羟基苯芘的等强度线光谱图

13.1.2.2　激发光谱与发射光谱的特征

(1)斯托克斯位移

在溶液荧光光谱中,所观察到的荧光发射波长总是大于激发波长,斯托克斯在 1852 年首次观察到这种波长位移的现象,因而称为斯托克斯位移。斯托克斯位移说明了在激发与发射之间存在着一定的能量损失。激发态分子在发射荧光之前,很快经历了振动松弛或内转化过程而损失部分激发能,致使发射相对于激发有一定的能量损失,这是产生斯托克斯位移的主要原因。其次,辐射跃迁可能只使激发态分子衰变到基态的不同振动能级,然后通过振动松弛进一步损失振动能量,这也导致了斯托克斯位移。此外,溶剂效应以及激发态分子所发生的反应,也将进一步加大斯托克斯位移现象。

(2)镜像对称规则

分子的荧光发射光谱与其吸收光谱之间存在着镜像关系。如图 13-3 所示是苝在苯溶液的吸收和荧光发射光谱图。由图看出吸收和发射间存在较好的镜像关系。但是大多数化合物虽然存在这样的镜像关系,不过其对称程度不像苝这样好。镜像对称规则的产生是由于大多吸收光谱的形状表明了分子的第一激发态的振动能级结构,而荧光发射光谱则表明了分子基态的振动能级结构。一般情况下,分子的基态和第一激发单重态的振动能级结构类似,因此吸收光谱的形状与荧光发射光谱的形状呈镜像对称关系。

(3)发射光谱的形状通常与激发波长无关

虽然分子的吸收光谱可能含有几个吸收带,但其发射光谱却通常只含有一个发射带。绝大多数情况下即使分子被激发到 S_2 电子态以上的不同振动能级,然而由于内转化和振动松弛的速率是非常快,以致很快地丧失多余的能量而衰变到 S_1 态的最低振动能级,然后发射荧光,因而其发射光谱通常只含有一个发射带,且发射光谱的形状与激发波长无关,只与基态中振动能级的分布情况以及各振动带的跃迁概率有关。

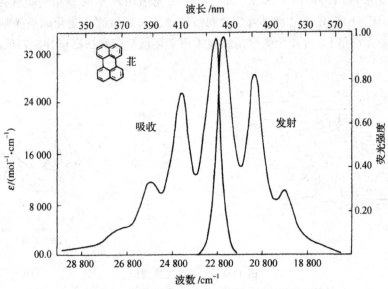

图 13-3　苊在苯溶液中的吸收和发射光谱图

13.1.3　分子荧光的参数

13.1.3.1　荧光寿命

荧光寿命用 τ 来表示,荧光量子产率用 ϕ 来表示,它们是荧光物质的重要发光参数。荧光寿命是处于激发态的荧光体返回基态之前停留在激发态的平均时间,或者说处于激发态的分子数目衰减到原来的 $1/e$ 所经历的时间,这意味着在 $t=\tau$ 时,大约有 63% 的激发态分子已去激衰变。荧光寿命在荧光分析或生命科学的研究中有重要意义,因为它能给出分子相互作用的许多动力学信息。

荧光寿命的测定方法,应用较广泛的是脉冲光激发时间分解法和相调制法。通过实验求得最大荧光强度 I_{of} 和衰减不同时间 t 的荧光强度 I_t 后,用 $\ln(I_{of}/I_t)$ 值为纵坐标,以对应的时间 t 为横坐标作图可得一直线,该直线的斜率等于 $1/t$,因此,可以求出荧光寿命 τ。

13.1.3.2　荧光效率

分子产生荧光的条件是分子必须有产生电子吸收光谱的特征结构和较高的荧光效率。许多物质不产生荧光,就是由于该物质吸光后的分子荧光效率不高,而将所吸收的能量消耗于与溶剂分子或其他溶质分子之间,因此无法发出荧光。荧光效率也称为荧光量子产率,它表示所发出荧光的光子数和所吸收激发光的光子数的比值。

$$荧光效率(\varphi)=\frac{发出的光子数}{吸收的光子数}$$

荧光效率越大,表示分子产生荧光的能力越强,声值在 $0\sim1$ 之间。喹啉的荧光强度十分稳定,可作为荧光分析的基准物质,硫酸喹啉$(0.5\ \mathrm{mol/L})$溶液的荧光效率 $\phi=0.55$。

在产生荧光的过程中,涉及许多辐射和无辐射跃迁过程。很明显,荧光效率将与每一个过程的速率常数有关。那么荧光效率可以以各种跃迁的速率常数来表示,即

$$\phi = \frac{K_f}{K_f + \sum K_i}$$

式中,K_f 为荧光发射过程中的速率常数;$\sum K_i$ 为非辐射跃迁的速率常数之和。

13.1.3.3　荧光强度

当一束强度为 I_0 的紫外-可见光照射于一盛有溶液浓度为 c mol/L、厚度为 b cm 的样品池时,可在吸收池的各个方向观察到荧光,其强度为 F,透过光强度为 I_t,吸收光强度为 I_a。由于激发光的一部分能透过样品池,故一般在与激发光源垂直的方向上测量荧光,如图 13-4 所示。

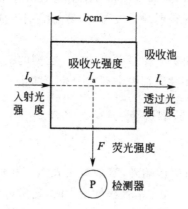

图 13-4　光吸收与荧光示意图

荧光的产生是由于物质在吸收了激发光部分能量后发射的波长更长的光,因此,溶液的荧光强度 F 与该溶液吸收光的强度 I_a 以及物质的荧光效率声成正比

$$F = \phi I_a$$

根据朗伯－比尔定律可以推导出:

$$F = 2.303 \phi I_0 \varepsilon bc \tag{13-1}$$

当入射光强度 I_0 和 b 一定时,式(13-1)可写成

$$F = Kc$$

即荧光强度 F 与溶液浓度 c 成正比,这是荧光分析定量的基本依据。荧光强度和溶液浓度呈线性关系成立条件为 $\varepsilon bc \leqslant 0.02$,即只限于很稀的溶液;$\phi_a$ 与浓度无关,为一定值;无荧光的再吸收。当溶液浓度高时,由于存在自猝灭和自吸收等原因,荧光强度和浓度不再呈现线性关系。

由于荧光强度和入射光强度成正比,因此增加 I_0 可以提高分析灵敏度。在可见吸光光度法中,当溶液浓度很稀时,吸光度 A 很小而难以测定,故其灵敏度不太高。而荧光分析法可采用足够强的光源和高灵敏度的检测放大系统,从而获得比可见吸光光度法高得多的灵敏度。

13.1.3.4　荧光与分子结构的关系

分子结构和化学环境是影响物质发射荧光和荧光强度的重要因素。通常,强荧光分子都具

有大的共轭π键结构以及供电子取代基和刚性平面结构等,而饱和的化合物和只有孤立双键的化合物,不呈现显著的荧光。

最强且最有用的荧光物质大多是含有 $\pi \rightarrow \pi^*$ 跃迁的有机芳香化合物及其金属离子配合物,电子共轭度越大,越容易产生荧光;环越大,发光峰红移程度越大,发光也往往越强。具有一个芳环或具有多个共轭双键的有机化合物容易产生荧光,稠环化合物也会产生荧光。最简单的杂环化合物,如吡啶、呋喃等都不产生荧光。

取代基的性质对荧光体的荧光特性和强度具有强烈影响。苯环上的取代基会引起最大吸收波长的位移及相应荧光峰的改变。通常给电子基团,如—OH、—NH$_2$、—NR$_2$ 等可使共轭体系增大,导致荧光增强;吸电子基团,如—Cl、—Br、—I、—COOH、—NHCOCH$_3$ 和—NO$_2$ 等使荧光减弱。具有刚性结构的分子容易产生荧光。

含有氮、氧、硫杂原子的有机物,如喹啉和芳酮类物质都含未键合的非键电子 n,电子跃迁多为 $n \rightarrow \pi^*$ 型,系间窜跃强烈,荧光很弱或不发荧光,易与溶剂生成氢键或质子化从而强烈影响它们的发光特性。

不含氮、氧、硫杂原子的有机荧光体多发生 $\pi \rightarrow \pi^*$ 类型的跃迁,这是电子自旋允许的跃迁,摩尔吸光系数大、荧光辐射强,在刚性溶剂中常有与荧光强度相当的磷光。

13.1.3.5 荧光强度的影响因素

(1)溶剂

除了溶剂对光的散射、折射等影响外,溶剂对荧光强度和形状的影响主要表现在溶剂的极性、形成氢键及配位键等的能力方面。溶剂极性增大时,通常将使荧光光谱发生红移。氢键及配位键的形成更使荧光强度和形状发生较大变化。

(2)温度

大多数荧光物质都随其所在溶液的温度升高荧光效率下降,荧光强度减小。如荧光素钠的乙醇溶液在-80℃时,其荧光效率可达 100%,当温度每增加 10℃时,荧光效率约减小 3%。显然,随着溶液温度升高,会增加分子间碰撞次数,促进分子内能的转化,从而导致荧光强度下降。为此,在许多荧光计的液槽上配有低温装置,以提高灵敏度。

(3)溶液 pH

对含有酸碱基团的荧光分子,受溶液 pH 的影响较大,需要严格控制。当荧光物质为弱酸或弱碱时,溶液 pH 的改变对溶液的荧光强度有很大影响,这是由于它们的分子和离子在电子结构上的差异导致的。

(4)内滤光作用和自吸现象

内滤光作用是指溶液中含有能吸收荧光的组分,使荧光分子发射的荧光强度减弱的现象。例如,色氨酸中有重铬酸钾存在时,重铬酸钾正好吸收了色氨酸的激发和发射峰,测得的色氨酸荧光强度显著降低。

自吸收现象是指荧光分子的荧光发射光谱的短波长端与其吸收光谱的长波长端重叠,在溶液浓度较大时,一些分子的荧光发射光谱被另一些分子吸收的现象。自吸收现象也可以使荧光分子测定到的荧光强度降低,浓度越大这种影响越严重。

13.1.3.6　荧光的猝灭

使荧光消失或强度减弱的现象称为荧光猝灭。发生荧光猝灭现象的原因有碰撞猝灭、静态猝灭、转入三重态猝灭和自吸收猝灭等。碰撞猝灭是由于激发态荧光分子与猝灭剂分子碰撞失去能量,无辐射回到基态,这是引起荧光猝灭的主要原因。静态猝灭是指荧光分子与猝灭剂生成不能产生荧光的配合物。荧光分子由激发单重态转入激发三重态后也不能发射荧光。浓度高时,荧光分子发生自吸收现象也是发生荧光猝灭的原因之一。O_2 是最常见的猝灭剂,故荧光分析时需要除去溶液中的氧。

13.1.4　分子荧光光谱仪

荧光光谱仪是由光源、单色器、样品池、检测器等组成。其原理图如图 13-5 所示。由光源发出的光经激发单色器分光后得到特定波长激发光,然后入射到样品使荧光物质激发产生荧光,通常在 90°方向上进行荧光测量。因此,发射单色器与激发单色器互成直角。经发射单色器分光后使荧光到达检测器而被检测。另外,通常在激发单色器与样品池之间及样品池与发射单色器间还装有滤光片架以备不同荧光测量时选择使用各种滤光片。滤光片用于消除或减小瑞利散射光及拉曼光等的影响。在更高级的荧光仪器中,激发和发射滤光片架同时也可安装偏振片以备荧光偏振测量时选用。仪器是由计算机控制的,并可进行固体物质的荧光测量及低温条件下的荧光测量等。

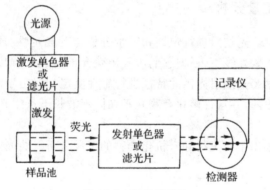

图 13-5　荧光光谱仪

13.1.4.1　光源

激发光源具有强度大、适应波长范围宽这两个特点。

在大多数情况下,需要有一个比在吸收光谱测量中所用的钨灯或氢灯更强的光源。激发光波长固定的荧光计可用非连续光源,如汞弧灯在 254 nm、365 nm、398 nm、436 nm、546 nm、579 nm、690 nm、734 nm 产生强烈的线光谱,配合适当的滤光片可选取其中某一谱线作为激发光。通用性较好的荧光分光光度计大多采用氙灯,这种灯在紫外-可见光区都可提供很强的光。氙灯属于气体放电光源,与一般气体放电光源一样,稳定性较差,所以对电压的稳定性要求较高。

13.1.4.2 单色器

荧光分光光度计中有激发和发射两个独立的单色器。大多数荧光光度计一般采用两个光栅单色器,有较高的分辨率,能扫描图谱,既可获得激发光谱,又可获得荧光光谱。激发单色器作用:分离出所需要的激发光,选择最佳激发波长 λ_{ex},用此激发光激发液池内的荧光物质。发射单色器作用:滤掉一些杂散光和杂质所发射的干扰光,用来选择测定用的荧光发射波长 λ_{em},在选定的 λ_{em} 下测定荧光强度,进行定量分析。

13.1.4.3 样品池

荧光测量用的样品池通常用四面透光的方形石英池,用来盛放待测溶液。

13.1.4.4 检测器

检测器用来将光信号转换成电信号,并放大转成荧光强度。荧光强度一般较弱,要求检测器有较高的灵敏度,荧光光度计多采用光电倍增管。现代荧光光谱仪中普遍使光电倍增管作为检测器。新一代荧光光谱仪中使用了电荷偶合元件检测器,可一次获得荧光二维光谱。

13.1.5 分子荧光分析法的应用

13.1.5.1 荧光定量分析

荧光分析法可用于对荧光物质进行定性和定量分析。荧光定性分析可采用直接比较法,即将试样与已知物质并列于紫外线下,根据它们所发出荧光的颜色和强度等来鉴定它们是否含有同一荧光物质。也可根据荧光发射光谱的特征进行定性鉴定。但由于能产生荧光的化合物占被分析物的数量是相当有限的,并且许多化合物几乎在同一波长下产生光致发光,所以荧光分析法较少用作定性分析。

目前荧光分析法主要用于对无机和有机化合物的定量分析。荧光定量分析的方法主要有校正曲线法和标准对照法。

(1)标准曲线法

根据荧光强度与荧光物质浓度成正比的关系,先用已知量的标准物质经过和试样一样的处理后,配制一系列标准溶液,在一定条件下测定它们的荧光强度,以荧光强度对标准溶液浓度绘制校正曲线。然后在相同的仪器条件下,测定未知试样的荧光强度,从校正曲线上查出它们的浓度。

(2)标准对照法

如果荧光物质的校正曲线通过零点,就可以在线性范围内用标准对照法测定含量。具体做法是:在相同条件下,测定试样溶液和标准溶液的荧光强度,由二者荧光强度的比值和标准溶液的浓度可求得试样中荧光物质的含量。

13.1.5.2 无机化合物的分析

无机化合物荧光分析有直接荧光法、荧光猝灭法、间接荧光法及催化荧光法等。

（1）直接荧光法

无机化合物能自身产生荧光用于测定的比较少，主要依赖于待测元素与有机试剂组成的能发荧光的配合物，通过检测配合物的荧光强度来测定该元素的含量，这种方法称为直接荧光法。现在可以利用有机试剂以进行荧光分析的元素已达到 70 多种。较常用荧光法分析的元素为铍、铝、硼、镓、硒、镁、锌、镉及某些稀土元素等。

（2）间接荧光法

许多有机物和绝大多数的无机化合物，有的不发荧光，有的因荧光量子产率很低而只有微弱的荧光，从而无法进行直接的测定，只能采用间接测定的方法。

间接荧光法常用于某些阴离子如 F^-、CN^- 等的分析，它们可以从某些不发荧光的金属有机配合物中夺取金属离子，而释放出能发荧光的配位体，从而测定这些阴离子的含量。常用的有荧光衍生法。

荧光衍生法是通过某种手段使本身不发荧光的待测物转变为发荧光的另一种物质，再通过测定该物质来测定待测物的方法。荧光衍生法根据采用的衍生反应大致可分为化学衍生法、电化学衍生法和光化学衍生法。其中化学衍生法和光化学衍生法用得较多，尤其是化学衍生法用得最多。许多无机金属离子的荧光测定，一般就是通过它们与金属螯合剂反应生成具有荧光的螯合物之后加以测定的。

（3）荧光猝灭法

某些元素虽不与有机试剂组成会发荧光的配合物，但它们可以从其他会发荧光的金属离子-有机试剂配合物中取代金属离子或有机试剂，组成更稳定的不发荧光配合物或难溶化合物，而导致溶液荧光强度的降低，由降低的程度来测定该元素的含量，这种方法称为荧光猝灭法。有时，金属离子与能发荧光配位体反应，生成不发荧光的配合物，导致荧光配位体的荧光猝灭，同样可以测定金属离子的含量，这也属于荧光猝灭法。该法可以测定氟、硫、铁、银、钴、镍、钛等元素和氰离子。

对静态猝灭，荧光分子 M 与猝灭剂 Q 如果生成非荧光基态配合物 MQ，则

$$M + Q \rightleftharpoons MQ$$

$$K = \frac{[MQ]}{[M][Q]}$$

由于荧光总浓度 $c_M = [M] + [MQ]$，根据荧光强度与荧光分子 M 浓度的线性关系有

$$\frac{I_{0f} - I_f}{I_f} = \frac{c_M - [M]}{[M]} = \frac{[MQ]}{[M]} = K[Q]$$

即

$$\frac{I_{0f}}{I_f} = 1 + K[Q] \tag{13-2}$$

式中，I_{0f} 与 I_f 分别为猝灭剂加入前与加入后试液的荧光强度。当猝灭剂的总浓度 $c_Q < c_M$ 时式（13-2）成立，且 c_Q 与 $[Q]$ 之间成正比关系。同理，也可以推导出与此式完全相似的动态猝灭关系式。

与工作曲线法相似，对一定浓度的荧光物质体系，分别加入一系列不同量的猝灭剂 Q，配成一个荧光物质体系，然后在相同条件下测定它们的荧光强度。以 I_{0f}/I_f 值对 c_Q 绘制工作曲线即可方便地进行工作。该法具有较高的灵敏度和选择性。

（4）催化荧光法

某些反应的产物虽能产生荧光，但反应速率很慢，荧光微弱，难以测定。若在某些金属离子的催化作用下，反应将加速进行，利用这种催化动力学的性质，可以测定金属离子的含量。铜、铍、铁、钴、锇、银、金、过氧化氢及氰离子等都曾采用这种方法测定。

13.1.5.3 有机化合物的分析

（1）脂肪族化合物

脂肪族化合物的分子结构较为简单，本身能产生荧光的很少，如醇、醛、酮、有机酸及糖类。但也有许多脂肪族化合物与某些有机试剂反应后的产物具有荧光性质，此时就可通过测量荧光化合物的荧光强度进行定量分析。

（2）芳香族有机化合物的分析

芳香族化合物具有共轭不饱和结构，大多能产生荧光，可以直接进行荧光测定。有时为了提高测定方法的灵敏度和选择性，还常使某些弱荧光的芳香族化合物与某些有机试剂反应生成强荧光的产物进行测定。例如，降肾上腺素经与甲醛缩合而得到强荧光产物，然后采用荧光显微法可以检测组织切片中含量低至 10^{-17} g 的降肾上腺素。此外，氨基酸、蛋白质、维生素、胺类等有机物大多具有荧光，可用荧光分析法进行测定或研究其结构或生理作用机理。在现代的分离技术中，以荧光法作为检测手段，常可以测定这些物质的低微含量。

13.1.5.4 多组分混合物的荧光分析

如果混合物中各组分的荧光峰相互不干扰，可分别在不同的波长处测定，直接求出它们的浓度。

如果荧光峰互相干扰。但激发光谱有显著差别，其中一个组分在某一激发光下不吸收光，不会产生荧光，因而可选择不同的激发光进行测定。

如果在同一激发光波长下荧光光谱互相干扰，可以利用荧光强度的加和性，在适宜的荧光波长处测定，利用列联立方程的方法求结果。

13.1.5.5 其他应用

（1）溶液中单分子行为的研究

分子荧光方法利用激光诱导产生超高灵敏度，这已能实时检测到溶液中单分子的行为。目前，已观察到溶液中罗丹明 6G 分子，荧光素分子等及其标记的 DNA 分子的单分子行为。

（2）基因研究及检测

遗传物质的 DNA 自身的荧光效率很低，一般条件下几乎检测不到 DNA 的荧光。因此，人们常选用某些荧光分子作为探针，通过探针标记分子的荧光变化来研究 DNA 与小分子及药物的作用机理，从而探讨致病原因及筛选和设计新的高效低毒药物。目前，典型的荧光探针分子为溴化乙锭（EB）。在基因检测方面，已逐步使用荧光染料作为标记物来代替同位素标记，从而克服了同位素标记物产生的污染、价格昂贵及难保存等的不足。

13.2　毛细管电泳分析法

　　毛细管电泳又称为高效毛细管电泳是指离子或带电粒子以毛细管为分离通道,以高压直流电场为驱动力,依据淌度的差异而实现分离的一种全新的分离分析技术。

　　电泳是指带电粒子在电场作用下,以不同速度做定向移动的现象。利用这种技术对物质进行分离分析的方法称为电泳法。电泳作为一种技术或分离工具已有近百年的历史,但经典电泳技术的缺点是操作烦琐、效率较低、重现性差。特别是为了提高分离效率要加大电场强度,使因电流作用产生的内热(称为焦耳热)也随而加大,导致谱带加宽,柱效明显降低。1981 年,乔根森和卢卡奇使用内径为 $75\ \mu m$ 的石英毛细管进行区带电泳,采用激光诱导荧光检测器,在 30 kV 电压下,理论塔板数超过每米 4×10^5,获得快速、极高柱效的分离。他们还进一步研究了影响区带展宽的因素,阐明了毛细管电泳的相关理论。这一开创性工作,使普通电泳这一技术发生了根本性变革,使经典的电泳技术发展为高效毛细管电泳,成为电泳发展史上一个里程碑。从此,毛细管电泳在理论研究、分离模式、商品仪器、应用领域等各方面均获得了迅猛发展。如今,毛细管电泳可与气相色谱法、高效液相色谱法相媲美,成为现代分离科学的重要组成部分。

　　高效毛细管电泳法是经典电泳技术和现代微柱分离相结合的产物,与传统的电泳相比,高效毛细管电泳法主要有 4 个特点,即高效、快速、微量和自动化。在毛细管区带电泳中,柱效一般为每米几十万理论塔板数,高的可达每米几百万以上,而在凝胶电泳中这一指标竟能达到几百万甚至上千万,通常的分析时间不超过 30 min,在采用电流检测器时,CE 的最低检测限可达 10^{-19} mol,即使是一般的紫外检测器,大体也在 $10^{-13} \sim 10^{-15}$ mol,因此样品用量仅为纳升而已,商品仪器的操作已可全部自动化。

13.2.1　毛细管电泳的基本理论

13.2.1.1　电双层

　　在液固两相的界面上,固体分子会发生解离而产生离子,并被吸附在固体表面上。为了达到电荷平衡,固体表面离子通过静电力又会吸附溶液中的相反电荷的离子,从而形成电双层(图 13-6)。

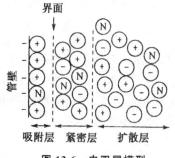

图 13-6　电双层模型

实验表明,石英毛细管表面在 pH>3 时,就会发生明显的解离,使毛细管的内壁带有 SiO^- 负电荷,于是溶液中的正离子就会聚集在表面形成电双层,如图 13-6 所示。这样,电双层与管壁间会产生一个电位差,叫作 Zeta(ξ)电势。Zeta 电势可用下式表达:

$$\xi = 4\pi\delta e/\varepsilon$$

式中,δ 为电双层外扩散层的厚度,离子浓度越高,其值越小;e 为单位面积上的过剩电荷;ε 为溶液的介电常数。

13.2.1.2 电泳与电泳淌度

带电荷粒子在外电场作用下的定向移动的泳动现象称为电泳。其移动速度 u_{ep} 由下式决定。

$$u_{ep} = \mu_{ep} E$$

式中,u_{ep} 为带电粒子的电泳速度,单位为 cm/s,电泳表示符号为 ep;E 为电场强度,单位为 V/cm;μ_{ep} 为带电粒子的电泳淌度,单位为 cm/(V·s)。

电泳淌度是指带电粒子在毛细管中单位时间和单位电场强度下移动的距离,也就是单位电场强度下带电粒子的平均迁移速度,简称淌度,表示为:

$$\mu_{ep} = \frac{u_{ep}}{E}$$

淌度与带电粒子的有效电荷、形状、大小以及介质黏度有关,对于给定的介质,带电粒子的淌度是该物质的特征常数。因此,电泳中常用淌度来描述带电粒子的电泳行为。

带电粒子在电场中的迁移速度取决于该粒子的淌度和电场强度的乘积。在同一电场中,由于带电粒子淌度的差异,致使它们在电场中的迁移速度不同,而导致彼此分离,因此淌度不同是电泳分离的内因。电泳分离的基础是各分离组分有淌度的差异。

带电粒子在无限稀释溶液中的淌度叫作绝对淌度,它表示一种离子在没有其他离子影响下的电泳能力,用 μ_{ab} 表示。在实际工作中,人们不可能使用无限稀释溶液进行电泳,某种离子在溶液中不是孤立的,必然会受到其他离子的影响,使其形状、大小、所带电荷、离解度等发生变化,所表现的淌度会小于 μ_{ab},这时的淌度称为有效淌度,即物质在实际溶液中的淌度,用 u_{ef} 表示。

$$\mu_{ef} = \sum a_i \mu_i$$

式中,a_i 为物质 i 的离解度;u_i 为物质 i 在离解状态下的绝对淌度。

物质的离解度与溶液的 pH 有关,而 pH 对不同物质的离解度影响不同。因此,可以通过调节溶液 pH 来加大溶质之间 u_{ef} 的差异,以提高电泳分离效果。

13.2.1.3 电渗流

电渗流是指体相溶液在外电场的作用下整体朝向一个方向运动的现象,由于液固界面的电双层的存在,在高电压场的作用下,组成扩散层的阳离子被吸引而向负极移动。由于它们是溶剂化的,故将拖动毛细管中的溶液整体向负极流动,这便形成了电渗流,如图 13-7 所示。电渗流的大小直接影响分离情况和分析结果的精密度和准确度。

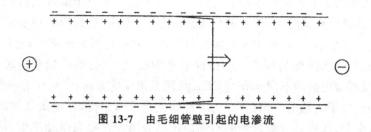

图 13-7　由毛细管壁引起的电渗流

电渗流速率移 v_{EOF} 的大小与电场强度 E、Zeta 电势导、溶液黏度 7 和介电常数 ε 存在以下关系：

$$v_{EOF} = \varepsilon \xi E / \eta$$

其相应的电渗流淌度为：

$$\mu_{EOF} = \varepsilon \xi / \eta$$

由于电渗流的大小与 Zeta 电势呈正比关系，因此影响 Zeta 电势的因素都会影响电渗流。Zeta 电势 ξ 的大小主要取决于毛细管内壁扩散层单位面积的过剩电荷数 e 及扩散层的厚 δ。而芴大小与溶液的组成、离子强度有关。溶液的离子强度越大，扩散层的厚度越薄。电渗流的方向决定于毛细管内壁表面电荷的性质。一般情况下，在 pH＞3 时，石英毛细管内壁表面带负电荷，电渗流的方向由阳极到阴极。但如果将毛细管内壁表面改性，比如在壁表面涂渍或键合一层阳离子表面活性剂，或者在内充液中加入大量的阳离子表面活性剂，将使石英毛细管内壁表面带正电荷。壁表面的正电荷因静电力吸引溶液中阴离子，使电双层 Zeta 电势的极性发生了反转，最后可使电渗流的方向发生变化，即电渗流的方向由阴极到阳极。

13.2.2　毛细管电泳的分离模式

目前，毛细管电泳有六种分离模式：毛细管区电泳、胶束电动毛细管色谱、毛细管凝胶电泳、毛细管等电聚焦电泳、毛细管等速电泳和毛细管电色谱。

13.2.2.1　毛细管区带电泳

毛细管区带电泳（CZE）是毛细管电泳中最简单、最基本也是应用最广的一种分离模式，是其他分离模式的基础。CZE 可以分离小分子，也可以分蛋白质、肽、糖等生物大分子；毛细管经过改性处理之后，甚至可以分离阴离子。CZE 所采用的背景电解质是缓冲溶液，分离是基于试样中各个组分间荷质比的差异，依靠试样中的不同离子组分在外加电场作用下电泳淌度的不同而实现分离，有时需在缓冲溶液中加入一定的添加剂，以提高分离选择性，改变电渗流的大小和方向，或抑制毛细管壁的吸附等。CZE 模式下，电中性物质的淌度差为零，所以不用于分离中性物质。

13.2.2.2　胶束电动毛细管色谱

胶束电动毛细管色谱法（MECC 或者 MEKC）是将电泳技术和色谱技术很好地结合在一起的一种分离模式，以胶束为准固定相，是毛细管电泳中既能够分离带电组分又能够分离中性化合物的分离模式,大大拓宽了电泳技术的应用范围。在背景电解质中加入超过临界胶束浓度的表面活性剂使之在溶液中形成胶束(疏水端聚集在一起,带电荷端向外,胶束在溶液中构成独立的相),比如十二烷基硫酸钠,当溶液中表面活性剂浓度超过临界胶束浓度时,它们就会聚集形成具有三维结构的胶束,疏水性烷基聚在一起指向胶束中心,带电荷的一端朝向缓冲溶液。在电泳中,这些胶束按其所带电荷的不同朝着与 EOF 相同或相反的方向迁移,作为一种"准固定相",使试样组分中的中性粒子在随电渗流移动时,能够像色谱分离一样,在电解质溶液和"准固定相",两相间进行多次分配,依据其分配行为的不同而获得分离。在胶束电动毛细管色谱模式下,"准固定相"作为独立相对分离有重要作用。分离选择性会随着准固定相的种类的改变而改变。

由于毛细管电泳分离及其检测等方面的限制,在实际工作中可选的表面活性剂数量相当少,目前比较常用的几种表面活性剂有:十二烷基硫酸钠、十二烷基磺酸钠、十二烷基三(甲基)氯化铵、十二烷基三(甲基)溴化铵、十四烷基硫酸钠、十四烷基三(甲基)溴化铵、癸烷磺酸钠等阴离子表面活性剂;十六烷基三(甲基)溴化铵等阳离子表面活性剂;胆酰胺丙基二(甲基)氨基丙磺酸、胆酰胺丙基二(甲基)氨基-2-羟基丙磺酸等两性离子表面活性剂等。

13.2.2.3　毛细管凝胶电泳

毛细管凝胶电泳(GGE)是各种分离模式中柱效最高的一种分离模式($n > 10^7$ 块/m),它用凝胶物质或者其他筛分介质作为支撑物进行分离的区带电泳。由于毛细管内填充有凝胶,试样组分在分离中不仅受电场力的作用,同时还受到凝胶的尺寸排阻效应的作用,使得毛细管凝胶电泳结合了毛细管电泳和平板凝胶电泳的特点,常用于蛋白质、核糖核酸、DNA 片段的分离和分析。

13.2.2.4　毛细管等电聚焦电泳

毛细管等电聚焦电泳(CIEF)是根据试样组分的等电点不同而实现分离的一种分离分析技术。当使用有涂层的毛细管时,可以使电渗流降至很小,从而实现基于电迁移差异的分离。将样品与两性电解质混合,然后装入毛细管;施加高电压 3～4 min,两性电解质沿毛细管形成线性pH 梯度,各种具有不同等电点的样品组分按照这一梯度迁移到其等电点位置,其所带净电荷为零,在电场中不再移动,这样各组分被分别聚焦在柱内非常窄的聚焦区带。聚焦完成后,通过外力将此梯度溶液推出毛细管,这些聚焦谱带就被"电洗脱"使组分逐个通过检测器。

等电聚焦常用来测定蛋白质的等电点,对变异血红蛋白、免疫球蛋白等的测定非常有效。在异构酶鉴定、多克隆抗体、单克隆抗体等研究中也经常使用。

13.2.2.5　毛细管等速电泳

毛细管等速聚焦电泳(CITP)是依据在被分离组分与电解质一起向前移动时电泳淌度不同,进行聚焦分离的电泳方法。同等电聚焦电泳一样,等速聚焦电泳在毛细管中的电渗流为零,缓冲液系统由前后两种不同淌度的电解质组成。在分离时,毛细管内首先导入前导电解质,其电泳淌度要高于各被分离组分,含有比所有组分电泳淌度都大的前导离子;然后进样,随后再导入尾随电解质,含有比所有组分电泳淌度都小的尾随离子。在强电场作用下,各被分离组分在前导电解质与尾随电解质之间的空隙中发生聚焦分离。当达到电泳稳定时,各组分按照其淌度大小一次排列,并都以前导离子相同的速率移动,因此称为等速电泳。

13.2.2.6　毛细管电色谱

毛细管电色谱(CEC)在色谱分离机制的基础上,进行分离的电泳技术,它为了使被分离组分在固定相载体上进行保留和分配,在毛细管中填充了类似于液相色谱用的固定相载体,它与液相色谱法的区别在于用电场驱动溶液流动。

13.2.3　毛细管电泳装置——毛细管电泳仪

毛细管电泳仪主要由高压电源、毛细管、检测器、缓冲液、冷却系统和计算机管理系统组成,其基本结构见图 13-8。

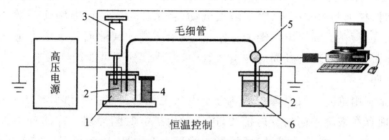

图 13-8　毛细管电泳仪的基本结构流程图
1—高压电极槽与缓冲溶液;2—铂丝电极;3—填灌清洗装置;
4—进样装置;5—检测器;6—低压电极槽与缓冲溶液

毛细管即分离通道的两端分别插在缓冲液槽中,毛细管内充满相同的缓冲溶液。两个缓冲液池液面保持在同一水平面,柱子两端插入液面下同一深度。毛细管柱一端为进样端,另一端连接检测器,高压电源、电极、缓冲液、毛细管一起组成回路,并且在毛细管中形成高压电场。高压电源供给 5~30 kV 电压,被测试样在电场作用下电泳分离。

13.2.3.1　高压电源

在毛细管电泳中常用的高压电源一般为电压 30 kV,电流 200~300 μA。为保证迁移时间具有足够好的重现性,要求电压的稳定性在 ±0.1% 以内。高压电源的极性应该可以改变,当然,最好使用双极性的高压电源。虽然实际分析过程中最常用的是恒压电源,但一般要求高压电源最好能提供恒压、恒流或恒功率等多种供电模式。

13.2.3.2　毛细管

毛细管是分离通道,理想的毛细管柱应是化学和电惰性的,能透过可见光和紫外光,强度高,柔韧性好,耐用且便宜。毛细管的材质可以是玻璃、石英、聚乙烯等。目前采用的毛细管柱大多为圆管形弹性熔融石英毛细管,因为石英材质的毛细管透光性好,有利于紫外检测,化学惰性,柱外涂敷一层聚酰亚胺以大幅度增加其柔韧性。降低毛细管内径,有利于减少焦耳热,却不利于对吸附的抑制,而且还会造成进样、检测和清洗的困难。毛细管柱的常规尺寸为:内径 20~75 μm、外径 350~400 μm,柱长一般不超过 1 m。

13.2.3.3　进样

（1）电动进样

电动进样是将毛细管柱的进样端插入样品溶液，然后在准确时间内施加电压，试样因电迁移和电渗作用进入管内。电动进样的动力是电场强度，可通过控制电场强度和进样时间来控制进样量。电动进样结构简单，易于实现自动化，是商品仪器必备的进样方式。该法的缺点是存在进样偏向，即组分的进样量与其迁移速度有关；在同样条件下，迁移速度大的组分比迁移速度小的组分进样量大，这会降低分析结果的准确性和可靠性。

（2）压力进样

压力进样也叫流动进样，它要求毛细管中的介质具有流动性。当将毛细管的两端置于不同的压力环境中时，在压差的作用下，管中溶液流动，将试样带入。使毛细管两端产生压差的方法有：在进样端加气压，在毛细管出口端抽真空，以及抬高进样端液面等。压力进样没有进样偏向问题，但选择性差，样品及其背景同时被引入管中，对后续分离可能产生影响。

（3）扩散进样

扩散进样是利用浓差扩散原理将样品分子引入毛细管。当把毛细管插入样品溶液时，样品分子因管口界面存在浓度差而向管内扩散，进样量由扩散时间控制。样品分子进入毛细管的同时，区带中的背景物质也向管外扩散，即扩散进样具有双向性，因此可以抑制背景干扰，提高分离效率。扩散与电迁移方向、速度无关，可抑制进样偏向，提高了定性定量结果的可靠性。

13.2.3.4　检测器

检测器是毛细管电泳仪的一个关键构件，特别是光学类检测器，由于采用柱上检测技术导致光程极短，而且圆柱形毛细管作为表面也不够理想，因此对检测器灵敏度要求相当高。当然，在毛细管电泳中也有有利于检测的因素，如在高效液相色谱中，因稀释的缘故，溶质到达检测器的浓度一般是其进样端原始浓度的 1%，但在毛细管电泳中，经优化实验条件后，可使溶质区带到达检测器时的浓度和在进样端开始分离前的浓度相同。而且毛细管电泳中还可采用电堆积等技术使样品达到柱上浓缩效果，使初始进样体积浓缩为原体积的 $1\%\sim10\%$，这对检测十分有利。因此从检测灵敏度的角度来说，高效液相色谱具有良好的浓度灵敏度，而毛细管电泳则具有较高的质量灵敏度。目前，紫外、荧光、电化学、质谱等检测手段均用于毛细管电泳法中。

13.2.4　毛细管电泳的应用

毛细管电泳的分离模式多样化，毛细管内壁的修饰方法不同、流动的缓冲液中的添加剂不同以及新型检测技术的发展，使得毛细管电泳在分析化学、药物学、临床医学、食品科学以及农学等领域有着广泛的应用。当前，高效毛细管电泳已经成为生物化学和分析化学中备受瞩目，发展迅速的一种分离技术。

13.2.4.1　在生命科学中的应用

随着人类基因组项目的开展，迅速推动人类疾病的 DNA 诊断及基因治疗的研究迎来了基因作为药物的时代。人类基因的研究,大大加快了医学基因鉴定,发现疾病基因的速度迅速增长。人类某些常见致命的多发病如癌、心脏病、动脉粥样硬化、心肌梗死、糖尿病及痴呆病的基因研究已取得了巨大的进展。人类疾病的 DNA 诊断,对 DNA 序列的检测已有几种多聚酶链放大反应(PCR)技术。近年来,毛细管电泳已迅速发展为 PCR 产物分析的重要方法。在人类疾病的高效 DNA 诊断中,毛细管电泳可对致病基因做快速及精密的鉴定。在法医学中 DNA 鉴定也取得很大进展,从一根人类的毛发、血迹、骨组织、唾液或精液提取少量 DNA,便能用于人的鉴别。采用毛细管电泳自动化分析,可获得高精密度,且所需样品少,速度快,为法医科学和案件审判提高了效率及减少费用。毛细管电泳在生物大分子蛋白和肽的研究可用来检测纯度,如可以检测出多肽链上的单个氨基酸的差异;若与质谱联用,可以推断蛋白质的分子结构。如果采用最新技术,甚至能检测单细胞、单分子,如监测钠离子和钾离子在胚胎组织膜内外的传送。

13.2.4.2 在无机金属离子分析中的应用

与离子色谱相比,毛细管电泳在无机金属离子分离分析上具有许多优势,它能在数分钟内分离出四五十个离子组分,并且不需要复杂的操作程序。利用高效毛细管电泳法分离无机离子最关键的问题是检测,基本检测方式分为直接检测和间接检测。少数无机离子在合适价态下有紫外吸收,能够直接检测出;绝大多数无机离子不能直接利用紫外吸收检测,此时,可以在具有紫外吸收离子的介质中进行电泳,可以测得无吸收同符号离子的负峰或者倒峰。背景试剂可选择淌度较大的芳胺或胺等。芳胺的有效淌度随 pH 下降而增加,因而改变 pH 可以改善峰形和分离度。采用胺类背景时,多选择酸性分离条件。如咪唑、吡啶及其衍生物等杂环化合物也是一类很好的背景试剂。如图 13-9 所示是 27 种无机阳离子在对甲苯胺作为背景试剂时的高速高效分离。

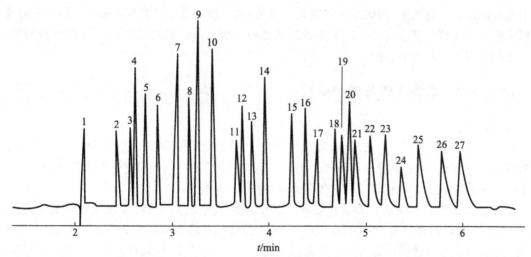

图 13-9 27 种无机阳离子在对甲苯胺背景试剂中的高效分离

色谱峰:1—K^+;2—Ba^{2+};3—Sr^{2+};4—Na^+;5—Ca^{2+};6—Mg^{2+};7—Mn^{2+};8—Cd^{2+};9—Li^+;
10—Co^{2+};11—Pb^{2+};12—Ni^{2+};13—Zn^{2+};14—La^{3+};15—Ce^{3+};16—Pr^{3+};17—Nd^{3+};18—Sm^{3+};
19—Gd^{3+};20—Cu^{2+};21—Tb^{3+};22—Dy^{3+};23—Ho^{3+};24—Er^{3+};25—Tm^{3+};26—Yb^{3+};27—Lu^{3+}

13.3 原子吸收分光光度法

基于测量待测元素的基态原子对其特征谱线的吸收程度而建立起来的分析方法,称为原子吸收光谱法,简称原子吸收法(AAS),或原子吸收分光光度法。原子吸收光谱法是 20 世纪 50 年代后发展起来的一种新型仪器分析方法。它在地质、冶金、材料科学、生物医药、食品、环境科学、农林研究、生物资源开发和生命科学等各个领域,已经得到广泛的应用。

13.3.1 原子吸收光谱分析的基本原理

13.3.1.1 共振线和吸收线

任何元素的原子都是由原子核和围绕原子核运动的电子组成的。这些电子按其能量的高低分层分布,而具有不同能级,因此一个原子可具有多种能级状态。在正常状态下,原子处于最低能态(这个能态最稳定)称为基态。处于基态的原子称为基态原子。基态原子受到外界能量(如热能、光能等)激发时,其外层电子吸收了一定能量而跃迁到不同高能态,因此原子可能有不同的激发态。当电子吸收一定能量从基态跃迁到能量最低的激发态时所产生的吸收谱线,称为共振吸收线,简称共振线。当电子从第一激发态跃回基态时,则发射出同样频率的光辐射,其对应的谱线称为共振发射线,也简称共振线。

由于不同元素的原子结构不同,因此其共振线也各有特征。由于原子的能态从基态到最低激发态的跃迁最容易发生,因此对大多数元素来说,共振线也是元素的最灵敏线。原子吸收光谱分析法就是利用处于基态的待测原子蒸气对从光源发射的共振发射线的吸收来进行分析的,因此元素的共振线又称为分析线。

13.3.1.2 谱线轮廓与谱线变宽

(1)谱线轮廓

从理论上讲,原子吸收光谱应该是线状光谱。但实际上任何原子发射或吸收的谱线都不是绝对单色的几何线,而是具有一定宽度的谱线。若在各种频率 v 下,测定吸收系数 K_v,以 K_v 为纵坐标,一为横坐标,可得如图 13-10 所示曲线,称为吸收曲线。

曲线极大值对应的频率 v_0 称为中心频率。中心频率所对应的吸收系数称为峰值吸收系数,用 K_v 表示。在峰值吸收系数一半($K_0/2$)处,吸收曲线呈现的宽度称为吸收曲线半宽度,以频率差 Δv 表示。吸收曲线的半宽度 Δv 的数量级为 $10^{-3} \sim 10^{-2}$ nm(折合成波长)。吸收曲线的形状就是谱线轮廓。

(2)谱线变宽

原子吸收谱线变宽的原因较为复杂,一般由两方面的因素决定。一方面是由原子本身的性质决定了谱线的自然宽度;另一方面是由于外界因素的影响引起的谱线变宽。谱线变宽效应可用 Δv 和 K_0 的变化来描述。

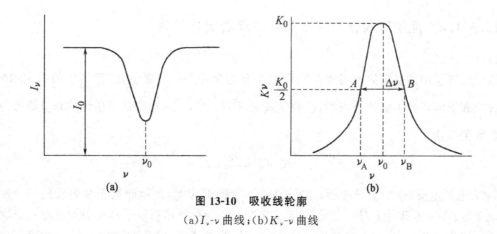

图 13-10　吸收线轮廓

(a)I_ν-ν 曲线；(b)K_ν-ν 曲线

　　自然变宽 $\Delta \upsilon_N$。在没有外界因素影响的情况下,谱线本身固有的宽度称为自然宽度(10^{-5} nm)。不同谱线的自然宽度不同,它与原子发生能级跃迁时激发态原子平均寿命($10^{-8} \sim 10^{-5}$ s)有关,寿命长则谱线宽度窄。谱线自然宽度造成的影响与其他变宽因素相比要小得多,其大小一般在 10^{-5} nm 数量级。

　　多普勒变宽 $\Delta \upsilon_D$。多普勒变宽是由于原子在空间做无规则热运动而引起的,所以又称为热变宽。多普勒变宽与元素的相对原子质量、温度和谱线的频率有关。被测元素的相对原子质量越小,温度越高,则 $\Delta \upsilon_D$ 就越大。在一定温度范围内,温度微小变化对谱线宽度影响较小。

　　压力变宽是由产生吸收的原子与蒸气中原子或分子相互碰撞而引起的谱线变宽,所以又称为碰撞变宽。根据碰撞种类,压力变宽又可以分为两类:一是劳伦兹变宽,它是产生吸收的原子与其他粒子(如外来气体的原子、离子或分子)碰撞而引起的谱线变宽。劳伦兹变宽($\Delta \upsilon_L$)随外界气体压力的升高而加剧,随温度的升高谱线变宽呈下降的趋势。劳伦兹变宽使中心频率位移,谱线轮廓不对称,影响分析的灵敏度。二是赫鲁兹马克变宽,又称为共振变宽,它是由同种原子之间发生碰撞而引起的谱线变宽,共振变宽只在被测元素浓度较高时才有影响。

　　除上面所述的变宽原因之外,还有其他一些影响因素。但在通常的原子吸收实验条件下,吸收线轮廓主要受多普勒和劳伦兹变宽影响。当采用火焰原子化器时,劳伦兹变宽为主要因素。当采用无火焰原子化器时,多普勒变宽占主要地位。

13. 3. 1. 3　原子蒸气中基态与激发态原子数的比值

　　原子吸收光谱是以测定基态原子对同种原子特征辐射的吸收为依据的。当进行原子吸收光谱分析时,首先要使样品中待测元素由化合物状态转变为基态原子,这个过程称为原子化过程,通常是通过燃烧加热来实现。待测元素由化合物离解为原子时,多数原子处于基态状态,其中还有一部分原子会吸收较高的能量被激发而处于激发态。理论和实践都已证明,由于原子化过程常用的火焰温度多数低于 3 000 K,因此对大多数元素来说,火焰中激发态原子数远远小于基态原子数(小于 1%),因此可以用基态原子数 N_0 代替吸收辐射的原子总数。

13.3.1.4 原子吸收值与待测元素浓度的定量关系

（1）积分吸收

原子蒸气层中的基态原子吸收共振线的全部能量称为积分吸收，它相当于如图 13-10 所示吸收线轮廓下面所包围的整个面积，以数学式表示为 $\int K_v \mathrm{d}v$。理论证明谱线的积分吸收与基态原子数的关系为：

$$\int K_v \mathrm{d}v = \frac{\pi e^2}{mc} f N_0$$

式中，e 为电子电荷；m 为电子质量；c 为光速；f 为振子强度，表示能被光源激发的每个原子的平均电子数，在一定条件下对一定元素，f 为定值；N_0 为单位体积原子蒸气中的基态原子数。

在火焰原子化法中，当火焰温度一定时，N_0 与喷雾速度、雾化效率以及试液浓度等因素有关，而当喷雾速度等实验条件恒定时，单位体积原子蒸气中的基态原子数 N_0 与试液浓度成正比，即 $N_0 \propto c$。对给定元素，在一定实验条件下，$\frac{\pi e^2}{mc} f$ 为常数。因此

$$\int K_v \mathrm{d}v = kc \tag{13-3}$$

式（13-3）表明，在一定实验条件下，基态原子蒸气的积分吸收与试液中待测元素的浓度成正比。因此，如果能准确测量出积分吸收就可以求出试液浓度。然而要测出宽度只有 $10^{-3} \sim 10^{-2}$ nm 吸收线的积分吸收，就需要采用高分辨率的单色器，这在目前的技术条件下还难以做到。所以原子吸收法无法通过测量积分吸收求出被测元素的浓度。

（2）峰值吸收

1955 年 A Walsh 以锐线光源为激发光源，用测量峰值吸收系数 K_0 的方法来替代积分吸收。所谓锐线光源是指能发射出谱线半宽度很窄（Δv 为 0.000 5～0.002 nm）的共振线的光源。峰值吸收是指基态原子蒸气对入射光中心频率线的吸收。峰值吸收的大小以峰值吸收系数 K_0 表示。

假如仅考虑原子热运动，并且吸收线的轮廓取决于多普勒变宽，则

$$K_0 = \frac{N_0}{\Delta v_\mathrm{D}} \cdot \frac{2\sqrt{\pi \ln 2}\, e^2 f}{mc}$$

当温度等实验条件恒定时，对给定元素，$\frac{2\sqrt{\pi \ln 2}\, e^2}{\Delta v_\mathrm{D} mc}$ 为常数，因此

$$K_0 = k'c \tag{13-4}$$

式（13-4）表明，在一定实验条件下，基态原子蒸气的峰值吸收与试液中待测元素的浓度成正比。因此可以通过峰值吸收的测量进行定量分析。

为了测定峰值吸收 K_0，必须使用锐线光源代替连续光源，也就是说，必须有一个与吸收线中心频率 v_0 相同、半宽度比吸收线更窄的发射线作光源，如图 13-11 所示。

（3）原子吸收与原子浓度的关系

虽然峰值吸收 K_0 与试液浓度在一定条件下成正比关系，但在实际测量过程中并不是直接测量 K_0 值大小，而是通过测量基态原子蒸气的吸光度并根据吸收定律进行定量的。

设待测元素的锐线光通量为 Φ_0，当其垂直通过光程为 b 的基态原子蒸气时，由于被试样中待测元素的基态原子蒸气吸收，光通量减小为 Φ_tr（图 13-12）。

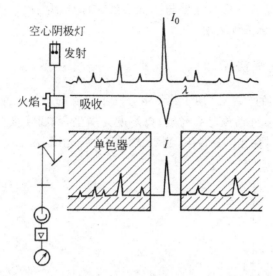

图 13-11　原子吸收的测量

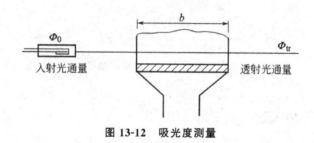

图 13-12　吸光度测量

根据光吸收定律，$\dfrac{\Phi_{tr}}{\Phi_0}=\mathrm{e}^{-K_0 b}$ 因此

$$A=\lg\frac{\Phi_{tr}}{\Phi_0}=K_0 b\lg\mathrm{e}$$

即根据式(13-4)得

$$A=\lg\mathrm{e}K_0 b$$

当实验条件一定时：$\lg\mathrm{e}k'$ 为一常数，令 $\lg\mathrm{e}k'=K$ 则

$$A=Kcb \tag{13-5}$$

式(13-5)表明，当锐线光源强度及其他实验条件一定时，基态原子蒸气的吸光度与试液中待测元素的浓度及光程长度(火焰法中燃烧器的缝长)的乘积成正比。火焰法中 b 通常不变，因此式(13-5)可写为：

$$A=K'c \tag{13-6}$$

式中，K' 为与实验条件有关的常数。式(13-5)和式(13-6)即为原子吸收光谱法定量依据。

13.3.2　原子吸收的定量分析方法

当待测元素浓度不高时，在吸收光程长度固定情况下，试样的吸光度与待测元素浓度成正比。在实际测量中,通常是将试样吸光度与标准溶液或标准物质比较而得到定量分析的结果。通常方法有标准曲线法和标准加入法。

13.3.2.1　标准曲线法

标准曲线法是最常用的方法,适用于共从组分互不干扰的试样。配一组溶度合适的标准溶液系列,由低溶度到高溶度分别测定吸光度;以溶度为横坐标,吸光度为纵坐标,绘制 $A\text{-}c$ 标准曲线图,如图 13-13 所示。在相同条件下,测定试样溶液吸光度,由 $A\text{-}c$ 标准曲线求得试样溶液中待测元素溶度。

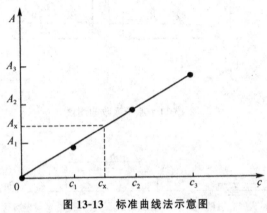

图 13-13　标准曲线法示意图

13.3.2.2　标准加入法

当试样中共存物不明或基体复杂而又无法配制与试样组成相匹配的标准溶液,且机体成分对测定又有明显干扰时,使用标准加入法进行分析是合适的。

标准加入法具体操作方法是:吸取四份以上等量的试液,第一份不加待测元素标准溶液,第二份开始,依次按比例加入不同量待测组分标准溶液,用溶剂稀释至同一的体积,以空白为参比,在相同测量条件下,分别测量各份试液的吸光度,绘出工作曲线,并将它外推至浓度轴,则在浓度轴上的截距,即为未知样品浓度 c_x,如图 13-14 所示。

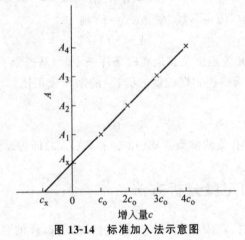

图 13-14　标准加入法示意图

13.3.2.3 内标法

此法只在双波道的原子吸收分光光度计上应用。测定时在标准溶液和试液中加入一定量的内标元素(注意试样中不应存在内标元素,内标元素中也不应存在试样)。首先测得标准溶液中待测元素和内标元素的吸光度,并求出其比值,用此比值对标准溶液中待测元素的浓度作标准曲线。然后,在相同的条件下,根据测量的试样中待测元素和内标元素二者吸光度的比值,从标准曲线上求得试样中待测元素的浓度。使用内标法能够消除溶液黏度、表面张力、样品的雾化率和火焰温度等因素的影响,因而能得到高精密度的测量结果。本法所选用的内标元素要求在基体内和在火焰中所表现的物理性质、化学性质等与待测元素相同或相近。

13.3.3 原子吸收分光光度计

原子吸收光谱法所用的测量仪器称为原子吸收分光光度计。虽然测定原子吸收的仪器形式多种多样,但它们都是由光源、原子化系统、分光系统和检测系统等四个基本部分组成的,如图 13-15 所示。

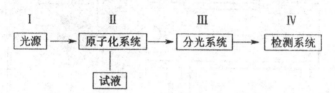

图 13-15 原子吸收分光光度计结构框图

13.3.3.1 光源

原子吸收光谱仪中光源的作用是提供待测元素的特征谱线(共振线),要求光源能够发射共振锐线、辐射强度足够大、背景低、稳定性好、噪声小、操作方便以及使用寿命长。最常用的锐线光源是空心阴极灯,它是一种特殊的气体放电管,主要由一个钨棒阳极和一个由被测元素纯金属制成的空心阴极构成,其结构如图 13-16 所示。

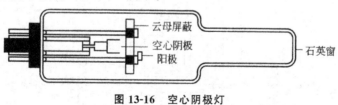

图 13-16 空心阴极灯

在一定的工作条件下,阴极纯金属表面原子产生溅射和激发并发射出待测元素的特征锐线光谱。空心阴极灯又称为元素灯,若阴极材料只含有一种元素,则为单元素灯,只能用于一种元素的测定;若阴极材料含有多种元素,则可制得多元素灯用于多种元素测定,但后者性能不如前者。除元素灯外,还有高频无极放电灯、低压汞蒸气放电灯、激光灯等光源。

13. 3. 3. 2 原子化器

原子化器的功能是提供能量,使试样中的待测元素转变成为能吸收特征辐射的基态原子,其性能直接影响分析的灵敏度和重现性。对原子化器的基本要求是:原子化效率高,良好的稳定性和重现性,灵敏度高,记忆效应小,噪声低及操作简单等。原子化器分为火焰原子化器和石墨炉原子化器两大类。

火焰原子化器结构简单,操作方便快速,重现性好,有较高的灵敏度和检出限等,目前仪器多采用预混合型火焰原子化器,一般包括雾化器、雾化室、燃烧器与气体控制系统。如图 13-17 所示。

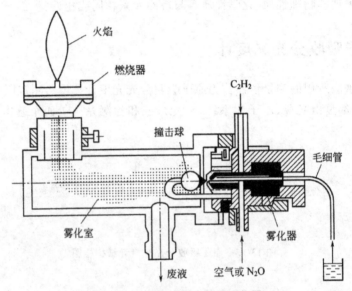

图 13-17 预混合型火焰原子化器

石墨炉原子化器一般由加热电源、炉体及石墨管组成。炉体又包括石墨管座、电源插座、水冷却外套、石英窗和内外保护气路等,如图 13-18 所示。石墨炉原子化器的原子化效率高,试样用量少,绝对灵敏度高,检出限低,应用日趋广泛。

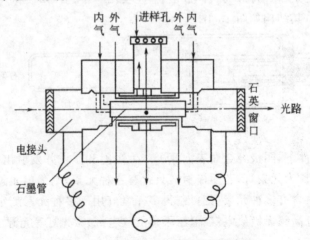

图 13-18 石墨炉原子化器结构示意图

13.3.3.3　分光系统

原子分光光度计中的分光系统位于原子化器之后,它的作用是将待测元素的共振线与其他谱线(非共振线、惰性气体谱线、杂质光谱和火焰中的杂散光等)分开。分光器由色散元件(棱镜或光栅)、凹面反射镜、入出射狭缝组成,转动棱镜或光栅,则不同波长的单色谱线按一定顺序通过出射狭缝投射到检测器上,如图 13-19 所示。

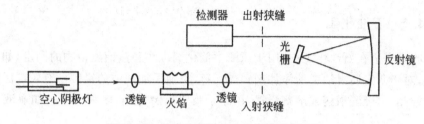

图 13-19　单光束原子分光光度计光学系统

由于元素灯发射的是半宽度很窄的锐线,比一般光源发射的光谱简单,因此原子吸收分析中不要求分光器有很高的色散(分辨)能力。

13.3.3.4　检测系统和读数系统

检测系统包括光电元件、放大器及信号处理器件等,可将由单色器投射出的特征谱线进行光电转换测量。在火焰原子吸收光谱分析法中,光电元件一般采用光电倍增管。

经检测器放大后的电信号通过对数转换器转换成吸光度 A,即可用读数系统显示出来。显示方式历经了电表指示、数字显示、记录仪记录、屏幕显示(曲线、图谱等可自动绘制)或打印输出结果。显示的参数也在增多,如 T、A、c、k 等。现代高级仪器均配有微处理机或计算机来实现软件控制而完成测定。

13.3.4　原子吸收光谱法的应用

原子吸收分光光度法的测定灵敏度高,检测限小,干扰少,操作简单快速,应用的范围日益广泛,可测定的元素有 60～70 种。

13.3.4.1　各族元素

碱金属是用原子吸收分光光度法测定的灵敏度很高的一类元素。用原子发射分光光度法测定碱金属,灵敏度也很高。因此,现在人们常用原子发射分光光度法而不是用原子吸收分光光度法来测定碱金属。

碱土金属在火焰中易生成氧化物和小量的 MOH 型化合物。原子化效率强烈地依赖于火焰组成和火焰高度。因此,必须仔细地控制燃气与助燃气的比例,恰当地调节燃烧器的高度。为了完全分解和防止氧化物的形成,应使用富燃火焰。在空气—乙炔火焰中,碱土金属有一定程度的电离,加入碱金属可抑制电离干扰。镁是原子吸收分光光度法测定的最灵敏的元素之一。

有色金属元素包括 Fe、Co、Ni、Cr、Mo、Mn 等。这组元素的一个明显的特点是它们的光谱都很复杂。因此,应用高强度空心阴极灯光源和窄的光谱通带进行测定是有利的。Fe、Co、Ni、Mn 用贫燃乙炔-空气火焰进行测定。Cr、Mo 用富燃乙炔-空气火焰进行测定。

Ag、Au、Pd 等的化合物易实现原子化,用原子吸收分光光度法测定时显示出很高灵敏度,宜用贫燃乙炔-空气火焰,Ag、Pd 要选用较窄的光谱通带。

原子吸收除了测定金属元素的含量外,还可间接测定非金属的含量。如 SO_4^{2-} 的测定,先用已知过量的钡盐和 SO_4^{2-} 沉淀,再测定过量钡离子含量,从而间接得出 SO_4^{2-} 含量。

13.3.4.2　石油化工

原子吸收光谱法在石油化工中,用于原油中催化剂毒物和蒸馏残留物的测定,如测定油槽中的镍、铜、铁,对于测定润滑油中的添加剂钡、钙、锌,汽油添加剂中的铅等已有较广泛的应用。

在生物样品中,经酸消解或溶剂浸提,用原子吸收可测定 20 多种元素。如血液中锌、镁、铅金属的测定。

制药行业中,应用也较为广泛。原料药中原料的选取,对药品中有害重金属铅汞的测定,含金属的盐或络合物通过测定金属的含量,可间接得出物质的纯度。

环境保护中对大气、水、土壤中污染物的环境监测,原子吸收也发挥了很大的作用。

13.3.4.3　生物样品

人体中含有 30 多种金属元素,例如,K、Na、Mg、Ca、Cr、Mo、Fe、Pb、Co、Ni、Cu、Zn、Cd 等,其中大部分为痕量。这些金属元素常与生理机能或疾病有关。应用原子分光光度法分析体液中金属元素的任务日趋繁重。

13.3.4.4　环境样品

空气、水、土壤等样品中各种微量有害元素的检测也常应用原子吸收分光光度法。

13.3.4.5　有机药物

先使有机药物与金属离子生成金属配合物,然后用间接法测定有机物。如 8-羟基喹啉可制成 8-羟基喹啉铜,溴丁东莨菪碱可制成溴丁东莨菪碱硫氰酸钴,分别测定铜和钴的含量,即可分别求得 8-羟基喹啉和溴丁东莨菪碱的含量。

还有一些药物,分子结构中含有金属原子。例如,维生素 B_{12} 含有钴原子,可测定钴的含量,以求得维生素 B_{12} 的含量。

13.4　质谱法

质谱分析法(MS)是通过对样品离子的质量和强度的测定来进行定性定量及结构分析的一种分析方法。

按照离子的质量(m)对电荷(z)比值(m/z，即质荷比)的大小依次排列所构成的图谱，称为质谱。质谱不同于 UV、IR 和 NMR，从本质上看，质谱不是光谱，而是带电粒子的质量谱。

13.4.1　质谱分析基本原理

质谱分析的基本原理很简单，即使被研究的物质形成离子，然后使离子按质荷比进行分离。下面以单聚焦质谱仪为例说明其基本原理。物质的分子在气态被电离，所生成的离子在高压电场中加速，在磁场中偏转，然后到达收集器，产生信号，其强度与到达的离子数目成正比，所记录的信号构成质谱。

当具有一定能量的电子轰击物质的分子或原子时，使其丢失一个外层价电子，则获得带有一个正电荷的离子(偶尔也可丢掉一个以上的电子)。若正离子的生存时间大于 10^{-6} s，就能受到加速板上电压 U 的作用加速到速度为 v，其动能为 $\frac{1}{2}mv^2$，而在加速电场中所获得的势能为 zU，加速后离子的势能转换为动能，两者相等，即

$$zU = \frac{1}{2}mv^2 \tag{13-7}$$

式中，m 为离子的质量；v 为离子的速度；z 为离子电荷；U 为加速电压。

正离子在电场中的运动轨道是直线的，进入磁场后，在磁场强度为 H 的磁场作用下，使正离子的轨道发生偏转，进入半径为 R 的径向轨道(图 13-20)，这时离子所受到的向心力为 Hzv，离心力为 mv^2/R，要保持离子在半径为 R 的径向轨道上运动的必要条件是向心力等于离心力，即

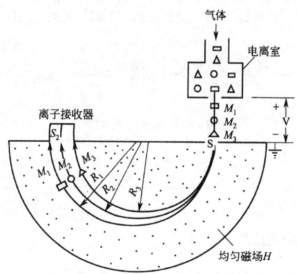

图 13-20　半圆形(180°)磁场

R_1、R_2、R_3—不同质量离子的运动轨道曲率半径；M_1、M_2、M_3—不同质量的离子；

S_1—进口狭缝；S_2—出口狭缝

$$Hzv = \frac{mv^2}{R} \qquad (13-8)$$

由式(13-7)和式(13-8)可以计算出半径 R 的大小与离子质荷比的关系为

$$\frac{m}{z} = \frac{H^2 R^2}{2U} \qquad (13-9)$$

式中，m/z 为质荷比，当离子带一个正电荷时，它的质荷比就是它的质量数。

式(13-9)为磁场质谱仪的基本方程，由此可知，要将各种 m/z 的离子分开，可以采用以下两种方式。

(1)固定 H 和 U，改变 R

固定磁场强度 H 和加速电压 U，由式(13-9)可知，不同 m_i/z 将有不同的 R_i 与 i 离子对应，这时移动检测器狭缝的位置，就能收集到不同 R_i 的离子流。但这种方法在实验上不易实现，常常是直接用感光板照相法记录各种不同离子的 m_i/z。

(2)固定 R，连续改变 H 或 U

在电场扫描法中，固定 R 和 H，连续改变 U，由式(13-9)可知，通过狭缝的离子 m_i/z 与 U 成反比。当加速电压逐渐增加，先被收集到的是质量大的离子。

在磁场扫描法中，固定 R 和 V，连续改变 H，由式(13-9)可知，m_i/z 正比于 H^2，当 H 增加时，先收集到的是质量小的离子。

13.4.2　质谱仪

质谱仪是能产生离子、并将这些离子按其质荷比进行分离记录的仪器，它由五大部分组成，即进样系统、离子源、质量分析器、检测记录系统及真空系统，见图 13-21。

图 13-21　质谱仪的方框图

质谱分析的一般过程是：通过合适的进样装置将样品引入并进行气化，气化后的样品进入离子源进行电离，电离后的离子经适当加速后进入质量分析器，按不同的质荷比进行分离，然后到达检测记录系统，将生成的离子流变成放大的电信号，并按对应的质荷比记录下来而得质谱图。

13.4.2.1　进样系统

依据样品的物理性质，如熔点、蒸气压等，将样品导入离子源。样品导入装置如图 13-22 所示。对于气体或挥发性液体，可用注射器或阀直接注入左边的预先抽真空的贮存器，然后通过细小的漏孔进入离子源。固体样品可用探针导入，此探针实为长 25 cm，直径 6 mm 的不锈钢棒，前端有一可容纳样品的陶瓷小凹槽，当探针插入或拉出时，斜置的封闭阀就可将真空体系与外界大气隔绝。通过电热，使样品蒸发。对热稳定的有机化合物，一般可加热至 $200 \sim 300 \, ℃$ 而不分解，通常可分析非极性分子的分子量达 1 000 u；中等极性分子量达 300 u。也可以通过与气相色谱或液相色谱仪联用,将经分离的柱后流出物直接导入质谱仪分析。

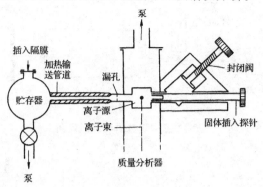

图 13-22　样品导入装置

13.4.2.2　电离源

离子源的作用是将进样系统引入的气态样品分子转化成离子。由于离子化所需要的能量随分子不同差异很大,因此,对于不同的分子应选择不同的离解方法。通常能给样品较大能量的电离方法称为硬电离方法,而给样品较小能量的电离方法称为软电离方法,后一种方法适用于易破裂或易电离的样品。

前有机质谱仪可供选择的离子源种类很多,如电子轰击离子源、化学电离源、快原子轰击离子源、场致电离源、场解吸电离源、电喷雾电离源、大气压化学电离源、基质辅助激光解吸电离源等,如图 13-23～图 13-28 所示。

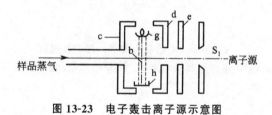

图 13-23　电子轰击离子源示意图

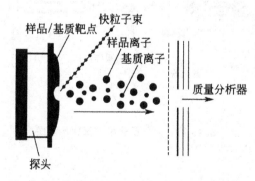

图 13-24　快原子轰击离子源的工作原理示意图

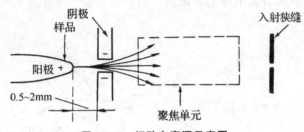

图 13-25　场致电离源示意图

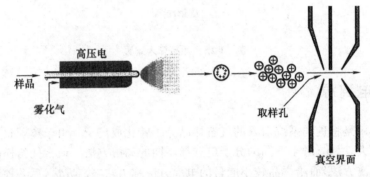

(a)

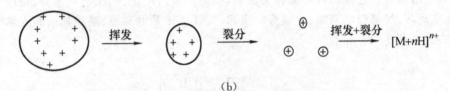

(b)

图 13-26　电喷雾电离源的原理及过程

（a）电喷雾电离源的原理；（b）电喷雾电离源的过程

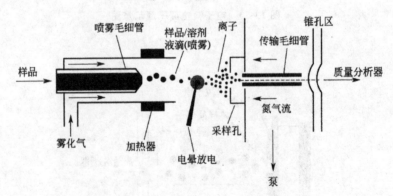

图 13-27　大气压化学电离源示意图

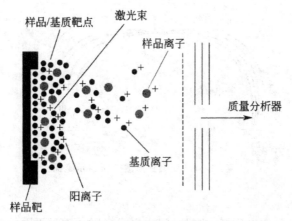

图 13-28　基质辅助激光解吸电离源的原理示意图

13.4.2.3　质量分析器

能将离子源中生成的各种正离子按质量大小分离的部件称为离子分离器,又称为质量分离器。各类质谱仪的主要差别在于质量分析器。

质量分析器可分为静态和动态两类。

(1)静态分析器

静态分析器采用稳定不变的电磁场,按照空间位置把不同质荷比的离子分开,单聚焦和双聚焦磁场分析器属于这一类。

单聚焦质量分析器由电磁铁组成,两个磁极由铁芯弯曲而成,磁极间隙尽量减小,磁极面一般呈半圆形(图 13-29)或扇形(图 13-30)。在离子源 a 中产生的离子被施于 b 板上的可变电位所加速,经由狭缝 S_1 进入磁场的磁极间隙,受到磁场 H 的作用而作弧形运动,各种离子运动的半径与离子的质量有关,因此磁场即把不同质量的离子按 m/z 值的大小顺序分成不同的离子束,这就是磁场引起的质量色散作用。同时磁场对能量、质量相同而进入磁场时方向不同的离子还起着方向聚焦的作用,但不能对不同能量的离子实现聚焦,因而这种仪器称为单聚焦仪器。

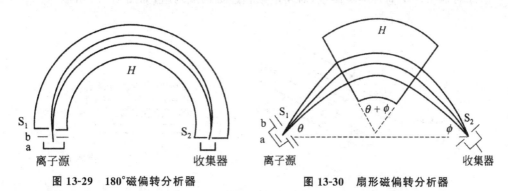

图 13-29　180°磁偏转分析器　　　　图 13-30　扇形磁偏转分析器

双聚焦质量分析器在离子源和磁场之间加入一个静电场(称为静电分析器),如图 13-31 所示。具有这类质量分析器的质谱仪可同时实现方向聚焦和能量聚焦,故称为双聚焦质谱仪,它具有较高的分辨率。

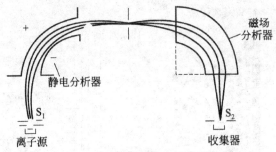

图 13-31 双聚焦质量分析器示意图

（2）动态分析器

动态分析器采用变化的电磁场，按照时间或空间来区分质量不同的离子，属于这一类的有飞行时间质谱仪、四极滤质器等。

飞行时间质谱仪的质量分析器的工作原理是：获得相同能量的离子在无场的空间漂移，不同质量的离子，其速度不同，行经同一距离之后到达收集器的时间也不同，从而可以得到分离。仪器的构造见图 13-32。

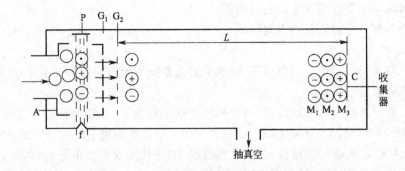

图 13-32 飞行时间质量分析器示意图

四极滤质器由四个简形电极组成，对角电极相连接构成两组，如图 13-33 所示。

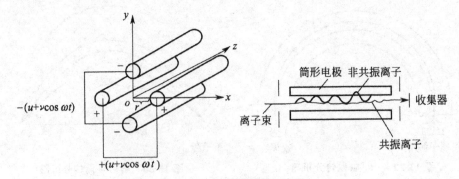

图 13-33 四极滤质器示意图

13.4.2.4　检测器

质谱仪中的检测器为接收离子束并将其转换为可读出信号的装置。最常用的有电子倍增管、法拉第筒及微通道板等。这里主要介绍电子倍增器,与光电倍增管类似,电子倍增器由阴极、倍增极与阳极组成,如图 13-34 所示。当离子轰击电子倍增器的阴极时,发射出二次电子,此二次电子被后续的一系列倍增极放大,与光电倍增管类似,最后到达阳极。

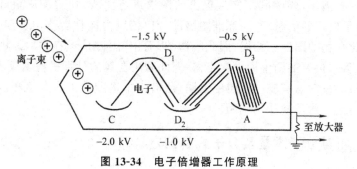

图 13-34　电子倍增器工作原理

C—阴极(铜铍合金);D—倍增极(铜铍合金);A—阳极,金属网

13.4.3　质谱法的应用

13.4.3.1　定量分析

用电子倍增器来检测离子是极其灵敏的,少至 20 个离子仍能得到有用信号。为了提高灵敏度,可以通过只监测丰度最高的一种离子或几种离子来改进信噪比。前者称为单离子监测,后者称为多离子监测。单离子监测可以通过重复扫描来改进信噪比,但信息量减少。多离子监测可对来自每个组分中几个丰度较高的特征离子的信息,记录在多通道记录器中的各自通道中。这种监测技术专一性强、灵敏度高,能检测至 10^{-12} g 数量级。定量常采用内标方法,以消除样品预处理及操作条件改变而引起离子化产率的波动。内标的物理化学性质应类似于被测物,且不存在于样品中,这只有用同位素标记的化合物才能满足这种要求。质谱法能区分天然的与标记的化合物。在色谱—质谱联用时,若化合物中有甲基,则内标物可以变成氘代甲基,这种氘代的内标物,其保留时间通常较短,可以从它们的相对信号大小进行定量。

13.4.3.2　有机化合物结构的鉴定

若实验条件恒定,每个分子都有自己的特征裂解模式。根据质谱图所提供的分子离子峰,同位素峰以及碎片质量的信息,可以推断出化合物的结构。如果从单一质谱提供的信息不能推断或需要进一步确证,则可借助于红外光谱和核磁共振波谱等手段得到最后的证实。

从未知化合物的质谱图进行推断,其步骤大致如下。

①确证分子离子峰。当分子离子峰确认之后,从强度可以大致知道属某类化合物。知道了相对分子质量,便可查阅 Beynon 表。另外,将离子峰的强度与同位素峰强度比较,可判断可能

存在的同位素。

②利用同位素峰信息。应用同位素丰度数据,可以确定化学式,这可查阅 Beynon"质量和同位素丰度表"。

③利用化学式计算不饱和度。

④充分利用主要碎片离子的信息,推断未知物结构。

⑤综合以上信息或联合使用其他手段最后确证结构式。

根据已获得的质谱图,能够利用文献提供的图谱进行比较、检索。从测得的质谱图的信息中,提取出几个最重要峰的信息,并与标准图谱进行比较后由操作者作出鉴定。当然,由不同电离源得到的同一化合物的图谱不相同,因此所谓的"通用"图谱是不存在的。由于电子电离源质谱图的重现性好,且这种源的图谱库内存丰富,因此利用在线的计算机检索成了结构阐述的强有力的工具。计算机只是对准实验中获得的谱图,从谱库中迅速检索出与之相匹配的质谱图。最后还须由操作者对谱图的认同作出判断。

13.4.3.3　相对分子质量及分子式的测定

用质谱法测定化合物的相对分子质量快速而精确,采用双聚焦质谱仪可精确到万分之一原子质量单位。利用高分辨率质谱仪可以区分标称相对分子质量相同,而非整数部分质量不相同的化合物。例如,四氮杂茚,$C_5H_4N_4$(120.044);苯甲脒,$C_7H_8N_2$(120.069);乙基甲苯,C_9H_{12}(120.094)和乙酰苯,C_8H_8O(120.157)。当测得其化合物的分子离子峰质量为 120.069 时,则此化合物是苯甲脒。

用质谱法测定一个化合物的质量时,应对研灰轴进行校正。校正时须采用一种参比化合物,它的 m/z 值已知,且在所要测定的质量范围之内。对电子电离源和化学电离源,最常用的参比化合物是全氟煤油(PFK,CF_3-$(CF_2)_n$-CF_3)和全氟三丁基氨[PFTBA,$(C_4F_9)_3N$]。对于这种校准化合物,在电离条件下及所要测量的 m/z 范围内能得到一系列强度足够的质谱峰。在高分辨率测量中,更要仔细校准质量标尺。

13.5　核磁共振波谱法

核磁共振波谱法(NMR)是通过测量原子核对射频辐射(4~800 MHz)的吸收来确定有机物或某些生化物质的结构、构型和进行化学研究的一种极为重要的方法。

13.5.1　核磁共振基本原理

从本质上来讲,核磁共振波谱法属于吸收光谱法,只不过研究的对象比较特殊:处于强磁场中的具有磁性的原子核对能量极小的电磁辐射进行的吸收。

13.5.1.1　原子核的自旋

某些原子核有自旋现象,因而核具有自旋角动量(P),又由于原子核是由质子和中子组成的,所以自旋时会产生磁矩。自旋核就像一个小磁体,其磁矩用 μ 表示。各种原子核自旋时产生的磁矩是不同的,磁矩的大小是由核本身性质决定的。自旋角动量与核磁矩都是矢量,其方向是平行的,如图 13-35 所示。

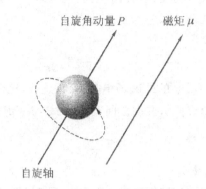

图 13-35　原子核的角动量和磁矩

自旋角动量(P)不能取任意值,根据量子力学原理 P 是量子化的,它的大小是由自旋量子数(I)决定的。

原子核的总角动量

$$P = \frac{h}{2\pi}\sqrt{I(I+1)}$$

式中,I 为自旋量子数。

一种原子核有无自旋现象,可按经验规则用自旋量子数 I 判断。对于指定的原子核 $_{z}^{a}X$。

① 凡是质量数 a 与原子序数 z 为偶数的核,其自旋量子数 $I=0$,没有自旋,如 $_{6}^{12}C$、$_{8}^{16}O$ 和 $_{16}^{32}S$ 等原子核没有核磁共振现象。

② 质量数 a 是奇数,原子序数 z 是偶数或奇数,如 $_{1}^{1}H$,$_{6}^{13}C$,$_{9}^{19}F$,$_{7}^{15}N$ 和 $_{15}^{31}P$ 等,原子核 $I=1/2$,还有一些核,如 $_{5}^{11}B$,$_{17}^{35}Cl$,$_{17}^{37}Cl$ 和 $_{35}^{79}Br$ 等,$I=3/2$,都有自旋现象。

③ $_{1}^{2}H$,$_{7}^{14}N$ 核质量数 a 是偶数,原子序数 z 是奇数,它们的 $I=1$,这类核也存在自旋现象。

由此可见,$I=0$ 的原子核无自旋;质量数是奇数,自旋量子数 I 是半整数;质量数是偶数,则自旋量子数 J 是整数或零。凡 $I>0$ 的核都有自旋,都可以发生核磁共振,但是由于 $I \geqslant 1$ 的原子核的电荷分布不是球形对称的,都具有四极矩,电四极矩可使弛豫加快,反映不出偶合裂分,因此核磁共振不研究这些核,而主要研究 $I=1/2$ 的核,它们的电荷分布是球形对称的,无电四极矩,谱图中能够反映出它们相互影响产生的偶合裂分。

13.5.1.2　核磁共振现象

原子核是带正电荷的粒子,不能自旋的核没有磁矩,能自旋的核有循环的电流,会产生磁场,形成磁矩。磁矩 μ 在数值上等于磁旋比 r 与自旋角动量 P 的乘积($\mu = rP$)。

微观磁矩在外磁场中的取向是量子化的(方向量子化),自旋量子数为 I 的原子核在外磁场作用下只可能有 $2I+1$ 个取向,每一个取向都可以用一个磁量子数 m 来表示,m 与 I 之间的关系为:

$$m = I, I-1, I-2, \cdots, -I$$

原子核的每一种取向都代表了核在该磁场中的一种能量状态,m 值为 1/2 的核在外磁场作用下只有两种取向,各相当于 $m=+\frac{1}{2}$ 和 $m=-\frac{1}{2}$。$m=+\frac{1}{2}$ 时,自旋取向与外加磁场一致,能量较低;$m=-\frac{1}{2}$ 时,自旋取向与外加磁场方向相反,能量较高。这两种状态之间的能量差 ΔE 值为:

$$\Delta E=E_{\frac{-1}{2}}+E_{\frac{+1}{2}}=\frac{hrB_0}{2\pi}$$

当自旋核处于磁感应强度为 B_0 的外磁场中时,除自旋外,还会绕 B_0 运动,这种运动情况与陀螺的运动情况十分相像,称为拉莫尔进动。回旋频率 v_1 与外加磁场呈正比:

$$v_1=\frac{r}{2\pi}B_0$$

式中,r 为磁旋比;B_0 为外加磁场。

若在的垂直方向用电磁波照射,核可以吸收能量从低能级跃迁到高能级,吸收的电磁波的能量为 ΔE,即

$$\Delta E=hv_2=\frac{hrB_0}{2\pi}$$

其中吸收的电磁波的频率为:

$$v_2=\frac{r}{2\pi}B_0$$

当核的回旋频率与吸收的电磁波频率相等,即 $v_1=v_2$ 时,核会吸收射频能量,由低能级跃迁到高能级。这种现象叫作核磁共振。

一个核要从低能态跃迁到高能态,必须吸收 ΔE 的能量。让处于外磁场中的自旋核接受一定频率的电磁波辐射,当辐射的能量恰好等于自旋核两种不同取向的能量差时,处于低能态的自旋核吸收电磁辐射能跃迁到高能态,即发生核磁共振。核磁共振的基本关系式为:

$$v=\frac{r}{2\pi}B_0$$

同一种核,r 为常数,磁场 B_0 强度越大,共振频率越大。在进行核磁共振实验时,所用的磁场强度越高,发生核磁共振所需的射频频率也越高。

目前研究得最多的是 ^1H 的核磁共振和 ^{13}C 的核磁共振。^1H 的核磁共振称为质子磁共振,简称 PMR,也表示为 ^1H NMR。^{13}C 核磁共振简称 CMR,也表示为 ^{13}C NMR。

通过上述可知,使 ^1H 发生核磁共振的条件是必须使电磁波的辐射频率等于 ^1H 的回旋频率。可以采用两种方法达到这个要求:一种方法是扫频,逐渐改变电磁波的辐射频率 v_2 当辐射频率与外磁场感应强度 B_0 匹配时,即可发生核磁共振;另一种方法是固定辐射波的辐射频率,然后从低场到高场,逐渐改变外磁场感应强度,当 B_0 与电磁波的辐射频率 v_2 匹配时,也会发生核磁共振,这种方法称为扫场。一般仪器都采用扫场的方法。

13.5.1.3 饱和与弛豫

^1H 核在外磁场 B_0 中由于自旋其能级被裂分为两个能级,两个能级间能量相差 ΔE 很小,若将 N 个质子置于外磁场 B_0 中,根据玻尔兹曼分布规律,则相邻两个能级上核数的比值为

$$\frac{N_1}{N_2} = \exp\left[\frac{-\Delta E}{kT}\right] = \left[\frac{-2\mu B_0}{kT}\right]$$

式中，N_1 为处于低能态上的核数；N_2 为高能态上的核数；k 为玻尔兹曼常数；T 为热力学温度。

一般处于低能态的核总要比高能态的核多一些，在室温下大约一百万个氢核中低能态的核要比高能态的核多十个左右，正因为有这样一点点过剩，若用射频去照射外磁场 B_0 中的一些核时，低能态的核就会吸收能量由低能态向高能态跃迁，所以就能观察到电磁波的吸收即观察到共振吸收谱。但随着这种能量的吸收，低能态的 ^1H 核数目在减少，而高能态的 ^1H 核数目在增加，当高能态和低能态的 ^1H 核数目相等时，即 $N_1 = N_2$ 时，就不再有净吸收，核磁共振信号消失，这种状态叫作饱和状态。

处于高能态的核，可以通过某种途径把多余的能量传递给周围介质而重新返回到低能态，这个过程称为弛豫。弛豫过程可以分为两类。

(1) 自旋-晶格弛豫

自旋-晶格弛豫又叫作纵向弛豫，是指处于高能态的核把能量以热运动的形式传递出去，由高能级返回低能级，即体系向环境释放能量，本身返回低能态，这个过程称为自旋-晶格弛豫。自旋晶格-弛豫降低了磁性核的总体能量，又称为纵向弛豫。自旋-晶格弛豫的半衰期用 T_1 表示，越小表示弛豫过程的效率越高。

(2) 自旋-自旋弛豫

自旋-自旋弛豫又叫作横向弛豫，是指两个处在一定距离内，进动频率相同、进动取向不同的核互相作用，交换能量，改变进动方向的过程。自旋-自旋弛豫中，高能级核把能量传递给邻近一个低能级核，在此弛豫过程前后，各种能级核的总数不变，其半衰期用 T_2 表示。

对每一种核来说，它在某一较高能级平均的停留时间只取决于 T_1 和 T_2 中较小者。谱线的宽度与弛豫时间较小者成反比。固体样品的自旋-自旋弛豫的半衰期 T_2 很小，所以谱线很宽。所以，在用 NMR 分析化合物的结构时，一般将固态样品配成溶液。此外，溶液中的顺磁性物质，如铁、氧气等物质也会使 T_1 缩短而谱线加宽。所以测定时样品中不能含铁磁性和其他顺磁性物质。

13.5.1.4 核磁共振的宏观理论

以上讨论了单个原子核的磁性质及其在磁场中的运动规律。实际上试样总是包含了大量的原子核，因此，核磁共振研究的是大量原子核的磁性质及其在磁场中的运动规律。布洛赫提出了"原子核磁化强度矢量(M)"的概念来描述原子核系统的宏观特性。

磁化强度矢量的物理意义可以这样来理解，一群原子核处于外磁场 B_0 中，磁场对磁矩发生了定向作用即每一个核磁矩都要围绕磁场方向进行拉莫尔进动，那么单位体积试样分子内各个核磁矩的矢量和称为磁化强度矢量，用 M 表示。磁化强度矢量 M 就是描述一群原子核被磁化程度的量。

核磁矩的进动频率与外磁场 B_0 有关，但外磁场 B_0 并不能确定每一个核磁矩的进动相位。对一群原子核而言，每一个核磁矩的进动相位是杂乱无章的，但根据统计规律原子核系统相位分布的磁矩的矢量和是均匀的。对于自旋量子数 I 为 1/2 的 ^1H 核来讲(图 13-36)，外磁场 B_0 是沿 z 轴方向的，又是磁化强度矢量 M 的方向。处于低能态的原子核其进动轴与 B_0 同向，核磁矩矢量和是 M_+；而处于高能态的原子核其进动轴与 B_0 反向，核磁矩矢量和是 M_-。由于原子核在两个能级上的分布服从玻尔兹曼分布,总是处于低能级上的核多于高能级上的核数,所以 $M_+ > M_-$ 磁化强度矢量 M 等于这两个矢量之和, $M = M_+ + M_-$ 。

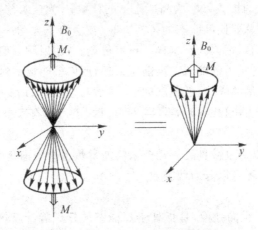

图 13-36 $I = 1/2$ 时磁化强度矢量 M

处于外磁场 B_0 中的原子核系统,磁化强度处于平衡状态时,其纵向分量 $M_z = M_0$,横向分量 $M_\perp = 0$ 。当受到射频场 H_1 的作用时,处于低能态的原子核就会吸收能量发生核磁共振跃迁,即核的磁化强度矢量就会偏离平衡位置,这时磁化强度矢量的纵向分量 $M_z \neq M_0$,横向分量 $M_\perp \neq 0$ 。当射频场 H_1 作用停止时,系统自动地向平衡状态恢复。一群原子核从不平衡状态向平衡状态恢复的过程即为弛豫过程,如图 13-37 所示。

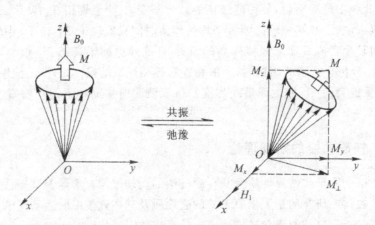

图 13-37 共振时磁化强度矢量 M 的变化

在实验中观察到的核磁共振的信号,实际上是磁化强度矢量 M 的横向分量($M_\perp$)的两个分量 $Mx = u$ (色散信号)和 $My = v$ (吸收信号)。

13.5.2 核磁共振波普仪

根据扫描方式的不同,核磁共振波谱仪可分为两大类,连续波核共振波谱仪和脉冲傅里叶变换核磁共振波谱仪。

13.5.2.1 连续波核磁共振波谱仪

连续波是指射频的频率或外磁场的强度是连续变化的,即进行连续扫描,一直到被观测的核依次被激发发生核磁共振。连续波核磁共振波谱仪的基本结构如图 13-38 所示,它是由磁铁、探头、射频发生器、射频接收器、扫描单元等组成。

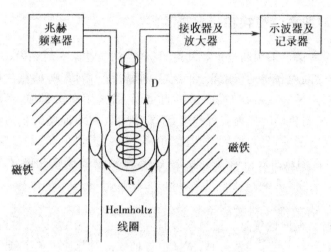

图 13-38 连续波核磁共振波谱仪

R 为照射线圈,D 为接收线圈,Helmholtz 线圈是扫场线圈,通直流电用来调节磁铁的磁场强度。R、D 与磁场方向三者互相垂直,互不干扰。

(1)磁铁

用磁铁产生一个外加磁场。磁铁可分为永久磁铁、电磁铁和超导磁铁三种。

①永久磁铁的磁感应强度最高为 2.35 T,用它制作的波谱仪最高频率只能为 100 MHz,永久磁铁场强稳定,耗电少,但温度变化敏感,需长时间才达到稳定。

②电磁铁的磁感应强度最高为 2.35 T,对温度不敏感,能很快达到稳定,但功耗大,需冷却。

③超导磁铁的最大优点是可达到很高的磁感应强度,可以制作 200 MHz 以上的波谱仪。已早有 900 MHz 的波谱仪,但由超导磁铁制成的波谱仪,运行需消耗液氮和液氦,维护费用较高。

(2)探头

探头主要由样品管座、射频发射线圈、射频接收线圈组成。发射线圈和接收线圈分别与射频发射器和射频接收器相连,并使发射线圈轴、接收线圈轴与磁场方向三者互相垂直。样品管座用于盛放样品。

(3)射频发射器

射频发射器用于产生射频辐射,此射频的频率与外磁场磁感应强度相匹配。例如,对于测 ^1H 的波谱仪,超导磁铁产生 7.046 3T 的磁感应强度,则所用的射频发射器产生 300 MHz 的射频辐射,因此射频发生器的作用相当于紫外-可见或者红外吸收光谱仪中的光源。

(4)射频接收器

产生 NMR 时,射频接收器通过接收线圈接收到的射频辐射信号,经放大后记录下 NMR 信号,射频接收器相当于紫外-可见或红外吸收光谱仪中的检测器。

(5)扫描单元

核磁共振波谱仪的扫描方式有两种,一种是保持频率恒定,线形地改变磁场的磁感应强度,称为扫场;另一种是保持磁场的磁感应强度恒定,线形地改变频率,称为扫频。但大部分用扫场方式。让图 13-38 的扫场线圈通直流电,可产生一附加磁场,连续改变电流大小,即连续改变磁场强度,就可进行扫场。

13.5.2.2 脉冲傅里叶变换核磁共振仪

连续波核磁共振波谱仪采用的是单频发射和接收方式,在某一时刻内,只记录谱图中的很窄一部分信号,即单位时间内获得的信息很少。在这种情况下,对那些核磁共振信号很弱、化学位移范围宽的核,如 ^{13}C、^{15}N 等,一次扫描所需时间长,又需采用多次累加。为了提高单位时间的信息量,可采用多道发射机同时发射多种频率,使处于不同化学环境的核同时共振,再采用多道接收装置同时得到所有的共振信息。例如,在 100 MHz 共振仪中,质子共振信号化学位移范围为 10 时,相当于 1 000 Hz;如果扫描速度为 2 Hz/s,则连续波核磁共振仪需 500 s 才能扫完全谱。而在具有 1 000 个频率间隔 1 Hz 的发射机和接收机同时工作时,只要 1 s 即可扫完全谱。显然,后者可大大提高分析速度和灵敏度。

脉冲傅里叶变换共振波谱仪是以适当变频的射频脉冲作为"多道发射机",使所有的核同时激发,得到全部共振信号。当脉冲发射时,试样中每种核都对脉冲中单个频率产生吸收。接收器得到自由感应衰减信号(FID),这种信号是复杂的干涉波,产生于核激发态的弛豫过程。FID 信号经滤波、模/数(A/D)转换器数字化后被计算机采集。FID 数据是时间(f)的函数,再由计算机进行傅里叶变换运算,使其转变成频率(v)的函数,最后经过数/模(D/A)转换器变换模拟量,显示到屏幕上或记录在记录纸上,就得到通常的 NMR 谱图。

傅里叶变换核磁共振波谱仪测定速度快,除可进行核的动态过程、瞬变过程、反应动力学等方面的研究外,还易于实现累加技术。因此从共振信号强的 ^1H、^{19}F 到共振信号弱的 ^{13}C、^{15}N 核,都可测定。

13.5.3 氢核的化学位移

13.5.3.1 电子屏蔽效应

在外磁场 B_0 中,氢核外围电子在与外磁场垂直的平面上绕核旋转时,将产生一个与外磁场相对抗的感生磁场,其结果对于氢核来说,相当于产生了一种减弱外磁场的屏蔽,如图 13-39 所示。这种现象叫作电子屏蔽效应。

感生磁场的大小与外磁场的强度成正比,用 σB_0 表示。其中 σ 叫作屏蔽常数,它反映了屏蔽效应的大小,其数值取决于氢核周围电子云密度的大小,而电子云密度的大小又和氢核的化学环境,即与之相邻的原子或原子团的亲电能力、化学键的类型等因素有关。氢核外围电子云密度越大,σ 就越大,σB_0 也越大,氢核实际感受到的有效磁场 B_{eff} 就越弱,即有

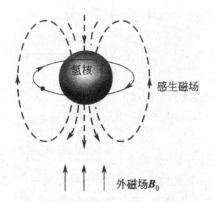

图 13-39　氢核的电子屏蔽效应

$$B_{\text{eff}} = B_0 - \sigma B_0 = (1-\sigma) B_0$$

如果考虑屏蔽效应的影响,欲实现核磁共振,则有

$$\nu = \frac{\gamma B_{\text{eff}}}{2\pi} = \frac{\gamma B_0 (1-\sigma)}{2\pi}$$

所以实现核磁共振的条件应为:

$$B_0 = \frac{2\pi\nu}{\gamma(1-\sigma)}$$

通常采用固定射频 ν,并缓慢改变外磁场 B_0 强度的方法来满足上式。此时 ν、γ 均为常数,所以产生共振吸收的场强 B_0 的大小仅仅取决于 σ 的大小。化合物中各种类型氢核的化学环境不同,核外电子云密度就不同,屏蔽常数 σ 也将不同,在同一频率 ν 的照射下,引起共振所需要的外磁场强度也是不同的。这样一来,不同化学环境中氢核的共振吸收峰将出现在 NMR 波谱的不同磁场强度的位置上。

如上所述,当用同一射频照射样品时,样品分子中处于不同化学环境的同种原子的磁性核所产生的共振峰将出现在不同磁场强度的区域,这种共振峰位置的差异叫作化学位移。

在实际工作中,要精确测定磁场强度比较麻烦,因此常将待测磁性核共振峰所在的场强 B_s 和某标准物质磁性核共振峰所在的场强 B_r 进行比较,用这个相对距离表示化学位移,并用 δ 代表:

$$\delta = \frac{B_s - B_r}{B_r}$$

由于磁场强度与射频频率成正比,而测定和表示磁性核的吸收频率比较方便,故有

$$\delta = \frac{\nu_s - \nu_r}{\nu_f}$$

在 NMR 中,射频一般固定,如 240 MHz、600 MHz 等,样品和标准氢核的吸收频率虽然有差异,但都在射频频率 ν 附近变化,相差仅约万分之一。为了使 δ 的数值易于读写,可改写为:

$$\delta = \frac{\nu_s - \nu_r}{\nu} \times 10^6 \, (\text{ppm})$$

13.5.3.2　影响氢核化学位移的因素

影响化学位移的因素很多,主要有诱导效应、磁各向异性效应、共轭效应、范德华效应、溶剂

效应、温度的影响、质子交换的影响、氢键缔合的影响等。

(1)诱导效应

与氢核相邻的电负性取代基的诱导效应,使氢核外围的电子云密度降低,屏蔽效应减弱,共振吸收峰移向低场,δ 增大。

诱导效应是通过成键电子传递的,随着与电负性取代基的距离的增大,其影响逐渐减弱,当 H 原子与电负性基团相隔 3 个以上的碳原子时,其影响基本上可忽略不计。

(2)磁各向异性效应

由于与氢核相邻基团的成键电子云分布的不均匀性,产生了各向异性的感生磁场,它通过空间的传递作用影响相邻氢核,在某些地方,它与外磁场方向一致,将加强外磁场,对该处的氢核产生去屏蔽效应,使 δ 增大;在另一些地方,它与外磁场的方向相反,将削弱外磁场,对该处的氢核产生屏蔽效应,使 δ 减小。这种现象叫作磁各向异性效应。

(3)共轭效应

在共轭效应的影响中,通常推电子基使 δ 减小,吸电子基使 δ 增大。例如,若苯环上的氢被推电子基—OCH_3 取代后,O 原子上的孤对电子与苯环 p-π 共轭,使苯环电子云密度增大,δ 减小;而被吸电子基—NO_2 取代后,由于 π-π 共轭,使苯环电子云密度有所降低,δ 增大。

严格地说,上述各 H 核 δ 的改变,是共轭效应和诱导效应共同作用的总和。

(4)范德华效应

当化合物中两个氢原子的空间距离很近时,其核外电子云相互排斥,使得它们周围的电子云密度相对降低,屏蔽作用减弱,共振峰移向低场,δ 增大,这一现象称为范德华效应。

(5)溶剂效应

由于溶剂的影响而使溶质的化学位移改变的现象叫作溶剂效应。NMR 法一般需要将样品溶解于溶剂中测定,因此溶剂的极性、磁化率、磁各向异性等性质,都会影响待测氢核的化学位移,使之改变。进行 ^{1}H NMR 谱分析时所用溶剂最好不含 ^{1}H,如可用 CCl_4、$CDCl_3$、CD_3COCD_3、CD_3SOCD_3、D_2O 等氘代试剂。

(6)温度的影响

当温度的改变引起分子结构的变化时,就会使其 NMR 谱图发生相应的改变。比如活泼氢的活泼性、互变异构、环的翻转、受阻旋转等都与温度密切相关,当温度改变时,它们的谱图都会产生某些变化。

(7)质子交换的影响

与氧、硫、氮原子直接相连的氢原子较易电离,称为酸性氢核,这类化合物之间可能发生质子交换反应:

$$ROH_a + R'OH_b \Longrightarrow ROH_b + R'OH_a$$

酸性氢核的化学位移值是不稳定的,它取决于是否进行了质子交换和交换速度的大小,通常会在它们单独存在时的共振峰之间产生一个新峰。质子交换速度的快慢还会影响吸收峰的形状。通常,加入酸、碱或加热时,可使质子交换速度大大加快。因此有助于判断化合物分子中是否存在能进行质子交换的酸性氢核。

(8)氢键缔合的影响

当分子形成氢键后,氢核周围的电子云密度因电负性强的原子的吸引而减小,产生了去屏蔽效应,从而导致氢核化学位移向低场移动,δ 增大;形成的氢键越强,δ 增大越显著;氢键缔合程度越大，δ 增大越多。通常在溶液中的氢键缔合与未缔合的游离态之间会建立快速平衡，其结果使得共振峰表现为一个单峰。对于分子间氢键而言，增加样品浓度有利于氢键的形成，使氢核的 δ 变大；而升高温度则会导致氢键缔合减弱，δ 减小。对于分子内氢键来说，其强度基本上不受浓度、温度和溶剂等的影响，此时氢核的 δ 一般大于 10 ppm，例如，多酚可达 10.5～16 ppm，烯醇则高达 15～19 ppm。

13.6　热分析法

当一种物质或混合物加热至不同温度时，会发生物理或化学变化，如溶解、沸腾、分解或反应等。这些物理或化学变化与物质的基本性质如成分、各组分含量有关。通过指定控温程序控制样品加热过程，并检测加热过程中产生的各种物理、化学变化的方法通称为热分析法。常见的有热重分析（thermogravimetric analysis，TGA）、差热分析（differential thermal analysis，DTA）、差示扫描量热分析（differential scan calorimetry，DSC）等。

13.6.1　热重分析法

13.6.1.1　热重分析法的原理

热重分析（TGA）涉及在各种不同的温度下连续测量试样的质量。记录质量随温度变化关系得到的曲线称作热重量曲线（或 TGA 曲线）。适于进行热重量分析的试样是参与下列两大类反应之一的固体：

$$反应物（固体）\longrightarrow 产物（固体）+气体$$
$$气体+反应物（固体）\longrightarrow 产物（固体）$$

第一个反应涉及质量减少，第二个反应涉及质量增加。不发生质量变化的过程（例如试样的熔化）显然不能用热重分析法加以研究，这是热重分析法研究对象的重要特点之一。

热重分析法的第二个主要特点是不同的样品组成，观察到的质量变化大小不同。如图 13-40 所示的曲线是一条典型的热重量曲线，实际上在较多的热重分析中，都是检测温度升高时的质量变化情况。

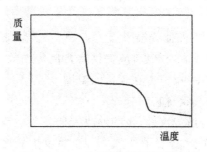

图 13-40　典型热重量曲线

热重分析法的主要应用是精确测定几个相继反应的质量变化。质量变化的大小与直接所进行反应的特定化学计量关系有关。所以,可以对已知样品组成的试样进行精确的定量分析,此外通过热重量曲线还能推断样品的磁性转变(居里点)、热稳定性、抗热氧化性、吸附水、结晶水、水合及脱水速率、吸附量、干燥条件、吸湿性、热分解及生成产物等质量相关信息。

13.6.1.2 热重分析仪

热重分析仪仪器中心为一个加热炉,其中样品以机械方式与一个分析天平相连接,称其为TG 仪器的热天平。热天平最早是由 K.Honda 在 1915 年发明的,自此以后,仪器在灵敏度、自动记录 $\Delta m\text{-}T$ 曲线以及包括加热速率、气氛等仪器控制方面进行了极大的改进。

现代热量分析仪仪器的必不可少的部件是天平、加热炉和仪器控制部分及数据处理系统,核心是热天平,此外热重分析仪还有盛放样品的容器。仪器控制部分包括温度测量和控制、自动记录质量和温度变化的装置和控制试样周围气氛的设备。

热天平应在过高或过低的温度或极端条件下都必须一直能保持精密和准确,并应该传送适于连续记录的信号。典型的热天平示意图如图 13-41 所示。

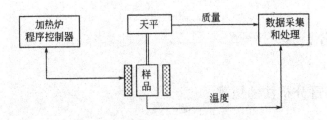

图 13-41 典型的热天平示意图

加热装置可以用电阻加热器、红外或微波辐射加热器、热液体或热气体换热器进行加热。电阻加热器是最常用的加热装置。加热装置的温度范围取决于其构造材料。如果该温度范围扩展至 1 000~1 100℃,可以使用熔融石英管与铬铝钴耐热型加热元件;但当温度高至 1 500~1 700℃时,就要求使用其他陶瓷耐熔物,例如,刚玉或莫来石。大多数热天平制造商提供的仪器可达到 1 500℃,但由于包括加热元件、炉构造以及用于温度测定的热电偶等的制造材料问题,只有少数厂商能制造可在高温(>1 500℃)使用的仪器。

温度敏感元件、测量和控制器件通常采用热电偶,将其放在尽可能靠近样品的地方。要求热电偶对温度变化的影响有良好的线性关系。也可采用铂电阻温度计。

盛放试样容器的材料首先要求在研究的温度范围内不会发生物理的或化学的变化,不捕集或吸附某些产生的气体。

试样周围气氛的组成对 TGA 曲线会有较大影响,大多数热重分析仪都提供某些改变试样周围气氛的装置,如提供静态或流动气氛,或提供富含反应物的气氛,可使分解推迟到更高的温度。反之,在惰性气氛或真空中,反应将在较低的温度下进行。若几个反应同时释放出不同的气体,则可通过选择试样周围的气氛将它们分开。

试样周围气氛除了改变分解温度外,也能够改变所发生的反应。不同条件下加热某些有机化合物所发生的反应就是一个例子:如在氧气存在下将发生氧化反应,而隔绝氧气时将发生热解反应。虽然所有市售热天平都可以使用惰性气体(氮气或氩气)或氧化气氛(空气或氧气),但仅极少数热天平能用于腐蚀性或反应性气氛,例如,氯气和二氧化硫。此外,可以在真空下进行热重量测定,也可在加压下进行热重量测定。

近年来,微机(PC)已与大多数仪器相结合,用于控制加热和冷却循环以及数据贮存和处理。PC 还能计算 TGA 曲线的一阶导数,这被称为微分热重曲线(DTG 曲线)。通过分辨叠加的热反应,DTG 曲线对解释 TGA 曲线大有帮助。另一种分辨反应和达到热力学平衡的方式是使用等温加热或慢速加热。在准等温 TGA 中,当质量开始改变时,加热速率就减慢。这样可提高分辨率,但另一方面一次 TG 运行需要更长的时间。

试样的物理性能、加热速率、试样量、试样颗粒大小和试样的填装情况等都会影响到 TG 曲线,见表 13-1。根据所研究的过程,必须对某些可变因素进行非常有效的控制,才能保证热重量曲线的重现性,从而获得准确可靠的信息。如不同几何形状的样品池装填碳酸钙的热分解 TG 曲线是不同的,如图 13-42 所示,其中,开口的样品池(1)允许所产生的 CO_2 被流动气体有效地吹扫掉。另一方面,右边的迷宫式坩埚(4)在 CO_2 的分压超过大气压(1 atm＝1.01×10^5 Pa)之前阻止 CO_2 逃逸,所以在 900℃ 开始分解。中间的两个样品池(2、3)比迷宫式坩埚更开放,但与第一个托盘式池的开放构造相比较,产生的气体对分解温度有明显的影响。

表 13-1　在热重分析法中影响记录质量(m)和温度(T)的主要因素

浮力	气流
冷凝和反应	样品池
加热速率	样品量和装填状态
静电作用	反应焓

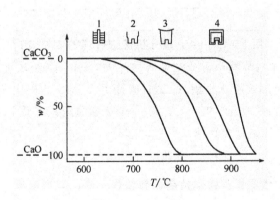

图 13-42　样品池的几何形状对碳酸钙热分解的影响

13.6.1.3　热重分析法的应用

热重分析法的主要应用对象是在温度变化的情况下涉及质量变化的样品。早期的应用之一是精确测定分析沉积物的干燥或点火条件。虽然这一分析应用已失去其重要性,但仍有几个热重分析法能解决的问题。例如,热重分析法能给出一个样品的水含量,或区分吸水和结合水,因为它们通常在不同温度下逸出。

热重分析法成功地分析了两价阳离子草酸盐混合物,其精度甚高。钙、锶和钡的草酸盐-水合物的混合物从 100～250℃将失去它们的所有结合水。三种无水的草酸盐从 360～500℃将同时分解成碳酸盐,在更高温度下碳酸盐又会以下列顺序分解成氧化物:钙(620～860℃)、锶(860～1 100℃)和钡(1 100℃以上)。除了比较常见的草酸盐外,热重分析法还可研究金属离子与其他有机沉淀剂所形成的沉淀,其中包括性质非常相似的镧系元素所形成的沉淀。

用热重分析法还可以测定黏土和土壤中的水含量、碳酸盐含量和有机物质含量。可以用热重量曲线比较相似化合物的稳定性,例如,研究金属碳酸盐热分解成各自的氧化物,就可以比较它们的稳定性。定性地说,分解温度越高,稳定性就越高。

另一个实例为用热重分析法进行煤的近似分析(图 13-43)。如果首先在惰性气氛 N_2 中加热,则可从热重分析图上读出水分和挥发物的含量。然后在一个固定温度下,热天平自动将气氛切换至碳可燃烧的氧化气氛,这样就可从 TG 曲线读出碳的含量以及灰分含量。用 TG 仪器所得结果的准确性与需要更多人工操作的标准批料方法所得结果具有可比性。

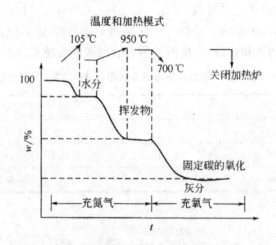

图 13-43　用热重分析法进行煤的近似分析

热重分析法还可用于研究新的氧化超导体。自从 1986～1987 年被发现后,大多数以应用为目的的研究集中在所谓的 1-2-3 化合物,即 $YBa_2Cu_3O_{7-x}$。由 X 确定的氧含量对于超导性能是至关重要的。对于较高临界温度(90 K),X 应小,即氧含量应接近于 7。氧含量是通过在空气中缓慢冷却来控制的,这可用热重分析法进行检测,并可用热重分析法测定氧含量。

13.6.2　差热分析法

13.6.2.1　差热分析法的原理

差热分析(DTA)是在程序控制温度下,测量在试样池中试样与参比物之间的温度差与温度关系的一种热分析方法。

试样在加热(或冷却)过程中,凡有物理变化或化学变化发生时,就有吸热(或放热)效应发生,如果以在实验温度范围内不发生物理变化和化学变化的惰性物质作参比物,试样和参比物之间就出现温度差,温度差随温度变化的曲线称为差热曲线或 DTA 曲线。差热分析是研究物质在加热(或冷却)过程中发生各种物理变化和化学变化的重要手段。

试样和参比物之间的温度差用差示热电偶测量,如图 13-44 所示,差示热电偶由材料相同的两对热电偶组成,按相反方向串接,将其热端分别与试样和参比物容器底部接触,并使试样和参比物容器在炉子中处于相同受热位置。

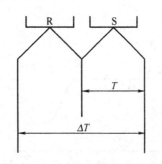

图 13-44　DTA 原理示意图

S—试样;R—参比物;T—温度;ΔT—温度差

当试样没有热效应发生时,试样温度 T_S 与参比物温度 T_R 相等,$T_S = T_R = 0$。两对热电偶的热电势大小相等,方向相反,互相抵消,差示热电偶无信号输出,DTA 曲线为一直线,称基线。当试样有吸热效应发生时,$\Delta T = T_S - T_R < 0$,差示热电偶就有信号输出,DTA 曲线会偏离基线,随着吸热效应速率的增加,温度差则增大,偏离基线也就更远,一直到吸热效应结束,曲线又回到基线为止,在 DTA 曲线上就形成一个峰。称为吸热峰。放热效应中,$T_S - T_R > 0$ 则峰的方向相反,称为放热峰。

DTA 曲线如图 13-45 所示,纵坐标表示温度差 ΔT,ΔT 为正表示试样放热;ΔT 为负表示试样吸热。横坐标表示温度。$ABCA$ 所包围的面积为峰面积,$A'C'$ 为峰宽,用温度区间或时间间隔来表示。

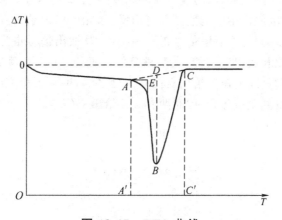

图 13-45　DTA 曲线

T—温度;ΔT—温度差;E　外推起始点;BD—峰高;$A'C'$—峰宽

BD 为峰高,A 点对应的温度 T_i 为仪器检测到的试样反应开始的温度,T_i 受仪器灵敏度的影响,通常不能用作物质的特征温度。E 点对应的温度 T_e 为外延起始温度,国际热分析协会(ICTA)定为反应的起始温度。E 点是由峰的前坡(图中 AB 段)上斜率最大的一点作切线与外延基线的交点,称为外延起始点。B 点对应的温度 T_p 为峰顶温度,它受实验条件影响,通常也不能用作物质特征温度。

如图 13-46 所示曲线是典型的 DTA 曲线,可以清晰地看到差热峰的数目、高度、位置、对称性以及峰面积。于是,可以根据已知图谱来鉴别试样的种类,这是定性分析的依据。

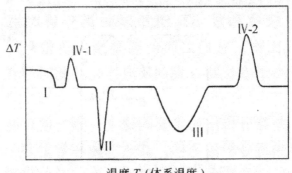

图 13-46 典型的 DTA 曲线

Ⅰ—玻璃化转变(温度 T_g);Ⅱ—熔融、沸腾、升华、蒸发的相转变,也叫作一级转变;
Ⅲ—降解、分解;Ⅳ-1—结晶;Ⅳ-2—氧化分解

13.6.2.2 差热分析仪

差热分析仪的主要组成为①测量温度差的电路;②加热装置和温度控制装置;③样品架和样品池;④气氛控制装置;⑤记录输出系统。

差热分析仪示意如图 13-47 所示。两个小坩埚(样品池)置于金属块(如钢)中相匹配的空穴内,坩埚内分别放置样品和参比物,参比物(如 Al_2O_3)的量与样品量相等。在盖板的中间空穴和左右两个空穴中分别插入热电偶,以测量金属块和样品、参比物温度。金属块通过电加热而慢慢升温。由于两坩埚中热电偶产生的电信号方向相反,因此可以记录两者的温差。如果两者温度虽然呈线性增加,但温差为零,两者电信号正好相抵消,其输出信号也为零。只要样品发生物理变化,就伴随热量的吸收和放出。例如,碳酸钙分解时逸出 CO_2,它就从坩埚中吸收热量,其温度显然低于参比物,它们之间的温差给出负信号。反之,如果由于相变或失重导致热量的释放,样品温度高于参比物,直到反应停止,此时两者温差给出正信号。

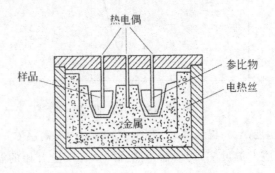

图 13-47 差热分析仪示意图

热电偶是差热分析法中检测温度的常用装置。差热分析法的主要问题之一是方便而能再现地取得试样和参比物的实际温度的正确读数。与热重分析法一样,其热平衡非常重要。试样的内部和外部之间总有一定的温度差;实际上,反应往往发生在试样的表面,而内部仍然未反应,因

此试样用量要尽可能少,并且颗粒大小和填装尽可能要均匀,这样就可以将上述效应减少到最低程度。根据使用仪器的不同,热电偶可以插入试样中,或者简化成与试样架直接接触。在任何情况下,热电偶对于每次实验都必须精确定位。参比物热电偶和试样热电偶对温度的影响应该相匹配,并且试样热电偶和参比物热电偶在炉内的位置应该完全对称。

加热和温度控制装置非常类似于热重分析中使用的装置。炉子的结构应该使热电偶不受干扰。为进一步减少这干扰的可能性,大部分仪器都有试样和参比物的内金属室,以使电屏蔽和使热波动减少到最低程度。

试样表面和内部的温度差的大小与两个因素有关,即加热速率以及试样和试样架的热导率。因此,即便在加热速率较大时,具有高热导率的金属试样表面和内部也接近恒温。对热平衡问题的解决办法显然是增大试样的热导率。然而,这种方法也有缺点,反应产生或吸收的热量将部分或完全流向环境或被来自环境的热量所补偿。最好的办法是使用热导率比试样热导率低的差示分析池。

表 13-2 所列为影响差热分析曲线的常见因素。试样周围气氛的影响和热重分析中的情况完全相同,它可能是一个严重的问题,也可能是一个有利于分析的手段。

表 13-2　影响差热分析曲线的一些因素

因素	影响	校正或控制
加热速率	改变峰大小和位置	用低加热速率
试样量	改变峰大小和位置	减少试样量或降低加热速率
热电偶位置	不再现的曲线	每一次操作都用相同的位置
试样颗粒大小	不再现的曲线	用均匀的小颗粒
试样的热导率	峰位置变化	与热导稀释剂混合或降低加热速率
差热分析池的热导率	峰面积变化	减少热导率以增大峰面积
与气氛的反应	改变峰大小和位置	小心控制(可能是有利的)
试样填装	不再现的曲线	小心控制(影响热导率)
稀释剂	热容和热导率变化	小心选择(可能是有利的)

13.6.2.3　差热分析法的应用

差热分析法有广泛应用,如研究材料的类型和物理与化学现象等。利用差热分析可以研究样品的分解或挥发,这类似于热重分析,但是它还可以研究那些不涉及重量变化的物理变化,例如结晶过程、相变、固态均相反应以及降解等。在以上这些变化中,由于放热或吸热反应使样品与参比物之间产生温差,由此可以鉴别是放热还是吸热反应。也可以用来鉴别未知物材料,或测量在发生相变时所损失或增加的热量。

如图 13-48 所示为草酸钙在空气(曲线 1,2)或在 CO_2 中(曲线 3,4)分解获得的差热分析(曲线 1,4)和热重分析(曲线 2,3)图。曲线 3 只是处于 CO_2 气氛中的结果,两者无明显差别。曲线 4 说明草酸钙在 CO_2 气氛中分解,与失重的三点相对应的是三个吸热过程,因为需要提供能量以断裂化学键,失去 H_2O,CO 和 CO_2。相反,曲线 1 中的正峰是由于逸出的 CO 在高温下,于空气中燃烧放热所致。

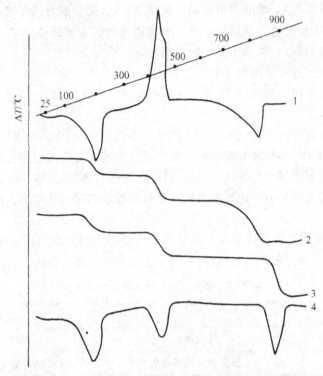

图 13-48　$CaC_2O_4 \cdot H_2O$ 的热重分析和差热分析曲线

在差热分析曲线的温度突变部分,样品的重量不一定发生变化,例如像半晶伪材料(高聚物等)。一种高聚物的物理性质,如强度和柔性决定于结晶度。如图 13-49 所示为非晶形(a)和晶形(b)两种高聚物的差热分析曲线。曲线(a)无突变发生,直至 420℃,高聚物开始分解。由于高聚物软化也要吸热,因此曲线呈现非晶形样品的非直线特征。高聚物中的晶体在 180℃时开始发生熔化,因而在曲线上有一突变,直至 480℃高聚物发生分解。180℃时突变的峰面积与样品中晶体的重量呈比例,若用已知结晶度的样品进行校准,就可从未知物峰面积求得其晶体的百分数,从曲线(b)中发生晶体熔化的温度范围可以得到有关晶体大小的信息。

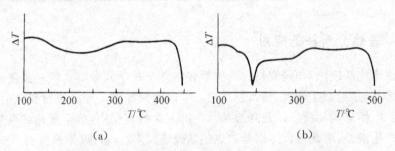

图 13-49　非晶形和晶形高聚物的差热分析曲线

(a)非晶形高聚物的差热分析曲线;(b)晶形高聚物的差热分析曲线

利用未知物的差热分析曲线与已知物进行比较,可以对未知物进行定性;通过测量在曲线突变时吸收或放出的热量可以进行定量分析。差热分析还可用于有机和药物工业中产品纯度的分析,可以对塑料工业废水中所含不同高聚物进行指印分析以及工业控制,如测定在烧结、熔融及其他热处理过程中发生的化学变化;可以鉴别不同类型的合成橡胶及合金组成,等等。

13.6.3　差示扫描量热分析法

13.6.3.1　差示扫描量热分析法的原理

差示扫描量热分析(DSC)的基础是样品和参比物各自独立加热,保持试样与参比物的温度相同,并测量热量(维持两者温度恒定所必须的)流向试样或参比物的功率与温度的关系。当参比物的温度以恒定速率上升时,如果在发生物理和化学变化之前,样品温度也以同样速率上升,两者之间不存在温差。当样品发生相变或失重时,它与参比物之间产生温差,从而在温差测量系统中产生电流。此电流又启动一继电器,使温度较低的样品(或参比)得到功率补偿,两者的温度又处于相等。为维持样品和参比物的温度相等所要补偿的功率,相当于样品热量的变化。差示扫描热量分析曲线是差示加热速率与温度关系曲线,如图 13-50 所示。

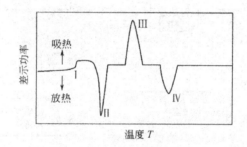

图 13-50　典型的 DSC 曲线

Ⅰ—玻璃化转变(温度 T_g);Ⅱ—冷结晶;Ⅲ—熔融、升华、蒸发的相转变;Ⅳ—氧化分解

由差示扫描量热分析得到的分析曲线与差热分析相同,只是更准确、更可靠。当补偿热量输入样品时,记录的是吸热变化;反之,补偿热量输入参比物时,记录的是放热变化。峰下面的面积正比于反应释放或吸收的热量,曲线高度则正比于反应速率。

热重分析法(TGA)测定加热或冷却时样品质量的变化。而差热分析法(DTA)和差示扫描量热分析法(DSC)则是涉及能量变化的测定,这两种方法紧密相关,产生同一种信息。从实用角度看,区别在于仪器的操作及构造原理:DTA 技术测定样品和参比物间的温度差异,而 DSC 技术则保持样品与参比物的温度一致,测定保持温度一致所需热能的差别。DTA 和 DSC 能够测定一个样品加热或冷却时的能量变化,检测的现象可以是物理性质或化学性质。

如果已知参比物的热容,则可在较宽的范围内测试试样的热容。例如,很多聚合物的结构的变化只有很小的 ΔH,用差热分析法实际上不能检测,但用差示扫描量热法可以定量测量 Δc_p。

表 13-2 所列的因素对差热分析曲线有不利的影响,但对差示扫描量热分析曲线的影响却非常小。特别是,由曲线下的总面积所得的测量结果(ΔH 和试样质量的计算)不受影响。然而,这些因素可能对反应速率及其相关的计算值有影响,尤其当试样与参比物中出现较大的热梯度时,影响更为严重。

在差示扫描量热分析法中必须考虑放热反应的放热速率。即使关闭平均加热器和差示加热器,迅速的放热反应也可能使试样温度升高速率超过程序加热速率。吸热过程中有时也存在类似的问题,这时迅速的吸热反应可能严重地冷却试样,以至整个加热器最大程度地联合供热也不能维持线性加热速率和等温条件。调整加热速率或试样量,可以将上述两种情况予以校正。

13.6.3.2　差示扫描量热分析仪

　　差示扫描量热分析仪主要由加热炉、程序控温系统、气氛控制系统、信号放大器、记录系统等部分组成。它与差热分析仪的主要区别是 DSC 仪中样品和参比物各自装有单独的加热器,而 DTA 仪中样品和参比物采用同一加热器。如图 13-51 所示为差示扫描量热分析仪样品支持器 (a)和加热控制回路(b)示意图。样品和参比物分别放入独立的加热器和传感器中,整个仪器由两个控制电路进行监控:其中一个回路为平均温度控制回路,使样品和参比物在预定的温度下升温和降温;另一个为差示温度控制回路,是当样品由于放热或吸热反应与参比物之间产生温度差别时确保输入功率得到调整以消除这一差别。这样可以从补偿的功率直接计算热流率。

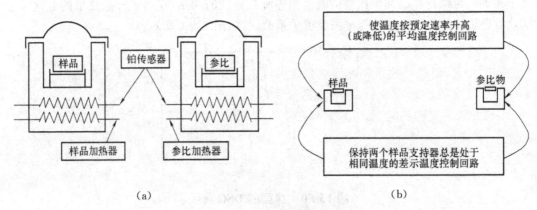

(a)　　　　　　　　　　　　　　(b)

图 13-51　差示扫描量热分析仪

(a)样品支持器;(b)加热控制回路

13.6.3.3　差示扫描量热分析法的应用

　　DTA 与 DSC 两种方法的主要差别是 DTA 测定的是样品与参比物的温度差 ΔT,而 DSC 测定的是保持样品与参比物的温度差为零的热流率$\dfrac{dH}{dt}$。尽管两者的曲线形状很相似,但原理和曲线方程是不同的。DTA 的温度测量范围为 $-175\sim2\,400\,^{\circ}\!C$,压力范围为 0.133 MPa 到几十 MPa。而 DSC 的温度范围为 $-175\sim700\,^{\circ}\!C$,低温下分辨能力高和灵敏度相对较高,由于 DSC 的出现,DTA 主要用于高温、高压以及腐蚀性材料的研究。而 DSC 在 $-175\sim700\,^{\circ}\!C$ 温度范围的测量中,除了不能测量腐蚀性材料外,它不仅可替代 DTA,而且还可定量地测定各种热力学参数,同时还可用于食品和生物化学等领域的研究。

　　(1)比热容的测定

　　DTA 或 DSC 曲线的基线偏移,在升温速度不变时,只与样品和参比物的热容差有关。因此,可利用基线偏移来测定样品的比热容。由于 DSC 灵敏度高、热响应速度快,目前测定比热容大部用 DSC。通常以蓝宝石作为标准物质,它在各温度下的比热容可在手册中查得。具体方法是:首先测定空白基线,即将两个空的样品盘分别放在样品支持器和参比物支持器上,以一定的升温速度作一条基线;然后在相同的条件下,用同一样品盘分别测定标准物质蓝宝石和样品,得到各自的 DSC 曲线,如图 13-52 所示。

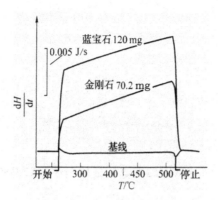

图 13-52　金刚石比热容的测定

在 DSC 中,样品是处在线性的程序温度控制下,流入样品的热流率是连续测定的,并且所测定的热流率 $\dfrac{\mathrm{d}H}{\mathrm{d}t}$ 与样品的瞬间比热成正比,因此热流率可用下式表示:

$$\frac{\mathrm{d}H}{\mathrm{d}t}=mC_{\mathrm{p}}\frac{\mathrm{d}T}{\mathrm{d}t}$$

式中,m 为样品的质量;C_{p} 为样品的比热容;$\dfrac{\mathrm{d}T}{\mathrm{d}t}$ 为升温速度。在某一温度下,可用下式求得样品的比热容:

$$\frac{C_{\mathrm{p}}'}{C_{\mathrm{p}}}=\frac{m'y}{m\,y'}$$

式中,C_{p}'、m'、y' 分别为蓝宝石的比热容、质量和纵坐标值;C_{p}、m、y 分别为样品的比热容、质量和纵坐标值。

(2)纯度测定

DSC 已成为测定物质纯度的常规方法。用 DSC 测定纯度是根据熔点或凝固点下降来确定杂质的总含量的。纯度测定的理论基础是 Vant Hoff 方程,从此方程可导出下面熔点降低与杂质含量的关系。

$$T_{\mathrm{s}}=T_0-\frac{RT_0^2 x}{\Delta H_{\mathrm{f}}}\cdot\frac{1}{F}$$

式中,T_{s} 为样品瞬时的温度;T_0 为无限纯样品的熔点;R 为摩尔气体常数;ΔH_{f} 为样品熔融热;x 为杂质摩尔分数;F 为总样品在 T_{s} 熔化的分数。

以 T_{s} 对 $\dfrac{1}{F}$ 作图为一直线,斜率为 $\dfrac{RT_0^2 x}{\Delta H_{\mathrm{f}}}$。截距为 T_0。ΔH_{f} 可从积分峰面积求得。T_{s} 可从曲线中测得。$\dfrac{1}{F}$ 是曲线到达 T_{s} 的部分面积除以总面积的倒数。运用这一方程可测定物质的纯度。现在 DSC 的计算机中有测定纯度的程序,可以方便地测定纯度。

用 DSC 测定物质纯度时,样品的纯度对 DSC 曲线的峰高和峰宽有明显的影响。图 13-53 所示为不同纯度苯甲酸样品熔融的 DSC 曲线。从图 13-53 可看出,纯度越高熔融峰就越尖、陡,纯度越低熔融峰就越宽、矮。因此,通过简单的峰形对比也可简便地估计样品的纯度。

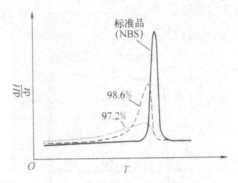

图 13-53　不同纯度苯甲酸样品熔融的 DSC 曲线

13.7　流动注射分析法

流动注射分析法(FIA)是在连续流动分析的基础上提出来的一种非平衡状态下用于定量测定的自动分析技术,使吸光光度分析、荧光分析、电化学分析实现管道化、连续化、自动化,将自动分析技术推上一个崭新阶段。

13.7.1　流动注射分析法的原理

13.7.1.1　试样区带的分散过程

FIA 分析的基本过程可分为两类进行讨论,一类是分析过程中不发生化学反应,如带有颜色的试样。进样后,试样在载流(可以是纯水)的携带下经过管路后到达检测器(光度检测器),由于试样在流动过程中存在扩散作用而形成一个具有一定浓度梯度的试样带,检测到的信号呈峰形,如图 13-54 所示。

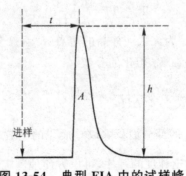

图 13-54　典型 FIA 中的试样峰

图 13-54 中的 t 为留存时间，h 为峰高，A 为峰面积。留存时间 t 表示的是试样通过进样阀注入载流后，随载流流向检测器时，在管路中经过的时间。在载流流速一定和流经的各部件体积固定的条件下，留存时间 t 为一确定值，具有高度重现性。峰高 h 指的是试样峰的最高点到基线的距离，它与试样浓度成正比，这是定量的依据。这一类分析过程是一个混合、稀释与检测过程。

另一类则是在分析过程中发生了化学反应，例如将含氯离子的试样进样后，其与含有 $Hg(SCN)_2$ 和 Fe^{3+} 反应试剂的载流混合并发生化学反应，试样中的 Cl 置换出 $Hg(SCN)_2$ 中的 SCN，释放出的游离 SCN^- 又与载流中的 Fe^{3+} 反应，生成红色配合物 $[Fe(SCN)]^{2+}$，通过光度检测器时被检测，并同样给出峰形信号。由于这类过程中存在着化学反应，为了保证一定的反应时间，装置中的混合反应器需要有一定的长度。这两类基本分析过程具有基本相同的实验装置。检测信号的大小与进样量呈良好的线性关系，并具有高的重现性，如图 13-55 所示。

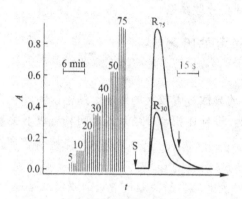

图 13-55　FIA 中的信号重现性与定量分析

流动注射分析过程中的试样是以"塞"的形式注入的，试样塞在注入管路的初期呈圆柱体，在此时试样的浓度是均匀的，并与原试样浓度相等，随着试样塞被载液携带朝前流动，在对流和扩散的双重作用下，试样塞在流出管路时呈峰形分布。试样流动过程中对流和扩散作用如图 13-56 所示。

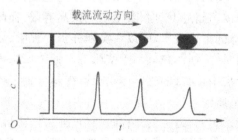

图 13-56　试样带流动过程中的分散作用示意图

流动注射分析中使用的管道孔径通常在 0.5～1 mm，管路中心流层的线流速为流体平均流速的二倍，形成抛物线形的抛面，造成试样带形状的改变和浓的分散。另外，试样分子在流动过程中同时存在着沿管子径向和纵向的扩散，通常情况下，纵向扩散是造成试样带分散的主要因素。试样在载流中的分散程度可以用分散系数来表征。

$$D = \frac{c_0}{c_{max}}$$

D 的定义为试样中组分的初始浓度 c_0 与检测信号峰最大处的浓度 c_{max} 的比值。通常来说，$D >$

1。当 $D=2$ 时,表示试样在流动过程中被载液 $1:1$ 稀释。D 越大,表示组分被分散的程度越高,试样被稀释的越严重,被检测到的浓度越小,峰变得越宽。通常将 $1<D<2$ 称为低分散,$2<D<10$ 称为中分散,$D>10$ 称为高分散。

不同的流动注射分析系统由于其作用不同,对分散系数的大小有不同的要求。当流动注射分析技术仅仅作为试样的引入和传输的手段,分析过程中试样组分不发生变化,此时为了获得较高的灵敏度,希望到达检测器的试样的分散程度越小越好,则应控制实验条件使分散系数尽可能小,如常见的以离子选择性电极、原子吸收光谱仪及等离子体光谱仪等作为检测器的测定过程。对于需要经过混合、反应后转变成可被检测器响应的产物的过程,如涉及显色反应的流动注射分析光度检测系统,适当的分散是为了保证试样与载流中的试剂能够在一定程度的混合,以便使反应正常进行,故分散系数应控制在中等程度。对于某些需要通过流动注射分析技术对高浓度试样进行稀释的过程,需要用到高分散体系。

13.7.1.2 影响分散过程的因素

(1)进样体积的影响

进样体积通常对试样带的分散有着较大的影响。通常认为,控制分散系数大小的最有效、最方便的途径是改变进样体积。进样体积与分散系数之间具有以下关系:

$$D=\frac{c_0}{c_{\max}}=\frac{1}{1-e^{-kV}}$$

也可以写作:

$$c_{\max}=c_0(1-1-e^{-kV})$$

式中,k 是与流路等实验条件有关的常数;V 为进样体积。当进样体积增加时,峰宽和峰高增加,最终达到一定值,此时 $D=1$,也就是说,当进样体积增大到某一值后,试样带中心很难与载流混合而被稀释。

在流动注射分析中,$V_{\frac{1}{2}}$ 是一个表征分散能力的重要指标,其定义为 $c_{\max}=c_0/2$,$D=2$ 时的进样体积。当进样体积小于 $V_{\frac{1}{2}}$ 时,进样体积与峰高基本上呈线性关系,增加进样量,峰高增大,有利于提高灵敏度。当进样体积超过 $V_{\frac{1}{2}}$ 时,灵敏度的提高有限,而峰宽及留存时间的增加却使得进样频率成倍降低,大大降低工作效率,所以在实际分析过程中,要兼顾到灵敏度和进样频率两个方面。当试样浓度较高时,进样体积宜小于 $V_{\frac{1}{2}}$;对于低浓度试样,一般控制在 $2V_{\frac{1}{2}}$ 左右,以增大灵敏度。在流动注射分析中,通常的进样体积控制在 $50\sim200\ \mu L$ 范围内。

(2)反应管长度和内径的影响

当载流流速和进样体积恒定时,组分的留存时间与反应管长度和内径有关。增加管长度,留存时间延长,分散增加,峰变得低而宽。管径降低虽然可有效减小分散,但反应管太细,可使阻力增大,并易造成堵塞,在流动注射分析装置中管内径一般在 $0.3\sim1\ mm$ 之间。

通常情况下,欲延长试样与试剂的反应时间,采取增加反应管长度的方法不如降低流速或采取停流的操作更为有效,这是因为前者在延长时间的同时增大试样分散并降低采样频率。

13.7.2 流动注射分析仪

流动注射分析仪通常由载流驱动系统、进样系统、混合反应系统和检测记录系统组成。

13.7.2.1　载流驱动系统

在流动注射体系中,载液的流动、试样和试剂的输送是靠蠕动泵实现的,它是流动注射体系的心脏部件。蠕动泵的结构和工作原理如图 13-57 所示。

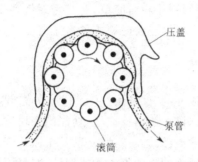

图 13-57　蠕动泵的结构和工作原理图

蠕动泵一般都有 8～10 个排列成圆圈的滚轴,流速由马达的转速和管子的内径控制。若固定蠕动泵的旋转速率,流速就由每个管子的内径决定。商品化的管子具有 0.25～4 mm 的内径,允许流速最小为 0.000 5 mL/min,最大为 40 mL/min。蠕动泵可以进行几个管子的同时操作,特别适于应用多种试剂但又不能预先混合的情况。

蠕动泵是利用金属滚筒挤压塑料弹性泵管来驱动液体流动的。将压盖抬起,把一条或多条弹性泵管放在金属滚筒上面,再放下压盖,调节固定好压盖与滚筒之间的距离,使胶管在滚筒的压迫下被分成段。当滚筒转动时,被封闭在泵管两个挤压点之间的空气被压出管道,从而形成负压,当滚筒转动速度足够高时能将载液或试液提升上来,使其在管道中连续流动。当泵速和泵管孔径一定时,管内液体的流速将基本达到恒定。在开泵几分钟后测定流出液体的体积和时间,可确定其管内液体流速的大小。

蠕动泵结构简单,使用方便,流速易于控制,能瞬间停止和启动,且内存体积小。试液只在泵管内流动,不易被污染,易于清洗。蠕动泵能一泵多用,在压盖和滚筒之间可放置多条泵管,可使一台蠕动泵同时输出几路泵管中的不同液体。但是,蠕动泵也存在缺点,即液流会有微小脉动,增加滚筒数目和转速能减少脉动;由于惯性,使得停止和启动控制不能非常准确;泵管和滚筒之间的快速摩擦会产生静电脉冲,可能对离子电极测定产生一定的干扰。此外,泵管在使用某些有机溶剂作为载流时也受到一定限制。

13.7.2.2　进样系统

试样注入是流动注射分析的重要操作,它应满足下列要求:
①注入的试样应当"嵌入"载流,形成完整的试样带。
②注入试样量重现性好。
③注入装置的死体积小。
④注入试样时,应对载流的流动状态没有太大扰动。
流动注射分析有两种简单的注入试样方式,一种是注射器注入,另一种是六通阀注入。
（1）注射器注入
注射器注入是早期的流动注射分析进样方式,其特点是设备简单,但其定量的准确性与取样的重复性和进样速度等均与实验技巧有关,并且进样频率较低,故目前已较少使用。

(2)六通阀注入

在流动注射分析中,目前使用最普遍的进样装置为六通阀。它具有结构简单、操作方便和重现性好等优点。六通阀的进样原理同色谱中的六通阀。只是流动注射分析工作是在常压状态下,故在其流路中所使用的六通阀制作相对简单,对其密封性要求也不高,一般使用聚四氟乙烯制作阀芯,故其价格较低。目前,根据需要已制成了多通道、多层的旋转式进样阀。

13.7.2.3　混合反应系统

混合反应系统的作用是使注入的"试样塞"在其中分散成"试样带",以便与载流中的试剂发生化学反应而生成可检测物质。该系统由反应管、功能组合块等组成。其中,按反应管形状的不同,反应管可分为直管式、盘结式或编结式三种类型,其中以盘管式反应管(反应盘管)较为常用。反应盘管是由一定长度的缠绕紧密的聚四氟乙烯或聚乙烯、聚丙烯管制成,最常用盘管内径为0.5 mm。对高分散度的试样可用较大的管径(0.75 mm),对低分散度的试样则可用较小的管径(0.3 mm)。在严格的流动注射体系中应保持传输管道内径均一,安装时必须将盘管和连接管牢固地固定在支架上,使流路形状保持不变,如图13-58所示。为了方便地组成流动注射分析流程,仪器装有功能组合块。它是一种流路分支集合装置,是用有机玻璃或聚四氟乙烯制成。此外,仪器还装有恒温水浴,以控制反应温度。水温可在10～100℃范围内选择。

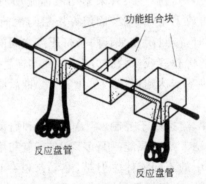

图13-58　反应盘管和功能组合块

13.7.2.4　检测记录系统

检测记录系统包括检测器和记录仪。

流动注射分析法使用的检测手段异常广泛,可根据需要而采用不同的检测记录系统,几乎现有定量分析仪器的检测器,如各类光学检测器、电化学检测器等都可用作FIA的检测器。其中大部分需要有流通池,试样带在流经流通池的瞬间进行动态检测。另外,可将FIA与一些大型分析仪器联用,可将分析仪器看作流动注射的检测器,或将流动注射看作是分析仪器的进样稀释装置,如流动注射-原子吸收装置、流动注射-等离子体原子发射装置等。

带流通式液槽的分光光度计检测器是FIA中用得最多的。流通池和一般吸收池的区别在于:流通池是动态测定的,吸收池是静态测定的。除了为获得一定的灵敏度而要求有足够的光程外,还要求流通池体积尽可能小,以便减少载流量、试剂量、试样量,并提高分析速度。在液体流通的区域内要避免死角,以避免试样残余液滞留于死角区影响重现性,或截留气泡而干扰测定。图 13-59 中(a)、(b)为两种常用的玻璃或石英流通池。在最近的设计中,广泛地使用了光导纤维把光束从分光光度计引入流动注射分析系统,使检测更为方便。

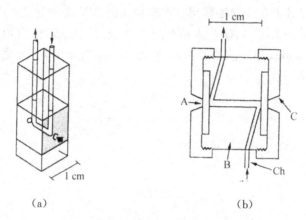

图 13-59　分光光度法中的流通池

(a)固定在多数商品光度计上的 Hellma 池;

(b)Z 型池,其中 A 为透明窗,B 为聚四氟乙烯池体,C 为池体套,Ch 为入口通道

离子选择电极检测器也是流动注射分析中常用的一种检测器。载流流过离子选择电极的敏感膜表面,然后再与参比电极接触。通过控制流入流出管口的液流流量调节池中载流的液位。因被测的只是冲刷电极敏感膜表面的很薄的一层液体,其有效体积很小,约为 10 μL。pH 电极、钾离子、硝酸根离子、锂离子等离子选择性电极已成功地用于 FIA 系统中。其他类型的电极和材料也可以和 FIA 微管道技术结合,实现电导法、伏安法或库仑法的微型化。

记录仪是 FIA 不可缺少的部件,它不仅能提供分析结果,而且还可以记录峰形,以便及时发现操作中存在的问题。

此外,为了满足流动注射分析仪小型化的需要,已经设计和制造出了多种微管路 FIA 系统。

13.7.3　流动注射分析法的应用

流动注射分析的应用范围十分广泛,特别是在环境学、临床医学这两个领域中的应用最多。

由于流动注射分析法具有快速、准确,且可与多种检测手段联用的特点,它已成为环保部门的有力监测方法。例如,河水、海水及井水中的 PO_4^{3-} 离子可借助于磷钼蓝分光光度法作为检测手段进行流动注射分析,检测限达 10^{-8},分析速度每小时 30 次。雨水中的 F^- 离子含量的检测,可以用 F^- 选择电极作为流动注射分析的检测器,检测限为 15×10^{-9},标准偏差小于 3%,分析速度为每小时 60 次。水样中的砷含量的分析,可以预先用硫酸肼将 As(V)还原成 As(Ⅲ),再用小型阳离子交换柱将过量肼除去,然后用流动注射分析—安培检测器检测,检测限为 0.4×10^{-9}。

为了测定血清中的 Ca^{2+} 离子含量及 pH,可将血清样品注入载流中,"样品塞"首先通过毛细管玻璃电极以测定 pH,随之再流经 Ca^{2+} 选择电极,测得 pCa 值。若借助于固定化葡萄糖氧化酶柱和安培法,就可以间接测定血清中葡萄糖含量。葡萄糖经酶柱时发生以下反应:

$$葡萄糖+O_2+H_2O \xrightarrow{\text{葡萄糖氧化酶}} H_2O_2+葡萄酸$$

生成的 H_2O_2 用 Pt 电极即可以进行安培法检测，也可以用一支氧电极来监测氧含量的变化。葡萄糖氧化酶可以通过化学键合反应，键合到多孔玻璃珠上，以增加酶的稳定性。将流动注射分析技术与原子吸收光谱法结合来测定接受锂治疗的病人血清中的锂含量。流动注射分析法也可与电感耦合等离子体发射光谱法联用。将流动注射分析法与荧光光度分析法相结合，可提高分析灵敏度。利用铽与 EDTA、磺基水杨酸反应生成三元配合物，可用荧光法测定矿石中铽含量。激发波长为 320 nm，测定波长 545 nm。对 80 pg 含量的铽，其测量的相对标准偏差为 4%，且各种金属离子不干扰。

第 14 章　农药的检验

14.1　农药的检验目的及检验标准

农药(pesticide)是指防治农作物病害、虫害、草害、鼠害和调节植物生长的药剂。自从 1942 年人工合成了第一种有机农药 2,4-滴后,人类相继开发了大量有机农药品种,并且其应用范围不断扩大。农药的使用不仅避免了各种有害生物对农作物的危害,而且促进了作物的生长,提高了农作物的质量。

农药检验主要采用的方法有:物理方法、化学方法、物理化学方法和生物化学方法等。

14.1.1　农药的检验目的

(1)对质量进行检验分析

农药是特殊的商品,为了确保其质量,必须严格按照国家规定的质量标准,进行严格的分析检验,对其质量做出真伪与优劣的判断,以确保安全、合理、有效地使用。

(2)对生产过程进行质量控制

为了确保农药质量,必须对其生产的全面过程进行质量控制,因此应积极开展从原料、半成品到成品的生产全过程的质量分析检验工作,不断促进改进生产工艺,提高产品质量,提高质量的科学管理水平,以保证为社会提供优质的产品。

(3)对贮存过程的质量进行监督与控制

农药分析工作应与供应部门密切协作,对其贮存过程的质量进行观察、检测与养护,以便采取科学合理的贮藏条件和管理办法,确保其使用效果与安全。

(4)对使用效果进行分析

农药质量的优劣和使用是否合理,直接影响其使用效果,为了保证合理使用,对农药要进行最佳使用量、使用浓度以及残留量进行分析。

14.1.2　农药的检验标准

14.1.2.1　农药的质量

评价农药的质量应从以下两方面考虑:

（1）使用效果

合格的医药应有肯定的疗效,尽量小的毒性及副作用。医药疗效越显著,毒性及副作用就越小,其质量就越好。

合格的农药应有明显的使用效果,其毒性和残留量满足国家标准或行业标准的要求。高质量的农药应具有高效低毒且不会给环境造成污染等特点。

（2）纯度

纯度是指纯净程度,有害杂质及无效成分的含量越低纯度就越高。医药的纯度和化学试剂的纯度在要求上不同,前者主要从用药安全、有效以及对医药的稳定性的影响等方面考虑;后者是从杂质可能引起的化学变化时对使用的影响以及试剂的使用范围和使用目的来规定的,并不考虑杂质对生物体的生理作用及毒副作用。医药只有合格品与不合格品,而一般化学试剂分为4个等级(基准试剂、优级纯、分析纯及化学纯)。由于医药的纯度会影响其疗效和毒副作用,故必须达到一定的纯度标准,才能安全有效地使用。农药也必须达到一定的纯度才能保证其使用效果。

14.1.2.2　质量标准

我国现行的医药质量标准为国家药品标准,其标准有:

（1）《中华人民共和国药典》

《中华人民共和国药典》简称《中国药典》(Chinese Pharmacopoeia,CP),是由国家药典委员会编纂,经国家药品监督管理局批准颁布实施的,是我国记载药品质量标准的国家法典,是对药品质量要求的准则,在全国具有法律约束力。

（2）国家药品监督管理局颁布的药品标准

国家药品监督管理局颁布的药品标准简称《局颁标准》,也具有全国性的法律约束力。

除国家药品标准外,目前尚有《地方标准》,《地方标准》在辖区内具有法律约束力。根据药品质量标准来判断,药品只有合格和不合格两种,不合格的药品不得生产、不得销售、不得使用,否则都是违法。

农药标准按其等级和适用范围,分为国际标准和国家标准。国际标准又有联合国粮农组织(FAO)标准和世界卫生组织(WHO)标准两种。国家标准由各国自行制定。我国的农药标准分为三级:国家标准、行业标准(部颁标准)和企业标准。国家标准为国内最高标准。

14.2　农药物理指标的测定

14.2.1　农药中水分含量的测定(共沸蒸馏法)

（1）测定原理

取一定量农药试样于圆底烧瓶中,加入一定量与水互不相溶的溶剂加热回流,使水分和溶剂共同蒸出,分馏出的液体收集在水分测定器中,分层后,量出水的体积,计算出农药中水分含量。

（2）仪器

水分测定仪：由圆底烧瓶、接收器和直形冷凝管三部分组成。

（3）试剂

①甲苯。

②苯。

（4）测定方法

①准确称取一定量试样（准确至 0.01 g），约含水 0.3～1.09，放入水分测定器的圆底烧瓶中，加入 100 mL 甲苯（或苯）和几根长约 10 cm 洁净干燥的毛细管。

②安装好整个水分测定器，以每秒 2～3 滴的速度加热回流，直至接收器内液体变清，水分不再增加，再保持 10 min 后，停止加热。

③用毛细滴管吸取少量甲苯冲洗冷凝器内壁，直至没有水珠落下为止，冷却至室温，读取接收器内水的体积。

（5）结果计算

$$\omega_{H_2O} = \frac{V\rho}{m} \times 100\%$$

式中，ω_{H_2O} 为试样中水的质量分数，%；V 为接收器中水的体积，mL；ρ 为水的密度，g/mL；m 为试样质量，g。

14.2.2　农药酸度的测定

（1）测定原理

农药的 pH 是指质量浓度为 10 g/L 的农药溶液的 pH。测定农药的 pH 使用的仪器为 pH 计。pH 计的敏感元件是玻璃电极，它与甘汞电极组成一个电池，以甘汞电极为参比，测量两电极间的电位差，即可得到农药溶液的 pH。

（2）仪器设备

①pH 计，需要有温度补偿或温度校正图表。

②玻璃电极。使用前需在蒸馏水中浸泡 24 h。

③饱和甘汞电极。电极的室腔中需注满饱和氯化钾溶液，并保证饱和溶液中总有氯化钾晶体存在。

（3）试剂试液

除另有规定外，所用试剂均为分析纯。

①水。新煮沸并冷至室温的蒸馏水，pH 为 5.5～7.0。

②邻苯二甲酸氢钾 pH 标准溶液 0.05 mol/L，称取在 105～110℃ 烘至恒重的邻苯二甲酸氢钾 10.21 g 于 1 000 mL 容量瓶中，用水溶解并稀释至刻度，摇匀。此溶液放置时间不超过 1 个月。

③四硼酸钠 pH 标准溶液。0.05 mol/L，称取 19.07 g 四硼酸钠于 1 000 mL 容量瓶中，用水溶解并稀释至刻度，摇匀。此溶液放置时间不超过 1 个月。

（4）测定方法

①pH 计的校正。将 pH 计的指针调整至零点，调整温度补偿旋钮至室温，用上述中一个 pH 标准溶液校正 pH 计，重复校正，直到两次读数不变为止。再测量另一 pH 标准溶液的 pH，

测定值与标准值的绝对差值应不大于 0.02。

②试样溶液的配制。称取 1 g 试样于 100 mL 烧杯中,加入 100 mL 水,剧烈搅拌 1 min,静置 1 min。

③测定。将冲洗干净的玻璃电极和饱和甘汞电极插入试样溶液中,测其 pH。

(5)结果表述

至少平行测定三次,测定结果的绝对差值应小于 0.1,取其算术平均值即为该试样的 pH。

(6)说明

标准溶液 pH 随温度的变化而有所变化,因此测定前应进行温度校正。

14.2.3　农药乳剂稳定性的测定

(1)测定原理

农药乳剂经标准硬水稀释后,在规定的温度下保温一定时间。根据稀释液保温后状态是否变化,判定乳油的稳定性。

(2)仪器

①恒温水浴。

②吸量管:1 mL(最小分度值为 0.1 mL)。

③烧杯:250 mL,直径 60～65 mm。

④磨口具塞量筒:100 mL,内径 28 mm,高 250 mm。

⑤玻璃搅拌棒:直径 6～8 mm。

(3)试剂

①盐酸溶液:2 mol/L。

②无水氯化钙。

③氧化镁(带 6 个结晶水):使用前于 105℃干燥 2 h。

④碳酸钙:使用前于 400℃烘 2 h。

(4)测定步骤

①标准硬水(以碳酸钙计,342 mg/L)的配制。

方法一:准确称取 2.740 g 碳酸钙及 0.276 g 氧化镁于 100 mL 烧杯中,加入盐酸溶液适量使其完全溶解,将烧杯放在水浴上加热蒸发至干,以除去多余的盐酸,然后将残留物用适量蒸馏水溶解后定量转移到 100 mL 容量瓶中,用蒸馏水稀释至刻度,取出 10 mL 置于 1 000 mL 容量瓶中,用蒸馏水稀释至刻度,摇匀即得。

方法二:准确称取 0.304 g 无水氯化钙和 0.139 g 带 6 个结晶水的氯化镁于 250 mL 烧杯中,加入适量蒸馏水并搅拌使其溶解,然后定量转移至 1 000 mL 容量瓶中,用蒸馏水稀释至刻度,摇匀即得。

在具体操作中,上述两种方法可任选一种。

②测定。在 250 mL 烧杯中加入 25～30℃标准硬水 100 mL,用吸量管吸取规定量的乳剂试样,在不断搅拌的情况下,缓缓加入到标准硬水中(按各产品规定的稀释浓度)使其成为 100 mL 乳液。加完乳剂后,以每秒钟二至三圈的速度搅拌 30 s,然后,立即将乳液倒入清洁、干燥磨口具塞的 100 mL 量筒中,并将量筒置于 25～30℃的恒温水浴中,静置 1 h 后,取出,观察乳液分离情

况。如果在量筒中没有乳油、沉油或沉淀析出,则稳定性为合格。(取样量按各产品标准规定的稀释倍数计算,例如,规定稀释 400 倍,则取样量为 0.25 mL)

14.2.4　农药可湿性粉剂悬浮率的测定

悬浮率是指在给定的静止高度的液柱中,经过一定时间后悬浮的有效成分占最初悬浮液中有效成分的质量分数。它是可湿性粉剂的重要质量指标之一。

(1)测定原理

用标准硬水将待测试样配制适当浓度的悬浮液。在规定的条件下,于量筒中静置 30 min,测定底部 1/10 悬浮液中有效成分的含量,计算悬浮率。

(2)仪器设备

①量筒 250 mL,带磨口玻璃塞,0~250 mL 刻度间距为 20.0~21.5 cm,250 mL 刻度线与塞子底部之间距离应为 4~6 cm。

②玻璃吸管长约 40 cm,内径为 5 mm,一端尖处有约 2~3 mm 的孔,另一端与抽气系统相连接。

③恒温水浴(30±1)℃。

④秒表。

(3)试剂试液

除另有规定外,所用试剂均为分析纯,所用水均为蒸馏水或去离子水。

①氧化镁,使用前于 105℃ 干燥 2 h。

②碳酸钙,使用前于 400℃ 烘 2 h。

③盐酸溶液,0.1 mol/L,1 mol/L。

④氢氧化钠溶液,0.1 mol/L。

⑤氨水 1 mol/L。

⑥甲基红指示液 1 g/L。

⑦贮备液 A、B。

A 溶液:$c_{Ca^{2+}}$＝0.04 mol/L,准确称取碳酸钙 4.000 g 于 800 mL 烧杯中,加少量水润湿,缓缓加入 1 mol/L 盐酸溶液 82 mL,充分搅拌。待碳酸钙全部溶解后,加水 400 mL,煮沸,除去二氧化碳,冷却至室温,加 2 滴甲基红指示液,用氨水中和至橙色,将此溶液转移到 1 000 mL 容量瓶中,用水稀释至刻度,混匀。

B 溶液:$c_{Mg^{2+}}$＝0.04 mol/L,准确称取氧化镁 1.613 g 于 800 mL 烧杯中,加少量水润湿,缓缓加入 1 mol/L 盐酸溶液 82 mL,充分搅拌,并缓缓加热。待氧化镁全部溶解后,加水,400 mL,煮沸,除去二氧化碳,冷却至室温,加 2 滴甲基红指示液,用氨水中和至橙色,将此溶液转移到 1 000 mL 容量瓶中,用水稀释至刻度,混匀。

⑧标准硬水。以含碳酸钙计,342 mg/L,移取 68.5 mL。A 溶液和 17.0 mL B 溶液于 1 000 mL 烧杯中,加水 800 mL,滴加 0.1 mol/L 氢氧化钠溶液或 0.1 mol/L 盐酸溶液,调节 pH 为 6.0~7.0(用 pH 计测定)。将此溶液转移到 1 000 mL 容量瓶中,用水稀释至刻度,摇匀。

(4)测定方法

称取适量试样,精确至 0.000 1 g,置于盛有 50 mL 标准硬水(30±1)℃的 200 mL 烧杯中,用手摇荡作圆周运动,约每分钟 120 次,进行 2 min。将该悬浮液在同一温度的水浴中放置 13 min,然后用(30±1)℃的标准硬水将其全部洗入 250 mL 量筒中,并稀释至刻度,盖上塞子,以量筒底部为轴心,将量筒在 1 min 内上下颠倒 30 次(将量筒倒置并恢复至原位为一次,约 2 s)。打开塞子,再垂直放入无振动的恒温水浴中,放置 30 min。用吸管在 10～15 s 内将内容物的 9/10(即 225 mL)悬浮液移出,不要摇动或搅起量筒内的沉降物,确保吸管的顶端总是在液面下几毫米处。

按规定方法测定试样和留在量筒底部 25 mL 悬浮液中的有效成分含量。

(5)结果表述

$$试样悬浮率 = \frac{10}{9} \times \frac{m_1 - m_2}{m_1} \times 100\%$$

式中,m_1 为配制悬浮液所取试样中有效成分的质量,g;m_2 为留在量筒底部 25 mL 悬浮液中有效成分质量,g。

(6)说明

①称样量是根据可湿性粉剂推荐使用的最高喷洒浓度计算出来的。通常在产品标准中加以规定。例如,某药粉的喷洒浓度为 1:(300～500),则称样量应为 0.5 g。

②抽气系统包括真空泵,缓冲瓶,抽滤瓶(收集吸收液用)和两通阀。吸管应与两通阀相连,再与抽滤瓶口胶皮塞上的玻璃吸管相连,抽滤瓶的支管接缓冲瓶和真空泵。注意关闭两通阀时应平稳,以防搅动留下的 1/10 悬浮液。

③有效成分含量的测定方法均在产品标准中加以规定。

14.2.5　农药粉剂细度的测定

农药粉剂的细度测定方法有两种:一种为干筛法,适用于粉剂;另一种为湿筛法,适用于可湿性粉剂。干筛法是将烘箱中干燥至恒重的样品,自然冷却至室温,并在样品与大气达到湿度平衡后,称取试样,用适当孔径的试验筛筛分至终点,称量筛中残余物,计算细度。湿筛法是较常用的一种方法。在此仅介绍湿筛法。

(1)测定原理

将称量好的试样放入烧杯中润湿、稀释,然后倒入湿润的试验筛中,用平缓的自来水直接冲洗,再将试验筛置于盛水的盆中继续洗涤,将筛中残余物转移至烧杯中,干燥残余物,称重,计算细度。

(2)仪器

①试验筛:适当孔径,并具有配套的接收盘和盖子。

②烧杯:250 mL,100 mL。

③带有橡皮罩的玻璃棒。

④干燥器。

⑤烘箱:在 100℃ 以内控温精度为 ±2℃。

(3)测定步骤

①试样的润湿。称取试样 20 g(准确至 0.1 g),置于 250 mL 烧杯中,加入 80 mL 自来水,用玻璃棒搅动,使其完全润湿。如果试样抗润湿,可加入适量非极性润湿剂。

②试验筛的润湿。将试验筛浸入自来水中,使金属丝布完全润湿。必要时可在自来水中加

入适量非极性润湿剂。

③测定。将烧杯中润湿的试样用自来水稀释至约 150 mL,搅拌均匀后全部倒入润湿的标准筛中,用自来水冲洗烧杯,洗涤水并入筛中,直至烧杯中粗颗粒完全移至筛中为止。用直径为 9~10 mm 的橡皮管导出的平缓的自来水冲洗筛中试样,水速控制在 4~5 L/min,橡皮管末端出水口保持与筛缘平齐为度。在筛洗过程中,保持水流对准筛上的试样,使其充分洗涤(如果试样中有软团块,可用具有橡皮罩的玻璃棒轻压,使其分散),一直洗到通过试验筛的水清亮透明为止。再将试验筛移至盛有自来水的盆中,上下移动洗涤筛缘(始终保持在水面之上),重复至 2 min 内无物料过筛为止。弃去过筛物,将筛中的残余物冲洗至一角,再转移至已在 100℃ 恒重的烧杯中。静置,待烧杯中颗粒沉降至底部后,倾去大部分水,加热,将残余物蒸发近干,于 100℃(或根据产品的物化性能,采用其他适当温度)的烘箱中烘至恒重,取出烧杯置于干燥器中冷却至室温,称重。

(4)结果计算

$$粉剂细度 = \frac{m_1 - m_2}{m_1} \times 100\%$$

式中,m_1 为粉剂(或可湿性粉剂)试样的质量,g;m_2 为烧杯中残余物的质量,g。

两次平行测定结果之差应在 0.8% 内。

14.2.6 悬乳液分散稳定性的测定

悬浮剂的分散相主要为粒径 0.5~5 μm 的固体农药原药,加工时将原药和湿润剂、分散助悬剂、增黏剂、防冻剂等助剂和分散介质混合而成。当分散介质为水时,称为水悬剂,以矿物油或有机溶剂为分散介质时称为油悬剂。对于不含水或其他液体分散介质而又能在水或其他介质中很好分散,形成悬浮液的粉、粒或片状物的剂型,称为干悬浮剂。

悬浮剂的分散稳定性是悬浮剂产品质量好坏的重要检测性能之一,对制剂药效发挥有着重要的影响。通常影响分散稳定性的因素主要有粒子粒径的大小和分散助剂的性能。

(1)测定原理

悬浮剂是固体原药微粒均匀地分散在连续相中所组成的固-液分散体系,此体系为热力学不稳定体系,悬浮的粒子会很快发生颗粒凝聚,导致颗粒变大而沉降。在农药加工中,通过粒径大小的改变和分散助悬剂的加入,能有效地降低这一现象的发生。因此,在加工成制剂后,需观察悬浮剂稀释液在最初、放置一定时间和重新分散后该分散液的分散性。

(2)操作步骤

在室温下,分别向两个刻度量筒(量筒是否具塞?)中加标准硬水,用移液管向每个量筒,中滴加试样(按规定数量),滴加时移液管尖端尽量贴近水面,但不要在水面之下。最后加标准硬水至刻度。戴布手套,以量筒中部为轴心,重复上下颠倒,确保量筒中液体温和地流动,不发生反冲,用其中一个量筒做沉淀和乳膏试验,另一个量筒做再分散试验。

①最初分散性。观察分散液的分散情况,记录沉淀、乳膏或浮油的体积。

②放置一定时间后的分散性:

沉淀体积的测定:

分散液制备好后,立即将分散液转移至乳化管中,盖上塞子,在室温下直立,用灯照亮乳化管,调整光线角度和位置,达到对两相界面的最佳观察,如果有沉淀(通常反射光比透射光更易观察到沉淀),记录沉淀体积。

顶部油膏(或浮油)体积的测定:

分散液制备好后,立即将其倒入乳化管中,至离管顶端附近,戴好保护手套,塞上带有排气管的橡胶塞,排除乳化管中所有空气,去掉溢出的分散液,将乳化管倒置,在室温下保持一段时间,没有液体从乳化管排出就不必密封玻璃管的开口端,记录已形成的乳膏或浮油的体积。测定乳化管总体积,并以下式校正测量出的乳膏或浮油的体积。

$$F = \frac{100}{V_0}$$

式中,F 为测量油膏或浮油的体积时的校正因子;V_0 为乳化管总体积。

重新分散性测定:

分散液制备好后,将第二个量筒在室温下静置 24 h,按前述方法颠倒量筒 30 次,记录没有完全重新分散的沉淀。将分散液加到另外的乳化管中,放置 30 min 后,按前述方法测定沉淀体积和乳膏或浮油的体积。

14.2.7　农药可湿性粉剂润湿性的测定

(1)测定原理

农药可湿性粉剂的湿润性是由药粉的湿润时间来表示的。将一定量的可湿性粉从规定的高度倾入盛有一定量标准硬水的烧瓶中,测定其完全润湿的时间。

(2)仪器设备

①容量瓶,1 000 mL。

②温度计,最小分度值为 1℃,量程为 0~50℃或 0~100℃。

③烧杯,800 mL,1 000 mL,250 mL[内径为(6.5±0.5) cm,高度为(9.0±0.5) cm]。

④秒表。

⑤量筒,20mL,100 mL,5 00 mL。

⑥表面皿,直径为(9.0±0.5) cm。

⑦恒温水浴。

⑧pH 计。

⑨聚乙烯瓶,1 000 mL。

(3)试剂试液

除另有规定外,所用试剂均为分析纯,所用水均为蒸馏水或去离子水。

①碳酸钙,使用前在 400℃烘 2 h。

②氧化镁,使用前在 105℃干燥 2 h。

③氨水溶液,1 mol/L。

④盐酸,1 mol/L,0.1 mol/L。

⑤甲基红溶液,5 g/L。

⑥氢氧化钠溶液,0.1 mol/L。

⑦标准硬水,见 14.2.4 节(3)⑧。

（4）测定方法

取 342 mg/L 硬水(100＋1) mL,注入 250 mL 烧杯中,将此烧杯置于(25±1)℃的恒温水浴中,使其液面与水浴的水平面平齐。待硬水至(25±1)℃时用表面皿称取(5±0.1) g 试样,将全部试样从与烧杯口齐平位置一次均匀地倾倒在该烧杯的液面上,但不要过分地搅动液面。加样品时立即用秒表计时,直至试样全部润湿为止。记下润湿时间。如此重复 5 次,取其平均值,作为该样品的润湿时间。

（5）说明

①试样应是有代表性的均匀粉末,而且不成团、不结块。

②润湿时间准确至秒。留在液面上的细粉末可忽略不计。

14.2.8　农药贮藏稳定性的测定

贮藏稳定性是多种剂型农药的一项重要性能指标,它直接影响到产品质量的好坏及使用效果。贮藏稳定性是指制剂在贮藏一段时间后,其物理、化学性能变化的大小。变化小则贮藏稳定性较好,反之较差。贮藏稳定性有冷贮稳定性和热贮稳定性。不同的剂型,贮藏稳定性的测定范围也有所不同。对于固体制剂(如可湿性粉剂),通常以热贮稳定性来表示制剂的贮藏稳定性。对于液体制剂(如乳油)而言,则需要同时测定制剂的热贮稳定性和冷贮稳定性。

14.2.8.1　低温稳定性试验测定方法

（1）乳剂和均相液体制剂

取一定量样品加入离心管中,在制冷器中冷却,让离心管及其内容物在(0±2)℃下保持一段时间(通常为 1 h),每隔一定时间搅拌一次,期间检查并记录有无固体物或油状物析出。再将离心管放回制冷器,在(0±2)℃下继续放置几天后,将离心管取出,在室温下静置,离心分离。之后记录管子底部析出物的体积,一般析出物不超过 0.3 mL 为合格。

（2）悬浮制剂

取试样置于烧杯中,在制冷器中冷却至(0±2)℃,保持一段时间,隔若干分钟搅拌一次,观察外观有无变化。再将烧杯放回制冷器,在(0±2)℃继续放置几天后,将烧杯取出,恢复至室温,测试筛析、悬浮率或其他必要的物化指标。悬浮率和筛析符合标准要求为合格。

14.2.8.2　热贮稳定性试验测定方法

（1）粉剂

将试样放入烧杯,在不加任何压力的条件下,使其铺成等厚度的平滑均匀层。将圆盘压在试样上面,置烧杯于烘箱中,在恒温箱(或恒温水浴)中放置,一般为 14 d。取出烧杯,拿出圆盘,放入干燥器中,使试样冷至室温,检验有效成分含量等规定项目。

（2）片剂

将试样放入广口玻璃瓶中,不加任何压力,加盖置玻璃瓶于烘箱中,贮存 14 d。取出玻璃瓶,放入干燥器中,使试样冷至室温,测定有效成分含量等规定项目。

（3）液体制剂

用注射器将试样注入洁净的安瓿中（避免试样接触瓶颈），置此安瓿于冰盐浴中制冷，用高温火焰迅速封口（避免溶剂挥发），称量。将封好的安瓿置于金属容器内，再将金属容器放入恒温箱（或恒温水浴）中，放置 14 d。取出冷至室温，将安瓿外面拭净，分别称量，质量未发生变化的试样，检验规定项目。

14.2.9　烟剂基本理化性能的测定

烟剂是农药原药与燃料、氧化剂、消燃剂等混合加工成的一种剂型，点燃后可以燃烧，但不能有火焰。农药受热气化后在空气中凝结成固体微粒成烟，若原药在室温下为液体，也可在气化后在空气中成雾。烟剂的主要性能检测指标为烟剂的自燃温度、成烟率和跌落破碎率等。

14.2.9.1　烟剂的自燃温度测定方法

称取适量试样，置于自燃温度测定仪（图 14-1）的石棉网中心，然后将触点温度计和水银温度计从烧杯盖两孔插入烧杯，接触石棉网，两温度计水银球距石棉网边沿约 0.5 cm。调节触点温度计旋钮至所需温度，待温度稳定后，以每分钟上升 5～10℃的速度调节触点温度计旋钮，接近发烟时以每分钟 1～2℃的上升温度调节触点温度计旋钮，同时观察试样和水银温度计，试样发烟的瞬间，水银温度计所指示的温度即为自燃温度。取其算数平均值作为测定结果，两次平行测定结果之差不应大于 5℃。

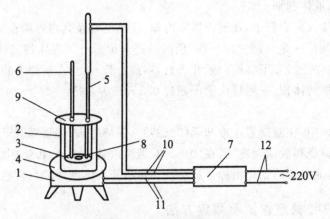

图 14-1　自燃温度测定仪

1—电炉；2—烧杯；3—石棉网试验台；4—石棉网；5—触点温度计；
6—水银温度计；7—继电器；8—样品；9—烧杯盖；10～12—电线

14.2.9.2　烟剂的成烟率测定

成烟及收集装置如图 14-2 所示。

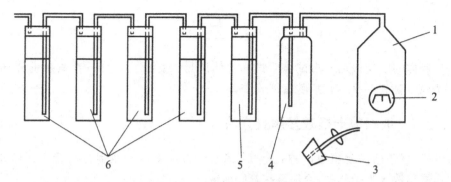

图 14-2　成烟及收集装置图

1—燃烧瓶；2—燃烧台；3—燃烧瓶塞(带有通气阀或负压通气阀)；4—缓冲瓶；

5—第一级吸收管(200 mL)；6—二、三、四、五级吸收管(均为 100 mL)

用准备好的镜头纸袋装入称取好的试样，将袋中试样适当压紧，包好后置于恒温烘箱中烘干，后置于干燥器中。

将上述烘干的试样置于燃烧瓶中的燃烧台上。在一级、二级、三级、四级、五级吸收管中各加入不同体积的吸收液。开启空气泵。用火柴点燃试样后，立即用点燃口塞塞好，当确认试样燃烧完毕并且燃烧瓶中为负压时，打开通气阀，将燃烧瓶和缓冲瓶中烟雾抽至吸收管中吸收(当试样燃烧激烈，导致吸收液回流时，燃烧瓶塞的通气阀采用负压通气阀)，至无可见烟雾后，再抽气几分钟。后关闭抽气泵，取出燃烧试样残余物，将各吸收管吸收液转移至烧瓶中，然后用溶剂多次清洗成烟装置内路，洗液并入同一烧瓶中。将烧瓶置于蒸发仪上。蒸至溶液到一定体积，取下烧瓶使其恢复至室温，按有效成分分析方法对收集液进行测定。

收集的烟中有效成分占原试样的质量分数 X_1(％)计算如下：

$$X_1 = \frac{\gamma_1 m_1 P}{\gamma_2 m_2}$$

试样中有效成分成烟率 X_2(％)计算如下：

$$X = \frac{X_3}{X_1} \times 100$$

式中，m_1 为标样的质量，g；m_2 为试样的质量，g；γ_1 为标样溶液中有效成分与内标物峰面积之比的平均值；γ_2 为试样溶液中有效成分与内标物峰面积之比的平均值；X_1 为试样中有效成分的质量分数，％；P 为标样的纯度；X_3 为收集液中有效成分占试样的质量分数，％。

两次平行测定结果之差不应大于 5％，取其算数平均值作为测定结果。

14.2.9.3　烟剂的跌落破碎率测定方法

称取适量块状试样，置于离光滑的水泥地面 0.5 m 高处，平面朝地自由下落至地面，取试样主体(最大的一块)称量。连续实验 10 次，取其平均值为测定结果。

片剂跌落破碎率 X(％)计算如下：

$$X_i = \frac{m_1 - m_2}{m_1} \times 100$$

$$X = \frac{\sum_{i=1}^{10} X_i}{10}$$

式中，m_1 为标样的质量，g；m_2 为试验后试样主体质量，g；X_i 为试样一次测得的片剂跌落破碎率，％；X 为试样测得的平均片剂跌落破碎率，％。

14.2.9.4　烟剂的干燥减量测定方法

称取试样，置于已烘至恒重的称量瓶中，铺平。将称量瓶和瓶盖分开置于烘箱中，烘 24 h 后，盖上盖，取出放入干燥器中，冷却至室温后称量。

试样的干燥减量 X（％）计算如下：

$$X = \frac{m_1 - m_2}{m_3} \times 100$$

式中，m_1 为烘干前试样和称量瓶的质量，g；m_2 为烘干后试样和称量瓶的质量，g；m_3 为称取试样的质量，g。

14.2.10　粒剂基本理化性能的测定

粒剂为农药主要剂型之一，由原药、载体和辅助剂构成，可分为遇水解体型和遇水不解体型两大类。农药粒剂的主要质量指标有颗粒剂松密度和堆密度、粒度、脱落率以及水分散粒剂分散性等。

14.2.10.1　颗粒剂松密度和堆密度测定方法

称取约占 90％量筒体积的样品质量 m（g）于蜡光纸上，将纸折成斜槽，使样品滑入量筒，轻轻弄平颗粒表面，测量体积 V_1。轻握量筒上部，提高 25 mm，让其落在橡胶基垫上，如此反复若干次，测量并记录颗粒体积 V_2。

试样的松密度 X_{1-1}（g/mL）和堆密度 X_{1-2}（g/mL）分别计算：

$$X_{1-1} = \frac{m}{V_1}$$

$$X_{1-2} = \frac{m}{V_2}$$

14.2.10.2　颗粒剂粒度范围测定方法

通常粒剂的粒径比应不大于 1∶4，在产品标准中应注明具体粒度范围。

将标准筛上下叠装，大粒径筛置于小粒径筛上面，筛下装承接盘，同时将组合好的筛组固定在振筛机上，称取颗粒剂试样质量 m（g），置于上面筛上，加盖密封，启动振筛机振荡，收集规定粒径范围内筛上物称量 m_1（g）。

试样的粒度 X（％）计算如下：

$$X = \frac{m_1}{m} \times 100$$

14.2.10.3　水分散粒剂分散性测定方法

在规定温度下,于烧杯中加入标准硬水,将搅拌棒固定在烧杯中央(搅拌棒叶片距烧杯底15 mm),搅拌棒叶片间距和旋转方向能保证搅拌棒推进液体向上翻腾,以恒定的速度开启搅拌器。将水分散粒剂样品 m (g)加入搅拌的水中,继续搅拌。一段时间后关闭搅拌,让悬浮液静置,借助真空泵,抽出 9/10 的悬浮液,并保持玻璃细管的尖端始终在液面下,且尽量不搅动悬浮液,用旋转真空蒸发器蒸掉剩余悬浮液中的水分,并干燥至恒重 mL(g),干燥温度依产品而定,一般推荐温度为 60~70℃。

试样的分散性 X (%)计算如下:

$$X = \frac{10}{9} \times \frac{m - m_1}{m} \times 100$$

14.2.10.4　水分散粒剂流动性测定方法

将样品置于圆筒中,不用任何压力将样品 m_1 (g)摊平,使其成均匀平滑层,将压实器放在颗粒剂的表面。在规定温度下贮存(一般为 14 d),贮后,将圆筒放入干燥器中(不放干燥剂),冷至室温,将仪器翻转过来,拿掉底盖,向下推圆筒,小心将样品转移到试验筛上,按干筛法筛析样品,检查样品是否自由地从筛中落下,若没有,记录筛子上下跌落 20 次后留在筛上样品的质量 m_2 (g)。

试样的流动性 X (%)计算如下:

$$X = \frac{m_1 - m_2}{m_1} \times 100$$

14.2.11　其他物理化学形状的测定

14.2.11.1　水剂的稀释稳定性和可溶性液剂与水互溶性测定

用移液管吸取一定体积试样,置于量筒中,加标准硬水至刻度,混匀。将此量筒放入恒温水浴中,静置一定时间后,稀释液均一,无析出物为合格。

14.2.11.2　可分散片剂、烟剂粉末和碎片测定

将抽样时一个完整内包装的粉末和碎片收集起来,置于天平上称量,记录其质量。

粉末和碎片 X (%)计算如下:

$$X = \frac{m_1}{m} \times 100$$

式中,m_1 为粉末和碎片质量,g;m_2 为取样总质量,g。

14.2.11.3　持久起泡性试验测定

将量筒加标准硬水,置量筒于天平上,称入试样,加硬水至距量筒塞底部 9 cm 的刻度线处,盖上塞,以量筒底部为中心,重复上下颠倒。放在试验台上静置一定时间后,记录泡沫体积。

14.2.11.4　原药中丙酮不溶物测定

将玻璃砂芯坩埚漏斗烘干至恒重,放入干燥器中冷却待用。称取适量样品,置于锥形烧瓶中,加入丙酮并振摇,尽量使样品溶解。然后经回流冷凝器在热水浴中加热至沸腾,自沸腾开始回流一段时间后停止加热。装配砂芯坩埚漏斗抽滤装置,在减压条件下尽快使热溶液快速通过漏斗。用热丙酮洗涤,抽干后取下玻璃砂芯坩埚漏斗,将其干燥、称量。

丙酮不溶物的质量分数 $W(\%)$ 计算如下:

$$W = \frac{m_1 - m_0}{m_2} \times 100$$

式中,W 为丙酮不溶物的质量分数,%;m_1 为坩埚与不溶物恒重后的质量,g;m_0 为坩埚恒重后的质量,g;m_2 为试样的质量,g。

14.2.11.5　水剂水不溶物质量分数测定方法

于高温下将玻璃砂芯坩埚干燥至恒重,准确称取试样,用水淋洗转移到量筒中,盖上塞子,猛烈振摇,使可溶物全部溶解。将此溶液经坩埚过滤,用蒸馏水洗涤坩埚中的残留物。置坩埚及残留物于烘箱中干燥至恒重。

本方法适用于水剂和可溶性粉(粒)剂的水不溶物质量分数测定。

水不溶物质量分数 $X(\%)$ 计算如下:

$$X = \frac{m_1 - m_0}{m} \times 100$$

式中,m_1 坩埚与不溶物恒重后的质量,g;m_0 为坩埚恒重后的质量,g;m 为试样的质量,g。

14.3　农药有效成分含量的测定

14.3.1　电位滴定法测定敌百虫的含量

(1)测定原理

敌百虫(O,O-二甲基-2,2,2-三氯-1-羟基乙基膦酸酯)在碱性介质中分解,定量释放出氯离子,以自动电位滴定仪确定终点;用银量法滴定氯离子,根据硝酸银标准滴定溶液的消耗量可计算出敌百虫的含量。

(2)仪器

①自动电位滴定仪。

②银电极(或氯离子选择电极)。

③饱和甘汞电极。

④恒温水浴。

(3)试剂

①硝酸溶液(1+3)。

②乙醇溶液(1+1):由 95% 乙醇和蒸馏水配制而成。

③碳酸钠溶液:1.0 mol/L。

④硝酸银标准溶液:0.05 mol/L。

(4)测定步骤

①仪器校正。将 10 mL 硝酸溶液、40 mL 乙醇溶液和 100 mL 蒸馏水置于 250 mL 烧杯中,插入电极,在搅拌下将仪器选择开关扳至"滴定",调节仪器至 700 mV 处。再将选择开关扳至"终点",用终点调节旋钮调至 700 mV 处。然后再将选择开关扳至"滴定"处。

②样品测定。准确称取敌百虫原粉试样 0.3～0.35 g(准确至 0.2 mg),置于 250 mL 锥形瓶中,加入 40 mL 乙醇溶液,待试样溶解后,置于(30±0.5)℃的恒温水浴中,静置 10 min,加入 5 mL 碳酸钠溶液,放置 10 min 后立即缓慢加入 10 mL 硝酸溶液,然后从恒温水浴中取出,将溶液转入 250 mL 烧杯中,加入 100 mL 蒸馏水,用硝酸银标准滴定溶液进行电位滴定。

③空白测定。准确称取敌百虫原粉试样 0.3～0.35 g(准确至 0.2 mg),置于 250 mL 锥形瓶中,加入 40 mL 乙醇溶液,待试样溶解后置于(30±0.5)℃的恒温水浴中,静置 10 min,加入 10 mL 硝酸溶液,缓慢加入 5 mL 碳酸钠溶液,在(30±0.5)℃的恒温水浴中放置 10 min 后取出锥形瓶,将溶液转入 250 mL 烧杯中,加入 100 mL 蒸馏水,用硝酸银标准滴定溶液进行电位滴定。

(5)结果计算

$$\omega(\text{敌百虫}) = c \frac{V}{m} - \frac{V_0}{V_0} \square \times 0.257\,4 \times 1.01 \times 100\%$$

式中,$\omega(\text{敌百虫})$ 为敌百虫原粉试样中敌百虫质量分数,%;c 为硝酸银标准滴定溶液的浓度,mol/L;V 为试样测定时消耗硝酸银标准滴定溶液的体积,mL;V_0 为空白测定时消耗硝酸银标准滴定溶液的体积,mL;m 为试样质量,g;m_0 为空白试样质量,g;0.257 4 为敌百虫分子的摩尔质量,g/mol;1.01 为校正系数。

14.3.2　紫外-可见分光光度法测定草甘膦原药的有效成分

(1)测定原理

试样溶于水后,在酸性介质中与亚硝酸钠作用生成草甘膦亚硝基衍生物。该化合物在 243 nm 处有最大吸收峰,通过测定吸光度可定量。

(2)仪器设备

①紫外分光光度计。

②石英比色皿,1 cm。

③刻度吸量管,1 mL,2 mL,5 mL。

④容量瓶,100 mL,250mL。

(3)试剂试液

除另有规定外,分析所用试剂均为分析纯试剂,所用水为蒸馏水或去离子水。

①硫酸溶液,50%(体积分数)。

②硝酸溶液,50%(体积分数)。

③溴化钾溶液,250 g/L。

④亚硝酸钠溶液,14 g/L,称取约 0.28 g 亚硝酸钠(精确至 0.001 g),溶于 20 mL 水中。该溶液使用时现配。

⑤草甘膦标准样品 ≥99.8%(质量分数)。

(4)测定方法

标准曲线的绘制:

①标准样溶液的配制。称取约 0.3 g 草甘膦标准品(精确至 0.000 2 g),置于 200 mL 烧杯中,加入 60 mL 水,缓缓加热溶解,冷至室温,定量转移至 250 mL 容量瓶中,稀释至刻度,摇匀。此溶液使用时间不得超过 20 天。

②亚硝基化。精确吸取草甘膦标准样溶液 0.8 mL、1.1 mL、1.4 mL、1.7 mL、2.0 mL 于 5 个 100 mL 容量瓶中,同时另取 1 个 100 mL 容量瓶作试剂空白。在上述各容量瓶中分别加入 5 mL 水、0.5 mL 硫酸溶液、0.1 mL 溴化钾溶液和 0.5 mL 亚硝酸钠溶液,加入亚硝酸钠溶液后应立即将塞子塞紧,充分摇匀。放置 20 min,然后用水稀释至刻度,摇匀,最后将塞子打开,放置 15 min。

③分光光度测定。接通紫外分光光度计的电源,开启氘灯预热 20 min,调整波长在 243 nm 处,以试剂空白作参比,用石英比色皿进行吸光度测定。

④绘制标准曲线。以吸光度为纵坐标,相应的标准样溶液的体积为横坐标,标出各点后确定标准曲线。

草甘膦原药的测定:

称取约 0.20 g 试样(精确至 0.000 2 g),置于 200 mL 烧杯中,加入 60 mL 水,缓缓加热溶解,趁热用快速滤纸过滤,仔细冲洗滤纸,将滤液接至 250 mL 容量瓶中,冷至室温,稀释至刻度,摇匀。

准确吸取 2.0 mL 试样溶液于 100 mL 容量瓶中,按前述的"亚硝基化"和"分光光度测定"操作步骤进行。

(5)结果表述

$$\omega_{\text{N-膦酸甲基甘氨酸}} = \frac{c_1 V_1}{c_2 V_2} \times 100\%$$

式中,$\omega_{\text{N-膦酸甲基甘氨酸}}$ 为草甘膦有效成分含量,%;c_1 为标准样溶液中草甘膦的浓度,mg/mL;V_1 为标准曲线上与试样吸光度相对应的标准样溶液的体积,mL;c_2 为试样溶液的浓度,mg/mL;V_2 为吸取试样溶液的体积,mL。

(6)说明

①亚硝基化反应不能低于 15℃。

②比色皿使用完毕后,用硝酸溶液浸泡后洗涤。

14.3.3 薄层色谱法测定氧乐果的有效成分

氧乐果属有机磷类杀虫剂,其有效成分为 O,O-二甲基-S-(N-甲氨基甲酰甲基)硫代磷酸酯。氧乐果有效成分的测定方法有两种,即薄层-溴化法(仲裁法)和气相色谱法。下面就介绍薄层－溴化(仲裁法)测定法。

(1)测定原理

通过薄层色谱法将氧乐果的有效成分从样品中分离出来,采用硅胶 G 薄层板,使用氯仿、正己烷和冰乙酸为展开剂,刮取氧乐果谱带,然后用溴化法测定。

(2)仪器设备

①展开槽。

②玻璃板 10 cm×20 cm。

③玻璃喷雾器。

④碘量瓶,500 mL。

⑤微量注射器,100 μL(经重新校正过)。

⑥容量瓶,10 mL(经重新校正过)。

⑦吸管,10mL。

⑧恒温水浴。

(3)试剂试液

除另有规定外,分析所用试剂均为分析纯试剂,所用水为蒸馏 10 mL 溴酸钾－溴化钾溶液及 1 mL 盐酸溶液(或硫酸溶液)。塞紧瓶盖,摇匀,瓶口用少量水液封,于(30±1)℃恒温水浴中放置 10 min。

(4)操作步骤

取出碘瓶,加入 5 mL 碘化钾溶液,摇匀,放置 2～3 min,用硫代硫酸钠标准溶液滴定至淡黄色,加入 3 mL 淀粉指示剂,继续滴定至溶液的蓝色消失即为终点。

在同样操作条件下做空白试验。

(5)结果表述

$$\omega_{氧乐果} = \frac{c(V_1 - V_2) \times 0.035\ 53}{\dfrac{0.1 \times m}{10}} \times 100\%$$

式中,$\omega_{氧乐果}$ 为氧乐果有效成分含量,%;V_1 为空白试验消耗硫代硫酸钠标准溶液的体积,mL;V_2 为试样测定时消耗硫代硫酸钠标准溶液的体积,mL;c 为硫代硫酸钠标准溶液的浓度,mol/L;m 为试样质量,g;0.035 53 为 1/6 氧乐果分子的摩尔质量,kg/mol。

(6)说明

薄层分离后的试液酸化时,若使用硫酸溶液(1+4),必须预先保温至近 30℃。

14.3.4　气相色谱法测定食品中有机磷农药的残留量

利用气相色谱法可以测定食品(粮、菜、油、水果)中有机磷农药(敌敌畏、乐果、马拉硫磷、对硫磷、甲拌磷、稻瘟净、杀螟硫磷、倍硫磷、虫螨磷)的残留量。

(1)测定原理

含有机磷的样品在富氢焰上燃烧,以氢氮氧碎片的形式放射出波长 526 nm 的特征光,这种特征光通过滤光片选择后,由光电倍增管接收,转换成电信号,经微电流放大器放大后,被记录下来。样品的峰高与标准品的峰高相比,计算出样品相当的含量。

(2)仪器

①气相色谱仪:具有火焰光度检测器。

②电动振荡器。

③具塞锥形瓶:250 mL。

④分液漏斗:250 mL。

⑤具塞刻度试管:2 mL。

(3)试剂。

①二氯甲烷。

②无水硫酸钠。

③硫酸钠溶液5%。

④丙酮。

⑤中性氧化铝:层析用,经300℃活化4 h后备用。

⑥活性炭:称取20 g活性炭用3 mol/L盐酸浸泡过夜,抽滤后,用蒸馏水洗至无氯离子,在120℃烘干备用。

⑦农药标准溶液:精密称取适量有机磷农药标准品,用苯(或二氯甲烷)先配制成贮备液,放在冰箱中保存。

⑧农药标准使用液:临用时用二氯甲烷稀释为使用液,使其浓度为敌敌畏、乐果、马拉硫磷、对硫磷和甲拌磷每毫升各相当于1 μg,稻瘟净、倍硫磷、杀螟硫磷和虫螨磷每毫升各相当于2μg。

(4)色谱条件

①色谱柱。

玻璃柱:内径3 mm,长1.5~2.0 m。

分离测定敌敌畏、乐果、马拉硫磷和对硫磷的色谱柱:内装涂以2.5%SE-30和3%QF-1混合固定液的60~80目Chromosorb WAW DMCS。或内装涂以1.5%OV-17和2%QF-1混合固定液的60~80目Chromosorb WAW DMCS。或内装涂以2%OV-101和2%QV-1混合固定液的60~80目Chromosorb WAW DMCS。

分离、测定甲拌磷、虫螨磷、稻瘟净、倍硫磷和杀螟硫磷的色谱柱:内装涂以3%PEGA(聚己二酸乙二醇酯)和5%QF-1混合固定液的60~80目Chromosorb WAW DMCS,或内装涂以2%NPGA(新戊二醇己二酸酯)和3%QF-1混合固定液的60~80目Chromosorb WAW DMCS。

②气流速度。

载气为氮气80 mL/min、空气50 mL/min、氢气180 mL/min(氮气和空气、氢气之比按各仪器型号不同选择各自的最佳比例条件)。

③温度。

进样口:220℃。检测器:240℃。柱温:180℃(但测定敌敌畏为130℃)。

(5)测定步骤

①提取:

蔬菜:将蔬菜切碎混匀。称取10 g混匀的样品,置于250 mL具塞锥形瓶中,加30~100 g无水硫酸钠(根据蔬菜含水量)脱水(剧烈振荡后如有固体硫酸钠存在,说明所加无水硫酸钠已够)。加0.2~0.8 g活性炭(根据蔬菜色素含量)脱色。加70 mL二氯甲烷,在振荡器上振荡0.5 h,经滤纸过滤。量取35 mL滤液,在通风柜中室温下自然挥发至近干,用二氯甲烷少量多次研洗残渣,移入 10 mL(或 5 mL)具塞刻度试管中,浓缩并定容至 2 mL,备用。

稻谷:脱壳,磨粉,过 20 目筛,混匀。称取 10 g 置于具塞锥形瓶中,加入 0.5 g 中性氧化铝及 20 mL 二氯甲烷,振荡 0.5 h,过滤,滤液直接进样。如农药残留量过低,则加 30 mL 二氯甲烷,振荡过滤,量取 15 mL 滤液浓缩并定容至 2 mL 进样。

小麦、玉米:将样品磨粉过 20 目筛,混匀。称取 10 g 置于具塞锥形瓶中,加入 0.5 g 中性氧化铝、0.2 g 活性炭及 20 mL 二氯甲烷,振荡 0.5 h,过滤,滤液直接进样。如农药残留量过低,则加 30 mL 二氯甲烷,振荡过滤,量取 15 mL 滤液浓缩,并定容至 2 mL 进样。

植物油:称取 5 g 混匀的样品,用 50 mL 丙酮分次溶解并洗入分液漏斗中,摇匀后加 10 mL 蒸馏水,轻轻旋转振荡 1 min。静置 1 h 以上,弃去下面析出的油层,上层溶液自分液漏斗上口倾入另一分液漏斗中(当心尽量不使剩余的油滴倒入。如乳化严重,分层不清,则放入 50 mL 离心管中,以 2 500 r/min 离心 0.5 h,用滴管吸出上层溶液)。加 30 mL 二氯甲烷,100 mL 5%硫酸钠溶液,振荡 1 min,静置分层后将二氯甲烷提取液移至蒸发皿中。丙酮水溶液再用 10 mL 二氯甲烷提取一次,分层后合并至蒸发皿中。自然挥发后,如无水,可用二氯甲烷少量多次研洗蒸发皿中残液入具塞量筒中,并定容至 5 mL。

②净化:

加 2 g 无水硫酸钠振荡脱水,再加 1 g 中性氧化铝、0.2 g 活性炭(毛油可加 0.5 g)振荡脱油和脱色,过滤,滤液直接进样。二氯甲烷提取液自然挥发后如有少量水,可用 5 mL 二氯甲烷分次将挥发后的残液洗入小分液漏斗内提取,静置 1 min 分层后将二氯甲烷层分入具塞量筒内,再以 5 mL 二氯甲烷提取一次,合并入具塞量筒内,定容至 10 mL,加 5 g 无水硫酸钠,振荡脱水,再加 1 g 中性氧化铝、0.29 活性炭,振荡脱油和脱色,过滤,滤液直接进样。或将二氯甲烷和蒸馏水一起倒入具塞量筒中,用二氯甲烷少量多次研洗蒸发皿,洗液并入具塞量筒,以二氯甲烷层为准定容至 5 mL,加 3 g 无水硫酸钠,然后如上加中性氧化铝和活性炭依法操作。

③测定:

根据仪器灵敏度配制一系列不同浓度的标准溶液。将各浓度的标准液 2~5 μL 分别注入气相色谱仪中,可测得不同浓度有机磷标准溶液的峰高。绘制有机磷标准曲线。同时取样品溶液 2~5 μL 注入气相色谱仪中,测得的峰高从标准曲线图中查出相应的含量。

(6)结果计算

$$\omega = \frac{m_1}{m \times 1\,000} \times 100\%$$

式中,ω 为样品中有机磷农药的质量分数,mg/kg;m_1 为进样体积中有机磷农药的质量,mg;m 为进样体积(μL)相当于样品的质量,g。

14.3.5 液相色谱法测定辛硫磷原药的有效成分

(1)测定原理

采用反相高效液相色谱外标法。试样用甲醇溶解,以甲醇＋水为流动相,使用 YWG-CH (C_{18})为填充物的不锈钢柱和紫外检测器,对试样中辛硫磷进行高效液相色谱分离和测定。

(2)仪器设备

①高效液相色谱仪具,254 nm 波长紫外检测器。

②色谱数据处理机。

③色谱柱,150 mm×4.6 mm 不锈钢柱,内装 YWG-CH(C18)填充物,10 μm。

④定量进样阀,10 μL。

⑤微量进样器,50 μL。

(3)试剂试液

①甲醇。

②辛硫磷标样已知含量≥99.0%。

(4)高效液相色谱操作条件

①流动相甲醇+水=75+25(体积比)。

②流量 1 mL/min。

③柱温室温(变化应在±2℃以内)。

④检测波长 254 nm。

⑤进样体积 10 μL。

⑥保留时间辛硫磷约 6 min。

(5)测定方法

①标样溶液的配制称取辛硫磷标样约 0.1 g(精确至 0.000 2 g),置于 25 mL 容量瓶中,用甲醇稀释至刻度,摇匀。用移液管吸取 2 mL 此溶液,置于 50 mL 容量瓶中,用流动相稀释至刻度,摇匀。

②试样溶液的配制称取约含 0.1 g(精确至 0.000 2 g)辛硫磷的试样,置于 25 mL,容量瓶中,用甲醇稀释至刻度,摇匀。用同一支移液管吸取 2 mL 此溶液,置于 50 mL 容量瓶中,用流动相稀释至刻度,摇匀。

③测定在操作条件下,待仪器基线稳定后,连续注入数针标样溶液,计算各针相对响应值,待相邻两针的响应值变化小于 1%,按照标样溶液、试样溶液、试样溶液、标样溶液的顺序进行测定。

(6)结果表述

将测得的两针试样溶液以及试样前后两针标样溶液中辛硫磷的峰面积分别进行平均。

$$\omega_{\text{辛硫磷}} = \frac{A_2 m_1 P}{A_1 m_2}$$

式中,$\omega_{\text{辛硫磷}}$ 为辛硫磷质量分数,%;A_1 为标样溶液中,辛硫磷峰面积的平均值;A_2 为试样溶液中,辛硫磷峰面积的平均值;m_1 为辛硫磷标准样品的质量,g;m_2 为试样质量,g;P 为标准样品中辛硫磷的纯度,%。

14.3.6 气相色谱法测定敌敌畏原油的有效成分

(1)测定原理

试样用甲苯溶解,以联苯为内标物,使用 10%硅油 DC 550 为填充物的不锈钢柱和热导检测器,可对敌敌畏(O,O-二甲基-O-2,2-二氯乙烯基磷酸酯)原油进行气相色谱分离和测定。

(2)仪器设备

①气相色谱仪。

②鉴定器热导池。

③柱管不锈钢柱 4.0 mm×2 000 mm。

④固定相硅油 DC550：101 白色担体(经王水处理)60～80 目＝10：100。

⑤载气氢气。

(3)试剂试液

①联苯。

②色谱纯。

③甲苯。

(4)气相色谱操作条件

①柱温,174℃(实际温度)。

②检测温度,180℃(实际温度)。

③气化温度,约 200℃(实际温度)。

④桥流,200 mA。

⑤载气流速,120 mL/min。

⑥纸速,10 mm/min。

⑦衰减 1。

(5)测定方法

①标准曲线的绘制。称取联苯 0.16～0.19 g(精确至 0.000 2 g),然后按联苯:敌敌畏分别等于 1：1.5,1：1.3,1：1.1,…,1：0.5 系列称取敌敌畏标准样。加甲苯 1.0mL,摇动混溶后,分别进样 4.0μL,制取色谱图,求出敌敌畏与联苯的峰高比。以峰高比为横坐标,质量比为纵坐标,绘制标准曲线或用最小二乘法求出相应的斜率和截距。

②试样测定。准确称取联苯 0.16～0.19 g(精确至 0.000 2 g)和敌敌畏原油 0.19～0.209,加甲苯 1.0 mL,摇动混匀后进样 4.0 μL,制取色谱图,求出敌敌畏与联苯的峰高比。

(6)结果表述

原油中敌敌畏的质量分数用查标准曲线法或通过计算得出:

$$\omega_{\text{敌敌畏}} = \frac{\left(\dfrac{a h_i}{h_s} + b\right) m_2}{m_1} \times 100\%$$

式中,$\omega_{\text{敌敌畏}}$ 为原油中敌敌畏的质量分数,％;a 为标准曲线的斜率;b 为标准曲线的截距;h_i 为敌敌畏样品的峰高,mm;h_s 为内标物的峰高,mm;m_2 为内标物质量,g;m_1 为试样质量,g。

(7)说明

根据仪器的稳定性程度和标准样品的变化程度,经常校验标准曲线,以保证测定结果的准确性。

参考文献

[1] 李慎新,卢燕,向珍. 分析化学[M].北京:科学出版社,2014.

[2] 张云. 分析化学[M].北京:化学工业出版社,2015.

[3] 任健敏,韦寿莲,刘梦琴,等. 分析化学[M].北京:化学工业出版社,2014.

[4] 毋福海. 分析化学[M].北京:人民卫生出版社,2015.

[5] 张梅,池玉梅. 分析化学[M].北京:中国医药科技出版社,2014.

[6] 李发美. 分析化学[M].北京:人民卫生出版社,2012.

[7] 王中慧,张清华. 分析化学[M].北京:化学工业出版社,2013.

[8] 赵怀清. 分析化学[M].3版. 北京:人民卫生出版社,2013.

[9] 邱细敏,朱开梅. 分析化学[M].3版. 北京:中国医药科技出版社,2012.

[10] 谢庆娟. 分析化学[M].2版. 北京:人民卫生出版社,2013.

[11] 张跃春. 分析化学[M].北京:冶金工业出版社,2011.

[12] 方惠群,于俊生,史坚. 仪器分析[M].北京:科学出版社,2002.

[13] 屠闻文. 分析化学分析方法及原理研究[M].北京:中国原子能出版社,2012.

[14] 司学芝,刘捷. 分析化学[M].北京:化学工业出版社,2010.

[15] 杨立军. 分析化学[M].北京:北京理工大学出版社,2011.

[16] 陈久标,邓基芹. 分析化学[M].上海:华东理工大学出版社,2010.

[17] 蔡明招. 分析化学[M].北京:化学工业出版社,2009.

[18] 陶增宁,白桂蓉. 分析化学[M].北京:中央广播电视大学出版社,1995.

[19] 周春山,符斌. 分析化学简明手册[M].北京:化学工业出版社,2010.

[20] 贺浪冲. 分析化学[M].北京:高等教育出版社,2009.

[21] 王淑美. 分析化学[M].郑州:郑州大学出版社,2007.

[22] 刘金龙. 分析化学[M].北京:化学工业出版社,2012.

[23] 王蕾,崔迎. 仪器分析[M].天津:天津大学出版社,2009.

[24] 马长华,曾元儿. 分析化学[M].北京:科学出版社,2005.

[25] 薛华. 分析化学[M].2版. 北京:清华大学出版社,1997.

[26] 吴性良,孔继烈. 分析化学原理[M].2版. 北京:化学工业出版社,2010.

[27] 席先蓉. 分析化学[M].北京:中国医药出版社,2006.

[28] 陈智栋,何明阳. 化工分析技术[M].北京:化学工业出版社,2010.

[29] 周梅村. 仪器分析[M].武汉:华中科技大学出版社,2008.

[30] 姚思童. 分析化学[M].北京:化学工业出版社,2015.

[31] 李发美. 化学分析[M].6版. 北京:人民卫生出版社,2007.

［32］孙凤霞．仪器分析［M］.北京:化学工业出版社,2010.

［33］高晓松,张惠,薛富．仪器分析［M］.北京:科学出版社,2009.

［34］张寒琦．仪器分析［M］.北京:高等教育出版社,2009.

［35］黄一石．仪器分析［M］.2 版．北京:化学工业出版社,2010.

［36］刘志广．仪器分析［M］.北京:高等教育出版社,2007.

［37］董慧茹．仪器分析［M］.2 版．北京:化学工业出版社,2010.

［38］张威．仪器分析［M］.北京:化学工业出版社,2010.

［39］国家自然科学基金委员会化学科技部;庄乾坤,刘虎威,陈洪渊．分析化学学科前沿与
展望［M］.北京:科学出版社,2012.

［40］高向阳．新编仪器分析［M］.3 版．北京:科学出版社,2009.

［41］刘燕娥．分析化学［M］.西安:第四军医大学出版社,2011.

［42］严拯宇．仪器分析［M］.2 版．南京:东南大学出版社,2009.

［43］潘祖亭,黄朝表．分析化学［M］.武汉:华中科技大学出版社,2011.

［44］张凌,李锦．分析化学［M］.北京:人民卫生出版社,2012.

［45］陈媛梅．分析化学［M］.北京:科学出版社,2012.

［46］孙延一,吴灵．仪器分析［M］.武汉:华中科技大学出版社,2012.

［47］蒋云霞．分析化学［M］.北京:中国环境科学出版社,2007.